"十二五"普通高等教育本科国家级规划教材

U0837617

大学物理学

（第 5 版）

（下）

主　编　赵近芳　王登龙
编　者　杨友田　胡　柯　张志纯
主　审　颜晓红

本书资源使用说明

北京邮电大学出版社
·北京·

内容简介

本书是在"'十二五'普通高等教育本科国家级规划教材《大学物理学》"的基础上进行改编而成。全书仍分为上、下两册，上册包括力学基础、相对论、振动与波和热学；下册包括电磁学、波动光学和量子论。本书作为工科物理及理科非物理专业大学物理教材的改革尝试，采用了"高、宽、新、活、宜"的原则，即高视点选择经典内容，努力拓宽知识面，尽量反映新科技发展，注意各部分知识之间的活化联系，并保持教材内容难度适宜。书中一些重点难点知识做成了基于手机的数字资源，可通过助学助教平台手机端 APP 学习，方便学生自学。同时，本书还配备了学习指导书、多媒体课件、电子教案、网络课件、网络学习平台等立体化教学资源。

本书可作为高等工科院校各专业的物理教材，也可作为综合大学和师范院校非物理专业的教材或参考书。

图书在版编目(CIP)数据

大学物理学. 下/赵近芳，王登龙主编. —5 版. -- 北京：北京邮电大学出版社，2017.9(2023.1 重印)

ISBN 978－7－5635－4658－9

Ⅰ. ①大… Ⅱ. ①赵… ②王… Ⅲ. ①物理学—高等学校—教材 Ⅳ. ①O4

中国版本图书馆 CIP 数据核字(2017)第 227397 号

书　　名	大学物理学(第 5 版)(下)
主　　编	赵近芳　王登龙
责任编辑	唐咸荣
出版发行	北京邮电大学出版社
社　　址	北京市海淀区西土城路 10 号(100876)
电话传真	010－82333010　62282185(发行部)　010－82333009　62283578(传真)
网　　址	3. buptpress. com
电子信箱	buptpress@163. com
经　　销	各地新华书店
印　　刷	鸿博睿特(天津)印刷科技有限公司
开　　本	787 mm×1 092 mm　1/16
印　　张	18
字　　数	458 千字
版　　次	2017 年 9 月第 5 版　2023 年 1 月第 12 次印刷

ISBN 978－7－5635－4658－9　　定价：49.00 元

第 5 版前言

承蒙兄弟院校的厚爱,"十二五"普通高等教育本科国家级规划教材《大学物理学》(第 4 版)得到了全国上百所高等院校的使用,这是广大师生对这套教材的充分肯定,让我们倍感欣慰。为了更好地建设好这套教材,帮助师生们在教学过程中提高效率和兴趣、增加教学手段和扩充知识,我们对教材进行了全方位的互联网立体化建设,在高新技术与教学的融合方面做了大胆的尝试。不仅成功地利用了移动互联网平台,还引进了 AR 增强现实技术,这极大地丰富了教材内容,让老师和学生的知识触角延伸到了互联网。

全书仍分为《大学物理学》上、下两册和《大学物理学学习指导》。上册包括力学、相对论、振动与波、热学;下册包括电磁学、波动光学、量子物理学、新技术物理基础(专题);指导书包括学习指导和系列化习题。全书改编过程遵循"高、宽、新、活、宜"的原则,即高视点选择经典内容,努力拓宽知识面,尽量反映新科技发展概况,注意各部分知识之间的活化联系,同时保持教材内容难度适宜。

近年来,高中物理知识和数学知识有所变动。例如,高等数学中的导数和积分基础知识在高中已开始学习,物理知识则在难度上有所降低,我们参考了近年来部分省(市)的高中物理教材,仔细研究了大学物理跟高中物理最佳的结合体系和内容。在第 5 版中,我们尽量保持原有第 4 版的体系结构和内容,而主要区别则包括以下几个方面。

1. 在例题方面做了适当的调整,替换了部分运算复杂、综合性较强的例题,选用了一些重在物理思想和方法应用的题。

2. 对原有第 11 章和第 12 章进行了合并,统一并称为"变化的电磁场",以适应大学物理教学的发展。

3. 对全书进行了互联网立体化建设,依托助学助教平台手机端 APP,全方位为老师和学生提供教与学上的服务。我们提供了 AR 交互动画、微视频、拓展阅读、科学家简介等。为了提高学生的学习主动性,我们还把部分附录、本章提要和习题参考答案搬上了互联网,通过这些大胆的创新,可以帮助学生提高从互联网获取知识的能力。

4. 教材与课程建设紧密结合,配备了一套独具特色的教学资源。主要包括学习指导书、多媒体课件、电子教案和教学大纲、网络课件、组卷题库系统等。

另外,我们在教材中以二维码方式,介绍了我国著名物理学家的主要成就和优秀事迹,列举了我国在物理学领域取得重大科研成果的项目。

学生在学习过程中，通过这些内容，可以了解我国科学家们在物理学领域做出的贡献，了解我国在物理学领域取得的重大成就，从而激发民族自豪感，提高学习积极性。

不同院校不同专业的物理教学计划时数可能存在差异，在使用本教材时可根据具体情况对内容进行重组或取舍，教学时数可掌握在72～128学时范围内。

本书由张志纯负责改编力学、振动与波及其相应章节的阅读材料和习题；杨友田负责改编热学、量子物理篇、新技术物理基础的所有内容；胡柯负责改编电磁学篇的所有内容；王登龙负责改编相对论、波动光学篇的全部内容。学习指导的相关章节仍由以上老师改编，最后由赵近芳教授和王登龙教授负责全书的修改和定稿工作。在修订过程中，广西师范大学郭平生、南华大学彭志华、中南大学罗益民等老师参加了讨论和编写，提出了许多宝贵意见。参加讨论和编写的老师还有焦志伟、白心爱、倪江利、曾爱华、胡义嘎、刘道军、曲蛟、汤永新、张博洋、范军怀、马双武、苏文刚、唐咸荣、杜立、韩霞等。教育部高等学校大学物理课程教学指导委员会委员颜晓红教授仔细审查了此书。北京邮电大学出版社有关人员在本书的编辑出版过程中付出了大量的辛勤劳动，在此一并表示感谢。

在党的二十大报告提出的“加强教材建设和管理”精神的指引下，本次重印前，编者再次对全书进行了检查和梳理。

编写适合教学需求的教材是一种探索，由于编者水平有限，书中的疏漏和错误之处在所难免，恳请读者批评指正。

编　者

目 录

第三篇 电磁学

第四篇 波动光学

第五篇 量子论

第三篇

电　磁　学

电磁场是物质世界的重要组成部分，电磁学就是研究电磁场运动规律的学科.

电磁现象形成理论，可以认为是从1785年库仑研究电荷之间的相互作用开始的，人们研究了静电、静磁和电流等现象，总结出一些实验定律. 但是，电磁学的重大进展是在人们认识到电现象和磁现象之间的深刻内在联系以后才开始的. 1820年，奥斯特发现了电流的磁效应；1831年法拉第发现电磁感应现象，并提出场和力线的概念. 至此，电现象和磁现象作为矛盾统一的整体开始被人们认识. 1864年，麦克斯韦总结前人的成果，再加上他关于涡旋电场和位移电流两个大胆的假说，建立了描述宏观电磁场的完美理论——麦克斯韦方程组，并从理论上预言了电磁波的存在. 1888年，赫兹利用振荡器在实验上证实了麦克斯韦关于电磁波的预言. 麦克斯韦的电磁场理论是从牛顿建立经典力学理论到爱因斯坦提出相对论的这段时期中物理学的最重要的理论成果.

1905年，爱因斯坦创立了相对论，解决了经典力学时空观与电磁现象的新的实验事实的矛盾. 根据电磁现象的规律必须满足相对论时空洛伦兹变换的要求，人们发现：从不同参考系观测，同一电磁场可表现为或只是电场、或只是磁场、或电场和磁场并存. 这说明电磁场是一个统一的整体，而描述电磁场的物理量——电场强度和磁感应强度——是随参考系改变的.

电磁学理论是许多工程技术和科学研究的基础. 电能是应用最广泛的能源之一，电磁波的传播实现了信息传递，研究新材料的电磁性质促进了新技术的诞生. 显然，电磁学和工程技术各个领域有十分密切的联系. 电磁学的研究在理论方面也很重要. 物质的各种性能是由物质的电结构决定的，在分子和原子等微观领域中，电磁力起主要作用. 许多物理现象，如物质的弹性、金属的导热性、光学的折射率等都可从物

质的电结构中得到解释.所以,电磁学理论在现代物理学中也占有重要地位.

本篇主要研究电磁场的规律以及物质的电磁性质.先介绍电场的描述及其规律,接着介绍静电场中的导体和电介质;然后介绍磁场的描述及其规律,接着介绍磁场中的磁介质;最后介绍电场和磁场的相互联系——电磁感应和宏观电磁场的理论——麦克斯韦方程组以及电磁波.

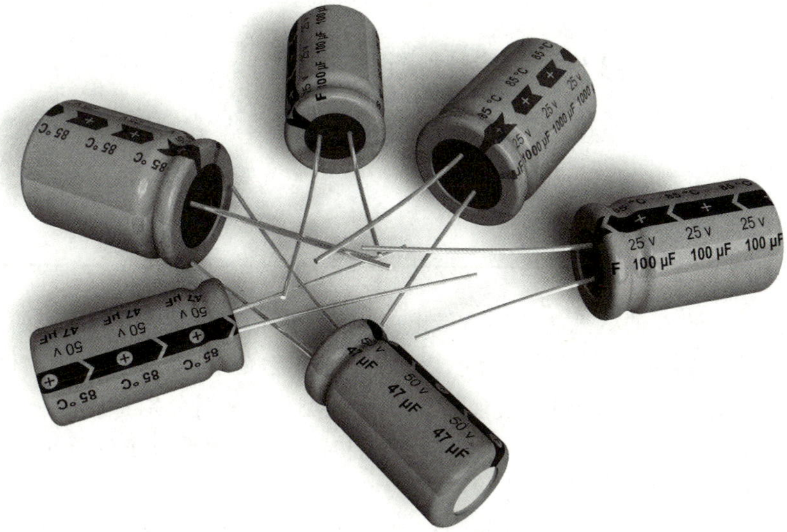

第 9 章 静 电 场

相对于观察者静止的电荷称为静电荷，由静电荷产生的电场称为静电场，静电荷之间的相互作用是通过电场来传递的. 本章主要研究静电场的基本性质与基本规律及电场与导体、电介质之间的相互作用.

电场强度和电势是描述电场性质的两个重要物理量. 电场强度的高斯定理和环流定理是反映静电场性质的基本规律. 对于具有某些对称分布的静电场，其电场强度可以基于库仑定律求解，亦可通过高斯定理来求解. 其中所涉及的对称性分析是现代物理学的一种基本分析方法. 在电场的作用下，导体和电介质中的电荷分布会发生变化. 这种变化的电荷分布又会反过来影响电场分布，最后达到静电平衡. 我们还将讨论电场与物质的相互作用规律，以及电容器和电场的能量.

本章所介绍的一些概念、规律、研究和处理问题的方法贯穿在整个电磁学中，是学习电磁学的入门知识，在学习过程中应注意提高这方面的能力.

本章提要

9.1 电场 电场强度

9.1.1 电荷

电荷的概念是从物体带电的现象中产生的. 两种不同材料的物体,如丝绸与玻璃棒相互摩擦后,它们都能吸引小纸片等轻微物体. 这时,我们说丝绸和玻璃棒处于带电状态,它们分别带有电荷. 可见,电荷是物体状态的一种属性. 宏观物体或微观粒子处于带电状态就说它们带有电荷.

科学家介绍

库仑

物体或微观粒子所带的电荷有两种,称为正电荷和负电荷. 带同种电荷的物体(简称同号电荷)互相排斥,带异种电荷的物体(简称异号电荷)互相吸引. 静止电荷之间的相互作用力称为静电力. 根据带电体之间相互作用力的大小能够确定物体所带电荷的多少. 表示电荷多少的量叫作电量. 在国际单位(SI)制中,电量的单位是库仑,符号为 C.

现代物理实验证实,电子的电荷集中在半径小于 10^{-18} m 的小体积内. 因此,常把电子看成一个无内部结构而具有有限质量和电量的“点”. 质子只有正电荷,都集中在半径约为 10^{-15} m 的体积内. 中子内部也有电荷,靠近中心是正电荷,靠外为负电荷;正负电荷电量相等,所以对外不显带电.

由物质的分子结构知识可知,在正常状态下,物体内部的正电荷和负电荷量值相等,物体处于中性状态. 使物体带电的过程就是使它获得或失去电子的过程. 在一孤立系统内,无论发生怎样的物理过程,该系统电荷的代数和保持不变,这就是**电荷守恒定律**. 在粒子的相互作用过程中,电荷是可以产生和消失的. 例如,一个高能光子与一个重原子核作用时,该光子可以转化为一个正电子和一个负电子(这叫电子对的“产生”);而一个正电子和一个负电子在一定条件下相遇,又会同时消失而产生两个或三个光子(这叫电子对的“湮灭”). 在已观察到的各种过程中,正、负电荷总是成对出现或成对消失. 由于光子不带电,正、负电子又各带着等量异号电荷,所以这种电荷的产生和消失并不改变系统中电荷的代数和,电荷守恒定律仍然保持有效.

迄今为止,所有实验表明,任何带电体所带电量都是基本电量 $e=1.602\times10^{-19}$ C 的整数倍. 这种电量只能取分立的、不连续的量值的性质称为**电荷的量子化**. 因为 e 如此之小,以致使电荷的量子性在研究宏观现象的绝大多数实验中未能表现出来. 因此常把带电体当作电荷连续分布的带电体来处理,并认为电荷的变化是连续的.近代物理从理论上预言,基本粒子由若干种电量为 $\pm\frac{1}{3}e$,$\pm\frac{2}{3}e$ 的夸克或反夸克组成.然而尚未在实验中发现单独存在的夸克.

实验还证明,一个电荷的电量与它的运动状态无关.例如,加速器将电子或质子加速时,随着粒子速度的变化,电量没有任何变化.再如,氢分子和氦原子都有两个电子,它们在核外的运动状态差别不大,电子电量相同.但是,氢分子的两个质子是作为两个原子核在保持相对距离约为 0.07 nm 的情况下转动的;氦原子中的两个质子却紧密地束缚在一起运动.氦原子中的两个质子的能量比氢分子的两个质子的能量大一百万倍的数量级,因而两者的运动状态有显著差别.如果电荷的电量与运动状态有关,氢分子中质子的电量就应该和氦原子中质子的电量不同,但两者的电子电量是相同的,因此两者就不可能都是电中性的.但是实验证实,氢分子和氦原子都精确地是电中性的.这就说明,质子的电量也是与其运动状态无关的.大量事实证明,电荷的电量是与其运动状态无关的.在不同的参考系观察,同一带电粒子的电量不变,电荷的这一性质叫**电荷的相对论不变性**.

9.1.2 库仑定律

两个静止带电体之间的作用力(通常简称为两个静止电荷之间的作用力)即静电力,不仅与它们所带电量及它们之间的距离有关,而且还与它们的大小、形状及电荷分布情况有关.当带电体本身的线度与它们之间的距离相比足够小时,带电体可以看成**点电荷**.即带电体的形状、大小可以忽略,而把带电体所带电量集中到一个"点"上.

真空中两个静止点电荷之间相互作用力的大小与这两个点电荷所带电量 q_1 和 q_2 的乘积成正比,与它们之间的距离 r 的平方成反比.作用力的方向沿着两个点电荷的连线,同号电荷相互排斥、异号电荷相互吸引.这就是**库仑定律**.它是 1785 年由法国物理学家库仑首先指出的.相互作用力 $\boldsymbol{F}$ 的大小可表示为

$$F = k\frac{q_1q_2}{r^2} \tag{9.1}$$

式中 k 为比例系数,其数值和单位取决于各量所采用的单位.在国际单位制中,$k = 8.988\,0\times10^9\ \text{N}\cdot\text{m}^2/\text{C}^2 \approx 9.0\times10^9\ \text{N}\cdot\text{m}^2/\text{C}^2$.

为了使由库仑定律推导出的一些常用公式简化,我们引入新的常数 ε_0 来代替 k,两者的关系为

$$\varepsilon_0 = \frac{1}{4\pi k} = 8.85\times10^{-12}\ \text{C}^2/(\text{N}\cdot\text{m}^2) \tag{9.2}$$

ε_0 称为真空中的介电常数.以 ε_0 代入式(9.1)得

$$F=\frac{1}{4\pi\varepsilon_0}\frac{q_1q_2}{r^2} \tag{9.3}$$

为了表示力的方向，可采用矢量式表示库仑定律：

$$\boldsymbol{F}=\frac{1}{4\pi\varepsilon_0}\frac{q_1q_2}{r^2}\boldsymbol{r}_0 \tag{9.4}$$

式中 $\boldsymbol{r}_0$ 是由施力电荷指向受力电荷的矢径方向的单位矢量. 近代物理实验表明，当两个点电荷之间的距离在 $10^{-17}\sim10^{7}$ m 范围内，库仑定律是极其准确的.

库仑定律只适用于两个点电荷之间的作用. 当空间同时存在几个点电荷时，它们共同作用于某一点电荷的静电力等于其他各点电荷单独存在时作用在该点电荷上的静电力的矢量和. 这就是**静电力的叠加原理**.

9.1.3 电场强度

科学家介绍

法拉第

电荷之间的相互作用是如何来实现的呢?在 19 世纪 30 年代以前，人们普遍认为静电力与质点之间的万有引力一样，属于一种超距作用，即无需时间且不借助任何中间媒质来传递. 后来，法拉第提出了另一种观点. 他认为静电力同样是物质之间的相互作用. 这种特殊的物质是由电荷所产生，叫作电场. 电荷和电荷之间是通过电场这种物质传递相互作用的，这种相互作用可以表示为

$$\text{电荷} \leftrightarrows \text{电场} \leftrightarrows \text{电荷}$$

近代物理的理论与实验证实了这种观点的正确性. 同时，电场被证实是一种客观存在的物质，以有限的速度运动或传播，也具有和实物一样的能量、动量和质量等重要性质. 但电场与其他实物也有不同，几个电场可以同时占据同一空间，所以电场是一种特殊形式的物质.

相对于观察者为静止的带电体周围存在的电场称为**静电场**. 静电场对外表现主要有：

(1) 处于电场中的任何带电体都受到电场所作用的力.

(2) 当带电体在电场中移动时，电场所作用的力将对带电体做功.

电场中任一点处电场的性质，可从电荷在电场中受力的特点来定量描述. 用电量很小的点电荷 q_0 作为试验电荷，当试验电荷 q_0 放在电场中一给定点处时，它所受到的电场力的大小和方向是一定的；放在电场中的不同点处，其受到的电场力的大小和方向一般是不相同的. 实验电荷 q_0 放在电场中一固定点处，当 q_0 的电量改变时它所受的力方向不变，但力的大小将随电量的改变而改变. 然而始终保持力 $\boldsymbol{F}$ 和 q_0 的比值 $\dfrac{\boldsymbol{F}}{q_0}$ 为一恒矢量. 因此，$\dfrac{\boldsymbol{F}}{q_0}$ 反映了 q_0 所在点处

电场的性质，称为**电场强度**，用 $\boldsymbol{E}$ 表示，即

$$\boldsymbol{E} = \frac{\boldsymbol{F}}{q_0} \tag{9.5}$$

当 q_0 为一个单位正电荷时，$\boldsymbol{E} = \boldsymbol{F}$，即电场中任一点的电场强度等于单位正电荷在该点所受的电场力. 在 SI 制中，电场强度 $\boldsymbol{E}$ 的单位是牛顿每库仑(N/C)，也可以写成伏特每米(V/m).

一般情况下，电场中的不同点，其电场强度的大小和方向是各不相同的. 要完整地描述整个电场，必须知道空间各点的电场强度分布，即求出矢量场函数 $\boldsymbol{E} = \boldsymbol{E}(\boldsymbol{r})$.

9.1.4 电场强度叠加原理

将试验电荷 q_0 放在点电荷系 $q_1, q_2, \cdots, q_n$ 所产生的电场中时，q_0 将受到各点电荷静电力的作用. 由静电力的叠加原理知，q_0 受到的总静电力

$$\boldsymbol{F} = \boldsymbol{F}_1 + \boldsymbol{F}_2 + \cdots + \boldsymbol{F}_n$$

两边除以 q_0，得

$$\frac{\boldsymbol{F}}{q_0} = \frac{\boldsymbol{F}_1}{q_0} + \frac{\boldsymbol{F}_2}{q_0} + \cdots + \frac{\boldsymbol{F}_n}{q_0}$$

按电场强度定义 $\boldsymbol{E} = \dfrac{\boldsymbol{F}}{q_0}$，有

$$\boldsymbol{E} = \boldsymbol{E}_1 + \boldsymbol{E}_2 + \cdots + \boldsymbol{E}_n = \sum_{i=1}^{n} \boldsymbol{E}_i \tag{9.6}$$

上式表明，**电场中任一场点处的总电场强度等于各个点电荷单独存在时在该点所产生的电场强度的矢量和**. 这就是**电场强度叠加原理**. 任何带电体都可以看作许多点电荷的集合，由该原理可计算任意带电体产生的电场强度.

9.1.5 电场强度的计算

如果场源电荷分布状况已知，那么根据电场强度叠加原理，原则上可以求得电场分布.

电荷连续分布的电场的计算

1. 点电荷的电场

设真空中有一点电荷 q，P 为空间一点(称为场点). $\boldsymbol{r}$ 为从 q 到 P 点的矢径. 当试验电荷 q_0 放在 P 点时，q_0 所受电场力为

$$\boldsymbol{F} = \frac{1}{4\pi\varepsilon_0} \frac{q_0 q}{r^2} \boldsymbol{r}_0$$

式中 $\boldsymbol{r}_0$ 为矢径 $\boldsymbol{r}$ 方向的单位矢量. 则 P 点电场强度为

$$\boldsymbol{E} = \frac{\boldsymbol{F}}{q_0} = \frac{1}{4\pi\varepsilon_0} \frac{q}{r^2} \boldsymbol{r}_0 \tag{9.7}$$

q 为正电荷时,$\boldsymbol{E}$ 与 $\boldsymbol{r}$ 同方向;q 为负电荷时,$\boldsymbol{E}$ 与 $\boldsymbol{r}$ 反方向. 式(9.7)表明,点电荷的电场具有球对称性:在以 q 为中心的每一个球面上,各点电场强度的大小相等;正点电荷的电场强度方向垂直球面向外,负点电荷的电场强度方向垂直球面向里.

2. 点电荷系的电场

设真空中有点电荷系 $q_1, q_2, \cdots, q_n$,用 $\boldsymbol{r}_{i0}$ 表示第 i 个点电荷 q_i 到任意场点 P 的矢径 $\boldsymbol{r}_i$ 方向的单位矢量,$\boldsymbol{E}_i$ 为 q_i 单独存在时在 P 点产生的电场强度. 则

$$\boldsymbol{E}_i = \frac{1}{4\pi\varepsilon_0}\frac{q_i}{r_i^2}\boldsymbol{r}_{i0}$$

根据电场强度叠加原理,可得 P 点总电场强度

$$\boldsymbol{E} = \sum_{i=1}^{n}\boldsymbol{E}_i = \sum_{i=1}^{n}\frac{1}{4\pi\varepsilon_0}\frac{q_i}{r_i^2}\boldsymbol{r}_{i0} \tag{9.8}$$

在直角坐标系中式(9.8) 的分量式分别为

$$\begin{cases} E_x = \sum\limits_{i=1}^{n} E_{ix} \\ E_y = \sum\limits_{i=1}^{n} E_{iy} \\ E_z = \sum\limits_{i=1}^{n} E_{iz} \end{cases}$$

例 9.1

两个等值异号的点电荷 $+q$ 和 $-q$ 组成的点电荷系,当它们之间的距离 l 比起所讨论问题中涉及的距离 r 小得多时,这一对点电荷系称为**电偶极子**. 由负电荷 $-q$ 指向正电荷 $+q$ 的矢径 $\boldsymbol{l}$ 称为电偶极子的轴. $q\boldsymbol{l}$ 为**电偶极矩**,简称**电矩**,用 $\boldsymbol{p}$ 表示,即 $\boldsymbol{p} = q\boldsymbol{l}$. 试计算电偶极子轴线延长线上的一点 A 和轴的中垂面上的一点 B 的电场强度.

解 选取如图 9.1 所示的坐标,O 为电偶极子轴的中点. 点电荷 $+q$ 和 $-q$ 在 A 点产生的电场强度大小为

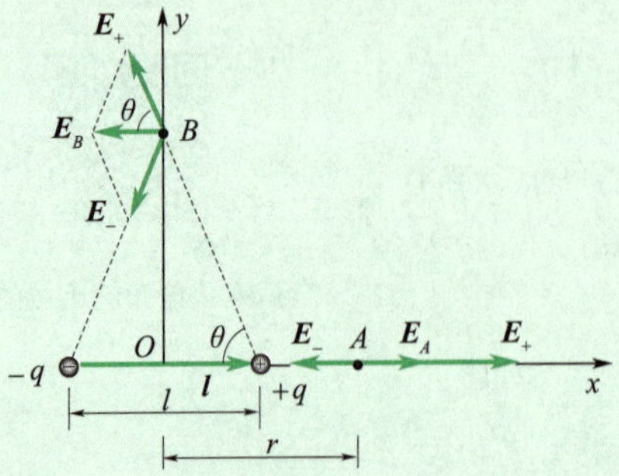

图 9.1

$$E_+ = \frac{1}{4\pi\varepsilon_0}\frac{q}{\left(r-\frac{l}{2}\right)^2}$$

$$E_- = \frac{1}{4\pi\varepsilon_0}\frac{q}{\left(r+\frac{l}{2}\right)^2}$$

$\boldsymbol{E}_+$ 沿 x 轴正方向,$\boldsymbol{E}_-$ 沿 x 轴负方向,所以 A 点总电场强度大小为

$$E_A = E_+ - E_-$$

$$= \frac{q}{4\pi\varepsilon_0}\left[\frac{1}{\left(r-\frac{l}{2}\right)^2} - \frac{1}{\left(r+\frac{l}{2}\right)^2}\right]$$

$$= \frac{q \cdot 2lr}{4\pi\varepsilon_0 \left[\left(r-\frac{l}{2}\right)\left(r+\frac{l}{2}\right)\right]^2}$$

因为 $r \gg l$,故 $E_A \approx \frac{2ql}{4\pi\varepsilon_0 r^3} = \frac{2p}{4\pi\varepsilon_0 r^3}$

$\boldsymbol{E}_A$ 沿 x 轴正方向,与电矩 $\boldsymbol{p}$ 同方向,所以

$$\boldsymbol{E}_A \approx \frac{2\boldsymbol{p}}{4\pi\varepsilon_0 r^3} \quad ①$$

类似计算可得

$$E_B = E_x = -2E_+ \cos\theta$$

$$= -2\frac{q}{4\pi\varepsilon_0}\frac{1}{\left(r^2+\frac{l^2}{4}\right)}\frac{\frac{l}{2}}{\left(r^2+\frac{l^2}{4}\right)^{\frac{1}{2}}}$$

$$\approx -\frac{ql}{4\pi\varepsilon_0 r^3} = -\frac{p}{4\pi\varepsilon_0 r^3}$$

$\boldsymbol{E}_B$ 沿 x 轴负方向,与电矩 $\boldsymbol{p}$ 方向相反.所以

$$\boldsymbol{E}_B \approx -\frac{\boldsymbol{p}}{4\pi\varepsilon_0 r^3} \quad ②$$

对于 $r \gg l$ 的其他场点的电场强度,可以把电偶极矩 $\boldsymbol{p}$ 分解为沿 $\boldsymbol{r}$ 方向和垂直于 $\boldsymbol{r}$ 方向的两个分量,利用式 ① 和式 ② 来叠加.

电偶极子的物理模型在研究电介质的极化以及电磁波的辐射时都要用到.

3. 电荷连续分布的带电体的电场

可以把带电体分割成无限多个电荷元 $\mathrm{d}q$. $\mathrm{d}q$ 在场点 P 产生的电场强度 $\mathrm{d}\boldsymbol{E}$ 与点电荷电场强度相同,由式(9.7)知

$$\mathrm{d}\boldsymbol{E} = \frac{\mathrm{d}q}{4\pi\varepsilon_0 r^2}\boldsymbol{r}_0$$

$\boldsymbol{r}_0$ 为电荷元 $\mathrm{d}q$ 到 P 点的矢径 $\boldsymbol{r}$ 方向的单位矢量.根据电场强度叠加原理,带电体在 P 点的总电场强度为

$$\boldsymbol{E} = \int_V \mathrm{d}\boldsymbol{E} = \int_V \frac{1}{4\pi\varepsilon_0}\frac{\mathrm{d}q}{r^2}\boldsymbol{r}_0 \qquad (9.9)$$

若电荷连续分布在一体积内,用 ρ 表示电荷体密度,则式(9.9)中 $\mathrm{d}q = \rho\mathrm{d}V$;若电荷连续分布在一曲面或平面上,用 σ 表示电荷面密度,则 $\mathrm{d}q = \sigma\mathrm{d}S$;若电荷连续分布在一曲线或直线上,用 λ 表示电荷线密度,则 $\mathrm{d}q = \lambda\mathrm{d}l$.相应地计算 $\boldsymbol{E}$ 的积分分别为体积分、面积分和线积分.具体计算时,更多的是进行分量的积分而求出 $\boldsymbol{E}$ 的各个分量.

例 9.2

真空中有一均匀带电直线,长为 L,总电量为 q,试求到直线距离为 a 的 P 点的电场强度.

解 如图 9.2 所示,取 P 点到 L 的垂足 O 点为坐标原点,x 轴与 y 轴正向如图所示.P 点到 l 两端的连线与 x 轴正方向的夹角分别为 θ_1 和 θ_2.线元 $\mathrm{d}x$ 位于 x 处,则 $\mathrm{d}q = \lambda\mathrm{d}x = \frac{q}{L}\mathrm{d}x$,$\mathrm{d}q$ 在 P 点产生的电场强度 $\mathrm{d}\boldsymbol{E}$ 方向如图所示,大小为

$$\mathrm{d}E = \frac{1}{4\pi\varepsilon_0}\frac{\lambda\mathrm{d}x}{r^2}$$

r 为 P 点到 $\mathrm{d}x$ 的距离,$\boldsymbol{r}$ 与 x 正向的夹角为 θ,则

$$\mathrm{d}E_x = \mathrm{d}E\cos\theta$$

$$\mathrm{d}E_y = \mathrm{d}E\sin\theta$$

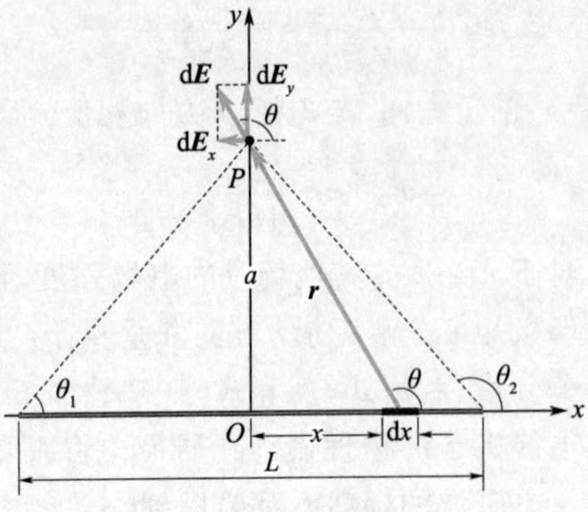

图 9.2

因为 $x = a\tan(\theta - \frac{\pi}{2}) = -a\cot\theta$

$$dx = a\csc^2\theta d\theta$$

$$r^2 = a^2\csc^2\theta$$

所以 $dE_x = dE\cos\theta = \frac{\lambda}{4\pi\varepsilon_0 a}\cos\theta d\theta$

$$dE_y = dE\sin\theta = \frac{\lambda}{4\pi\varepsilon_0 a}\sin\theta d\theta$$

积分后得

$$E_x = \int_{\theta_1}^{\theta_2} \frac{\lambda}{4\pi\varepsilon_0 a}\cos\theta d\theta = \frac{\lambda}{4\pi\varepsilon_0 a}(\sin\theta_2 - \sin\theta_1) \quad ①$$

$$E_y = \int_{\theta_1}^{\theta_2} \frac{\lambda}{4\pi\varepsilon_0 a}\sin\theta d\theta = \frac{\lambda}{4\pi\varepsilon_0 a}(\cos\theta_1 - \cos\theta_2) \quad ②$$

由 E_x 和 E_y 求出总电场强度 $\boldsymbol{E}$ 的大小和方向，请读者自己完成.

式①和式②中 $\lambda = \frac{q}{L}$. 当 λ 为常量，$L \to \infty$ 时，$\theta_1 = 0, \theta_2 = \pi$，则

$$E_x = 0$$

$$E_y = \frac{\lambda}{2\pi\varepsilon_0 a}$$

例 9.3

真空中一均匀带电圆环，环半径为 R，带电量为 q，试计算圆环轴线上任一点 P 的电场强度.

解 取环的轴线为 x 轴，轴上 P 点与环心 O 的距离为 x. 在圆环上取线元 dl（其所带电量为 dq），它与 P 点的距离为 r，如图9.3所示，则

$$dq = \lambda dl = \frac{q}{2\pi R}dl$$

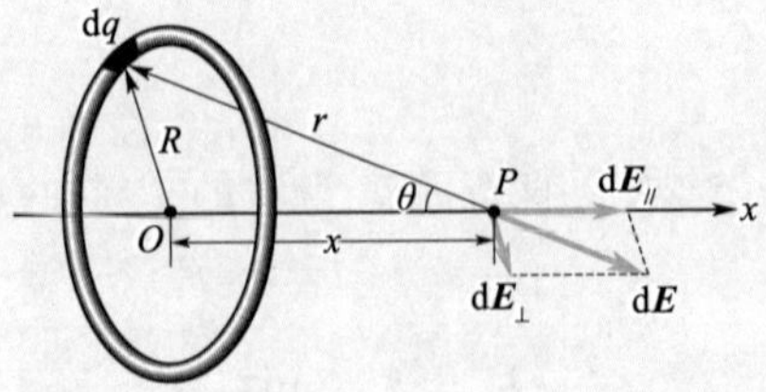

图 9.3

dq 在 P 点产生的电场强度 $d\boldsymbol{E}$ 的方向如图所示，大小为

$$dE = \frac{\lambda dl}{4\pi\varepsilon_0 r^2}$$

$d\boldsymbol{E}$ 的与 x 轴平行的分量为

$$dE_{/\!/} = \frac{\lambda dl}{4\pi\varepsilon_0 r^2}\cos\theta$$

$d\boldsymbol{E}$ 的与 x 轴垂直的分量为

$$dE_{\perp} = \frac{\lambda dl}{4\pi\varepsilon_0 r^2}\sin\theta$$

根据对称性，带电圆环上在同一直径两端取相等的电荷元，其在 P 点产生的电场强度在垂直于 x 轴方向的分量互相抵消，所以 P 点的总电场强度的方向一定沿 x 轴，即

$$E = \int_L dE_{/\!/} = \int_L \frac{\lambda dl}{4\pi\varepsilon_0 r^2}\cos\theta = \int_L \frac{\lambda dl}{4\pi\varepsilon_0 r^2}\frac{x}{r}$$

$$= \frac{x}{4\pi\varepsilon_0 r^3}\int_0^{2\pi R}\lambda dl = \frac{qx}{4\pi\varepsilon_0 (R^2 + x^2)^{3/2}}$$

当 $q > 0$ 时，$\boldsymbol{E}$ 沿 x 轴离开原点 O 的方向；当 $q < 0$ 时，$\boldsymbol{E}$ 沿 x 轴指向原点 O 的方向. 在环心处 $\boldsymbol{E} = 0$；当 $x \gg R$ 时，$E \approx \frac{q}{4\pi\varepsilon_0 x^2}$，此时带电圆环近似为一点电荷.

讨论：

(1) 计算电量为 q，半径为 R 的均匀带电薄圆盘轴上一点的电场强度时，可以把圆盘分割成许多半径为 r 的圆环. 每个圆环的面积为 $2\pi r\mathrm{d}r$，带电量 $\mathrm{d}q=\sigma 2\pi r\mathrm{d}r$，则该带电环在 P 点产生的电场强度沿轴线方向，大小为

$$\mathrm{d}E=\frac{x\mathrm{d}q}{4\pi\varepsilon_0(r^2+x^2)^{3/2}}=\frac{x\sigma 2\pi r\mathrm{d}r}{4\pi\varepsilon_0(r^2+x^2)^{3/2}}$$

把 $\mathrm{d}E$ 对 r 积分，取积分限从 $r=0$ 到 $r=R$，就得到均匀带电圆盘轴上一点的电场强度. 取积分限 $r=0$ 到 $r=\infty$，就得到无限大均匀带电平面的电场强度. 其大小为 $\frac{\sigma}{2\varepsilon_0}$，请读者自己完成.

(2) 利用无限大均匀带电平面的电场强度公式 $E=\frac{\sigma}{2\varepsilon_0}$，根据电场强度叠加原理可以很方便地计算一组互相平行的无限大均匀带电平面在空间各点产生的电场强度. 例如，一对无限大且相互平行的均匀带电平面，其电荷面密度等值异号，则在两平面之间的电场强度大小为 $\frac{\sigma}{\varepsilon_0}$，两平面之外电场强度为零.

9.1.6 带电体在外电场中所受的作用

点电荷 q 放在电场强度为 $\boldsymbol{E}$ 的外电场中某一点时，电荷受静电力

$$\boldsymbol{F}=q\boldsymbol{E} \tag{9.10}$$

要计算一个带电体在电场中所受的作用，一般要把带电体划分为许多电荷元，先计算每个电荷元所受的作用力，然后用积分求带电体所受的合力和合力矩.

例 9.4

计算电偶极子 $\boldsymbol{p}=q\boldsymbol{l}$ 在均匀外电场 $\boldsymbol{E}$ 中所受的合力和合力矩.

解 如图 9.4 所示，电矩 $\boldsymbol{p}$ 的方向与 $\boldsymbol{E}$ 的方向之间夹角为 θ，则正、负点电荷受力分别为

$$\boldsymbol{F}_+=q\boldsymbol{E}$$
$$\boldsymbol{F}_-=-q\boldsymbol{E}$$

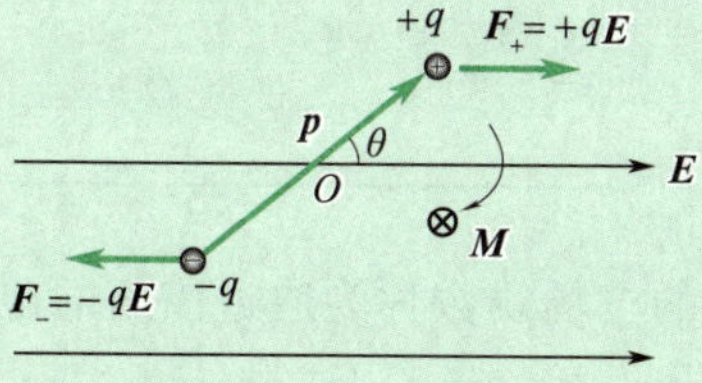

图 9.4

所以合力 $\boldsymbol{F}_++\boldsymbol{F}_-=\boldsymbol{0}$，但 $\boldsymbol{F}_+$ 与 $\boldsymbol{F}_-$ 不在一直线上，形成力偶. 力偶矩的大小为

$$M=F_+\frac{l}{2}\sin\theta+F_-\frac{l}{2}\sin\theta=Fl\sin\theta$$
$$=qEl\sin\theta=pE\sin\theta$$

考虑到力矩 $\boldsymbol{M}$ 的方向，上式写成矢量式为

$$\boldsymbol{M}=\boldsymbol{p}\times\boldsymbol{E}$$

所以电偶极子在电场作用下总要使电矩 $\boldsymbol{p}$ 转到 $\boldsymbol{E}$ 的方向上，达到稳定平衡状态.

例 9.5

在真空中一长为 l 的细杆上均匀分布着电荷，其电荷线密度为 λ. 在杆的延长线上，距杆的一端为 d 的一点上，有一点电荷 q_0，如图 9.5 所示. 求该点电荷所受的电场力.

解 选杆的左端为坐标原点，x 轴沿杆的方向. 在 x 处取一电荷元 $\mathrm{d}x$，它在点电荷所在处产生电场强度为

$$\mathrm{d}\boldsymbol{E}=\frac{\lambda\mathrm{d}x}{4\pi\varepsilon_0(d+l-x)^2}\boldsymbol{i}$$

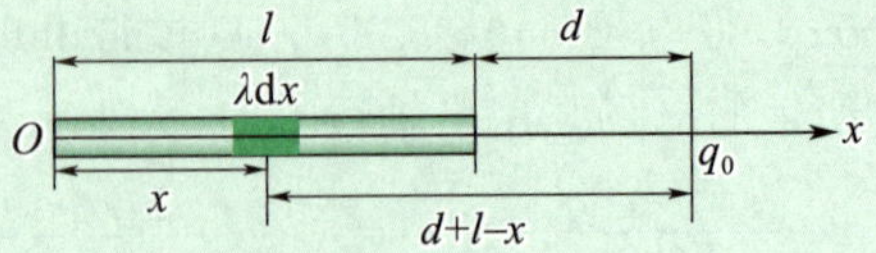

图 9.5

整个杆上电荷在该点的电场强度为

$$\boldsymbol{E}=\frac{\lambda}{4\pi\varepsilon_0}\int_0^l\frac{\mathrm{d}x}{(d+l-x)^2}\boldsymbol{i}=\frac{\lambda l}{4\pi\varepsilon_0 d(d+l)}\boldsymbol{i}$$

点电荷 q_0 所受的电场力为

$$\boldsymbol{F}=\frac{q_0\lambda l}{4\pi\varepsilon_0 d(d+l)}\boldsymbol{i}$$

9.2 电通量 高斯定理

9.2.1 电场的图示法 电场线

电场中每一点的电场强度 $\boldsymbol{E}$ 都有一定的方向. 为了形象地描述电场中电场强度的分布，可以在电场中描绘一系列的曲线，使这些曲线上每一点的切线方向都与该点电场强度 $\boldsymbol{E}$ 的方向一致，这些曲线叫**电场线**. 为了使电场线不仅表示出电场中电场强度的方向，而且还表示电场强度的大小，我们规定：在电场中任一点处，通过垂直于 $\boldsymbol{E}$ 的单位面积的电场线的数目等于该点处 $\boldsymbol{E}$ 的量值. 图 9.6 是几种带电系统的电场线图示.

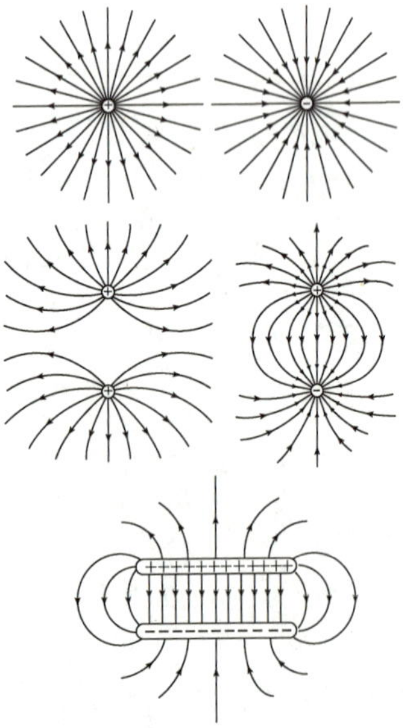

图 9.6 几种常见电场的电场线

静电场的电场线有以下性质：

(1) **不形成闭合回线也不中断，而是起自正电荷（或无穷远处）、止于负电荷（或无穷远处）.**

(2) **任何两条电场线不相交. 说明静电场中每一点的电场强度是唯一的.**

9.2.2 电通量

通过电场中任一给定面的电场线数称为通过该面的**电通量**，用符号 Φ_e 表示.

在均匀电场 $\boldsymbol{E}$ 中，通过与 $\boldsymbol{E}$ 方向垂直的平面 S 的电通量为

$$\Phi_e=ES$$

如图 9.7(a) 所示. 若平面 S 的法线 $\boldsymbol{n}$ 与 $\boldsymbol{E}$ 方向的夹角为 θ，则 S 在垂

直于 $\boldsymbol{E}$ 的方向上的投影面积为 $S' = S\cos\theta$，通过平面 S 的电通量等于通过面积 S' 的电通量，即

$$\Phi_e = ES' = ES\cos\theta = \boldsymbol{E}\cdot\boldsymbol{S}$$

其中矢量面积 $\boldsymbol{S} = S\boldsymbol{n}_0$，$\boldsymbol{n}_0$ 为 $\boldsymbol{S}$ 法线方向单位矢量，如图 9.7(b) 所示. 计算非均匀电场中通过任一曲面 S 的电通量时，要把该曲面划分为无限多个面元. 一个无限小的面元 $\mathrm{d}\boldsymbol{S}$ 的法线 $\boldsymbol{n}$ 与电场强度 $\boldsymbol{E}$ 的夹角为 θ，如图 9.7(c) 所示，则通过面元 $\mathrm{d}\boldsymbol{S}$ 的电通量为

$$\mathrm{d}\Phi_e = \boldsymbol{E}\cdot\mathrm{d}\boldsymbol{S}.$$

通过曲面 S 的总电通量等于通过各面元的电通量的总和，即

$$\Phi_e = \int_S \mathrm{d}\Phi_e = \int_S \boldsymbol{E}\cdot\mathrm{d}\boldsymbol{S} \tag{9.11}$$

当曲面 S 为闭合曲面时，上式写成

$$\Phi_e = \oint_S \boldsymbol{E}\cdot\mathrm{d}\boldsymbol{S} \tag{9.12}$$

这时规定，面元 $\mathrm{d}\boldsymbol{S}$ 的法线 $\boldsymbol{n}$ 的正向为指向闭合面的外侧. 因此，从曲面上穿出的电场线，电通量为正值；穿入曲面的电场线，电通量为负值.

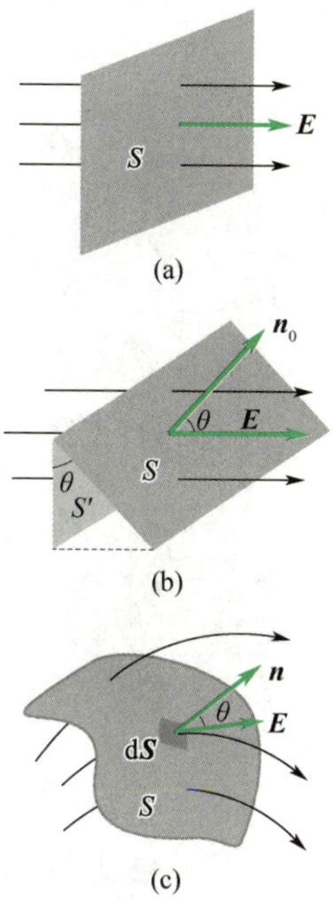

图 9.7　电通量

例 9.6

图 9.8 中虚线为一立方形的闭合面，边长为 a. 空间电场强度分布为 $E_x = bx$，$E_y = 0$，$E_z = 0$，b 为正常数. 求通过该闭合面的电通量.

解　因为电场强度只有 x 轴分量，所以只有图中位于 $x = a$ 和 $x = 2a$ 且与 yOz 平面平行的两面 S_1 和 S_2 上有电通量. 因为左侧面 S_1 的法线 $\boldsymbol{n}$ 与 E_x 的夹角为 π，所以通过 S_1 的电通量为

$$\Delta\Phi_{e1} = E_x S_1 \cos\pi = -ba^3$$

同理，通过 S_2 的电通量为

$$\Delta\Phi_{e2} = E_x S_2 \cos 0 = 2ba^3$$

通过闭合面的总电通量为

$$\Delta\Phi_e = \Delta\Phi_{e1} + \Delta\Phi_{e2} = ba^3$$

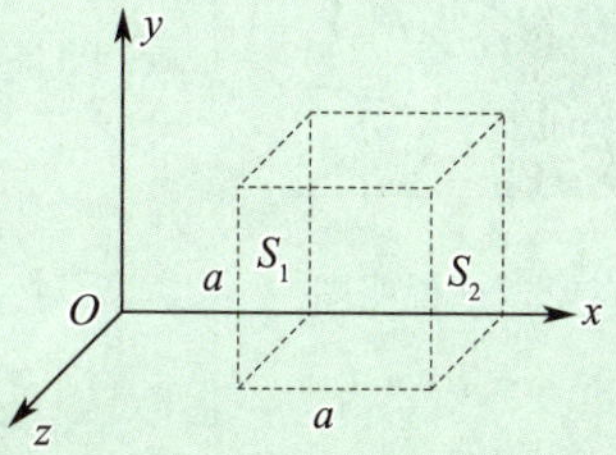

图 9.8

如果电场强度是沿 x 轴的匀强电场，则通过该闭合面的电通量为零.

9.2.3　高斯定理

高斯定理是静电场的一条基本原理，它给出了静电场中通过任一闭合曲面的电通量与该闭合曲面内所包围的电荷之间的量值关系.

先讨论点电荷电场的情况. 以点电荷 q 为中心，取任意长度 r 为半径作闭合球面 S 包围点电荷，如图 9.9(a) 所示. 在 S 上取面元

电场的高斯定理

$\mathrm{d}\boldsymbol{S}$，其法线 $\boldsymbol{n}$ 与面元处的电场强度 $\boldsymbol{E}$ 方向相同. 所以，通过 $\mathrm{d}\boldsymbol{S}$ 的电通量为

$$\mathrm{d}\Phi_{\mathrm{e}} = E\cos 0\mathrm{d}S = \frac{1}{4\pi\varepsilon_0}\frac{q}{r^2}\mathrm{d}S$$

通过整个闭合球面 S 的电通量为

$$\Phi_{\mathrm{e}} = \oint_S \mathrm{d}\Phi_{\mathrm{e}} = \oint_S \frac{q\mathrm{d}S}{4\pi\varepsilon_0 r^2} = \frac{q}{4\pi\varepsilon_0 r^2}\oint_S \mathrm{d}S = \frac{q}{\varepsilon_0}$$

即通过闭合球面的电通量 Φ_{e} 与半径 r 无关，只与被球面所包围的电量 q 有关. 当 q 是正电荷时，$\Phi_{\mathrm{e}} > 0$，表示电场线从正电荷发出且穿出球面；当 q 是负电荷时，$\Phi_{\mathrm{e}} < 0$，表示电场线穿入球面且止于负电荷.

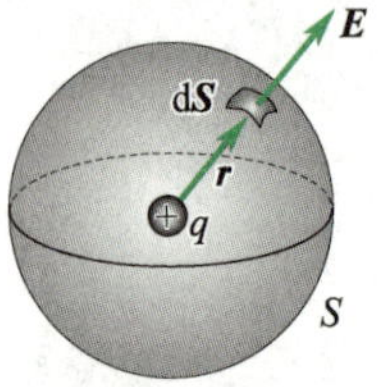

(a) 从q发出的电场线穿出球面

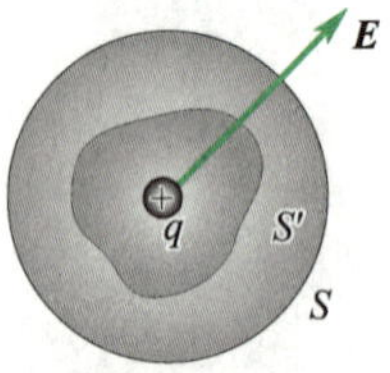

(b) 从q发出的电场线穿出任意闭合曲面

图 9.9　高斯定理说明图一

如果包围点电荷 q 的曲面是任意闭合曲面 S'，如图 9.9(b) 所示. 可以在曲面 S' 外面作一以 q 为中心的球面 S，由于 S 与 S' 之间没有其他电荷，从 q 发出的电场线不会中断. 所以穿过 S' 的电场线数与穿过 S 的电场线数相等. 即通过包围点电荷 q 的任意闭合曲面的电通量仍为

$$\Phi_{\mathrm{e}} = \oint_{S'} \boldsymbol{E}\cdot\mathrm{d}\boldsymbol{S} = \frac{q}{\varepsilon_0}$$

其次讨论点电荷 q 在闭合曲面 S 之外的情况，如图 9.10 所示. 因为只有与闭合曲面 S 相切的锥体范围内的电场线才通过闭合曲面 S，但每一条电场线从某处穿入必从另一处穿出，一进一出正负抵消. 所以在闭合曲面 S 外的电荷对通过闭合面的电通量没有贡献，即通过不包围电荷 q 的闭合曲面 S 的电通量为零.

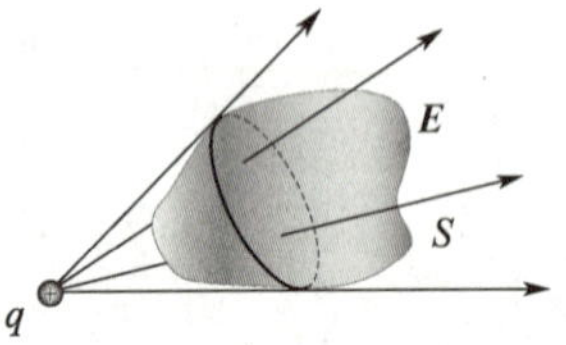

图 9.10　高斯定理说明图二

$$\oint_S \boldsymbol{E}\cdot\mathrm{d}\boldsymbol{S} = 0$$

对于任意带电系统的电场，有电场强度叠加原理

$$\boldsymbol{E} = \sum_{i=1}^{n}\boldsymbol{E}_i$$

其中 $\boldsymbol{E}_i$ 是系统中某点电荷 q_i 产生的电场强度. 因此在这个电场中，通过任意闭合曲面 S 的电通量为

$$\Phi_{\mathrm{e}} = \oint_S \boldsymbol{E}\cdot\mathrm{d}\boldsymbol{S} = \oint_S \left(\sum_{i=1}^{n}\boldsymbol{E}_i\right)\cdot\mathrm{d}\boldsymbol{S}$$

在闭合曲面取定的情况下

$$\oint_S \left(\sum_{i=1}^{n}\boldsymbol{E}_i\right)\cdot\mathrm{d}\boldsymbol{S} = \sum_{i=1}^{n}\oint_S \boldsymbol{E}_i\cdot\mathrm{d}\boldsymbol{S}$$

当某一点电荷 q_i 位于闭合曲面 S 之内时，$\oint_S \boldsymbol{E}_i\cdot\mathrm{d}\boldsymbol{S} = \frac{q_i}{\varepsilon_0}$；当 q_i 位于闭合曲面 S 之外时，

$$\oint_S \boldsymbol{E}_i\cdot\mathrm{d}\boldsymbol{S} = 0$$

所以

科学家介绍

高斯

$$\Phi_e = \oint_S \boldsymbol{E} \cdot d\boldsymbol{S} = \sum_{i=1}^{n} \oint_S \boldsymbol{E}_i \cdot d\boldsymbol{S} = \frac{\sum q_i}{\varepsilon_0} \qquad (9.13)$$

式(9.13)中的 q_i 只是那些被闭合曲面 S 包围的电荷. 即**通过真空中的静电场中任一闭合面的电通量 Φ_e 等于包围在该闭合面内的电荷代数和 $\sum q_i$ 的 ε_0 分之一,而与闭合面外的电荷无关**. 这就是**静电场的高斯定理**. 应当指出,高斯定理说明通过闭合面的电通量只与该闭合面所包围的电荷有关,并没有说闭合面上任一点的电场强度只与闭合面所包围的电荷有关. 电场中任一点的电场强度是由所有场源电荷,即闭合面内、外所有电荷共同产生的.

9.2.4 高斯定理的应用

高斯定理及应用

如果带电体的电荷分布已知,根据高斯定理很容易求得任意闭合曲面的电通量,但不一定能确定面上各点的电场强度. 只有当电荷分布具有某些对称性并取合适的闭合面(又称高斯面)时,才可以利用高斯定理方便地计算电场强度.

例 9.7

如图 9.11 所示,求均匀带电球面的电场分布. 已知球面半径为 R,带电量为 q.

解 由于电荷分布是球对称的,可判断出空间电场强度分布必然是球对称的,即与球心 O 距离相等的球面上各点的电场强度大小相等,方向沿半径呈辐射状.

设空间某点 P 到球心的距离为 r,取以球心为中心、r 为半径的闭合球面 S 为高斯面,则 S 上的面元 $d\boldsymbol{S}$ 的法线 $\boldsymbol{n}$ 与面元处电场强度 $\boldsymbol{E}$ 的方向相同,且高斯面上各点电场强度大小相等,所以

$$\oint_S \boldsymbol{E} \cdot d\boldsymbol{S} = \oint_S E dS = E \oint_S dS = E 4\pi r^2$$

当 P 点在带电球面内($r < R$)时

$$\sum q_i = 0$$

因此

$$\boldsymbol{E} = 0$$

当 P 点在带电球面外($r > R$)时

$$\sum q_i = q$$

所以 $\boldsymbol{E} = \dfrac{q}{4\pi\varepsilon_0 r^2}\boldsymbol{r}_0$,其中 $\boldsymbol{r}_0$ 为 P 点位矢 $\boldsymbol{r}$ 方向的单位矢量. $q > 0$ 时,$\boldsymbol{E}$ 呈辐射状向外;$q < 0$ 时,$\boldsymbol{E}$ 呈辐射状向里.

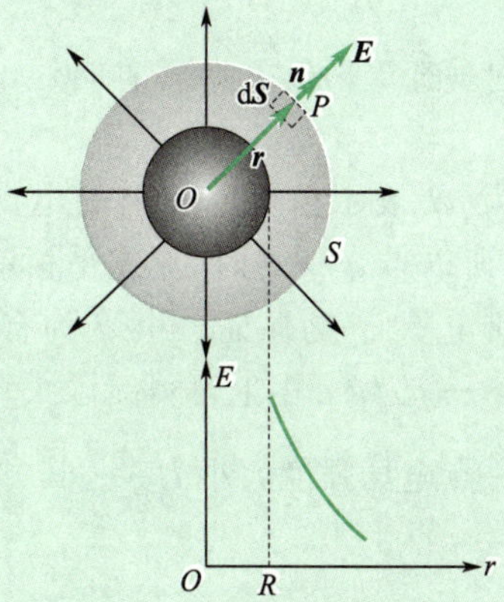

图 9.11

利用类似的方法,可求得半径为 R,总电量为 q 的均匀带电球体(带电的介质球)在空间的电场强度分布为

$$\boldsymbol{E} = \begin{cases} \dfrac{q\boldsymbol{r}}{4\pi\varepsilon_0 R^3} & (r \leqslant R) \\ \dfrac{q\boldsymbol{r}_0}{4\pi\varepsilon_0 r^2} & (r \geqslant R) \end{cases}$$

注意：在 $r=R$ 的球面上各点，当球内、外的介电常数相等时，均匀带电球体的电场强度连续，而均匀带电球面的电场强度不连续.

例 9.8

一厚度为 d 的无限大平板，平板体内均匀带电，体电荷密度 $\rho>0$. 设板内、外的介电常数均为 ε_0. 求平板内、外电场强度分布.

解 如图 9.12 所示，OO' 为平板截面的轴线. 由对称性可知，位于 OO' 两侧与 OO' 等距的 $\pm x$ 处电场强度大小相等，方向垂直于 OO' 轴指向两侧. 如图，在平板内作一个被平板的中间面垂直平分的闭合圆柱面 S_1，S_1 为高斯面，S_1 的底面积为 ΔS，底面与 OO' 轴的垂直距离为 x，则

$$\oint_{S_1}\boldsymbol{E}\cdot\mathrm{d}\boldsymbol{S}=2E\Delta S$$

$$\sum q_i=2x\Delta S\rho$$

所以 $$E=\frac{\rho x}{\varepsilon_0}\quad\left(|x|\leqslant\frac{d}{2}\right)$$

同理可得板外一点电场强度大小

$$E=\frac{\rho d}{2\varepsilon_0}\quad\left(|x|\geqslant\frac{d}{2}\right)$$

$\boldsymbol{E}$ 的方向垂直于平板，$\rho>0$ 时向外，$\rho<0$ 时向内.

因为 ρd 表示单位面积上的电荷即面电荷密度，所以当 $d\to0$ 时，上述平板就是无限大均匀带电平面. 为保证 $\sigma=\rho d$ 为有限值，当 $d\to0$ 时，ρ 应为 ∞. 由上可得无限大均匀带电平面外一点电场强度大小为 $\frac{\sigma}{2\varepsilon_0}$，其方向垂直于平面. 顺便指出，对 $d\neq0$ 的无限大均匀带电平板，在板的两个侧面，板内、外电场强度是连续的，如图 9.12 所示；只是采用了 $d=0$ 的无厚度理想平面后，平面两侧的电场强度才不连续（虽然大小相等但方向相反）. 可见，电场强度跃变是采用厚度为零的带电面理想模型的结果.

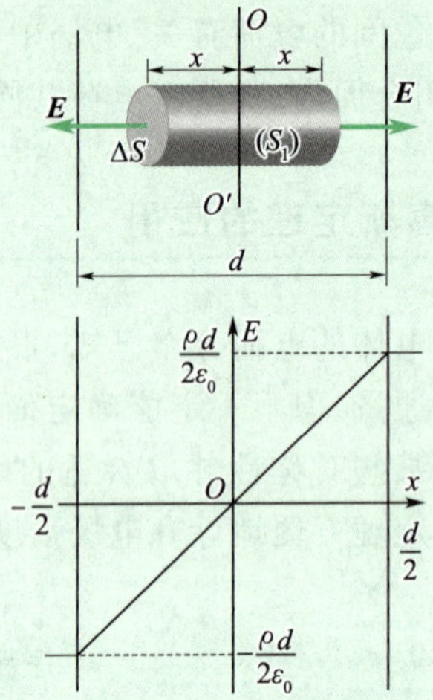

图 9.12

例 9.9

试求半径为 R，电荷面密度为 σ 的无限长均匀带电圆柱面的电场强度.

解 如图 9.13 所示，由于电荷分布的轴对称性，可以确定带电圆柱面产生的电场也具有轴对称性，即离圆柱面轴线垂直距离相等的各点电场强度大小相等，方向都垂直于圆柱面. 取过场点 P 的一同轴圆柱面为高斯面，圆柱面高为 l，底面半径为 $r(r>R)$，则通过高斯面底面的电通量为零而通过高斯面侧面的电通量为 $2\pi rlE$，即

$$\oint_S\boldsymbol{E}\cdot\mathrm{d}\boldsymbol{S}=2\pi rlE$$

而 $\sum q_i=\sigma2\pi Rl$，可得

$$E=\frac{R\sigma}{\varepsilon_0 r}\quad(r>R)$$

若令λ表示圆柱面上单位长度的电量，即$\lambda = 2\pi R\sigma$，则有

$$E = \frac{\lambda}{2\pi\varepsilon_0 r}$$

同理可得圆柱面内任一点

$$E = 0$$

由此可见，无限长均匀带电圆柱面对圆柱外各点的作用正像所有的电荷全部集中在其轴线上的均匀带电直线一样.

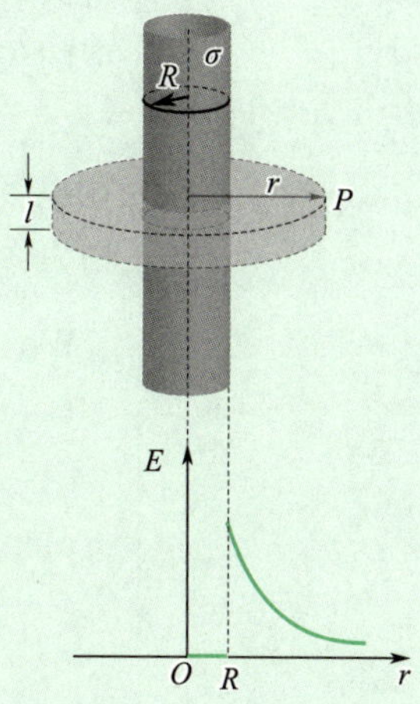

图 9.13 无限长均匀带电圆柱面的电场

9.3 电场力的功 电势

9.3.1 电场力的功

由静电场对外的主要表现可知，当电荷在电场中运动时，电场力对它做功. 本节研究电荷在电场中移动时电场力做的功和电势能及电势.

在点电荷q的电场中，试验电荷q_0从a点经任意路径acb移动到b点时，电场力对电荷q_0将做功.

如图9.14所示，在路径中任一点c附近取一元位移$\mathrm{d}\boldsymbol{l}$，q_0在$\mathrm{d}\boldsymbol{l}$上受的电场力$\boldsymbol{F} = q_0\boldsymbol{E}$，$\boldsymbol{F}$与$\mathrm{d}\boldsymbol{l}$的夹角为$\theta$. 则电场力在$\mathrm{d}\boldsymbol{l}$上对$q_0$做功为

$$\mathrm{d}W = \boldsymbol{F}\cdot\mathrm{d}\boldsymbol{l} = q_0\boldsymbol{E}\cdot\mathrm{d}\boldsymbol{l} = q_0E\cos\theta\mathrm{d}l$$

因为$\mathrm{d}l\cos\theta = r' - r = \mathrm{d}r$，为位矢模的增量，所以

$$\mathrm{d}W = q_0E\cos\theta\mathrm{d}l = q_0E\mathrm{d}r = \frac{1}{4\pi\varepsilon_0}\frac{q_0q}{r^2}\mathrm{d}r$$

当q_0从a点移动到b点时，电场力做功为

$$W_{ab} = \int_a^b \mathrm{d}W = \int_{r_a}^{r_b}\frac{1}{4\pi\varepsilon_0}\frac{q_0q}{r^2}\mathrm{d}r = \frac{q_0q}{4\pi\varepsilon_0}\left(\frac{1}{r_a} - \frac{1}{r_b}\right) \tag{9.14a}$$

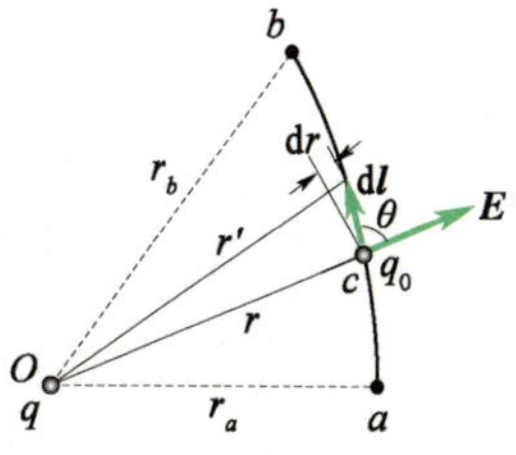

图 9.14 电场力做功

式中r_a、r_b分别表示路径的起点和终点离点电荷q的距离. 可见，在点电荷q的电场中，电场力对q_0做的功只取决于移动路径的起点a和终点b的位置，而与路径无关.

上述结论可以推广到任意带电体产生的电场. 任何一个带电体

可以看成是许多点电荷的集合，总电场强度 $\boldsymbol{E}$ 等于各点电荷电场强度的矢量和，即

$$\boldsymbol{E}=\boldsymbol{E}_1+\boldsymbol{E}_2+\cdots+\boldsymbol{E}_n$$

在电场强度 $\boldsymbol{E}$ 中，试验电荷 q_0 从 a 点沿任意路径 acb 移到 b 点时，电场力做功为

$$\begin{aligned}W_{ab}&=\int_a^b q_0\boldsymbol{E}\cdot\mathrm{d}\boldsymbol{l}\\&=\int_a^b q_0(\boldsymbol{E}_1+\boldsymbol{E}_2+\cdots+\boldsymbol{E}_n)\cdot\mathrm{d}\boldsymbol{l}\\&=\int_a^b q_0\boldsymbol{E}_1\cdot\mathrm{d}\boldsymbol{l}+\int_a^b q_0\boldsymbol{E}_2\cdot\mathrm{d}\boldsymbol{l}+\cdots+\int_a^b q_0\boldsymbol{E}_n\cdot\mathrm{d}\boldsymbol{l}\\&=\frac{q_0q_1}{4\pi\varepsilon_0}\left(\frac{1}{r_{a1}}-\frac{1}{r_{b1}}\right)+\frac{q_0q_2}{4\pi\varepsilon_0}\left(\frac{1}{r_{a2}}-\frac{1}{r_{b2}}\right)+\cdots+\frac{q_0q_n}{4\pi\varepsilon_0}\left(\frac{1}{r_{an}}-\frac{1}{r_{bn}}\right)\\&=\sum_{i=1}^{n}\frac{q_0q_i}{4\pi\varepsilon_0}\left(\frac{1}{r_{ai}}-\frac{1}{r_{bi}}\right)\end{aligned}\tag{9.14b}$$

式中 r_{ai}、r_{bi} 分别表示路径的起点和终点离点电荷 q_i 的距离. 上式表明，功仍只取决于路径的起点和终点的位置，而与路径无关. 所以可得出结论：**试验电荷在任何静电场中移动时，静电场力所做的功，只与电场的性质、试验电荷的电量及路径起点和终点的位置有关，而与路径无关**. 这说明静电力是保守力，静电场是保守力场.

9.3.2 静电场的环流定理

静电场力做功与路径无关的特性还可以用另一种形式来表达. 设试验电荷 q_0 从电场中 a 点经任意路径 acb 到达 b 点，再从 b 点经另一路径 bda 回到 a 点，则电场力在整个闭合路径 $acbda$ 上做功为

$$\begin{aligned}W&=\oint_l q_0\boldsymbol{E}\cdot\mathrm{d}\boldsymbol{l}=\int_{acb}q_0\boldsymbol{E}\cdot\mathrm{d}\boldsymbol{l}+\int_{bda}q_0\boldsymbol{E}\cdot\mathrm{d}\boldsymbol{l}\\&=\int_{acb}q_0\boldsymbol{E}\cdot\mathrm{d}\boldsymbol{l}-\int_{adb}q_0\boldsymbol{E}\cdot\mathrm{d}\boldsymbol{l}=0\end{aligned}$$

由于 $q_0\neq0$，所以

$$\oint_l\boldsymbol{E}\cdot\mathrm{d}\boldsymbol{l}=0\tag{9.15}$$

式(9.15)左边是电场强度 $\boldsymbol{E}$ 沿闭合路径的积分，称为静电场 $\boldsymbol{E}$ 的环流. 它表明**在静电场中，电场强度 $\boldsymbol{E}$ 的环流恒等于零**，这一结论称为**静电场的环流定理**，它是静电场为保守场的数学表述. 由于这一性质，我们才能引进电势能和电势的概念.

9.3.3 电势能

在力学中已经指出，任何保守力场都可以引入势能概念. 静电场是保守力场，相应地可以引入电势能的概念，即认为试验电荷 q_0

在静电场中某一位置具有一定的**电势能**,用 E_p 表示. 当试验电荷 q_0 从电场中的 a 点移动到 b 点时,电场力对它的做功等于相应电势能增量的负值,即

$$W_{ab}=\int_a^b q_0\boldsymbol{E}\cdot\mathrm{d}\boldsymbol{l}=-(E_{pb}-E_{pa})=E_{pa}-E_{pb}\qquad(9.16)$$

式中 E_{pa}、E_{pb} 分别是试验电荷在 a、b 点的电势能. 电场力做正功时,$W_{ab}>0$,则 $E_{pa}>E_{pb}$,电势能减少;电场力做负功时,$W_{ab}<0$,则 $E_{pa}<E_{pb}$,电势能增大.

与其他形式的势能一样,电势能也是相对量. 只有先选定一个电势能为零的参考点,才能确定电荷在某一点的电势能的绝对大小. 电势能零点可以任意选择,如选择电荷在 b 点的电势能为零,即选定 $E_{pb}=0$,则由式(9.16)可得 a 点电势能绝对大小为

$$E_{pa}=W_{ab}=\int_a^b q_0\boldsymbol{E}\cdot\mathrm{d}\boldsymbol{l}$$

上式表明,试验电荷 q_0 在电场中任意一点 a 的电势能在数值上等于把 q_0 由该点移到电势能零点处时电场力所做的功. 当场源电荷局限在有限大小的空间里时,为了方便,常把电势能零点选在无穷远处,即规定 $E_{p\infty}=0$,则 q_0 在 a 点的电势能为

$$E_{pa}=\int_a^\infty q_0\boldsymbol{E}\cdot\mathrm{d}\boldsymbol{l}\qquad(9.17)$$

即在规定无穷远处电势能为零时,试验电荷 q_0 在电场中任一点 a 的电势能在数值上等于把 q_0 由 a 点移到无穷远处时电场力所做的功.

应该指出,与任何形式的势能相同,电势能是试验电荷和电场的相互作用能,它属于试验电荷和电场组成的系统.

9.3.4　电势　电势差

式(9.17)表示电势能 E_{pa} 不仅与电场性质及 a 点位置有关,而且还与电荷 q_0 有关,但比值 $\dfrac{E_{pa}}{q_0}$ 则与 q_0 无关,仅由电场性质和 a 点的位置决定. 因此,$\dfrac{E_{pa}}{q_0}$ 是描述电场中任一点 a 电场性质的一个基本物理量,称为 a 点的**电势**,用 U_a 表示,即

$$U_a=\frac{E_{pa}}{q_0}=\int_a^\infty \boldsymbol{E}\cdot\mathrm{d}\boldsymbol{l}\qquad(9.18)$$

式(9.18)表明,**若规定无穷远处为电势零点,则电场中某点 a 的电势在数值上等于把单位正电荷从该点沿任意路径移到无穷远处时电场力所做的功.**

电势是标量. 在 SI 制中,电势的单位是伏特,符号为 V.

静电场中任意两点 a 和 b 电势之差称为 a、b 两点的**电势差**,也称为电压,用 U_{ab} 表示. 即

电势的计算

$$U_{ab} = U_a - U_b = \int_a^{\infty} \boldsymbol{E} \cdot \mathrm{d}\boldsymbol{l} - \int_b^{\infty} \boldsymbol{E} \cdot \mathrm{d}\boldsymbol{l} = \int_a^b \boldsymbol{E} \cdot \mathrm{d}\boldsymbol{l}$$

上式表明，静电场中a、b两点的电势差等于单位正电荷从a点移到b点时电场力做的功. 据此，当任一电荷q_0从a点移到b点时，电场力做功可用a、b两点的电势差表示

$$W_{ab} = q_0(U_a - U_b) \tag{9.19}$$

电势零点的选择也是任意的. 通常场源电荷分布在有限空间时，取无穷远处为电势零点. 但当场源电荷的分布广延到无穷远处时，不能再取无穷远处为电势零点，因为会遇到积分不收敛的困难而无法确定电势. 这时可在电场内另选任一合适的电势零点. 在许多实际问题中，也常常选取地球为电势零点.

9.3.5 电势的计算

电势的计算

1. 点电荷电场的电势

在点电荷电场中，电场强度$\boldsymbol{E}$为

$$\boldsymbol{E} = \frac{q}{4\pi\varepsilon_0} \frac{\boldsymbol{r}_0}{r^2}$$

根据电势定义式(9.18)，在选取无穷远处为电势零点时，电场中任一点a的电势为

$$U_a = \int_a^{\infty} \boldsymbol{E} \cdot \mathrm{d}\boldsymbol{l} = \int_r^{\infty} \frac{1}{4\pi\varepsilon_0} \frac{q}{r^2} \mathrm{d}r = \frac{q}{4\pi\varepsilon_0 r} \tag{9.20}$$

2. 电势叠加原理

若是点电荷系电场，则由电场强度叠加原理的式(9.8)

$$\boldsymbol{E} = \sum_{i=1}^{n} \frac{1}{4\pi\varepsilon_0} \frac{q_i}{r_i^2} \boldsymbol{r}_{i0}$$

可以得到，在取$U_\infty = 0$时，电场中任意一点a的电势为

$$U_a = \int_a^{\infty} \boldsymbol{E} \cdot \mathrm{d}\boldsymbol{l} = \int_{r_i}^{\infty} \left(\sum_{i=1}^{n} \frac{1}{4\pi\varepsilon_0} \frac{q_i}{r_i^2} \boldsymbol{r}_{i0} \right) \cdot \mathrm{d}\boldsymbol{l}$$

$$= \sum_{i=1}^{n} \int_{r_i}^{\infty} \frac{q_i}{4\pi\varepsilon_0} \frac{\boldsymbol{r}_{i0}}{r_i^2} \cdot \mathrm{d}\boldsymbol{r}_i = \sum_{i=1}^{n} \frac{q_i}{4\pi\varepsilon_0 r_i}$$

对于电荷连续分布的有限大小带电体的电场，可以看成是许多电荷元$\mathrm{d}q$产生的电场. 把每一个电荷元看成一个点电荷并取$U_\infty = 0$时，则总电场在a点的电势就等于无限多个电荷元电场在a点的电势之和. 即

$$U_a = \int_V \mathrm{d}U = \int_V \frac{\mathrm{d}q}{4\pi\varepsilon_0 r}$$

其中r是电荷元$\mathrm{d}q$到场点a的距离，V是电荷连续分布的带电体的体积.

例 9.10

求电偶极子电场中任一点的电势. 电偶极子的电矩 $\boldsymbol{p}=q\boldsymbol{l}$.

解 如图 9.15 所示,取 $U_\infty=0$,则对任一场点 P,其电势为

$$U=\frac{q}{4\pi\varepsilon_0 r_+}-\frac{q}{4\pi\varepsilon_0 r_-}=\frac{q}{4\pi\varepsilon_0}\frac{r_--r_+}{r_+r_-}$$

因为 $r\gg l$,所以

$$r_-\approx r+\frac{l}{2}\cos\theta,\ r_+\approx r-\frac{l}{2}\cos\theta$$

$$r_--r_+\approx l\cos\theta,\ r_+r_-\approx r^2$$

得 $$U\approx\frac{ql\cos\theta}{4\pi\varepsilon_0 r^2}=\frac{p\cos\theta}{4\pi\varepsilon_0 r^2}$$

式中 θ 为电偶极子中心 O 与场点 P 的连线和电偶极子轴的夹角,如图 9.15 所示.

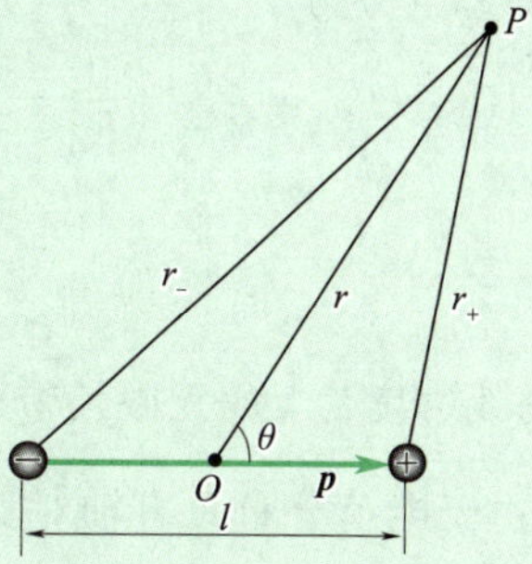

图 9.15

例 9.11

求均匀带电球面的电场中电势的分布. 设球面半径为 R,总电量为 q.

解 用电势定义法求解,由高斯定理已求得均匀带电球面电场强度大小分布为

$$E=\begin{cases}0 & (r<R)\\ \dfrac{q}{4\pi\varepsilon_0 r^2} & (r>R)\end{cases}$$

球面外 $\boldsymbol{E}$ 沿球半径方向,所以球面外一点电势为

$$U=\int_r^\infty\frac{q}{4\pi\varepsilon_0 r^2}\mathrm{d}r=\frac{q}{4\pi\varepsilon_0 r}\quad(r\geqslant R)$$

球面内一点电势为

$$U=\int_r^R 0\mathrm{d}r+\int_R^\infty\frac{q}{4\pi\varepsilon_0 r^2}\mathrm{d}r=\frac{q}{4\pi\varepsilon_0 R}\quad(r\leqslant R)$$

可见,均匀带电球面外各点的电势与全部电荷集中在球心时的点电荷的电势相同;球面内任一点的电势都相等,且等于球面上的电势.

例 9.12

如图 9.16 所示,半径分别为 R_A 和 R_B 的两个同心均匀带电球面 A 和 B,内球面 A 带电 $+q$,外球面 B 带电 $-q$,求 A、B 两球面的电势差.

解 方法一:可用电势差定义式计算,请读者自己完成.

方法二:利用电势叠加原理计算.

根据例 9.11 的结论,球面 A 上电荷 $+q$ 在 A、B 球面上各点产生的电势分别为

$$U'_A=\frac{q}{4\pi\varepsilon_0 R_A}$$

$$U'_B=\frac{q}{4\pi\varepsilon_0 R_B}$$

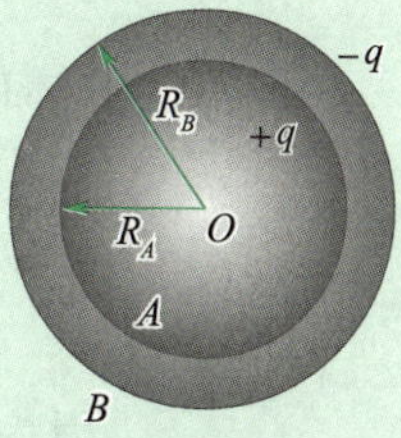

图 9.16

而球面 B 上的电荷 $-q$ 在 A,B 球面上各点产

生的电势分别为

$$U''_A = \frac{-q}{4\pi\varepsilon_0 R_B}, \quad U''_B = \frac{-q}{4\pi\varepsilon_0 R_B}$$

所以 A 球面总电势为

$$U_A = U'_A + U''_A = \frac{q}{4\pi\varepsilon_0}\left(\frac{1}{R_A} - \frac{1}{R_B}\right)$$

同理，B 球面总电势为

$$U_B = U'_B + U''_B = 0$$

A、B 两球面的电势差为

$$U_{AB} = U_A - U_B = \frac{q}{4\pi\varepsilon_0}\left(\frac{1}{R_A} - \frac{1}{R_B}\right)$$

例 9.13

求电荷线密度为 λ 的无限长带电直线电场中任一点的电势.

解 由于电荷分布具有轴对称性，所以可以确定均匀带电直线所产生的电场也具有轴对称性，即离轴（带电直线）距离相等的各点电场强度大小相等，方向垂直于带电直线轴. 基于高斯定理可求得距轴距离为 r 位置处的电场强度为（具体求解过程可参考例 9.9）

$$E = \frac{\lambda}{2\pi\varepsilon_0 r}$$

方向为径向向外. 取距轴距离为 r_0 的位置为电势零点，并依据电势的定义式可得电场中距轴距离为 r 处的电势为

$$U = \int_r^{r_0} \frac{\lambda\,dr}{2\pi\varepsilon_0 r} = \frac{\lambda}{2\pi\varepsilon_0}\ln\frac{r_0}{r}$$

思考：为什么不能取无穷远处为电势零点呢？

9.4 电场强度与电势的关系

9.4.1 等势面

电势是标量场，一般来说静电场中各点的电势是逐点变化的. 但是总有某些电势相等的点. 由电势相等的各点所构成的曲面叫**等势面**. 如点电荷电场中，电势 $U = \dfrac{q}{4\pi\varepsilon_0 r}$，说明其等势面是球面. 而点电荷电场的电场线沿着半径方向，所以电场线与等势面处处正交.

实际上不仅是点电荷的电场，在任意静电场中，等势面与电场线总是处处正交. 证明如下：

设在任意静电场中，电荷 q_0 沿着等势面上一位移元 $d\boldsymbol{l}$ 从 a 点移到 b 点，则电场力做功

$$dW = q_0 \boldsymbol{E} \cdot d\boldsymbol{l} = q_0 E\cos\theta\, dl = q_0(U_a - U_b) = 0$$

因为上式中 q_0、E、dl 均不等于零，所以

$$\cos\theta = 0, \qquad \theta = \frac{\pi}{2}$$

说明 $\boldsymbol{E}$ 与 $d\boldsymbol{l}$ 垂直，即电场线与等势面正交.

如果让正电荷 q_0 沿任意静电场的电场线上的位移元 $\mathrm{d}\boldsymbol{l}$ 从 a 移到 b' 点，则电场力做功

$$\mathrm{d}W' = q_0\boldsymbol{E}\cdot\mathrm{d}\boldsymbol{l} = q_0E\mathrm{d}l\cos 0 = q_0E\mathrm{d}l > 0$$

另一方面，又有

$$\mathrm{d}W' = q_0(U_a - U_{b'})$$

所以 $U_a - U_{b'} > 0$，即 $U_a > U_{b'}$，电场线总是指向电势降落的方向.

为了使等势面能反映电场的强弱，在画等势面时，规定电场中任意两相邻等势面间电势差都相等，则电场强度较强的区域，等势面较密；电场强度较弱的区域，等势面较疏.

等势面是研究电场的一种有用的方法. 经常是通过测量绘出带电体周围电场的等势面，然后推知电场的分布.

图 9.17 给出几种常见电场的等势面和电场线.

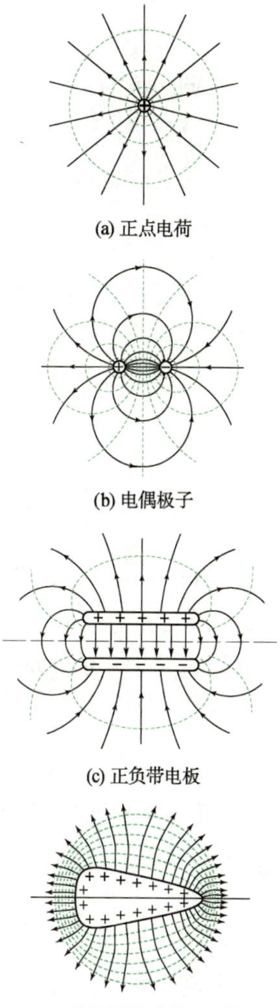

(a) 正点电荷

(b) 电偶极子

(c) 正负带电板

(d) 不规则形状的带电导体

图 9.17 几种常见电场的等势面和电场线图(图中虚线表示等势面，实线表示电场线)

*9.4.2 电场强度与电势梯度的关系

电势定义式 $U=\int_r^\infty \boldsymbol{E}\cdot\mathrm{d}\boldsymbol{l}$ 反映了静电场中电势与电场强度的积分关系，在求出电场强度分布后可由该式求得电势分布. 然而，在许多实际问题中，静电场的电势分布往往容易求得，要由电势分布求得电场强度分布，就必须了解电场强度与电势的微分关系.

在任意静电场中，取两个十分靠近的等势面，电势分别为 U 和 $U+\mathrm{d}U$，且设 $\mathrm{d}U>0$，a 点在电势为 U 的等势面上，b 点在电势为 $U+\mathrm{d}U$ 的等势面上，从 a 到 b 的位移元为 $\mathrm{d}\boldsymbol{l}$，如图 9.18 所示. 当把正电荷 q_0 从 a 点沿 $\mathrm{d}\boldsymbol{l}$ 移到 b 点时，电场强度 $\boldsymbol{E}$ 近似不变，则电场力的功为

$$W = q_0(U_a - U_b) = q_0[U-(U+\mathrm{d}U)] = -q_0\mathrm{d}U$$

另一方面

$$W = q_0\boldsymbol{E}\cdot\mathrm{d}\boldsymbol{l} = q_0E\cos\theta\mathrm{d}l = q_0E_l\mathrm{d}l$$

其中 $E_l = E\cos\theta$ 是电场强度 $\boldsymbol{E}$ 在 $\mathrm{d}\boldsymbol{l}$ 方向上的分量. 由上面两式可得

$$-\mathrm{d}U = E_l\mathrm{d}l$$

即

$$E_l = -\frac{\mathrm{d}U}{\mathrm{d}l}$$

此式表明：电场中某一点的电场强度 $\boldsymbol{E}$ 沿某一方向的分量 E_l 等于电势沿该方向上变化率的负值. 显然，在直角坐标系中，U 是坐标 x、y、z 的函数，电场强度 $\boldsymbol{E}$ 在 x、y、z 三个方向上分量分别为

$$E_x = -\frac{\partial U}{\partial x},\quad E_y = -\frac{\partial U}{\partial y},\quad E_z = -\frac{\partial U}{\partial z}$$

即电场强度 $\boldsymbol{E}$ 的矢量表达式可写成

$$\boldsymbol{E} = -\left(\frac{\partial U}{\partial x}\boldsymbol{i}+\frac{\partial U}{\partial y}\boldsymbol{j}+\frac{\partial U}{\partial z}\boldsymbol{k}\right) \tag{9.21a}$$

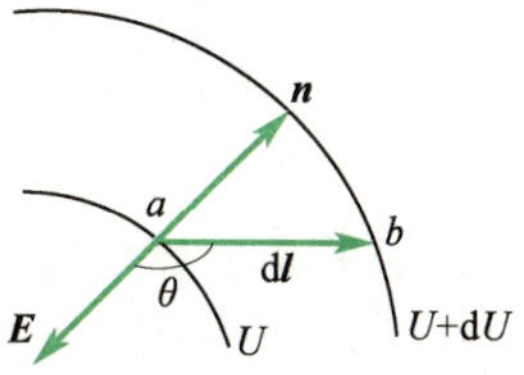

图 9.18 $\boldsymbol{E}$ 与 U 的关系

在数学上，矢量 $\frac{\partial U}{\partial x}\boldsymbol{i}+\frac{\partial U}{\partial y}\boldsymbol{j}+\frac{\partial U}{\partial z}\boldsymbol{k}$ 称为电势的梯度，用 $\mathbf{grad}\,U$ 或 ∇U 表示. 所以，式(9.21a) 又可写成

$$\boldsymbol{E} = -\mathbf{grad}\,U = -\nabla U \tag{9.21b}$$

其中，微分算符

$$\nabla = \frac{\partial}{\partial x}\boldsymbol{i}+\frac{\partial}{\partial y}\boldsymbol{j}+\frac{\partial}{\partial z}\boldsymbol{k}$$

上式表明：电场中任意一点的电场强度等于该点电势梯度的负值．在SI制中电势梯度的单位为伏特每米（V/m），所以电场强度也用这个单位．

从图9.18可看出，在两等势面之间，从a点沿不同方向上的电势变化率不同．其中沿等势面法线$\boldsymbol{n}$方向的电势变化率最大．若以$\mathrm{d}n$表示a点处两等势面的法向距离，$\boldsymbol{n}_0$表示法线$\boldsymbol{n}$方向的单位矢量，同时考虑到电场线与等势面正交且指向电势降落的方向，$\boldsymbol{n}$指向电势升高的方向，即电场强度$\boldsymbol{E}$沿法线$\boldsymbol{n}$的相反方向，则有

$$\boldsymbol{E}=-\frac{\mathrm{d}U}{\mathrm{d}n}\boldsymbol{n}_0$$

而电势梯度与电场强度的关系为

$$\mathbf{grad}\,U=\nabla U=-\boldsymbol{E}$$

所以电势梯度为

$$\mathbf{grad}\,U=\nabla U=\frac{\mathrm{d}U}{\mathrm{d}n}\boldsymbol{n}_0$$

即电势梯度的物理意义为：**电势梯度是一个矢量，它的大小为电势沿等势面法线方向的变化率，它的方向沿等势面法向且指向电势增大的方向．**

压电体

例 9.14

利用电场强度与电势梯度的关系，求半径为R，面电荷密度为σ的均匀带电圆盘轴线上的电场强度．

解 如图9.19所示，取圆环$\mathrm{d}S=2\pi r\mathrm{d}r$，圆环上带电量$\mathrm{d}q=\sigma 2\pi r\mathrm{d}r=\sigma\pi\mathrm{d}r^2$，电荷$\mathrm{d}q$在轴线上距离盘中心为$x$的$P$点产生的电势为

$$\mathrm{d}U=\frac{\sigma\pi\mathrm{d}r^2}{4\pi\varepsilon_0(r^2+x^2)^{1/2}}$$

则圆盘在P点产生的电势为

$$U=\int\mathrm{d}U=\frac{\sigma}{4\varepsilon_0}\int_0^R\frac{\mathrm{d}r^2}{(r^2+x^2)^{1/2}}$$

$$=\frac{\sigma}{2\varepsilon_0}\left[\sqrt{r^2+x^2}\right]_0^R=\frac{\sigma}{2\varepsilon_0}\left[\sqrt{R^2+x^2}-x\right]$$

所以P点电场强度为

$$E_x=-\frac{\partial U}{\partial x}=\frac{\sigma}{2\varepsilon_0}\left(1-\frac{x}{\sqrt{R^2+x^2}}\right)$$

$$E_y=-\frac{\partial U}{\partial y}=0$$

$$E_z=-\frac{\partial U}{\partial z}=0$$

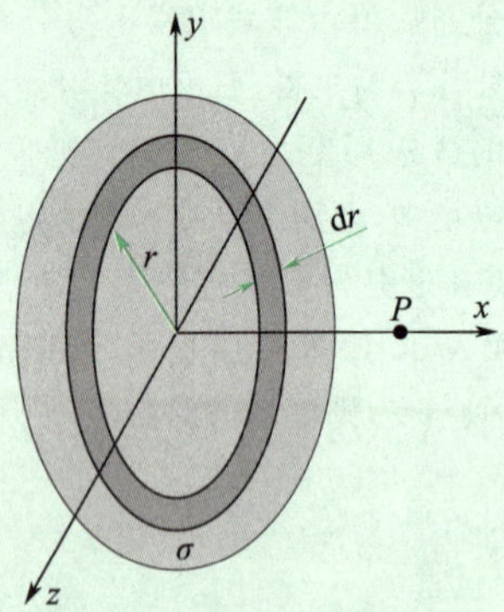

图 9.19

即轴线上一点的电场强度为

$$\boldsymbol{E}=\frac{\sigma}{2\varepsilon_0}\left(1-\frac{x}{\sqrt{R^2+x^2}}\right)\boldsymbol{i}$$

9.5 静电场中的导体

9.5.1 导体的静电平衡

导体的特点是导体内存在着大量的自由电荷，对金属导体而

言，就是自由电子（在没特殊说明的情况下，本书讨论的都是金属导体）. 一个不带电的中性导体在电场力作用下其自由电子会做定向运动而改变导体上的电荷分布，使导体处于带电状态，这就是**静电感应**. 导体由于静电感应而带的电荷叫**感应电荷**. 同时，感应电荷又会影响到电场分布. 因此，当电场中有导体存在时，电荷分布和电场分布相互影响、相互制约. 当导体中的自由电子没有定向运动时，我们称导体处于静电平衡状态. 导体达到静电平衡状态所满足的条件叫静电平衡条件.

显然，**导体的静电平衡条件是：导体内部的电场强度为零，在导体表面附近电场强度沿表面的法线方向**. 这里所说的电场强度，指的是外加的静电场 $\boldsymbol{E}_0$ 和感应电荷产生的附加电场 $\boldsymbol{E}'$ 叠加后的总电场，即 $\boldsymbol{E}=\boldsymbol{E}_0+\boldsymbol{E}'$. 我们可以设想，如果导体内电场 $\boldsymbol{E}$ 不是处处为零，则在 $\boldsymbol{E}$ 不为零的地方，自由电子将做定向运动；如果表面附近电场有切线方向分量，则导体表面层电子将沿表面做定向运动，这都不是静电平衡状态（表面层的电子受表面偶极层的约束不会沿法线方向做定向运动）. 这就证明了上述的静电平衡条件是导体静电平衡的必要条件. 如果我们进一步运用静电场边值问题的唯一性定理，即一定的边界条件可将空间静电场分布唯一地确定下来，则可以证明上述条件也是导体静电平衡的充分条件. 限于课程性质，后一点不加详述.

导体静电平衡时电荷分布特点

处于静电平衡状态的导体，除了电场强度满足上述的静电平衡条件外，还**具有以下性质**：

(1) **导体是等势体，导体表面是等势面.**

导体内任意两点 P 和 Q 之间的电势差 $U_{PQ}=\int_P^Q \boldsymbol{E}\cdot \mathrm{d}\boldsymbol{l}=0$. 所以导体是等势体，其表面是等势面. 另外，由电场强度方向与等势面正交的性质也可以判定导体表面是等势面.

(2) **导体内部处处没有未被抵消的净电荷，净电荷只分布在导体的表面上.**

按照高斯定理 $\oint_S \boldsymbol{E}\cdot \mathrm{d}\boldsymbol{S}=\dfrac{\sum q_i}{\varepsilon_0}=\dfrac{\int_V \rho \mathrm{d}V}{\varepsilon_0}$，其中 V 是导体内部任一闭合面 S 所包围的体积. 因为导体内部电场强度 $\boldsymbol{E}$ 处处为零且闭合面 S 可以无限缩小直至只包围一个点，所以导体内部体电荷密度 ρ 处处为零.

(3) **导体以外，靠近导体表面附近处的电场强度大小与导体表面在该处的面电荷密度 σ 的关系为**

$$E=\frac{\sigma}{\varepsilon_0} \tag{9.22}$$

如图 9.20 所示，设 P 是导体外紧靠表面处的任意一点，在邻近 P 点的导体表面取一面元 ΔS，作薄扁圆柱形闭合高斯面，使其上底面

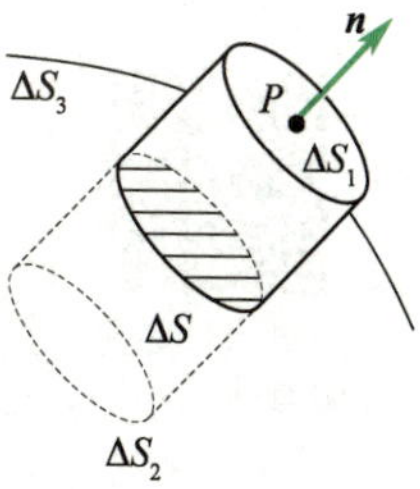

图 9.20　导体表面的电场强度

ΔS_1 通过 P 点、下底面 ΔS_2 在导体内部，两底面均与导体表面的面元 ΔS 平行且无限靠近，$\Delta S_1=\Delta S_2=\Delta S$. 侧面 ΔS_3 与 ΔS 垂直，则通过该闭合高斯面的电通量为

$$\Phi_e=\oint_S \boldsymbol{E}\cdot d\boldsymbol{S}$$
$$=\int_{\Delta S_1}\boldsymbol{E}\cdot d\boldsymbol{S}+\int_{\Delta S_2}\boldsymbol{E}\cdot d\boldsymbol{S}+\int_{\Delta S_3}\boldsymbol{E}\cdot d\boldsymbol{S}$$

因为 ΔS_2 在导体内部，面上各点电场强度为零，ΔS_3 上各点电场强度与 $d\boldsymbol{S}$ 垂直，所以

$$\Phi_e=\oint_S \boldsymbol{E}\cdot d\boldsymbol{S}=\int_{\Delta S_1}\boldsymbol{E}\cdot d\boldsymbol{S}=E\Delta S$$

而闭合面内包围的净电荷为 $\sigma\Delta S$，所以

$$E=\frac{\sigma}{\varepsilon_0} \tag{9.23}$$

当 $\sigma>0$ 时，$\boldsymbol{E}$ 垂直表面向外；当 $\sigma<0$ 时，$\boldsymbol{E}$ 垂直表面向内. 式(9.23)给出了导体表面每一点面电荷密度与其附近电场强度之间的对应关系. 注意，导体表面附近电场强度 $\boldsymbol{E}$ 是导体表面所有电荷及周围其他带电体上电荷共同产生，其对电场强度的影响由 σ 体现. 当电荷分布或电场强度分布改变时，σ 和 E 都会改变，但 σ 与 E 的关系 $E=\frac{\sigma}{\varepsilon_0}$ 不变.

金属表面为什么容易反射电磁波?

至于导体表面上的电荷究竟怎样分布? 这个问题的定量研究比较复杂. 它不仅与导体的形状有关，还与导体附近有什么样的物体(带电的或不带电的) 有关. 对于孤立的带电导体来说，面电荷密度 σ 与表面曲率之间一般并不存在单一的函数关系 . 大致说来，导体表面凸出而尖锐处曲率较大，σ 也较大；导体表面较平坦处曲率较小，σ 也较小；导体表面凹进去处曲率为负值，σ 则更小. 由式(9.23)知，导体表面电场强度分布也与 σ 分布相似，即尖端处电场强度大，平坦处电场强度次之，凹进去处电场强度最弱.

闪电为什么是弯弯曲曲的?

导体表面尖端处电场特别强，会导致一个重要结果，即尖端放电. 这类放电只发生在靠近导体表面很薄的一层空气里. 空气中少量残留的带电离子在强电场作用下激烈运动，当它与空气分子碰撞时会使空气分子电离，产生大量新的离子，使原先不导电的空气变得易于导电. 与导体尖端电荷异号的离子受到吸引趋向尖端，而与导体尖端电荷同号的离子受到排斥而加速离开尖端，形成高速离子流，即通常所说的“电风”. 尖端附近空气电离时，在黑暗中可以看到尖端附近隐隐地笼罩着一层光晕，叫电晕. 高压输电线附近的电晕效应会浪费大量电能. 为避免这种现象，高压输电线的表面应做得极为光滑，且截面半径也不能过小. 此外，一些高压设备的电极也常常做成光滑的球面，以避免放电，维持高电压. 而避雷针则是利用尖

端放电原理来防止雷击对建筑物的破坏，但避雷针必须保持良好接地，否则结果适得其反.

9.5.2 导体壳和静电屏蔽

1. 腔内无带电体的情况

当导体壳腔内没有其他带电体时，在静电平衡条件下，导体壳内表面处处没有电荷. 电荷只分布在导体壳的外表面上，而且空腔内没有电场，或者说，空腔内的电势处处相等.

为了证明上述结论，我们在导体壳的内、外表面之间取一闭合曲面 S，将空腔包围起来，如图 9.21(a) 所示. 由于 S 完全处于导体的内部，根据静电平衡条件，S 面上电场强度处处为零. 由高斯定理可推知，在 S 面内电荷代数和为零. 因为腔内无带电体，所以空腔内表面的电荷代数和也为零. 进一步利用反证法可证明，达到静电平衡时，导体壳内表面上的电荷面密度 σ 必定处处为零. 否则，如果有的地方 $\sigma < 0$，则必有另一处 $\sigma > 0$，两处之间必有电场线相连，必有电势差，而这与静电平衡时导体是等势体相矛盾.

由于在导体壳内表面上 σ 处处为零，所以内表面附近 $\boldsymbol{E}$ 处处为零，电场线不可能起于（或止于）内表面；同时腔内无带电体，在腔内不可能有另外的电场线的端点；静电场的电场线又不可能闭合. 所以腔内没有电场线，即腔内不可能有电场，腔内空间各点电势处处相等.

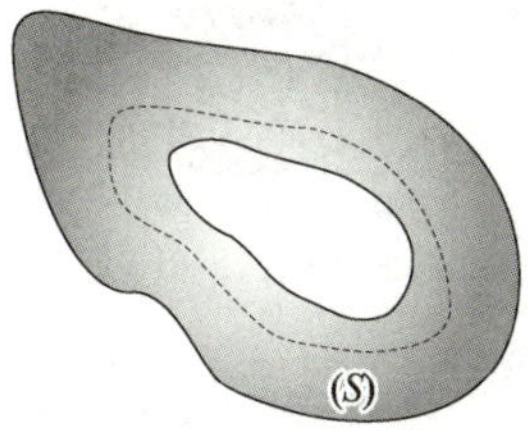

(a) 腔内无带电体的情况

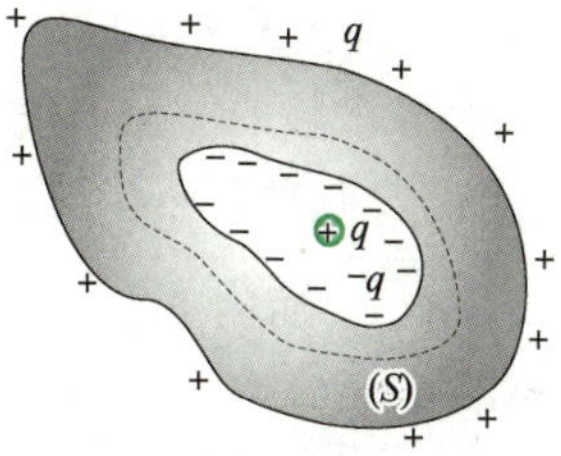

(b) 腔内有带电体的情况

图 9.21　静电平衡时的导体壳的电荷分布

2. 腔内有带电体情况

当导体壳腔内有其他带电体时，如图 9.21(b) 所示，在腔内放一带电体 $+q$. 我们可以同样在导体壳内、外表面间作一闭合曲面 S. 由静电平衡条件和高斯定理不难求出 S 面内电荷代数和为零，所以导体壳内表面上要感应出电荷 $-q$，即导体内表面所带电荷与空腔内带电体的电荷等量异号. 腔内电场线起自带电体电荷 $+q$ 而止于内表面上的感应电荷 $-q$，腔内电场不为零，带电体与导体壳之间有电势差. 同时，外表面相应地感应出电荷 $+q$. 如果空腔导体壳本身不带电，此时导体壳外表面只有感应电荷 $+q$. 如果空腔导体本身带电量为 Q，则导体壳外表面所带电荷为 $(Q+q)$.

提示：打开“九斗”APP，点击“”，全屏扫描下图即可进行互动学习。

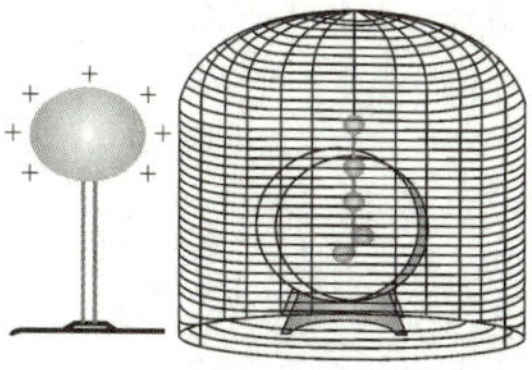
静电屏蔽

3. 静电屏蔽

如前所述，在静电平衡条件下，不论导体壳本身带电还是导体壳处于外界电场中，腔内无其他带电体的导体壳内部没有电场. 这样，导体壳的表面就“保护”了它所包围的区域，使之不受导体壳外表面的电荷或外界电场的影响. 而接地良好的导体壳还可以把腔内部带电体对外界的影响全部消除（上述导体壳的外表面所带感应电荷 $+q$ 全部入地）. 总之，导体壳内部电场不受壳外电荷的影响，接地导体壳使得外部电场不受壳内电荷的影响，内部电荷对外界也不影响. 这种现象称为静电屏蔽. 前者称为外屏蔽，后者称为全屏蔽.

在防止信号干扰方面，静电屏蔽原理在实际中有重要的应用. 例如，一些电子仪器常采用金属外壳以使内部电路不受外界电场的干扰；传递电信号的电缆线常用金属丝网罩作为屏蔽层；在高压设备的外面罩上接地的金属网栅，以使高压带电体不致影响外界；等等.

导体静电平衡时的计算分析

9.5.3 有导体存在的静电场电场强度与电势的计算

在计算有导体存在时的静电场分布时，首先要根据静电平衡条件和电荷守恒定律，确定导体上新的电荷分布，然后由新的电荷分布求电场的分布.

例 9.15

有一块大金属板 A，面积为 S，带有电荷 Q_A. 今把另一带电荷为 Q_B 的相同的金属板平行地放在 A 板的右侧(板的面积远大于板的厚度). 试求 A、B 两板上电荷分布及空间电场强度分布. 如果把 B 板接地，情况又如何？

解 如图 9.22 所示，静电平衡时电荷只分布在板的表面上. 忽略边缘效应，可以认为 A、B 板的四个平行的表面上电荷是均匀分布的. 设四个面上的电荷面密度分别为 σ_1、σ_2、σ_3 和 σ_4. 由电荷守恒定律可得

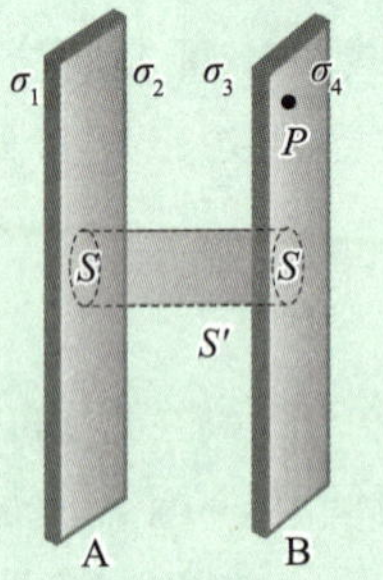

图 9.22

$$\sigma_1 S + \sigma_2 S = Q_A$$

$$\sigma_3 S + \sigma_4 S = Q_B$$

作如图所示的圆柱形高斯面 S'，高斯面的两底面分别在两金属板内，侧面垂直于板面. 由于金属板内任一点 P 的电场强度为零，两板间的电场垂直于板面，所以通过高斯面的电通量 $\oint_{S'} \boldsymbol{E} \cdot \mathrm{d}\boldsymbol{S} = 0$，由此可知

$$\sigma_2 + \sigma_3 = 0$$

另外，由电场强度叠加原理可知，在金属板内任一点 P 的电场强度应是四个表面上电荷在该点产生的电场强度的叠加. 假设 σ_1、σ_2、σ_3、σ_4 均为正，由 A 指向 B 的方向为电场强度的正方向，所以

$$\frac{\sigma_1}{2\varepsilon_0} + \frac{\sigma_2}{2\varepsilon_0} + \frac{\sigma_3}{2\varepsilon_0} - \frac{\sigma_4}{2\varepsilon_0} = 0$$

联立求解以上四式可得

$$\sigma_1 = \sigma_4 = \frac{Q_A + Q_B}{2S}$$

$$\sigma_2 = -\sigma_3 = \frac{Q_A - Q_B}{2S}$$

根据电场强度叠加原理，可求得各区域电场强度：

A 板左侧 $E_1 = \frac{\sigma_1}{2\varepsilon_0} + \frac{\sigma_2}{2\varepsilon_0} + \frac{\sigma_3}{2\varepsilon_0} + \frac{\sigma_4}{2\varepsilon_0} = \frac{Q_A + Q_B}{2\varepsilon_0 S}$，当 $(Q_A + Q_B) > 0$ 时，$\boldsymbol{E}_1$ 向左；$(Q_A + Q_B) < 0$ 时，$\boldsymbol{E}_1$ 向右.

两板之间 $E_2 = \frac{\sigma_1}{2\varepsilon_0} + \frac{\sigma_2}{2\varepsilon_0} - \frac{\sigma_3}{2\varepsilon_0} - \frac{\sigma_4}{2\varepsilon_0} = \frac{Q_A - Q_B}{2\varepsilon_0 S}$，当 $(Q_A - Q_B) > 0$ 时，$\boldsymbol{E}_2$ 向右；$(Q_A - Q_B) < 0$ 时，$\boldsymbol{E}_2$ 向左.

B板右侧 $E_3=\dfrac{\sigma_1}{2\varepsilon_0}+\dfrac{\sigma_2}{2\varepsilon_0}+\dfrac{\sigma_3}{2\varepsilon_0}+\dfrac{\sigma_4}{2\varepsilon_0}=\dfrac{Q_A+Q_B}{2\varepsilon_0 S}$，当$(Q_A+Q_B)>0$时，$\boldsymbol{E}_3$方向向右；$(Q_A+Q_B)<0$时，$\boldsymbol{E}_3$方向向左.

以上结果适用于Q_A、Q_B为任何极性、任意大小的带电情况.

当B板接地时，设σ'_1、σ'_2、σ'_3和σ'_4分别表示A、B两板的四个表面上的面电荷密度. 由于金属板B接地，则$U_B=0$. 因为由B板沿垂直于B板方向至无穷远处电场强度$\boldsymbol{E}$的线积分为零，且在无电荷处电场是连续的，所以在B板的右侧区间电场强度$E=0$. 即有

$$\frac{1}{2\varepsilon_0}(\sigma'_1+\sigma'_2+\sigma'_3+\sigma'_4)=0$$

A板上电荷仍守恒，有

$$\sigma'_1 S+\sigma'_2 S=Q_A$$

由高斯定理仍可得

$$\sigma'_2+\sigma'_3=0$$

由B板内部任一点P的电场强度为零仍可得

$$\frac{1}{2\varepsilon_0}(\sigma'_1+\sigma'_2+\sigma'_3-\sigma'_4)=0$$

由以上四个方程解得

$$\sigma'_1=\sigma'_4=0$$

$$\sigma'_2=-\sigma'_3=\frac{Q_A}{S}$$

由此结论不难推出，两板间的电场强度为$E'_2=\dfrac{Q_A}{\varepsilon_0 S}$，$Q_A>0$时，$\boldsymbol{E}'_2$向右；$Q_A<0$时，$\boldsymbol{E}'_2$向左.

两板外侧电场强度为

$$E'_1=E'_3=0$$

注意：当B板通过接地线与地相连时，B板上的电荷不再守恒，地球与B板之间产生了电荷的传递. 而电荷重新分布的结果满足了A、B两金属板内部电场强度为零的静电平衡条件.

例 9.16

如图9.23所示，在一个接地的导体球附近有一个电量为q的点电荷. 已知球的半径为R，点电荷到球心的距离为l. 求导体球表面感应电荷的总电量q'.

解 因为接地导体球的电势为零，所以球心O点的电势为零. 另一方面球心O点的电势是由点电荷q和球面上感应电荷q'共同产生的.

前者

$$U_{O1}=\frac{q}{4\pi\varepsilon_0 l}$$

后者

$$U_{O2}=\oint_S\frac{\sigma' \mathrm{d}S}{4\pi\varepsilon_0 R}=\frac{1}{4\pi\varepsilon_0 R}\oint_S\sigma' \mathrm{d}S=\frac{q'}{4\pi\varepsilon_0 R}$$

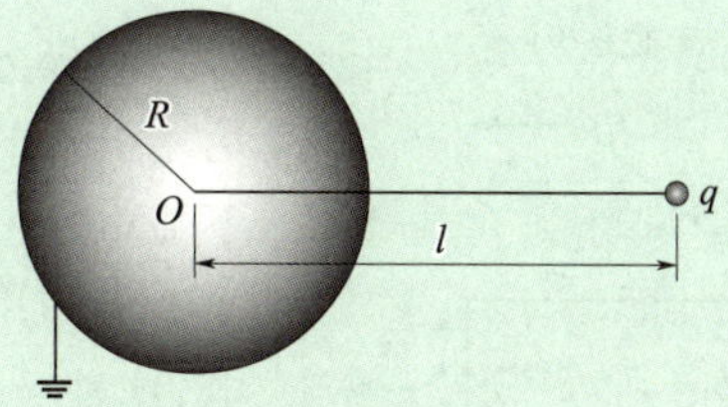

图9.23

所以，球心O点的电势

$$U_O=U_{O1}+U_{O2}=\frac{q}{4\pi\varepsilon_0 l}+\frac{q'}{4\pi\varepsilon_0 R}=0$$

得

$$q'=-\frac{R}{l}q$$

9.6 静电场中的电介质

9.6.1 电介质的极化

电介质通常是指不导电的绝缘介质. 在电介质内没有可以自由移动的电荷(自由电子). 但是,在外电场作用下,电介质内的正、负电荷仍可做微观的相对移动. 结果,在电介质内部或表面出现带电现象. 这种电介质在外电场作用下出现的带电现象称为**电介质的极化**. 电介质极化所出现的电荷,称为**极化电荷**或称束缚电荷.

一般地,介质分子中的正、负电荷都不集中在一点. 但是,在远大于分子线度的距离处观察,分子的全部负电荷的影响将与一个单独的负电荷等效,这个等效负电荷的位置称为分子的负电荷中心. 同理,每个分子的全部正电荷也有一个相应的正电荷等效中心. 若分子的正、负电荷的等效中心不相重合,这样一对距离极近的等值异号的正负点电荷称为分子的等效电偶极子. 像 HCl、H_2O、CO 等介质分子就有这种分子偶极子,因而这一类介质叫作**有极分子电介质**. 还有如 He、H_2、N_2、CO_2 等另一类电介质,其分子正负电荷等效中心重合,没有分子偶极子,叫作**无极分子电介质**.

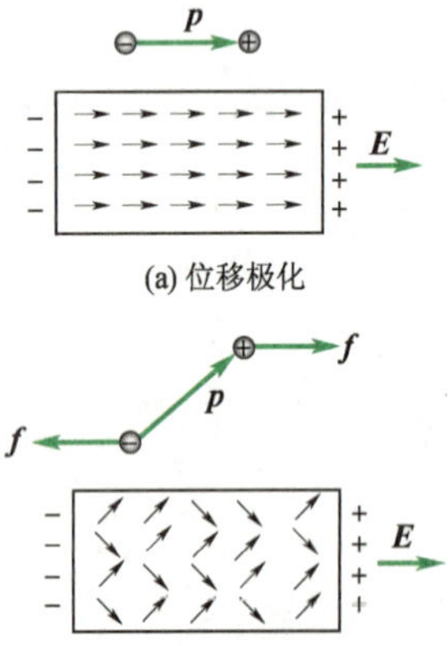

(a) 位移极化

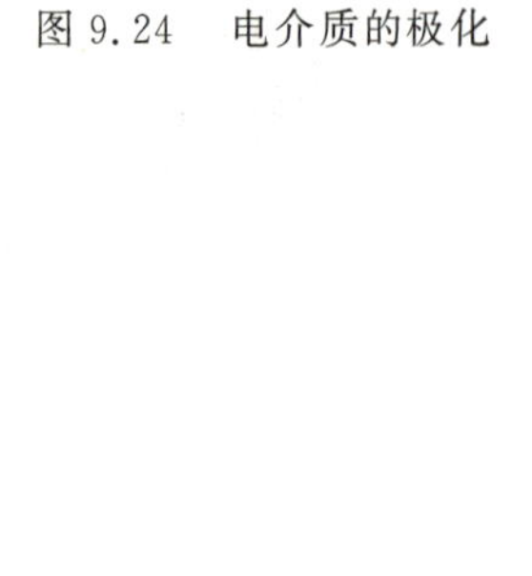

(b) 取向极化

图 9.24 电介质的极化

无极分子电介质在外电场作用下,正负电荷中心发生相对位移,形成电偶极子. 这些电偶极子的方向都沿着外电场的方向,因此在电介质的表面将出现正负极化电荷,如图 9.24(a) 所示. 这类极化是由于电荷中心位移引起的,叫作**位移极化**.

有极分子电介质虽然有分子偶极子,但在没有外电场存在时,由于分子的热运动,各个分子偶极矩的排列十分紊乱,电介质宏观不显电性. 当电介质处于外电场中时,每个分子偶极矩都受到电场力矩的作用,分子偶极矩产生转向外电场方向的取向作用使介质带电,这种极化叫作**取向极化**,如图 9.24(b) 所示. 应该指出,有极分子电介质也存在位移极化,只是比取向极化弱得多.

这两类电介质极化的微观机制虽有不同,但宏观结果都是一样的. 所以作宏观描述时,不必加以区别.

*9.6.2 极化强度、极化电荷和极化规律

当电介质处于极化状态时,电介质内任一宏观小、微观大的体积元 ΔV 内,分子电偶极矩的矢量和不会互相抵消,即 $\sum \boldsymbol{p}_{ei} \neq 0$. 我们定义介质中单位体积内分子电偶极矩的矢量和为极化强度矢量 $\boldsymbol{P}$. 即

$$\boldsymbol{P}=\frac{\sum \boldsymbol{p}_{ei}}{\Delta V} \tag{9.24}$$

式中 $\boldsymbol{p}_e$ 是分子电偶极矩. 极化强度 $\boldsymbol{P}$ 是表征电介质极化程度的物理量. 在SI制中 $\boldsymbol{P}$ 的单位是库仑每平方米(C/m^2). 如果介质中各点的极化强度相同,则称介质是均匀极化的.

由于无极分子因位移极化而产生的电矩是随着外电场的增强而增大,而有极分子的固有电矩也会随着外电场的增强而排列更加有序,所以无论是何种电介质,它的极化强度都会随着外电场的增强而增大. 实验表明,在各向同性电介质中的任意一点,极化强度 $\boldsymbol{P}$ 与 $\boldsymbol{E}$ 的方向相同且大小成正比,即

$$\boldsymbol{P}=\varepsilon_0\chi\boldsymbol{E} \tag{9.25}$$

式中 $\boldsymbol{E}$ 是自由电荷电场强度 $\boldsymbol{E}_0$ 和极化电荷电场强度 $\boldsymbol{E}'$ 之和,χ 是介质的极化率. 所谓各向同性电介质就是 $\boldsymbol{P}$ 与 $\boldsymbol{E}$ 的关系和 $\boldsymbol{E}$ 的方向无关. 对同一点,χ 是一个常数,但不同点 χ 的值可以不同. 如果电介质中各点的 χ 值相同,则电介质为均匀电介质.

另一方面,电介质处于极化状态时,电介质的某一些部位将出现未被抵消的极化电荷. 可以证明,在均匀电介质中,极化电荷集中在介质的表面①,且表面极化电荷面密度为

$$\sigma'=\frac{dq'}{dS}=P\cos\theta=\boldsymbol{P}\cdot\boldsymbol{n}_0 \tag{9.26}$$

式中 $\boldsymbol{n}_0$ 是介质表面法线方向单位矢量. 式(9.26)表明,电介质表面极化电荷面密度 σ' 等于表面处极化强度 $\boldsymbol{P}$ 的法向分量. 当 θ 为锐角时,电介质表面将出现一层正极化电荷;当 θ 为钝角时,电介质表面将出现一层负极化电荷,如图9.25所示.

在介质内部,可以取一任意闭合曲面 S,$\boldsymbol{n}_0$ 为 S 上面元 $d\boldsymbol{S}$ 的外法线方向上的单位矢量,则式 $dq'_{出}=\boldsymbol{P}\cdot d\boldsymbol{S}$ 表明由于极化而越过 $d\boldsymbol{S}$ 面向外移出闭合面 S 的电荷. 所以,越过整个闭合面 S 而向外移出的极化电荷总量 $\sum q'_{出i}$ 应为

$$\sum q'_{出i}=\oint_S dq'_{出}=\oint_S \boldsymbol{P}\cdot d\boldsymbol{S}$$

根据电荷守恒定律,在闭合面 S 内净余的极化电荷总量 $\sum q'_i$ 应等于 $\sum q'_{出i}$ 的负值,即有

$$\oint_S \boldsymbol{P}\cdot d\boldsymbol{S}=-\sum q'_i \tag{9.27}$$

它表明,在介质中沿任意闭合曲面的极化强度通量等于曲面所包围的体积内极化电荷的负值. 这是极化强度 $\boldsymbol{P}$ 与极化电荷分布之间的普遍关系.

电极化强度

极化电荷与自由电荷的关系

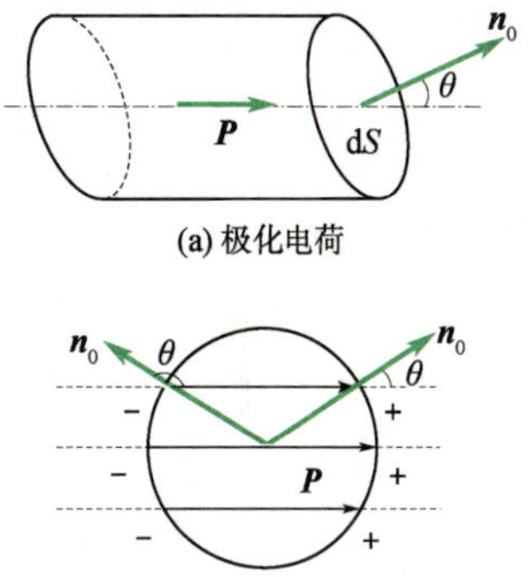

图9.25 极化电荷

9.6.3 有电介质时的高斯定理

有电介质时,总电场 $\boldsymbol{E}$ 包括自由电荷产生的电场 $\boldsymbol{E}_0$ 和极化电荷产生的附加电场 $\boldsymbol{E}'$. 所以有电介质时的高斯定理表达为

$$\oint_S \boldsymbol{E}\cdot d\boldsymbol{S}=\frac{1}{\varepsilon_0}\left(\sum q_i+\sum q'_i\right)$$

怎么看心电图?

① 这里说的均匀电介质,是指它的物理性能(极化率或介电常数)均匀,并不要求均匀极化.

有电介质时的高斯定理

式中 $\sum q_i$ 和 $\sum q_i'$ 分别为高斯面 S 内的自由电荷与极化电荷的代数和. 利用极化强度与极化电荷的关系式(9.27)

$$\oint_S \boldsymbol{P} \cdot \mathrm{d}\boldsymbol{S} = -\sum q_i'$$

则上式的高斯定理可改写为

$$\oint_S (\varepsilon_0 \boldsymbol{E} + \boldsymbol{P}) \cdot \mathrm{d}\boldsymbol{S} = \sum q_i$$

由此,我们可定义电位移矢量

$$\boldsymbol{D} = \varepsilon_0 \boldsymbol{E} + \boldsymbol{P} \tag{9.28}$$

就得到

$$\oint_S \boldsymbol{D} \cdot \mathrm{d}\boldsymbol{S} = \sum q_i \tag{9.29}$$

此式就是有电介质时的高斯定理:**在静电场中通过任意闭合曲面的电位移通量等于闭合面内自由电荷的代数和.**

式(9.28)表示了电场中任一点处 $\boldsymbol{D}$、$\boldsymbol{E}$、$\boldsymbol{P}$ 三个矢量的关系,对任何电介质都适用. 在各向同性的电介质中,$\boldsymbol{D}$、$\boldsymbol{E}$、$\boldsymbol{P}$ 三个量方向相同且 $\boldsymbol{P} = \varepsilon_0 \chi \boldsymbol{E}$,所以

$$\boldsymbol{D} = \varepsilon_0 \boldsymbol{E} + \boldsymbol{P} = \varepsilon_0 (\boldsymbol{E} + \chi \boldsymbol{E}) = \varepsilon_0 (1 + \chi) \boldsymbol{E}$$

令 $1 + \chi = \varepsilon_r$ 叫电介质的相对介电常数,则

$$\boldsymbol{D} = \varepsilon_0 \varepsilon_r \boldsymbol{E} = \varepsilon \boldsymbol{E} \tag{9.30}$$

在没有介质时 $\boldsymbol{D} = \varepsilon_0 \boldsymbol{E} + \boldsymbol{P}$ 中的 $\boldsymbol{P} = 0$ 且 $\boldsymbol{E} = \boldsymbol{E}_0$,所以 $\boldsymbol{E}_0 = \dfrac{\boldsymbol{D}}{\varepsilon_0}$. 它表示了真空或空气中电场强度与电位移的关系. 而在有介质时 $\boldsymbol{E} = \dfrac{\boldsymbol{D}}{\varepsilon_0 \varepsilon_r}$,因为 $\varepsilon_r > 1$,所以 $E < E_0$,即介质中的电场强度小于真空中的电场强度. 这是因为介质上的极化电荷在介质中产生的附加电场 $\boldsymbol{E}'$ 与 $\boldsymbol{E}_0$ 的方向相反而减弱了外电场的缘故.

例 9.17

半径为 R 的导体球,带有电荷 Q,球外有一均匀电介质的同心球壳,球壳的内外半径分别为 a 和 b,相对介电常数为 ε_r,如图 9.26 所示. 求:(1) 介质内外的 $\boldsymbol{E}$ 和 $\boldsymbol{D}$ 的分布;(2) 离球心为 r 处的电势 U.

解 (1) 由题设知电场分布具有球对称性,即离球心 O 点距离相同的各点电场强度相同. 作半径为 r 的与导体同心的球面 S 为高斯面,由高斯定理有

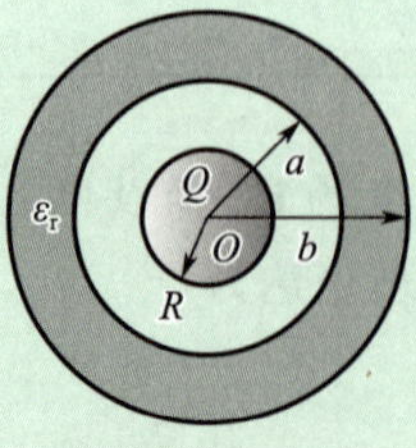

图 9.26

$$\oint_S \boldsymbol{D} \cdot \mathrm{d}\boldsymbol{S} = D \oint_S \mathrm{d}S = D \cdot 4\pi r^2 = \sum q_i$$

所以 $$D = \frac{\sum q_i}{4\pi r^2}$$

利用 $\boldsymbol{D} = \varepsilon_0 \varepsilon_r \boldsymbol{E} = \varepsilon \boldsymbol{E}$,可得 $\boldsymbol{E} = \dfrac{\boldsymbol{D}}{\varepsilon_0 \varepsilon_r}$,方向为径向(垂直于球面)向外. 所以电场分布为

当 $r<R$ 时，$D_1=0$，$E_1=0$

当 $R<r<a$ 时，

$$D_2=\frac{Q}{4\pi r^2},\quad E_2=\frac{Q}{4\pi\varepsilon_0 r^2}$$

当 $a<r<b$ 时，

$$D_3=\frac{Q}{4\pi r^2},\quad E_3=\frac{Q}{4\pi\varepsilon_0\varepsilon_r r^2}$$

当 $r>b$ 时，

$$D_4=\frac{Q}{4\pi r^2},\quad E_4=\frac{Q}{4\pi\varepsilon_0 r^2}$$

说明当各向同性的均匀介质均匀充满等势面之间时，该处电场强度为真空中电场强度的 $1/\varepsilon_r$.

(2) 电势的分布

当 $r\leqslant R$ 时，

$$U_1=\int_r^\infty \boldsymbol{E}\cdot \mathrm{d}\boldsymbol{r}$$

$$=\int_r^R E_1\mathrm{d}r+\int_R^a E_2\mathrm{d}r+\int_a^b E_3\mathrm{d}r+\int_b^\infty E_4\mathrm{d}r$$

$$=\frac{Q}{4\pi\varepsilon_0}\left(\frac{1}{R}-\frac{1}{a}\right)+\frac{Q}{4\pi\varepsilon_0\varepsilon_r}\left(\frac{1}{a}-\frac{1}{b}\right)+\frac{Q}{4\pi\varepsilon_0 b}$$

当 $R\leqslant r\leqslant a$ 时，

$$U_2=\int_r^\infty \boldsymbol{E}\cdot \mathrm{d}\boldsymbol{r}=\int_r^a E_2\mathrm{d}r+\int_a^b E_3\mathrm{d}r+\int_b^\infty E_4\mathrm{d}r$$

$$=\frac{Q}{4\pi\varepsilon_0 r}\left(\frac{1}{r}-\frac{1}{a}\right)+\frac{Q}{4\pi\varepsilon_0\varepsilon_r}\left(\frac{1}{a}-\frac{1}{b}\right)+\frac{Q}{4\pi\varepsilon_0 b}$$

当 $a\leqslant r\leqslant b$ 时，

$$U_3=\int_r^\infty \boldsymbol{E}\cdot \mathrm{d}\boldsymbol{r}=\int_r^b E_3\mathrm{d}r+\int_b^\infty E_4\mathrm{d}r$$

$$=\frac{Q}{4\pi\varepsilon_0\varepsilon_r}\left(\frac{1}{r}-\frac{1}{b}\right)+\frac{Q}{4\pi\varepsilon_0 b}$$

当 $r\geqslant b$ 时，

$$U_4=\int_r^\infty \boldsymbol{E}\cdot \mathrm{d}\boldsymbol{r}=\int_r^\infty E_4\mathrm{d}r=\frac{Q}{4\pi\varepsilon_0 r}$$

9.7　电容　电容器

9.7.1　孤立导体的电容

理论和实验都表明，附近没有其他导体和带电体的孤立导体，它所带电量与它的电势 U 成正比，即

$$q\propto U$$

写成等式

$$\frac{q}{U}=C \tag{9.31}$$

比例系数 C 称为**孤立导体的电容**. 如孤立导体球的电容 $C=4\pi\varepsilon_0 R$. 它与导体的尺寸和形状有关，而与 q 和 U 无关. 从式(9.31) 可看出电容 C 是使导体升高单位电势所需要的电量，反映了导体储存电荷和电能的能力.

在 SI 制中，电容的单位是库仑每伏特，称为法拉，符号为 F. 在实用中法拉单位太大，常见的电容以微法(μF)、皮法(pF) 为单位，它们之间的关系为 $1\ \text{F}=10^6\ \mu\text{F}=10^{12}\ \text{pF}$.

超级电容器

9.7.2 电容器及其电容

当导体A附近有其他导体存在时，则该导体的电势不仅与它本身所带的电量有关，而且与其他导体的形状及位置有关. 为了消除周围其他导体的影响，可用一个封闭的导体壳B将A屏蔽起来，如图9.27所示. 可以证明，导体A和导体B之间的电势差 $U_A - U_B$ 与导体A所带的电量成正比，不受外界影响. 我们把导体壳B与其腔内的导体A所组成的导体系叫作电容器，其电容为

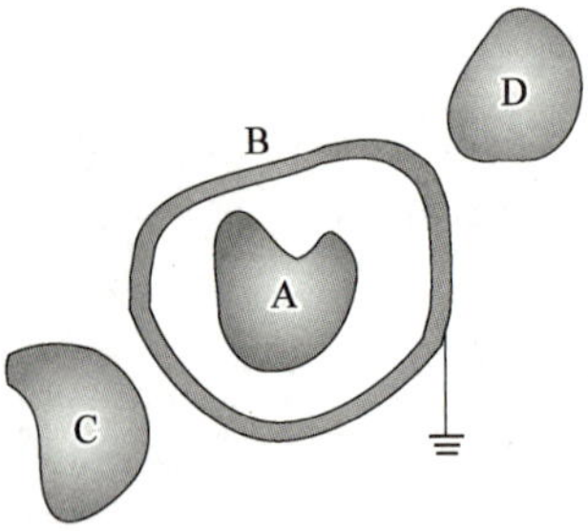

图 9.27　屏蔽的电容器

$$C = \frac{q}{U_A - U_B} = \frac{q}{U_{AB}} \tag{9.32}$$

电容器的电容C与两导体的尺寸、形状及其相对位置有关. 组成电容器的两导体叫作电容器的极板. 在实际应用的电容器中，对其屏蔽性的要求并不很高，只要求从一个极板发出的电场线都终止在另一个极板上就行.

设电容器的两极板分别带上等量异号电荷，通过计算两极板间的电场强度与电势差，依据式(9.32)可以方便地计算几类电容器的电容公式. 如对长度为 l 且长度远比半径之差($R_B - R_A$)大、两导体之间充满介电常数为 ε 的同轴圆柱形电容器的电容值计算如下.

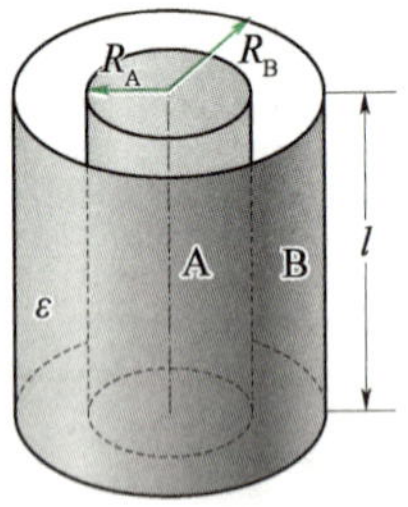

图 9.28　圆柱形电容器

如图9.28所示，设导体A轴向单位长度带电为 λ，则导体B轴向单位长度带电 $-\lambda$，在A、B之间电介质中电场强度由高斯定理求得为

$$E = \frac{\lambda}{2\pi\varepsilon r}$$

r 为场点到轴线的距离，则A、B两导体的电势差为

$$U_{AB} = \int_{R_A}^{R_B} \frac{\lambda}{2\pi\varepsilon r}\mathrm{d}r = \frac{\lambda}{2\pi\varepsilon}\ln\frac{R_B}{R_A}$$

所以，长度为 l 的电容器电容为

$$C = \frac{\lambda l}{U_{AB}} = 2\pi\varepsilon l / \ln\frac{R_B}{R_A}$$

ε 是电介质的介电常数，l 是电容器的长度，R_A，R_B 分别为内、外圆柱的截面半径. 对真空中极板面积为 S，两极板间距离为 d，且满足 $\sqrt{S} \gg d$ 的平行板电容器，$C = \frac{\varepsilon_0 S}{d}$；对真空中内、外球面半径为 R_A、R_B 的同心球形电容器，$C = \frac{4\pi\varepsilon_0 R_A R_B}{R_B - R_A}(R_A < R_B)$. 以上两类电容器的电容公式请读者自己推导. 从以上三种电容器电容的计算结果可知：电容器电容大小由电容器的几何形状，电介质的性质和分布决定.

对于电容器的分类，可按几何形状分为：平行板电容器、圆柱形电容器、球形电容器等；按介质的种类分为：空气电容器、纸介质电

容器、云母电容器、电解电容器、陶瓷电容器等;按性能分为:固定电容器、半可变电容器和可变电容器.

*9.7.3 电容器的连接

电容器的性能指标中有两个是非常重要的,一个是电容值,另一个是耐压值.使用电容器时,两极板上的电压不能超过所规定的耐压值.当单独一个电容器的电容值或耐压值不能满足实际需求时,可把几个电容器连接起来使用,电容器的基本连接方式有串、并联两种.

电容器串联时,串联的每一个电容器都带有相同的电量 q,而电压与电容成反比地分配在各个电容器上.因此整个串联电容器系统的总电容 C 的倒数为

$$\frac{1}{C}=\frac{U}{q}=\frac{U_1+U_2+\cdots+U_n}{q}=\frac{1}{C_1}+\frac{1}{C_2}+\cdots+\frac{1}{C_n} \tag{9.33}$$

电容器并联时,加在各电容器上的电压是相同的,电量与电容成正比地分配在各个电容器上.因此整个并联电容器系统的总电容为

$$C=\frac{q}{U}=\frac{q_1+q_2+\cdots+q_n}{U}=\frac{U(C_1+C_2+\cdots+C_n)}{U}=C_1+C_2+\cdots+C_n \tag{9.34}$$

*9.7.4 范德格拉夫起电机

利用导体的静电特性和尖端放电现象,使物体连续不断地带有大量电荷,这样的装置叫范德格拉夫起电机,其构造和作用原理可用图 9.29 来说明.

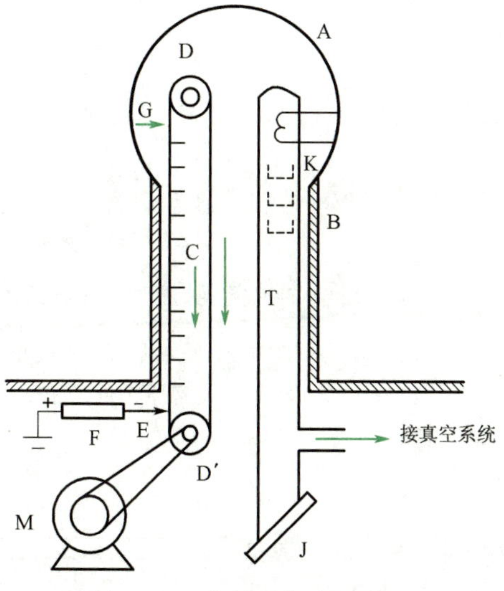

图 9.29 范德格拉夫起电机

图中 A 是空心金属球壳,由绝缘空心柱 B 支撑.D 和 D′ 表示上、下两个滑轮.滑轮 D′ 用电动机 M 拖动,通过绝缘传送带 C 带动 D 转动.F 是正极接地的高压直流电源(几万伏至十万伏),负极接放电针 E,E 由一排尖齿组成,正对着绝缘带 C.由于 E 的尖端放电,使绝缘带上带有负电荷.当负电荷随绝缘带向上

移动到刮电针 G 附近时(G 也由一排尖齿组成)，负电荷就通过 G 传递到金属球壳 A，并分布在 A 的外表面. 随着传送带不停运转，把大量负电荷送到 A 壳的外表面，就可使 A 达到很高的负电势.

金属球壳 A 内可装上抽成真空的加速管 T，管的上端装入产生电子束的电子枪 K，由于金属球壳相对外界具有很高的电势差，因此当电子束进入加速管后，将在强电场的作用下，自上而下地做加速运动，电子获得了很大的动能. 电子束轰击在加速管下端的不同材料制成的靶子 J 上，可产生不同的射线，如 α 射线、γ 射线等，供不同的应用.

例 9.18

一平行板电容器的极板面积为 S，板间距离为 d，电势差为 U. 两极板间平行放置一层厚度为 t，相对介电常数为 ε_r 的电介质. 试求：(1) 极板上的电量 Q；(2) 两极板间的电位移 $\boldsymbol{D}$ 和电场强度 $\boldsymbol{E}$；(3) 电容器的电容.

解 (1) 如图 9.30 所示，作柱形高斯面，它的一个底面 ΔS_1 在一个金属极板内，另一底面 ΔS_2 在两极板之间(电介质中或真空中)，$\Delta S_1=\Delta S_2=\Delta S$. 因为金属极板内 $\boldsymbol{E}=0$，$\boldsymbol{D}=0$，所以

$$\oint_S \boldsymbol{D}\cdot \mathrm{d}\boldsymbol{S}=D\Delta S$$

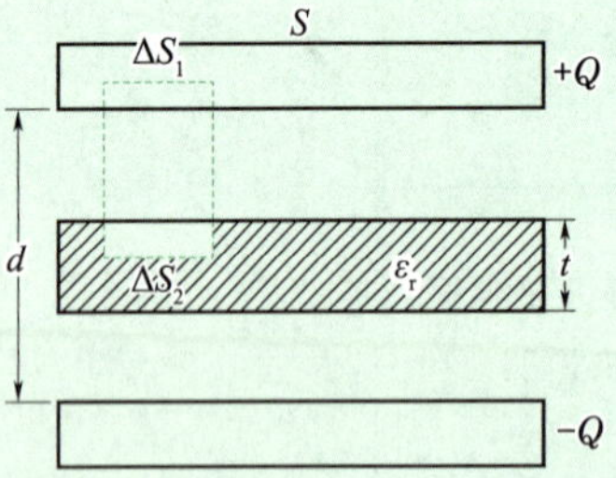

图 9.30

而 $\sum q_i=\sigma\Delta S$，由此得到两极板间的电介质或真空中，电位移 $\boldsymbol{D}$ 相同. 其大小均为

$$D=\sigma=\frac{Q}{S}$$

Q 是正极板上的电量，待求.

在真空间隙中 $\quad E_1=\dfrac{D}{\varepsilon_0}=\dfrac{Q}{\varepsilon_0 S}$

在介质中 $\quad E_2=\dfrac{D}{\varepsilon}=\dfrac{D}{\varepsilon_0\varepsilon_r}=\dfrac{Q}{\varepsilon_0\varepsilon_r S}$

所以两极板的电势差为

$$U=E_1(d-t)+E_2 t=\frac{Q}{\varepsilon_0 S}(d-t)+\frac{Q}{\varepsilon_0\varepsilon_r S}t=\frac{Qd}{\varepsilon_0 S}\left(1-\frac{t}{d}\frac{\varepsilon_r-1}{\varepsilon_r}\right)$$

由此可得极板上电量为

$$Q=\frac{\varepsilon_0 SU}{d}\left[\frac{\varepsilon_r d}{\varepsilon_r(d-t)+t}\right]=\frac{\varepsilon_0\varepsilon_r SU}{\varepsilon_r(d-t)+t}$$

(2) 把 $Q=\dfrac{\varepsilon_0\varepsilon_r SU}{\varepsilon_r(d-t)+t}$ 代入上述 $E_1=\dfrac{Q}{\varepsilon_0 S}$ 和 $E_2=\dfrac{Q}{\varepsilon_0\varepsilon_r S}$ 得

$$E_1=\frac{\varepsilon_r U}{\varepsilon_r(d-t)+t}$$

$$E_2=\frac{U}{\varepsilon_r(d-t)+t}$$

$$D=\frac{\varepsilon_0\varepsilon_r U}{\varepsilon_r(d-t)+t}$$

(3) $C=\dfrac{Q}{U}=\dfrac{\varepsilon_0\varepsilon_r S}{\varepsilon_r(d-t)+t}=\dfrac{C_0}{1-\dfrac{t}{d}\dfrac{\varepsilon_r-1}{\varepsilon_r}}$

其中 $C_0=\dfrac{\varepsilon_0 S}{d}$. 可见，由于电介质插入，电容增大了；若 $t=d$，即电介质充满两极板之间间隙时，有 $C=\varepsilon_r C_0$，电容扩大到原来的 ε_r 倍.

例 9.19

若在例 9.18 中的平板电容器两极板间左、右两半空间分别充满相对介电常数为 ε_{r1} 和 ε_{r2} 的电介质，如图 9.31 所示(设 ε_{r1} 充满的空间的极板面积为 S_1). 试求：

(1) 两极板间的电位移 $\boldsymbol{D}$ 和电场强度 $\boldsymbol{E}$；

(2) 极板上的电荷面密度；

(3) 电容器的电容.

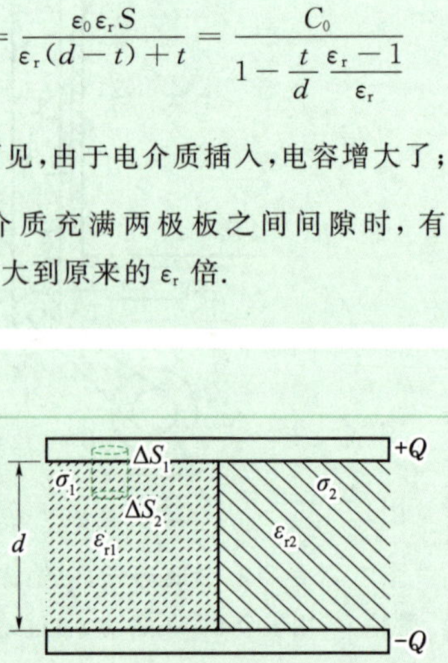

图 9.31

解 (1) 因为两极板间的电位差 U 一定，所以左半边和右半边的电场强度相等，$E_1=E_2=\dfrac{U}{d}$，而左半边和右半边的电位移 $\boldsymbol{D}$ 方向相同，大小不相等：

$$D_1=\varepsilon_{r1}\varepsilon_0 E_1=\varepsilon_{r1}\varepsilon_0\frac{U}{d}$$

$$D_2=\varepsilon_{r2}\varepsilon_0 E_2=\varepsilon_{r2}\varepsilon_0\frac{U}{d}$$

(2) 在左半边作如图所示高斯面，与例9.18相似可得左半边正极板上电荷面密度为

$$\sigma_1=D_1=\varepsilon_{r1}\varepsilon_0\frac{U}{d}$$

同理，右半边正极板上电荷面密度为

$$\sigma_2=D_2=\varepsilon_{r2}\varepsilon_0\frac{U}{d}$$

(3) 左半边介质充满时极板面积为 S_1，则右半边介质充满时极板面积为 $S-S_1$. 所以极板上总电量为

$$Q=\sigma_1 S_1+\sigma_2(S-S_1)=\frac{\varepsilon_{r1}\varepsilon_0 U}{d}S_1+\frac{\varepsilon_{r2}\varepsilon_0 U}{d}(S-S_1)$$

$$C=\frac{Q}{U}=\frac{\varepsilon_{r1}\varepsilon_0 S_1}{d}+\frac{\varepsilon_{r2}\varepsilon_0(S-S_1)}{d}=C_1+C_2$$

其中 C_1、C_2 分别表示左、右两半电容器的电容，可见整个电容器相当于两个电容器的并联.

从以上两例中我们看到，在利用有介质时的高斯定理求解电场分布时，必须注意到不同介质区域的电位移之间的关系和电场强度之间的关系与介质分布的形状有关.

9.8 电场的能量

9.8.1 带电系统的能量

对于电量为 Q 的带电体A，可以设想是在不断地把微小电量 $\mathrm{d}q$ 从无穷远处移到A上的过程中，外界克服电场力做的功增加了带电体A的能量，即

$$\mathrm{d}W_e=\mathrm{d}W=\mathrm{d}qu$$

所以带电体A从不带电到带有电量 Q 的整个过程积蓄的能量为

$$W_e=\int \mathrm{d}W_e=\int_0^Q u\,\mathrm{d}q \tag{9.35}$$

实际上，电容器充电的过程就是在电源作用下不断地从原来中性的极板B取正电荷移到极板A上的过程. 所以，当电容为 C 的电容器两极板分别带有电量 $+Q$，$-Q$，两极板的电势差为 U 时，电容器具有能量

$$W_e=\int_0^Q u\,\mathrm{d}q=\int_0^Q\frac{q}{C}\mathrm{d}q=\frac{1}{2}\frac{Q^2}{C} \tag{9.36}$$

式(9.36)也可表示为 $W_e=\dfrac{1}{2}CU^2=\dfrac{1}{2}UQ$. 无论电容器的结构如何，这一结果都正确.

静电场的能量

9.8.2 电场能量

在不随时间变化的静电场中，电荷和电场总是同时存在的. 我

们无法分辨电能是与电荷相关联还是与电场相关联. 以后我们将看到,随时间迅速变化的电场和磁场将以电磁波的形式在空间传播,电场可以脱离电荷而传播到很远的地方去. 实际上,电磁波携带能量已经是人所共知的事实. 大量事实证明,能量确实是存在于电场中的.

既然能量是定域在(或者说是分布在)电场中,我们就可以把带电系统的能量公式用描述电场的物理量 $\boldsymbol{E}$ 和 $\boldsymbol{D}$ 来表示. 为简单起见,考虑一个理想的平行板电容器,它的极板面积为 S,极板间电场占空间体积 $V=Sd$,极板上自由电荷为 Q,极板间电压为 U,则该电容器储存能量 $W_e=\frac{1}{2}QU$. 因为极板上电荷面密度 $\sigma=\frac{Q}{S}=D$, $U=Ed$, 所以

$$W_e=\frac{1}{2}QU=\frac{1}{2}\sigma SU=\frac{1}{2}DSEd=\frac{1}{2}DEV$$

而电场中单位体积的能量,即**电场能量密度**

$$w_e=\frac{W_e}{V}=\frac{1}{2}DE \tag{9.37}$$

可以证明,电场能量体密度的公式适用于任何电场. 在电场不均匀时,总电场能量等于 w_e 在电场强度不为零的空间 V 中的体积分,即

$$W_e=\int_V \mathrm{d}W_e=\int_V \frac{1}{2}DE\,\mathrm{d}V \tag{9.38}$$

在真空中 $\boldsymbol{D}=\varepsilon_0\boldsymbol{E}$,则

$$W_e=\int_V \frac{1}{2}\varepsilon_0 E^2\,\mathrm{d}V$$

W_e 是纯粹的电场能量. 在各向同性的电介质中

$$\boldsymbol{D}=\varepsilon_0\varepsilon_r\boldsymbol{E}=\varepsilon\boldsymbol{E},\qquad W_e=\int_V \frac{1}{2}\varepsilon E^2\,\mathrm{d}V$$

这时 W_e 还包含了电介质极化能. 在各向异性的电介质中 $\boldsymbol{D}$ 与 $\boldsymbol{E}$ 的方向不同,式(9.38)应采用以下形式:

$$W_e=\int_V \frac{1}{2}\boldsymbol{D}\cdot\boldsymbol{E}\,\mathrm{d}V \tag{9.39}$$

例 9.20

计算均匀带电球体的静电能. 球的半径为 R,带电量为 Q. 为简单起见,设球内、外介质的介电常数均为 ε_0.

解 解法一:直接计算定域在电场中的能量.

均匀带电球体的电场分布已在例 9.7 中求出,$\boldsymbol{E}$ 沿着球的半径方向,大小为

$$E=\begin{cases}\dfrac{Qr}{4\pi\varepsilon_0 R^3} & (r\leqslant R)\\[2mm] \dfrac{Q}{4\pi\varepsilon_0 r^2} & (r\geqslant R)\end{cases}$$

于是,利用式(9.38)可得静电场能量为

$$W_e=\int_V \frac{1}{2}\varepsilon_0 E^2 \mathrm{d}V=\frac{\varepsilon_0}{2}\int_0^R\left(\frac{Qr}{4\pi\varepsilon_0 R^3}\right)^2 4\pi r^2\mathrm{d}r+\frac{\varepsilon_0}{2}\int_R^{\infty}\left(\frac{Q}{4\pi\varepsilon_0 r^2}\right)^2 4\pi r^2\mathrm{d}r$$

$$=\frac{Q^2}{8\pi\varepsilon_0 R^6}\int_0^R r^4\mathrm{d}r+\frac{Q^2}{8\pi\varepsilon_0}\int_R^{\infty}\frac{\mathrm{d}r}{r^2}$$

$$=\frac{Q^2}{40\pi\varepsilon_0 R}+\frac{Q^2}{8\pi\varepsilon_0 R}=\frac{3Q^2}{20\pi\varepsilon_0 R}$$

*解法二：设想把带电球体分割成一系列半径为 r 的带电薄球壳（r 从零逐渐增大直至 R），并相继把这些带电薄球壳移到一起累加后形成带电球体. 当带电球体的半径为 r 时带有电量

$$q=\rho\left(\frac{4}{3}\pi r^3\right)=\frac{Qr^3}{R^3}$$

此时带电球体表面电势为

$$U(r)=\frac{q}{4\pi\varepsilon_0 r}=\frac{Qr^2}{4\pi\varepsilon_0 R^3}$$

这时增加一个厚度为 $\mathrm{d}r$ 的薄带电球壳，带电球增加的电量 $\mathrm{d}q$ 为

$$\mathrm{d}q=\rho 4\pi r^2\mathrm{d}r=\frac{3Qr^2}{R^3}\mathrm{d}r$$

把以上电量从无穷远处移到带电球处并累加到半径为 r 的带电球上，外界需克服电场力做功，亦即带电球半径增大 $\mathrm{d}r$ 时，带电球体增加的静电能为

$$\mathrm{d}W_e=U\mathrm{d}q=\frac{Qr^2}{4\pi\varepsilon_0 R^3}\frac{3Qr^2}{R^3}\mathrm{d}r=\frac{3Q^2r^4}{4\pi\varepsilon_0 R^6}\mathrm{d}r$$

所以，半径为 R 的均匀带电球体的静电能为

$$W_e=\int\mathrm{d}W_e=\int_0^R\frac{3Q^2r^4}{4\pi\varepsilon_0 R^6}\mathrm{d}r=\frac{3Q^2}{20\pi\varepsilon_0 R}$$

两种解法结果相同.

习　题

9.1　选择题.

(1) 正方形的一条对角线的两端点处各放置电荷 Q，另一条对角线的两端点处各放置电荷 q，若 Q 所受到合力为零，则 Q 与 q 的关系为　(　　)

A. $Q=-2^{3/2}q$.　　B. $Q=2^{3/2}q$.

C. $Q=-2q$.　　D. $Q=2q$.

(2) 下面说法正确的是　(　　)

A. 若高斯面上的电场强度处处为零，则该面内必定没有净电荷.

B. 若高斯面内没有电荷，则该面上的电场强度必定处处为零.

C. 若高斯面上的电场强度处处不为零，则该面内必定有电荷.

D. 若高斯面内有电荷，则该面上的电场强度必定处处不为零.

(3) 一半径为 R 的导体球表面的面电荷密度为 σ，则在距球面 R 处的电场强度为　(　　)

A. σ/ε_0.　　B. $\sigma/2\varepsilon_0$.

C. $\sigma/4\varepsilon_0$.　　D. $\sigma/8\varepsilon_0$.

(4) 在电场中的导体内部的　(　　)

A. 电场和电势均为零.

B. 电场不为零，电势均为零.

C. 电势和表面电势相等.

D. 电势低于表面电势.

9.2　填空题.

(1) 在静电场中，电势梯度不变的区域，电场强度必定为________.

(2) 一个点电荷 q 放在立方体中心，则穿过某一表面的电通量为________，若将点电荷由中心向外移动至无限远，则总通量将________.

(3) 电介质在电容器中作用：(a) ________ (b) ________.

(4) 电量 Q 均匀分布在半径为 R 的球体内，则球内球外的静电能之比为________.

9.3　电量都是 q 的三个点电荷，分别放在正三角形的三个顶点. 试问：(1) 在这三角形的中心放一个什么样的电荷，就可以使这四个电荷都达到平衡（每个电荷受其他三个电荷的库仑力之和都为零）？(2) 这种平衡与三角形的边长有无关系？

9.4　两小球的质量都是 m，都用长为 l 的细绳挂在同一点，它们带有相同电量，静止时两线夹角为 2θ，如题 9.4 图所示. 设小球的半径和线的质量都可以忽略不计，求每个小球所带的电量.

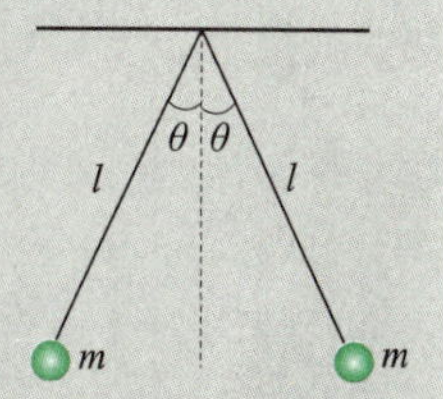

题 9.4 图

9.5　根据点电荷电场强度公式 $E=\frac{q}{4\pi\varepsilon_0 r^2}$，当被考察的场点距源点电荷很近($r\to 0$)时，则电场强度 $\to\infty$，这是没有物理意义的，对此应如何理解？

9.6　在真空中有 A，B 两平行板，相对距离为 d，板面积为 S，其带电量分别为 $+q$ 和 $-q$，则这两板之间有相互作用力 F，有人说 $F=\frac{q^2}{4\pi\varepsilon_0 d^2}$，又有人说，因为 $F=qE$，$E=\frac{q}{\varepsilon_0 S}$，所以 $F=\frac{q^2}{\varepsilon_0 S}$. 试问：这两种说法对吗？为什么？$F$ 到底应等于多少？

9.7　长 $l=15.0$ cm 的直导线 AB 上均匀地分布着线密度 $\lambda=5.0\times10^{-9}$ C/m 的正电荷. 试求：(1) 在导线的延长线上与导线 B 端相距 $d_1=5.0$ cm 处 P 点的电场强度；(2) 在导线的垂直平分线上与导线中点相距 $d_2=5.0$ cm 处 Q 点的电场强度.

9.8　一个半径为 R 的均匀带电半圆环，电荷线密度为 λ，求环心处 O 点的电场强度.

9.9　均匀带电的细线弯成正方形，边长为 l，总电量为 q. (1) 求这正方形轴线上离中心为 r 处的电场强度 $\boldsymbol{E}$；(2) 证明：在 $r\gg l$ 处，它相当于点电荷 q 产生的电场强度 $\boldsymbol{E}$.

9.10　(1) 点电荷 q 位于一边长为 a 的立方体中心，试求在该点电荷电场中穿过立方体的一个面的电通量；(2) 如果该场源点电荷移动到该立方体的一个顶点上，这时穿过立方体各面的电通量是多少？

9.11　均匀带电球壳内半径 6 cm，外半径 10 cm，电荷体密度为 2×10^{-5} C/m^3. 试求距球心 5 cm、8 cm 及 12 cm 的各点的电场强度.

9.12　半径为 R_1 和 R_2($R_2>R_1$) 的两无限长同轴圆柱面，单位长度上分别带有电量 λ 和 $-\lambda$，试求：(1)$r<R_1$；(2)$R_1<r<R_2$；(3)$r>R_2$ 处各点的电场强度.

9.13　两个无限大的平行平面都均匀带电，电荷的面密度分别为 σ_1 和 σ_2，试求空间各处电场强度.

9.14　半径为 R 的均匀带电球体内的电荷体密度为 ρ，若在球内挖去一块半径为 $r<R$ 的小球体，如题 9.14 图所示. 试求：两球心 O 与 O' 点的电场强度，并证明小球空腔内的电场是均匀的.

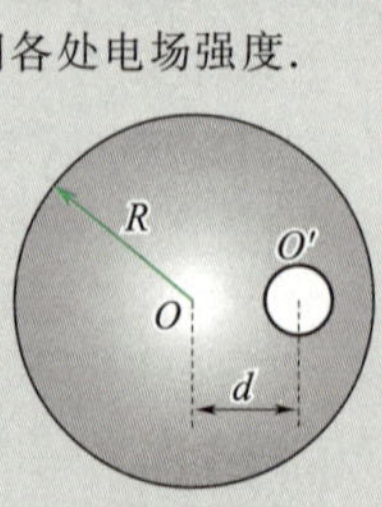

题 9.14 图

9.15　一电偶极子由 $q=1.0\times10^{-6}$ C 的两个异号点电荷组成，两电荷距离 $d=0.2$ cm，把这电偶极子放在 1.0×10^5 N/C 的外电场中，求外电场作用于电偶极子上的最大力矩.

9.16　两点电荷 $q_1=1.5\times10^{-8}$ C，$q_2=3.0\times10^{-8}$ C，相距 $r_1=42$ cm，要把它们之间的距离变为 $r_2=25$ cm，需做多少功？

9.17　如题 9.17 图所示，在 A、B 两点处放有电量分别为 $+q$、$-q$ 的点电荷，AB 间距离为 $2R$，现将另一正试验点电荷 q_0 从 O 点经过半圆弧移到 C 点，求移动过程中电场力做的功.

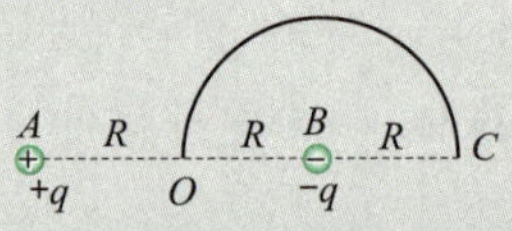

题 9.17 图

9.18　如题 9.18 图所示的绝缘细线上均匀分布着线密度为 λ 的正电荷，两段直导线的长度和半圆环的半径都等于 R. 试求环中心 O 点处的电场强度和电势.

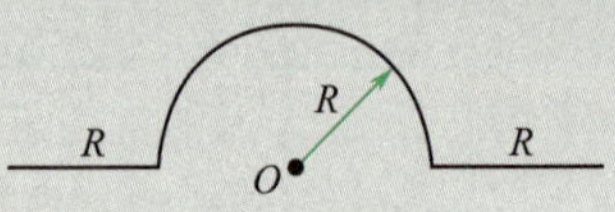

题 9.18 图

9.19　一电子绕一带均匀电荷的长直导线以 2×10^4 m/s 的匀速率做圆周运动. 求带电直线上的线电荷密度.(电子质量 $m_0=9.1\times10^{-31}$ kg，电子电量 $e=1.60\times10^{-19}$ C)

9.20　空气可以承受的电场强度的最大值为 $E=30$ kV/cm，超过这个数值时空气要发生火花放电. 今有一高压平行板电容器，极板间距离为 $d=0.5$ cm，求此电容器可承受的最高电压.

9.21　证明：对于两个无限大的平行平面带电导体板(见题 9.21 图)来说，(1) 相向的两面上，电荷的面密度总是大小相等而符号相反；(2) 相背的两面上，电荷的面密度总是大小相等且符号相同.

题 9.21 图

9.22　三个平行金属板 A，B 和 C 的面积都是 200 cm^2，A 和 B 相距 4.0 mm，A 与 C 相距 2.0 mm，B、C 都接地，如题 9.22 图所示. 如果使 A 板带正电 3.0×10^{-7} C，略去边缘效应，问：(1)B 板和 C 板上的感应电荷各是多少？(2) 以地的电势为零，则 A 板的电势是多少？

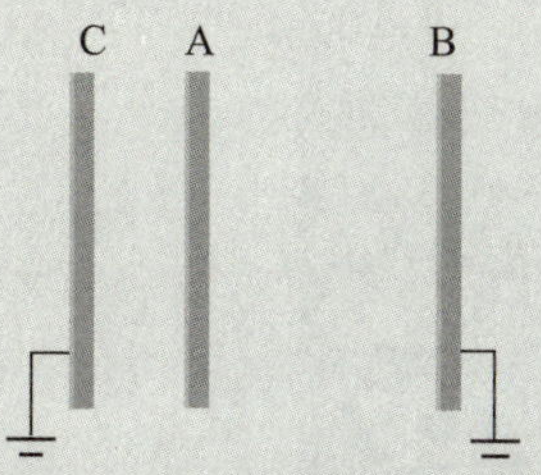

题 9.22 图

9.23 两个半径分别为 R_1 和 R_2（$R_1 < R_2$）的同心薄金属球壳，现给内球壳带电 $+q$，试计算：

(1) 外球壳上的电荷分布及电势大小；

(2) 先把外球壳接地，然后断开接地线重新绝缘，此时外球壳的电荷分布及电势；

*(3) 再使内球壳接地，此时内球壳上的电荷及外球壳上的电势的改变量.

9.24 半径为 R 的金属球离地面很远，并用导线与地相连，在与球心相距为 $d = 3R$ 处有一点电荷 $+q$，试求金属球上的感应电荷的电量.

9.25 有三个大小相同的金属小球，小球 1、2 带有等量同号电荷，相距甚远，其间的库仑力为 F_0. 试求：

(1) 用带绝缘柄的不带电小球 3 先后分别接触 1、2 后移去，小球 1、2 之间的库仑力；

(2) 小球 3 依次交替接触小球 1、2 很多次后移去，小球 1、2 之间的库仑力.

9.26 在半径为 R_1 的金属球之外包有一层外半径为 R_2 的均匀电介质球壳，介质相对介电常数为 ε_r，金属球带电 Q. 试求：

(1) 电介质内、外的电场强度；

(2) 电介质层内、外的电势；

(3) 金属球的电势.

9.27 如题 9.27 图所示，在平行板电容器的一半容积内充入相对介电常数为 ε_r 的电介质. 试求：在有电介质部分和无电介质部分极板上自由电荷面密度的比值.

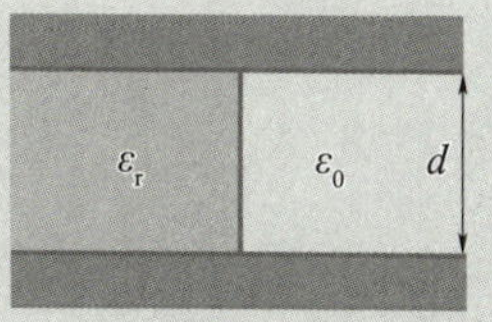

题 9.27 图

9.28 两个同轴的圆柱面，长度均为 l，半径分别为 R_1 和 R_2（$R_2 > R_1$），且 $l \gg R_2 - R_1$ 两柱面之间充有介电常数 ε 的均匀电介质. 当两圆柱面分别带等量异号电荷 Q 和 $-Q$ 时，求：

(1) 在半径 r 处（$R_1 < r < R_2$），厚度为 dr，长为 l 的圆柱薄壳中任一点的电场能量密度和整个薄壳中的电场能量；

(2) 电介质中的总电场能量；

(3) 圆柱形电容器的电容.

9.29 如题 9.29 图所示，$C_1 = 0.25\ \mu F$，$C_2 = 0.15\ \mu F$，$C_3 = 0.20\ \mu F$. C_1 上电压为 50 V. 求 U_{AB}.

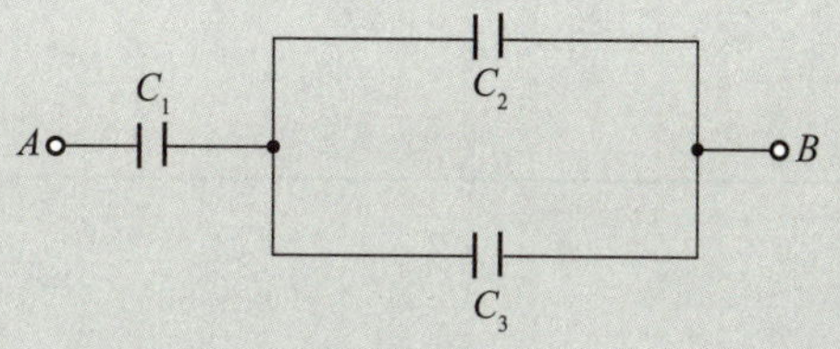

题 9.29 图

9.30 C_1 和 C_2 两电容器分别标明“200 pF、500 V”和“300 pF、900 V”，把它们串联起来后等值电容是多少？

9.31 半径为 $R_1 = 2.0$ cm 的导体球，外套有一同心的导体球壳，壳的内、外半径分别为 $R_2 = 4.0$ cm 和 $R_3 = 5.0$ cm，当内球带电荷 $Q = 3.0 \times 10^{-8}$C 时，求：

(1) 整个电场储存的能量；

(2) 如果将导体壳接地，计算储存的能量；

(3) 此电容器的电容值.

本章习题参考答案

第 10 章

稳恒磁场

上一章主要介绍了静止电荷产生的静电场的基本性质与基本规律. 如果电荷相对于观察者运动，那么观察者测得在它周围空间中不仅存在电场，也存在磁场. 两运动电荷间的相互作用不仅有电场力还有磁场力，电场力是通过电场来传递，而磁场力则是通过磁场来传递的. 运动电荷、传导电流和变化的电场都是产生磁场的源. 本章主要研究稳恒电流产生的磁场，它不随时间变化，称为稳恒磁场，主要内容有稳恒磁场的产生、磁场的基本规律和磁场与介质的相互作用.

磁感应强度是描述磁场性质的基本物理量. 磁场中的高斯定理和环路定理是反映磁场性质的基本规律. 对于具有一定对称性的磁场分布，其磁感应强度是可以利用毕奥-萨伐尔定律来求解，亦可采用安培环路定理来求解. 其中所涉及的对称性分析方法类似于利用电场中的高斯定理求解具有对称性的电场分布. 电荷在磁场中运动受到洛伦兹力作用和载流导线在磁场中受到安培力和力矩作用，这些理论与规律在许多领域均得到广泛应用. 另外，在磁场的作用下，磁介质发生磁化. 磁化的磁介质又反过来影响磁场的分布. 本章还将讨论磁场和介质的相互作用规律并特别介绍有很大实用价值的铁磁质的特性.

本章所探讨的概念、规律和理论方法与上一章静电场类似，但又有不同，在学习过程中应注意与静电场进行比较，融会贯通.

本章提要

10.1　电流　电动势

1. 电流密度

大量电荷有规则的定向运动形成电流.

电流强度只能从整体上反映导体内电流的大小. 当遇到电流在粗细不均匀的导线或大块导体中流动的情况时,导体的不同部分电流的大小和方向都可能不一样,如图 10.1 所示.

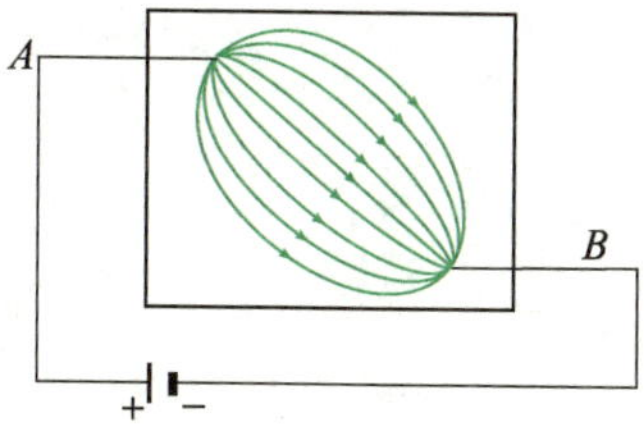

图 10.1　电流在大块金属中的分布

这时需引入电流密度矢量 $\boldsymbol{j}$,规定

$$\boldsymbol{j}=\frac{\mathrm{d}I}{\mathrm{d}S_{\perp}}\boldsymbol{n}_0\quad \text{单位:安培每平方米}(\mathrm{A/m^2})$$

式中 $\boldsymbol{n}_0$ 是与电场方向垂直的面积 $\mathrm{d}S_{\perp}$ 的法线方向单位矢量,它与电场 $\boldsymbol{E}$ 方向相同. 上式表明**电流密度矢量 $\boldsymbol{j}$ 的方向沿该点电场 $\boldsymbol{E}$ 的方向,大小等于通过与该点电场强度方向垂直的单位面积的电流强度**. 如图 10.2 所示.

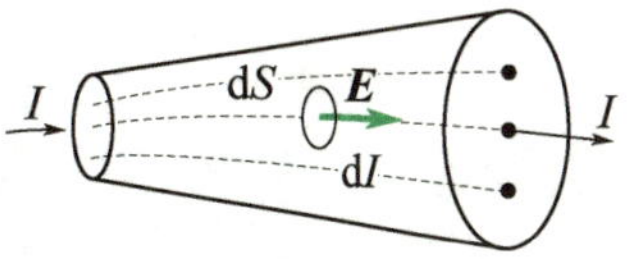

图 10.2　电流密度矢量的引出

如果面元 $\mathrm{d}\boldsymbol{S}$ 的法线方向与导体内某点处 $\boldsymbol{j}$ 的方向成 θ 角,$\mathrm{d}\boldsymbol{S}$ 在垂直于 $\boldsymbol{j}$ 的方向上投影面积为 $\mathrm{d}\boldsymbol{S}_{\perp}$,如图 10.3 所示,则 $\mathrm{d}S_{\perp}=\mathrm{d}S\cos\theta$,通过 $\mathrm{d}\boldsymbol{S}$ 的电流 $\mathrm{d}I=j\cos\theta\mathrm{d}S=\boldsymbol{j}\cdot\mathrm{d}\boldsymbol{S}$. 而通过导体中任一面积的电流强度

$$I=\int_S j\cos\theta\mathrm{d}S=\int_S \boldsymbol{j}\cdot\mathrm{d}\boldsymbol{S}$$

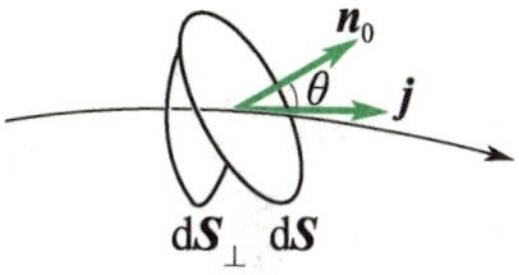

图 10.3　说明电流密度的矢量性

2. 电动势

要在导体中维持稳恒电流,必须在其两端维持恒定不变的电势差. 这一条件是怎样满足的呢?我们以带电电容器放电时产生的电流为例来讨论.

如图 10.4 所示,当用导线把充电的电容器两极板 A,B 连接起来时,就有电流从 A 板通过导线流向 B 板,但这电流不是稳定的,因为由于两个极板上的正负电荷逐渐中和而减少,极板间的电势差也逐渐减小而直至为零,电流也就停止了. 因此,单纯依靠静电力的作用,在导体两端不可能维持恒定的电势差,也就不可能获得稳恒电流.

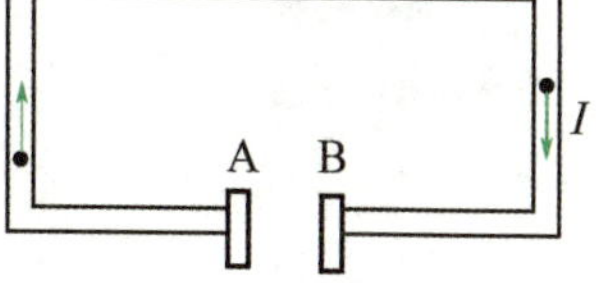

图 10.4　电容器的放电

为了获得稳恒电流,必须有一种本质上完全不同于静电性的力把图 10.4 中由极板 A 经导线流向极板 B 的正电荷再送回到极板 A,从而使两极板间保持恒定的电势差来维持由 A 到 B 的稳恒电流,如图 10.5 所示. **能把正电荷从电势较低的点(如电源负极板)送到电势较高的点(如电源正极板)的作用力称为非静电力,记作 $\boldsymbol{F}_{\mathrm{k}}$.** 提供非静电力的装置叫作电源.

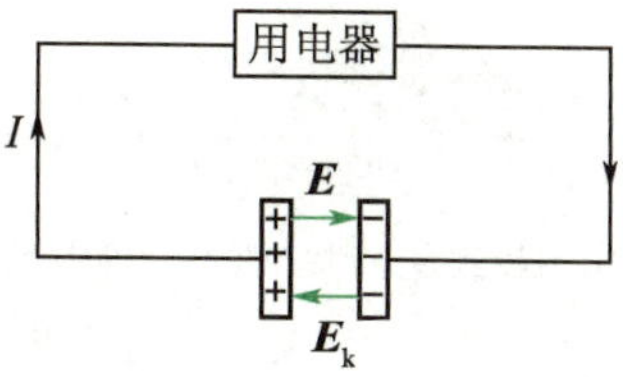

图 10.5　电源

作用在单位正电荷上的非静电力称为非静电场场强,记作 $\boldsymbol{E}_{\mathrm{k}}$,即

$$E_k = \frac{F_k}{q}$$

一个电源的**电动势** $\mathscr{E}$ 定义为**把单位正电荷从负极通过电源内部移到正极时，电源中的非静电力所做的功**，即

$$\mathscr{E} = \int_{-}^{+} E_k \cdot dl$$

电动势与电势一样，也是标量. 规定**自负极经电源内部到正极的方向为电动势的正方向**. 由于电源外部 E_k 为零，所以**电源电动势**又可定义为**把单位正电荷绕闭合回路一周时，电源中非静电力所做的功**，即

$$\mathscr{E} = \oint_L E_k \cdot dl$$

此定义对非静电力作用在整个回路上的情况（如电磁感应）也适用. 这时电动势 $\mathscr{E}$ 的方向与回路中电流的方向一致.

10.2　磁场　磁感应强度

10.2.1　基本磁现象

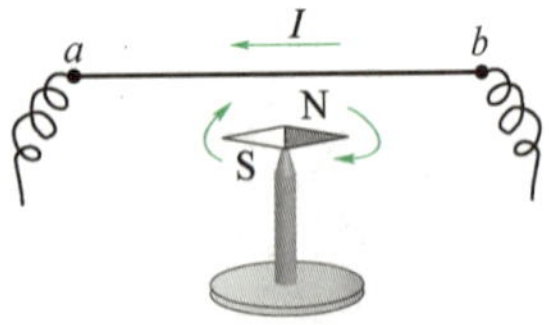

图 10.6　奥斯特实验

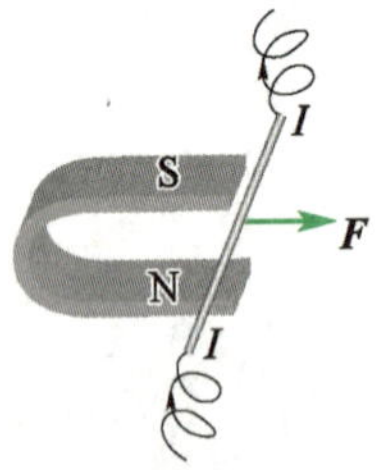

(a) 磁铁对载流导线的作用

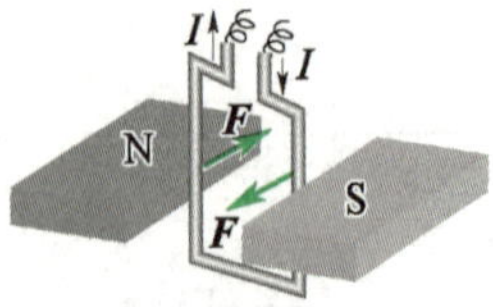

(b) 载流线圈受到磁铁的作用而转动

图 10.7　磁场对电流的作用

我国是世界上最早认识磁性和应用磁性的国家，早在战国时期（公元前 300 年），就已发现磁石吸铁的现象. 11 世纪（北宋）时，我国科学家沈括创制了航海用的指南针，并发现了地磁偏角. 地球的 N 极在地理南极附近，S 极在地理北极附近.

天然磁铁和人造磁铁都称永磁铁. 永磁铁不存在单一的磁极. 磁铁的两个磁极，不可能分割成为独立存在的 N 极和 S 极. 但我们知道，有独立存在的正电荷或负电荷，这是磁极和电荷的基本区别①.

历史上很长一段时期，人们对磁现象和电现象的研究都是彼此独立进行的. 1820 年丹麦物理学家奥斯特发现，放在通有电流的导线周围的磁针，会受到力的作用而发生偏转，如图 10.6 所示. 其转动方向与导线中电流的方向有关. 这就是历史上著名的奥斯特实验，它第一次指出了磁现象与电现象之间的联系. 同年法国科学家安培发现，放在磁铁附近的载流导线及载流线圈，也会受到力的作用而发生运动，如图 10.7 所示. 其后实验还发现，载流导线之间或载流线圈之间也有相互作用力. 例如，把两个线圈面对面挂在一起，当两电流的流向相同时，两线圈相互吸引，如图 10.8(a) 所示，当两

① 近代理论认为可能有单独磁极存在. 这种具有磁南极或磁北极的粒子，叫作磁单极子.

电流的流向相反时，两线圈相互排斥，如图 10.8(b) 所示.

电子射线束在磁场中路径发生偏转的实验，进一步说明了通过磁场区域时运动电荷要受到力的作用，如图 10.9 所示.

上述实验现象，启发人们去探寻磁现象的本质. 1822 年，安培提出了关于物质磁性本质的假说，他认为一切磁现象的根源是电流. 载流导线之间和载流线圈之间的相互作用可以很好地说明是电流之间的相互作用的表现，那么为什么磁铁与电流或磁铁与磁铁之间的相互作用也是电流之间的相互作用的表现呢？这是因为，任何物质都是由分子和原子组成，而组成分子的电子和质子等带电粒子的运动会形成微小的环形电流，称为**分子电流**. 分子电流相当于一个基元磁铁. 当物体不显磁性时，各分子电流作无规则的排列，它们对外界所产生的磁性相互抵消. 在外磁场作用下，与分子电流相当的基元磁铁将趋向于沿外磁场方向取向，从而使得整个物体对外显示磁性. 一个磁铁与其他磁铁或电流之间的相互作用，实际上就是这些已经排列整齐的分子电流之间或它们与电流之间的相互作用. 根据安培的物质磁性假说，也很容易说明两种磁极不能单独存在的原因. 因为基元磁铁的两个磁极对应于分子环形电流的正反两个面，这两个面显然是无法单独存在的.

由于电流是电荷的定向运动形成的，所以电流之间的相互作用可以说是运动电荷之间的相互作用. 事实上，在所有情况下，**磁现象是根源于运动电荷的，磁力是运动电荷之间相互作用的表现**. 电子射线束在磁场中路径发生偏转的实验，说明了通过磁场区域时运动电荷要受到力的作用(见图 10.9)，也从一定程度上证实了这一事实.

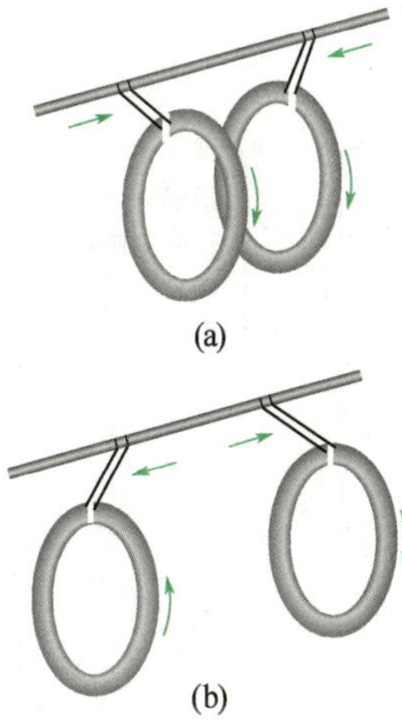

图 10.8 载流线圈间的相互作用

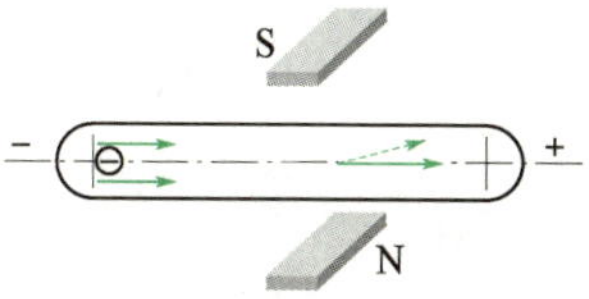

图 10.9 电子射线在磁场中改变方向

磁单极

科学家介绍

安培

10.2.2 磁感应强度

为了说明磁力的作用，类似于电场，我们可以引入场的概念. 产生磁力的场称为磁场. 运动电荷之间的磁力，电流与电流之间、电流与磁铁之间以及磁铁与磁铁之间的相互作用则是通过磁场这种特殊物质来传递的，这种关系可以简单表述为

运动电荷(电流或磁铁) $\leftrightarrows$ 磁场 $\leftrightarrows$ 运动电荷(电流或磁铁)

磁场和电场一样，是客观存在的特殊形态的物质. 磁场对外的重要表现是：

(1) 磁场对进入场中的运动电荷或载流导体有磁力的作用；

(2) 载流导体在磁场中移动时，磁场的作用力将对载流导体做功，表明磁场具有能量.

在静电场中，我们引入电场强度矢量 $\boldsymbol{E}$ 来描述电场的强弱和方向. 同样，我们引入磁感应强度矢量 $\boldsymbol{B}$ 来描述磁场的强弱和方向.

我们用磁场对运动电荷的作用来定量地描述磁场的性质. 为了只研究磁场，我们一般选取载流导线而非运动电荷作为产生磁场的

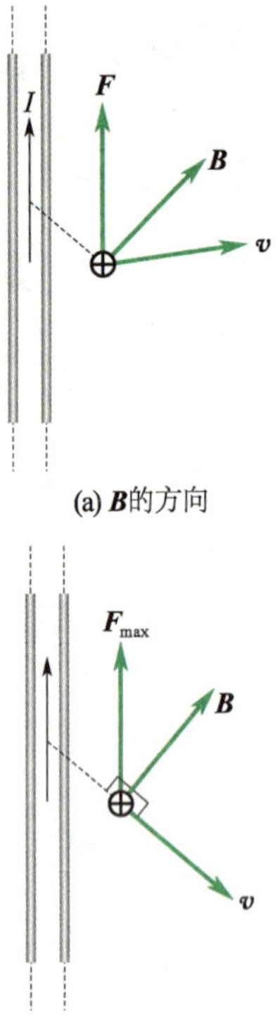

(a) **B**的方向

(b) **B**的大小

图 10.10 磁感应强度 **B** 的定义

极光为什么在两极出现而不在赤道出现?

源.这是因为如果选取运动电荷来产生磁场,那么运动电荷周围空间除了磁场外,还有电荷所产生的电场.因此,另一个运动电荷在它附近运动时既会受到磁力的作用,也会受到电场力的作用.而对于载流导线则不同,因为导线内部既有带正电的金属正离子,也有带负电的自由电子,且正负电荷密度相等,显电中性,对外所产生的电场相互抵消,合电场为零.所以在载流导线的周围,只有磁场存在,一个运动电荷所受到的作用力只是载流导线所产生的磁场对它的磁力.

作为描述磁场性质的磁感应强度可以通过在其周围引入一个运动电荷,并根据运动电荷所受磁力来定义.如图 10.10(a) 所示,假设一运动电荷 q 以速度 $\boldsymbol{v}$ 通过电流周围的某一考察点 P.我们把这一运动电荷当作检验磁场的试验电荷.实验表明,当 q 沿不同的方向运动时,它所受到的磁场力 $\boldsymbol{F}$ 的大小不同,但沿某一特定方向(或其反方向)通过 P 点,它所受到的磁场力为零且不依赖于试验电荷的电量和速度的大小.不同的 P 点,这种特定方向不同,即磁场中各点都有各自的这种特定方向,说明磁场具有方向性.当 q 以其他方向通过 P 点,那么它所受到的磁力方向总是与这一磁场方向和试验电荷本身的运动速度方向垂直.这样我们可以进一步具体规定**磁感应强度 $\boldsymbol{B}$ 的方向使得 $\boldsymbol{v}\times\boldsymbol{B}$ 和 $\boldsymbol{F}$ 同向**,如图 10.10(a) 所示的 $\boldsymbol{B}$ 的方向.

当试验电荷 q 的速度方向与磁场垂直时,它所受到的磁场力最大,如图 10.10(b) 所示,记作 $F_{\max}$.试验指出,试验电荷所受到的最大磁场力与试验电荷的电量 q 和速度大小 v 成正比,即

$$F_{\max} \propto qv$$

而且,比值 $\dfrac{F_{\max}}{qv}$ 为一恒量,仅与试验电荷的位置有关,即只与试验电荷所在处的磁场性质有关.显然,比值 $\dfrac{F_{\max}}{qv}$ 的大小正反映着各点处磁场的强弱.我们规定磁感应强度矢量 $\boldsymbol{B}$ 的大小为

$$B = \frac{F_{\max}}{qv} \tag{10.1}$$

综上所述,**磁场中磁感应强度的方向与该点运动电荷所受磁场力为零时的速度方向相同;磁感应强度的量值等于具有单位正电荷以单位速度运动时所受到的最大磁场力.**

在 SI 制中,磁感应强度 $\boldsymbol{B}$ 的单位为特斯拉,简称特(T).工程上还常用高斯作为磁感应强度的单位,$1\ \mathrm{T} = 10^4\ \mathrm{Gs}$(高斯).

地磁场约为 10^{-2} Gs,一般永久磁铁的磁场约为 10^4 Gs,实验室里电磁铁产生的磁场约为 10^5 Gs.

10.2.3 磁通量

1. 磁感线

类似于用电场线形象地描述静电场,也可以用磁感线来形象地

描述磁场.在磁场中作一系列曲线,使曲线上每一点的切线方向都和该点的磁场方向一致,同时,为了用磁感线的疏密来表示所在空间各点磁场的强弱,还规定:通过磁场中某点处垂直于磁感应强度矢量的单位面积的磁感线条数,等于该点磁感应强度矢量的量值.这样,磁场较强的地方,磁感线较密,反之,磁感线较疏.

几种不同形状的电流所产生的磁场的磁感线分布如图 10.11 所示.从磁感线的图示中,可以得出磁感线的特性如下:

(1) 磁场中每一条磁感线都是环绕电流的闭合曲线,而且每条闭合磁感线都与闭合电路互相套合,因此磁场是涡旋场.

(2) 任何两条磁感线在空间不相交,这是因为磁场中任一点的磁场方向都是唯一确定的.

(3) 磁感线的环绕方向与电流方向之间可以分别用右手螺旋法则表示.若拇指指向电流方向,则四指方向即为磁感线方向,如图 10.11(a) 所示;若四指方向为电流方向,则拇指方向为磁感线方向,如图 10.11(b) 和图 10.11(c) 所示.

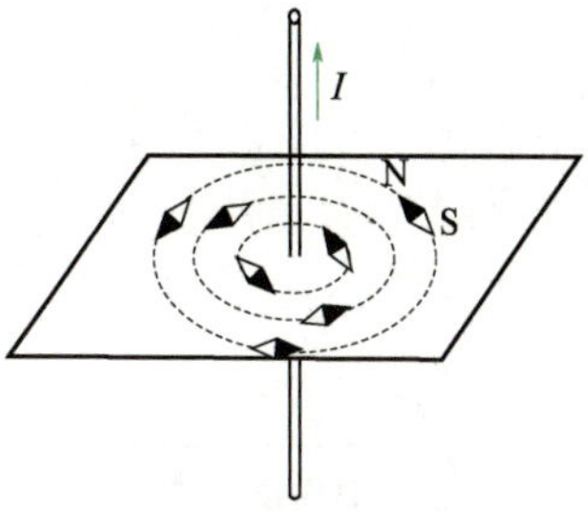

(a) 直电流的磁感线

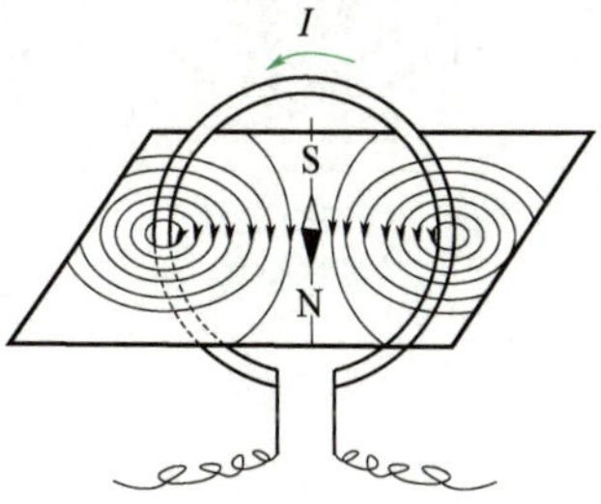

(b) 圆电流的磁感线

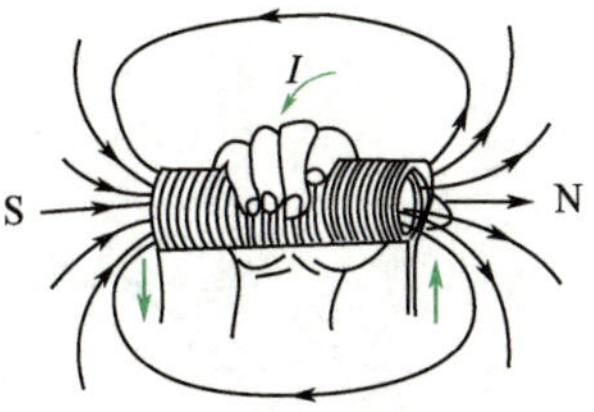

(c) 螺线管电流的磁感线

图 10.11　几种电流周围磁场的磁感线图

2. 磁通量

穿过磁场中某一曲面的磁感线总数,称为穿过该曲面的**磁通量**,用符号 Φ_m 表示.

在非均匀磁场中,要通过积分计算穿过任一曲面 S 的磁通量,如图 10.12 所示.在曲面 S 上取一面积元 $d\boldsymbol{S}$,$d\boldsymbol{S}$ 上的磁感应强度可视为是均匀的,面积元 $d\boldsymbol{S}$ 可视为平面,若其法线方向的单位矢量 $\boldsymbol{n}_0$ 与该处的磁感应强度 $\boldsymbol{B}$ 成 θ 角,则通过 $d\boldsymbol{S}$ 的磁通量为

$$d\Phi_m = B\cos\theta dS = \boldsymbol{B}\cdot d\boldsymbol{S}$$

而通过曲面 $\boldsymbol{S}$ 的磁通量为

$$\Phi_m = \int_S \boldsymbol{B}\cdot d\boldsymbol{S} \tag{10.2}$$

在 SI 制中,磁通量的单位为韦伯,符号为 Wb,1 Wb = 1 T·m^2.

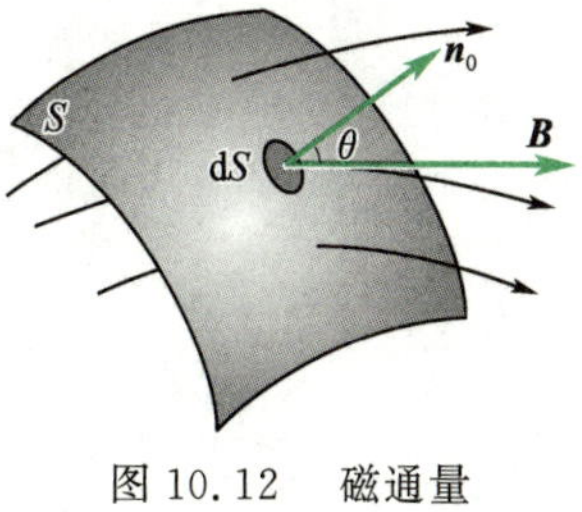

图 10.12　磁通量

10.2.4 磁场中的高斯定理

对闭合曲面 S 来说,我们通常取向外的指向为该面元法线的正方向.因此,从闭合面穿出的磁通量为正,穿入闭合面的磁通量为负.由于磁感线是无头无尾的闭合曲线,所以**穿过任意闭合曲面的总磁通量必为零,即**

$$\oint_S \boldsymbol{B}\cdot d\boldsymbol{S} = 0 \tag{10.3}$$

式(10.3)称为**磁场的高斯定理**.此式与静电学中的高斯定理 $\oint_S \boldsymbol{D}\cdot d\boldsymbol{S} = \sum q_i$ 形式上相似,但两者所反映的场在性质上却有本质的差别.由于自然界有单独存在的自由正电荷或自由负电荷,因此通过闭合曲

磁场中的高斯定理

面的电通量可以不等于零;但在自然界中至今尚未发现有单独磁极存在,所以通过任意闭合曲面的磁通量必为零.

10.2.5 毕奥-萨伐尔定律

科研成果介绍

稳态强磁场实验装置

在静电学中,任意形状的带电体所产生的电场强度 $\boldsymbol{E}$,可以看成是许多电荷元 $\mathrm{d}q$ 所产生的电场强度 $\mathrm{d}\boldsymbol{E}$ 的叠加.现在,我们研究任意形状的载流导线在给定点 P 处所产生的磁感应强度 $\boldsymbol{B}$,也可以看成是导线上各个电流元 $I\mathrm{d}\boldsymbol{l}$[①] 在该点处所产生的磁感应强度 $\mathrm{d}\boldsymbol{B}$ 的叠加.不过,由于实际上不可能得到单独的电流元,因此也无法直接从实验中找到单独的电流元与其所产生的磁感应强度之间的关系.

19 世纪 20 年代,受奥斯特的电流磁效应实验的启发,法国科学家毕奥和萨伐尔通过长直和弯折载流导线对磁极作用力的实验,得出了作用力与距离和弯折角的定量关系.后经拉普拉斯等人的工作,得到了电流元产生磁场的普遍定量规律,即毕奥-萨伐尔定律.现陈述如下:

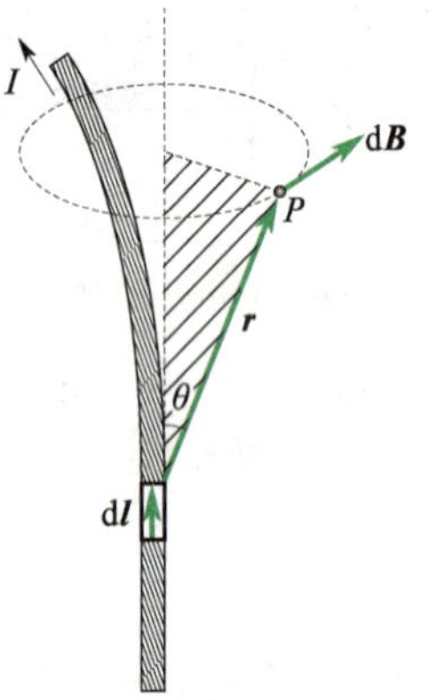

图 10.13 毕奥-萨伐尔定律

任一电流元 $I\mathrm{d}\boldsymbol{l}$ 在给定点 P 所产生的磁感应强度 $\mathrm{d}\boldsymbol{B}$ 的大小与电流元的大小成正比,与电流元和由电流元到 P 点的矢径 $\boldsymbol{r}$ 间的夹角的正弦成正比,而与电流元到 P 点的距离 r 的平方成反比.$\mathrm{d}\boldsymbol{B}$ 的方向垂直于 $\mathrm{d}\boldsymbol{l}$ 和 $\boldsymbol{r}$ 所组成的平面,指向为由 $I\mathrm{d}\boldsymbol{l}$ 经小于 180° 的角转向 r 时右手螺旋前进的方向. 如图 10.13 所示.其数学表达式为

$$\mathrm{d}B = k\frac{I\mathrm{d}l\sin(I\mathrm{d}\boldsymbol{l},\boldsymbol{r})}{r^2}$$

矢量式为

$$\mathrm{d}\boldsymbol{B} = k\frac{I\mathrm{d}\boldsymbol{l}\times\boldsymbol{r}}{r^3} \tag{10.4}$$

式中 k 为比例系数,它与磁场中的磁介质和单位制的选取有关.对于真空中的磁场,如式中各量用国际单位制,则比例系数 $k=\frac{\mu_0}{4\pi}$,μ_0 称为**真空的磁导率**.

$$\mu_0 = 4\pi\times10^{-7}\ \mathrm{T\cdot m/A}(\text{或 H/m})$$

因此,在国际单位制中,真空中的毕奥-萨伐尔定律可表达为

$$\mathrm{d}B = \frac{\mu_0 I\mathrm{d}l\sin(I\mathrm{d}\boldsymbol{l},\boldsymbol{r})}{4\pi r^2} \tag{10.5a}$$

或

$$\mathrm{d}\boldsymbol{B} = \frac{\mu_0}{4\pi}\frac{I\mathrm{d}\boldsymbol{l}\times\boldsymbol{r}}{r^3} \tag{10.5b}$$

① 载流导线的微小线元称为电流元.电流元常用矢量 $I\mathrm{d}\boldsymbol{l}$ 表示.$\mathrm{d}\boldsymbol{l}$ 是矢量,表示在载流导线上沿电流方向所取的线元,I 为导线中的电流强度.

由叠加原理得知，任意形状的载流导线在给定点 P 产生的磁场，等于各段电流元在该点产生的磁场的矢量和，即

$$\boldsymbol{B}=\int_L \mathrm{d}\boldsymbol{B}=\frac{\mu_0}{4\pi}\int_L \frac{I\mathrm{d}\boldsymbol{l}\times\boldsymbol{r}}{r^3} \tag{10.5c}$$

积分号下 L 表示对整个载流导线 L 进行积分.

虽然毕奥-萨伐尔定律不可能直接由实验验证，但是，由定律计算出的通电导线在场点产生的磁场和实验测量的结果符合得很好，从而间接地证实了毕奥-萨伐尔定律的正确性.

按照经典电子理论，导体中的电流就是大量带电粒子的定向运动. 由此可知，电流产生的磁场实际上就是运动电荷产生磁场的宏观表现.

研究运动电荷的磁场，在理论上就是研究毕奥-萨伐尔定律的微观意义. 那么，一个带电量为 q，速度为 $\boldsymbol{v}$ 的带电粒子在其周围空间产生的磁场分布是怎样的呢？我们可以从毕奥-萨伐尔定律导出：

设在导体的单位体积内有 n 个带电粒子，每个粒子带有电量 q，以速度 $\boldsymbol{v}$ 沿电流元 $I\mathrm{d}\boldsymbol{l}$ 的方向做匀速运动而形成导体中的电流，如图 10.14 所示. 如果电流元的横截面为 S，那么，单位时间内通过截面 S 的电量，即电流强度 I 为

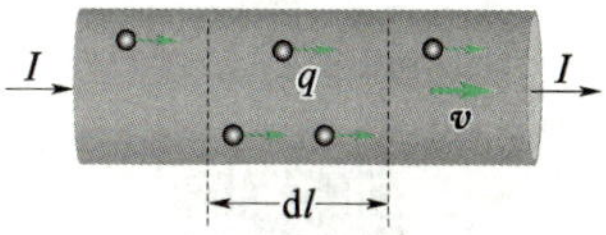

图 10.14　研究运动电荷的磁场图

$$I=qnvS$$

将上式代入毕奥-萨伐尔定律，即式(10.5a)，并注意到 $I\mathrm{d}\boldsymbol{l}$ 与 $\boldsymbol{v}$ 的方向相同，则得

$$\mathrm{d}B=\frac{\mu_0}{4\pi}\frac{(qnvS)\mathrm{d}l\sin(\boldsymbol{v},\boldsymbol{r})}{r^2}$$

在电流元 $I\mathrm{d}\boldsymbol{l}$ 内，有 $\mathrm{d}N=nS\mathrm{d}l$ 个带电粒子，因此，从微观意义上说，电流元 $I\mathrm{d}\boldsymbol{l}$ 产生的磁感应强度 $\mathrm{d}\boldsymbol{B}$ 就是 $\mathrm{d}N$ 个运动电荷所产生的. 这样，我们就可以得到以速度 $\boldsymbol{v}$ 运动的带电量为 q 的粒子所产生的磁感应强度 $\boldsymbol{B}$ 的大小为

$$B=\frac{\mathrm{d}B}{\mathrm{d}N}=\frac{\mu_0}{4\pi}\frac{qv\sin(\boldsymbol{v},\boldsymbol{r})}{r^2}$$

$\boldsymbol{B}$ 的方向垂直于 $\boldsymbol{v}$ 和电荷 q 到场点的矢径 $\boldsymbol{r}$ 所决定的平面，而且 $\boldsymbol{B}$、$\boldsymbol{v}$ 和 $\boldsymbol{r}$ 三者的指向符合右手螺旋法则. 如果运动电荷带负电，$\boldsymbol{B}$ 的方向与正电荷时相反，如图 10.15 所示.

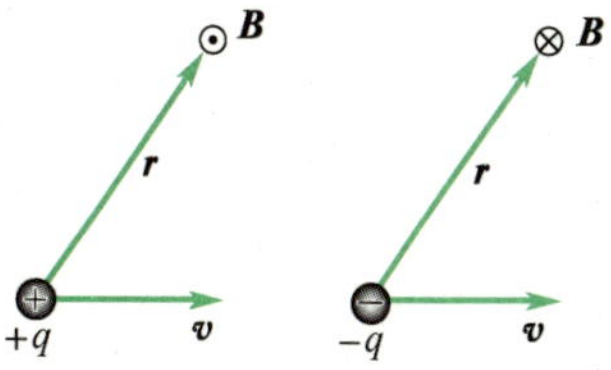

图 10.15　正、负运动电荷产生的磁场方向

用矢量式表示，运动电荷所产生的磁感应强度 $\boldsymbol{B}$ 为

$$\boldsymbol{B}=\frac{\mu_0}{4\pi}\frac{q\boldsymbol{v}\times\boldsymbol{r}}{r^3} \tag{10.6}$$

10.2.6　毕奥-萨伐尔定律的应用

下面我们举几个应用毕奥-萨伐尔定律和磁场叠加原理计算几

种常见的载流导线所产生磁场的磁感应强度的例子.

1. 载流直导线的磁场

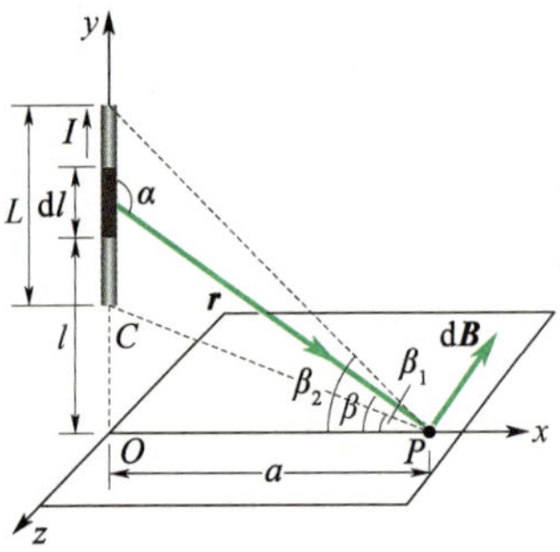

图 10.16　直电流磁场的计算

如图 10.16 所示,设在真空中有一长为 L 的载流直导线,导线中的电流强度为 I,现计算与导线垂直距离为 a 的场点 P 处的磁感应强度.

在载流直导线上任取一电流元 $I\mathrm{d}\boldsymbol{l}$,电流元到 P 点的矢量为 $\boldsymbol{r}$,电流元 $I\mathrm{d}\boldsymbol{l}$ 转到 $\boldsymbol{r}$ 的夹角为 α,电流元在给定点 P 处所产生的磁感应强度 $\mathrm{d}\boldsymbol{B}$ 的大小为

$$\mathrm{d}B = \frac{\mu_0}{4\pi}\frac{I\mathrm{d}l\sin\alpha}{r^2}$$

$\mathrm{d}\boldsymbol{B}$ 的方向垂直于电流元 $I\mathrm{d}\boldsymbol{l}$ 与矢径 $\boldsymbol{r}$ 所决定的平面,指向如图 10.16 所示,即垂直于 xOy 平面. 由于直导线上各电流元在 P 点所产生的磁感应强度的方向一致,故载流直导线在 P 点所产生的总磁感应强度为

$$B = \int_L \mathrm{d}B = \int_L \frac{\mu_0}{4\pi}\frac{I\mathrm{d}l\sin\alpha}{r^2}$$

取 $\overline{OP}$ 与 $\boldsymbol{r}$ 的夹角 β 为自变量,从图 10.16 中可以看出

$$\sin\alpha = \cos\beta,\ r = a\sec\beta,\ l = a\tan\beta$$

微分最后一式,得

$$\mathrm{d}l = a\sec^2\beta\mathrm{d}\beta$$

把以上各式代入积分式内,并按图 10.16 中所示取积分下限为 β_1,上限为 β_2,得

$$B = \frac{\mu_0 I}{4\pi a}\int_{\beta_1}^{\beta_2}\cos\beta\mathrm{d}\beta = \frac{\mu_0 I}{4\pi a}(\sin\beta_2 - \sin\beta_1)$$

式中 β_1、β_2 分别为载流直导线两端到场点 P 的连线与 $\overline{OP}$ 间的夹角. 当角 β 的旋转方向(以垂线 $\overline{OP}$ 为始线)与电流流向相同时,β 取正值;当角 β 的旋转方向与电流流向相反时,β 取负值. 显然,在图 10.16 中,β_1、β_2 均取正值.

如果载流直导线为"无限长",即导线的长度 L 比垂距 a 大得多 $(L \gg a)$,那么,$\beta_1 \to \left(-\frac{\pi}{2}\right)$,$\beta_2 \to \left(+\frac{\pi}{2}\right)$,得

$$B = \frac{\mu_0 I}{2\pi a} \qquad (10.7)$$

2. 圆形电流轴线上的磁场

如图 10.17 所示,真空中有一半径为 R 的圆形载流线圈,通有电流 I,现计算在圆线圈的轴线上任一点 P 的磁感应强度.

在线圈顶部取电流元 $I\mathrm{d}\boldsymbol{l}$,电流元垂直纸面向外,到 P 点的矢量为 $\boldsymbol{r}$,$\boldsymbol{r}$ 在纸面内,选如图 10.17 所示的坐标系,电流元 $I\mathrm{d}\boldsymbol{l}$ 在 P 点所

毕奥–萨伐尔定律的计算

产生的磁感应强度 d$\boldsymbol{B}$ 的值为

$$\mathrm{d}B = \frac{\mu_0}{4\pi}\frac{I\mathrm{d}l\sin(I\mathrm{d}\boldsymbol{l},\boldsymbol{r})}{r^2} = \frac{\mu_0}{4\pi}\frac{I\mathrm{d}l}{r^2}$$

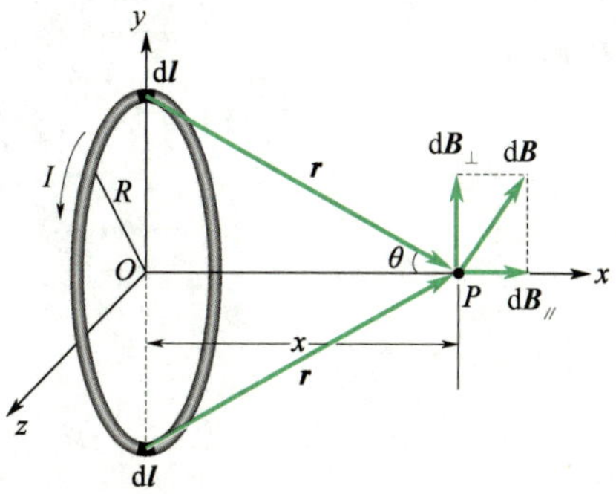

图 10.17　圆形电流轴线上磁场的计算示意图

d$\boldsymbol{B}$ 的方向如图 10.17 所示，垂直于 $I\mathrm{d}\boldsymbol{l}$ 和 $\boldsymbol{r}$ 组成的平面. 显然，线圈上各电流元在 P 点所产生的 d$\boldsymbol{B}$ 的方向各不相同. 因此，我们把 d$\boldsymbol{B}$ 分解为与轴线平行的分量 $\mathrm{d}B_{/\!/}$和与轴线垂直的分量 $\mathrm{d}B_{\perp}$，由对称性可知，$B_{\perp} = \int \mathrm{d}B_{\perp} = 0$. 所以

$$\begin{aligned} B &= \int \mathrm{d}B_{/\!/} = \int \mathrm{d}B\sin\theta \\ &= \int \frac{\mu_0}{4\pi}\frac{I\mathrm{d}l}{r^2}\frac{R}{r} = \frac{\mu_0}{4\pi}\frac{IR}{r^3}\int_0^{2\pi R}\mathrm{d}l \\ &= \frac{\mu_0}{4\pi}\frac{2\pi R^2 I}{r^3} = \frac{\mu_0}{2}\frac{R^2 I}{(R^2+x^2)^{3/2}} \end{aligned} \tag{10.8}$$

$\boldsymbol{B}$ 的方向垂直于圆电流平面，与圆电流环绕方向构成右手螺旋关系，沿 x 轴正方向. 下面我们讨论两种特殊情况：

(1) 当 $x = 0$，即在圆心处，磁感应强度大小为

$$B = \frac{\mu_0 I}{2R} \tag{10.9}$$

(2) 当 $x \gg R$，则有

$$B \approx \frac{\mu_0 IR^2}{2x^3} = \frac{\mu_0}{2\pi}\frac{I\pi R^2}{x^3}$$

上式中 $\pi R^2 = S$ 为线圈的面积，考虑到 $\boldsymbol{B}$ 的方向与 $\boldsymbol{n}$ 的方向一致，故上式写成矢量式为

$$\boldsymbol{B} = \frac{\mu_0 IS}{2\pi x^3}\boldsymbol{n} \tag{10.10}$$

此式与电偶极子产生的电场关系相似.

例 10.1

求如图 10.18 所示的电流中 P 点的磁感应强度.

解 (a) 依据长直导线所产生的磁场的结论,可得正方形电流的每一条直导线边在 P 点所产生的磁场的磁感应强度的大小为

$$B_1=\frac{\mu_0 I}{4\pi a}[\sin\beta_2-\sin\beta_1]$$

$$=\frac{\mu_0 I}{4\pi R\sin\frac{\pi}{4}}\left[\sin\frac{\pi}{4}-\sin\left(-\frac{\pi}{4}\right)\right]$$

$$=\frac{\mu_0 I}{2\pi R}$$

所以整个正方形电流在 P 点产生磁场的磁感应强度为

$$B_{正}=4\cdot\frac{\mu_0 I}{2\pi R}$$

方向垂直于纸面向外.

又依据圆形电流在圆心处所产生的磁场的结论,可得如图 10.18(a) 所示圆电流在 P 点所产生的磁场的磁感应强度的大小为

$$B_{圆}=\frac{\mu_0 I}{2R}$$

所以 P 点的总磁感应强度大小为

$$B=B_{正}+B_{圆}=\frac{\mu_0 I}{2R}+\frac{2\mu_0 I}{\pi R}$$

方向垂直于纸面向外.

(b) 依据长直导线所产生的磁场的结论,可得水平半无限载流长直导线和载流斜直导线在 P 点所产生的磁场的磁感应强度的大小分别为

$$B_1=\frac{\mu_0 I}{4\pi a}[\sin\beta_2-\sin\beta_1]$$

$$=\frac{\mu_0 I}{4\pi a}\left[\sin 0^\circ-\sin\left(-\frac{\pi}{2}\right)\right]$$

$$=\frac{\mu_0 I}{4\pi a}$$

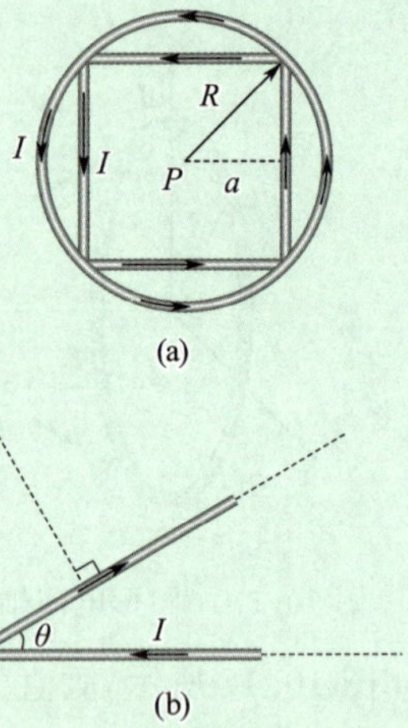

图 10.18

方向垂直于纸面向里.

$$B_2=\frac{\mu_0 I}{4\pi a}[\sin\beta_2-\sin\beta_1]$$

$$=\frac{\mu_0 I}{4\pi a\cos\theta}\left[\sin\frac{\pi}{2}-\sin(-\theta)\right]$$

$$=\frac{\mu_0 I}{4\pi a\cos\theta}(1+\sin\theta)$$

方向垂直于纸面向外.

假设垂直纸面向外为正方向,那么在图 10.18(b) 中 P 点的总磁感应强度大小为

$$B=B_2-B_1$$

$$=\frac{\mu_0 I}{4\pi a\cos\theta}(1+\sin\theta-\cos\theta)$$

3. 载流直螺线管内部的磁场

均匀地绕在圆柱面上的螺旋线圈称为螺线管. 设螺线管的半径为 R,总长度为 L,单位长度内的匝数为 n. 若线圈用细导线绕得很密,则每匝线圈可视为圆形线圈. 下面计算此螺线管轴线上任一场

点 P 的磁感应强度 $\boldsymbol{B}$.

如图 10.19 所示，在距 P 点 l 处取一小段 $\mathrm{d}l$，则该小段上有 $n\mathrm{d}l$ 匝线圈，对点 P 而言，这一小段上的线圈等效于电流强度为 $In\mathrm{d}l$ 的一个圆形电流. 根据式(10.8)，该圆形电流在 P 点所产生的磁感应强度 $\mathrm{d}\boldsymbol{B}$ 的大小为

$$\mathrm{d}B=\frac{\mu_0}{2}\frac{R^2In\mathrm{d}l}{(R^2+l^2)^{3/2}}$$

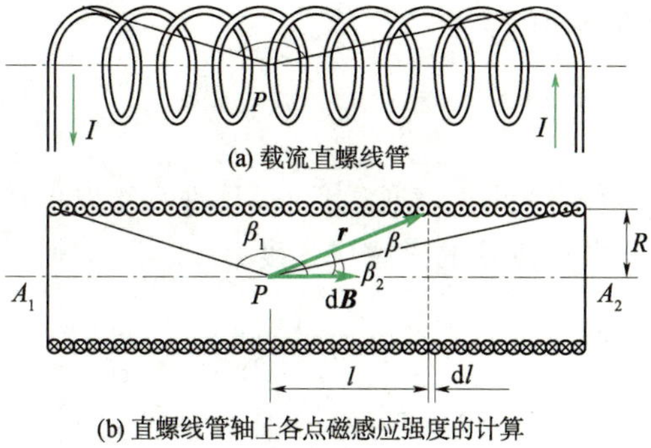

图 10.19

方向与圆电流构成右手螺旋关系. 由于螺线管上各小段的圆形电流在 P 点所产生的磁感应强度方向都相同，因此整个载流螺线管在 P 点所产生的磁感应强度 $\boldsymbol{B}$ 的大小为

$$B=\int\mathrm{d}B=\int\frac{\mu_0}{2}\frac{R^2In\mathrm{d}l}{(R^2+l^2)^{3/2}}$$

设螺线管轴线与从 P 点到 $\mathrm{d}l$ 处所引矢径 $\boldsymbol{r}$ 之间的夹角为 β，则由图 10.19(b) 可知

$$l=R\cot\beta$$

微分上式得

$$\mathrm{d}l=-R\csc^2\beta\mathrm{d}\beta$$

又

$$R^2+l^2=r^2,\quad \sin^2\beta=\frac{R^2}{r^2}$$

即

$$R^2+l^2=\frac{R^2}{\sin^2\beta}=R^2\csc^2\beta$$

所以

$$B=\int\frac{\mu_0}{2}\frac{R^2In\mathrm{d}l}{(R^2+l^2)^{\frac{3}{2}}}=\int_{\beta_1}^{\beta_2}\left(-\frac{\mu_0}{2}nI\sin\beta\right)\mathrm{d}\beta$$

$$=\frac{\mu_0}{2}nI(\cos\beta_2-\cos\beta_1)$$

式中 β_1 和 β_2 分别表示 P 点到螺线管两端的连线与轴之间的夹角.

(1) 若 $R\ll L$，即对无限长的螺线管，此时 $\beta_1\to\pi$，$\beta_2\to 0$，则有

$$B=\mu_0 nI \tag{10.11}$$

即无限长载流直螺线管轴线上各点的磁场是匀强磁场.

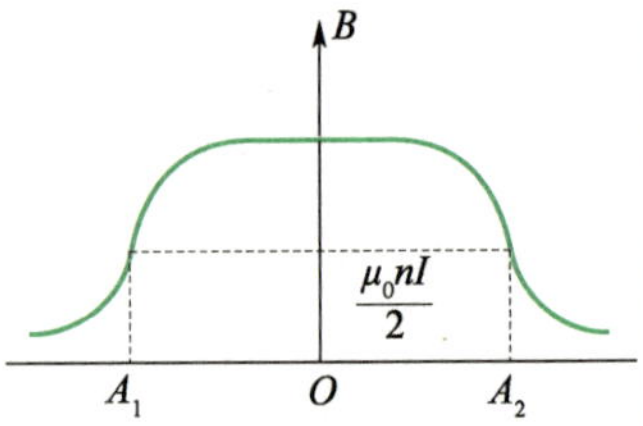

图 10.20　螺线管轴线上的磁场分布

(2) 对长直螺线管的端点,例如,图 10.19 中的 A_1 点,$\beta_1 \to \frac{\pi}{2}$,$\beta_2 \to 0$,则 A_1 点处磁感应强度 $\boldsymbol{B}$ 的大小为

$$B = \frac{1}{2}\mu_0 nI \tag{10.12}$$

上式表明,长直螺线管端点轴线上的磁感应强度恰是内部磁感应强度的一半.载流长直螺线管所产生的磁感应强度 $\boldsymbol{B}$ 的方向沿着螺线管轴线,指向可按右手螺旋法则确定.轴线上各处 $\boldsymbol{B}$ 的量值变化情况大致如图 10.20 所示.

例 10.2

半径为 R 的薄圆盘均匀带电,总电量为 q.令此盘绕通过盘心,且垂直于盘面的轴线匀速转动,角速度为 ω.求轴线上距盘心 O 为 x 的 P 点处的磁感应强度 $\boldsymbol{B}$.

解　均匀带电薄圆盘绕轴线转动产生的磁场可以看成由半径不同的一系列同心载流圆环产生的磁场.如图10.21 所示,在圆盘上任取一半径为 r,宽度为 $\mathrm{d}r$ 的圆环,此圆环所带的电量 $\mathrm{d}q = \sigma 2\pi r\mathrm{d}r$,$\sigma = \frac{q}{\pi R^2}$ 为圆盘的电荷面密度.当此圆环以角速度 ω 转动时,相当于一个面电流,其电流大小为

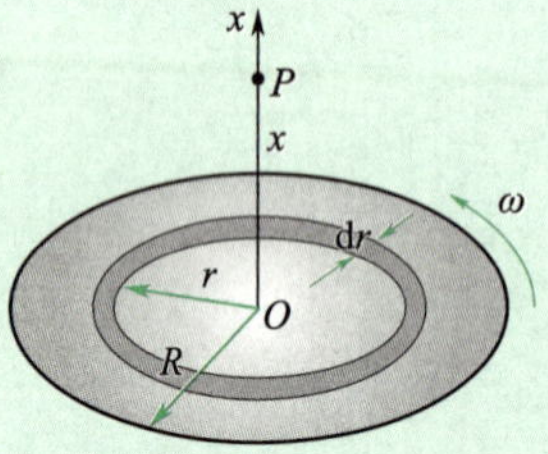

图 10.21

$$\mathrm{d}I = \frac{\omega}{2\pi}\mathrm{d}q = \frac{\omega q}{\pi R^2}r\mathrm{d}r$$

该圆形电流 $\mathrm{d}I$ 在轴线上 P 点处产生的磁感应强度 $\mathrm{d}\boldsymbol{B}$ 的大小为

$$\mathrm{d}B = \frac{\mu_0 r^2 \mathrm{d}I}{2(r^2+x^2)^{\frac{3}{2}}} = \frac{\mu_0 \omega q}{2\pi R^2}\frac{r^3\mathrm{d}r}{(r^2+x^2)^{3/2}}$$

$\mathrm{d}\boldsymbol{B}$ 沿 x 轴正方向.由于各同心圆环旋转时在 P 点处产生的 $\mathrm{d}\boldsymbol{B}$ 方向均相同,故均匀带电圆盘转动时在 P 点处产生的总磁感应强度 $\boldsymbol{B}$ 的大小为

$$B = \int \mathrm{d}B = \frac{\mu_0 \omega q}{2\pi R^2}\int_0^R \frac{r^3\mathrm{d}r}{(r^2+x^2)^{3/2}}$$
$$= \frac{\mu_0 \omega q}{2\pi R^2}\left(\frac{R^2+2x^2}{\sqrt{R^2+x^2}} - 2x\right)$$

$\boldsymbol{B}$ 的方向沿 x 轴正方向.

另外,实验室常用亥姆霍兹线圈获得均匀磁场,其结构为两个半径均是 R 的同轴圆线圈,两圆中心相距为 a,且 $a = R$.可以证明,轴上中点附近的磁场近似于均匀磁场.

10.3　安培环路定理

在静电场中,电场强度 $\boldsymbol{E}$ 的环流等于零,即 $\oint_L \boldsymbol{E}\cdot \mathrm{d}\boldsymbol{l} = 0$,说明静电场是保守力场.现在,我们研究稳恒电流的磁场,磁感应强度 $\boldsymbol{B}$ 的环流 $\oint_L \boldsymbol{B}\cdot \mathrm{d}\boldsymbol{l}$ 等于多少呢?

10.3.1 安培环路定理

如图 10.22 所示，在无限长直电流产生的磁场中，取与电流垂直的平面上的任一包围载流导线的闭合曲线 L，环路方向与电流方向成右手螺旋关系. 曲线上任一点 P 的磁感应强度 $\boldsymbol{B}$ 的大小为

$$B = \frac{\mu_0 I}{2\pi r}$$

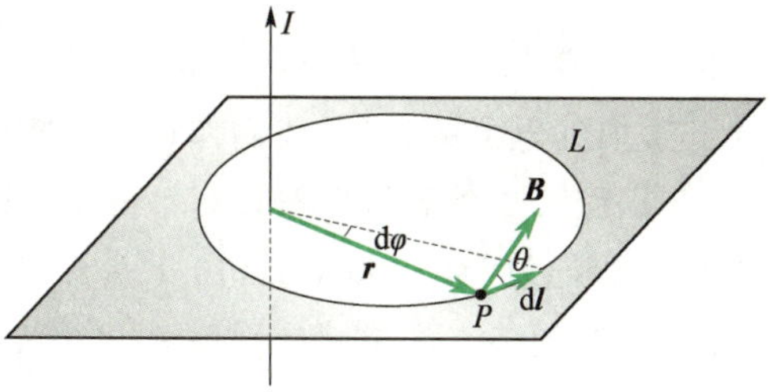

图 10.22 安培环路定理

式中 I 为载流直导线中的电流强度，r 为 P 点离导线的垂直距离. $\boldsymbol{B}$ 的方向在平面上且与矢径 $\boldsymbol{r}$ 垂直. 由图 10.22 可知

$$\cos\theta \mathrm{d}l = r\mathrm{d}\varphi$$

故磁感应强度 $\boldsymbol{B}$ 沿闭合曲线 L 的线积分

$$\oint_L \boldsymbol{B} \cdot \mathrm{d}\boldsymbol{l} = \oint_L B\cos\theta \mathrm{d}l = \oint Br\mathrm{d}\varphi = \frac{\mu_0 I}{2\pi}\int_0^{2\pi}\mathrm{d}\varphi = \mu_0 I$$

如果使曲线积分的绕行方向(环路方向) 反过来(或在图 10.22 中，积分绕行方向不变，而电流方向反过来)，则上述积分将变为负值，即

$$\oint_L \boldsymbol{B} \cdot \mathrm{d}\boldsymbol{l} = -\mu_0 I$$

如果闭合回路不包围载流导线，上述积分将等于零，即

$$\oint_L \boldsymbol{B} \cdot \mathrm{d}\boldsymbol{l} = 0$$

如果闭合曲线 L 不在一个平面内，可以用通过 L 上各点且垂直于导线的各个平面作参考，分别把每一段积分元 $\mathrm{d}\boldsymbol{l}$ 分解为在该平面内的分矢量 $\mathrm{d}\boldsymbol{l}_{/\!/}$ 及垂直于该平面的分矢量 $\mathrm{d}\boldsymbol{l}_{\perp}$，则

$$\begin{aligned}\boldsymbol{B} \cdot \mathrm{d}\boldsymbol{l} &= \boldsymbol{B} \cdot (\mathrm{d}\boldsymbol{l}_{\perp} + \mathrm{d}\boldsymbol{l}_{/\!/}) = B\cos 90^\circ \mathrm{d}l_{\perp} + B\cos\theta \mathrm{d}l_{/\!/} \\ &= 0 \pm \frac{\mu_0 I}{2\pi r} r\mathrm{d}\varphi = \pm\frac{\mu_0 I}{2\pi}\mathrm{d}\varphi\end{aligned}$$

式中“±”号取决于积分回路的绕行方向与电流方向的关系，则积分结果仍为

$$\oint_L \boldsymbol{B} \cdot \mathrm{d}\boldsymbol{l} = \mu_0 I$$

以上讨论虽然是对长直载流导线而言，但其结论具有普遍性.

对于任意的稳恒电流所产生的磁场，闭合回路 L 也不一定是平面曲线，并且穿过闭合回路的电流还可以有许多个，都具有与我们上面的讨论同样的特性. 这一普遍规律性的关系式称为**安培环路定理**，可表述如下：

在真空中的稳恒电流磁场中，磁感应强度 $\boldsymbol{B}$ 沿任意闭合曲线 L 的线积分（也称 $\boldsymbol{B}$ 矢量的环流），等于穿过这个闭合曲线的所有电流强度（即穿过以闭合曲线为边界的任意曲面的电流强度）的代数和的 μ_0 倍. 其数学表达式为

$$\oint_L \boldsymbol{B} \cdot \mathrm{d}\boldsymbol{l} = \mu_0 \sum I_i \tag{10.13}$$

上式中，对于 L 内的电流的正负，我们作这样的规定：当穿过回路 L 的电流方向与回路 L 的绕行方向符合右手螺旋法则时，I 为正，反之，I 为负. 如果 I 不穿过回路 L，则对式(10.13) 右端无贡献，但是决不能误认为沿回路 L 上各点的磁感应强度 $\boldsymbol{B}$ 仅由 L 内所包围的那部分电流所产生. 如果 $\oint_L \boldsymbol{B} \cdot \mathrm{d}\boldsymbol{l} = 0$，它只说明回路 L 所包围的电流强度的代数和及磁感应强度沿回路 L 的环流为零，而不能说明闭合回路 L 上各点的 $\boldsymbol{B}$ 一定为零.

安培环路定理反映了稳恒电流的磁场与静电场的一个截然不同的性质：静电场的环流 $\oint_L \boldsymbol{E} \cdot \mathrm{d}\boldsymbol{l} = 0$，因而可以引进电势这一物理量来描述电场. 但对稳恒电流的磁场来说，一般情况下 $\oint_L \boldsymbol{B} \cdot \mathrm{d}\boldsymbol{l} \neq 0$，因此不存在标量势. 环流不等于零的矢量场称为有旋场，故磁场是有旋场（或涡旋场），是非保守力场.

10.3.2 安培环路定理的应用

应用安培环路定理可较为简便地计算某些具有特定对称性的载流导线的磁场分布，下面讨论几个简单的应用.

1. 长直载流螺线管内的磁场分布

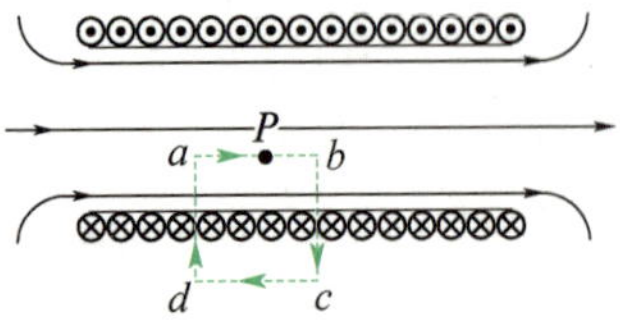

图 10.23 长直螺线管内磁场的计算示意图

设有一长直螺线管，每单位长度上密绕 n 匝线圈，通过每匝的电流强度为 I，求管内某点 P 的磁感应强度. 可以证明：由于螺线管相当长，管内中央部分的磁场是匀强的，方向与螺线管轴线平行，管外侧的磁场与管内磁场相比很微弱，可忽略不计.

为了计算管内某点 P 的磁感应强度，过 P 点作一矩形回路 $abcda$，如图 10.23 所示，则磁感应强度沿此闭合回路的环流为

$$\oint_L \boldsymbol{B} \cdot \mathrm{d}\boldsymbol{l} = \int_a^b \boldsymbol{B} \cdot \mathrm{d}\boldsymbol{l} + \int_b^c \boldsymbol{B} \cdot \mathrm{d}\boldsymbol{l} + \int_c^d \boldsymbol{B} \cdot \mathrm{d}\boldsymbol{l} + \int_d^a \boldsymbol{B} \cdot \mathrm{d}\boldsymbol{l}$$

因为管外侧的磁场忽略不计，管内磁场沿着轴线方向，所以

$$\oint_L \boldsymbol{B} \cdot \mathrm{d}\boldsymbol{l} = \int_{ab} \boldsymbol{B} \cdot \mathrm{d}\boldsymbol{l} = B\,\overline{ab}$$

闭合回路 $abcda$ 所包围的电流强度的代数和为$\overline{ab}nI$，根据安培环路定理，得

$$B\,\overline{ab} = \mu_0\,\overline{ab}nI$$

故

$$B = \mu_0 nI \tag{10.14}$$

可以看出，上式与式(10.11) 的结果完全相同，但应用安培环路定理推导上式，比较简便.

2. 环形载流螺线管内的磁场分布

均匀密绕在环形管上的线圈形成环形螺线管，称为螺绕环，如图 10.24 所示. 当线圈密绕时，可认为磁场几乎全部集中在管内，管内的磁感线都是同心圆. 在同一条磁感线上，$\boldsymbol{B}$ 的大小相等，方向就是该圆形磁感线的切线方向.

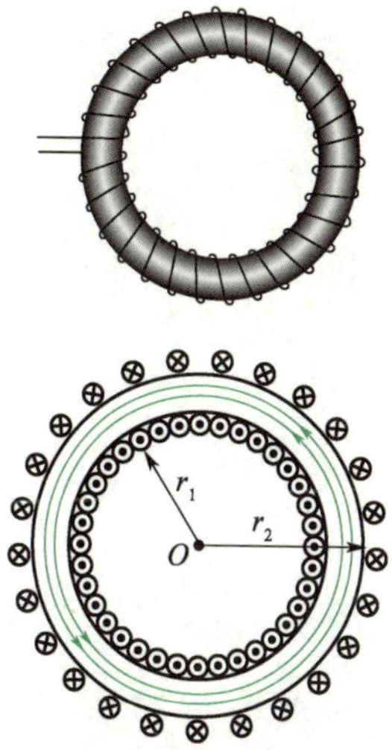

图 10.24　环形螺线管内磁场计算

现在计算管内任一点 P 的磁感应强度. 在环形螺线管内取过 P 点的磁感线 L 作为闭合回路，则有

$$\oint_L \boldsymbol{B} \cdot \mathrm{d}\boldsymbol{l} = B\oint_L \mathrm{d}l = BL$$

式中 L 是闭合回路的长度.

设环形螺线管共有 N 匝线圈，每匝线圈的电流为 I，则闭合回路 L 所包围的电流强度的代数和为 NI. 由安培环路定理，得

$$\oint_L \boldsymbol{B} \cdot \mathrm{d}\boldsymbol{l} = BL = \mu_0 NI$$

即

$$B = \mu_0 \frac{N}{L} I \tag{10.15}$$

当环形螺线管截面的直径比闭合回路 L 的长度小很多时，管内的磁场可近似地认为是均匀的，L 可认为是环形螺线管的平均长度，所以 $\dfrac{N}{L} = n$ 即为单位长度上的线圈匝数，因此

$$B = \mu_0 nI$$

3."无限长" 载流圆柱导体内外磁场的分布

设载流导体为一"无限长" 直圆柱形导体，半径为 R，电流 I 均匀地分布在导体的横截面上，如图 10.25(a) 所示. 显然，场源电流对中心轴线分布对称，因此，其产生的磁场对柱体中心轴线也有对称性，磁感线是一组分布在垂直于轴线的平面上并以轴线为中心的同心圆. 与圆柱轴线等距离处的磁感应强度 $\boldsymbol{B}$ 的大小相等，方向与电流构成右手螺旋关系.

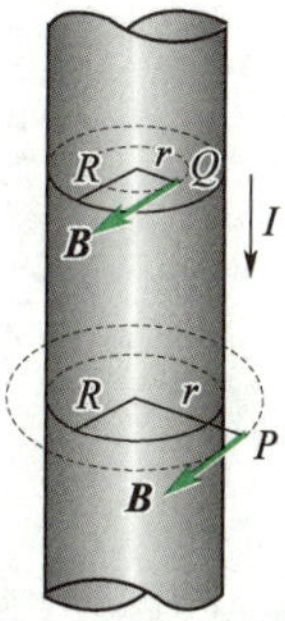

(a) "无限长" 圆柱电流磁场的计算示意图

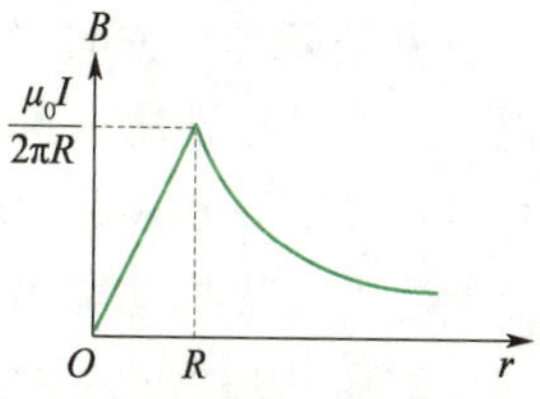

(b) "无限长" 圆柱电流的磁场空间分布

图 10.25

现在计算圆柱体外任一点 P 的磁感应强度. 设点 P 与轴线的距离为 r，过 P 点沿磁感线方向作圆形回路 L，则 $\boldsymbol{B}$ 沿此回路的环流为

$$\oint_L \boldsymbol{B} \cdot \mathrm{d}\boldsymbol{l} = \oint_L B\,\mathrm{d}l = B\oint_L \mathrm{d}l = 2\pi rB$$

再应用安培环路定理得

$$2\pi rB = \mu_0 I$$

$$B = \frac{\mu_0 I}{2\pi r} \qquad (r > R) \tag{10.16}$$

上式说明,"无限长"载流圆柱体外的磁场与"无限长"载流直导线产生的磁场相同.

再计算圆柱体内任一点 Q 的磁场.取过 Q 点的磁感线为积分回路,包围在这一回路之内的电流为 $\frac{I}{\pi R^2}\pi r^2$,所以

$$\oint_L \boldsymbol{B} \cdot \mathrm{d}\boldsymbol{l} = 2\pi rB = \mu_0 \frac{I}{\pi R^2}\pi r^2$$

$$B = \frac{\mu_0 Ir}{2\pi R^2} \qquad (r < R) \tag{10.17}$$

可见在圆柱体内,磁感应强度 $\boldsymbol{B}$ 的大小与离轴线的距离 r 成正比;而在圆柱体外,$\boldsymbol{B}$ 的大小与离轴线的距离 r 成反比.图 10.25(b) 表示了 B-r 的上述关系.

例 10.3

如图 10.26 所示,一无限大导体薄平板垂直于纸面放置,其上有方向指向读者的电流,面电流密度(通过与电流方向垂直的单位长度的电流)到处均匀,大小为 i,求其磁场分布.

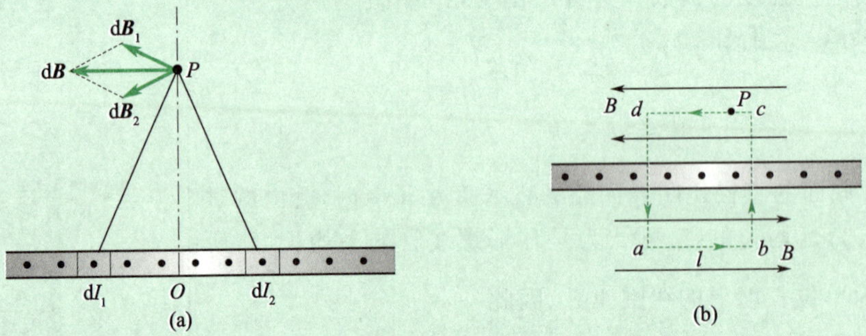

图 10.26

解 无限大平面电流可看成是由无限多根平行排列的长直电流 $\mathrm{d}I$ 所组成.先分析任一点 P 处磁场的方向,如图 10.26(a) 所示,在以 OP 为对称轴的两侧分别取宽度相等的长直电流 $\mathrm{d}I_1$ 和 $\mathrm{d}I_2$,则 $\mathrm{d}I_1 = \mathrm{d}I_2$,故它们在 P 点产生的元磁感应强度 $\mathrm{d}\boldsymbol{B}_1$ 和 $\mathrm{d}\boldsymbol{B}_2$ 相叠加后的合磁场 $\mathrm{d}\boldsymbol{B}$ 的方向一定平行于电流平面,方向向左.由此可知,整个平面电流在 P 点产生的合磁场 $\boldsymbol{B}$ 的方向必然平行电流平面向左.同理,电流平面的下半部空间 $\boldsymbol{B}$ 的方向为平行电流平面向右.又由于电流平面无限大,故与电流平面等距离的各点 $\boldsymbol{B}$ 的大小相等.

根据以上所述的磁场分布的特点,过 P 点作矩形回路 $abcda$,$ab = cd = l$,如图 10.26(b) 所示,其中 ab 和 cd 两边与电流平面平行,而 bc 和 da 两边与电流平面垂直且被电流平面等分.该回路所包围的电流为 li,由安培环路定理可得

$$\oint_L \boldsymbol{B}\cdot d\boldsymbol{l} = \int_a^b \boldsymbol{B}\cdot d\boldsymbol{l} + \int_b^c \boldsymbol{B}\cdot d\boldsymbol{l} + \int_c^d \boldsymbol{B}\cdot d\boldsymbol{l} + \int_d^a \boldsymbol{B}\cdot d\boldsymbol{l} = \mu_0 l i$$

于是

$$2Bl = \mu_0 l i$$

$$B = \frac{1}{2}\mu_0 i \tag{10.18}$$

这一结果说明，在无限大均匀平面电流两侧的磁场是匀强磁场，且大小相等、方向相反. 其磁感线在无限远处闭合，与电流亦构成右手螺旋关系.

10.4　磁场对载流导线的作用

10.4.1　安培定律

磁场对载流导线的作用力即磁力，通常称为**安培力**. 其基本规律是安培由大量实验结果总结出来的，故称为**安培定律**. 内容如下：

位于磁场中某点处的电流元 $Id\boldsymbol{l}$ 将受到磁场的作用力 $d\boldsymbol{F}$. $d\boldsymbol{F}$ 的大小与电流强度 I，电流元的长度 dl，磁感应强度 $\boldsymbol{B}$ 的大小及 $Id\boldsymbol{l}$ 与 $\boldsymbol{B}$ 的夹角 θ 的正弦成正比. 即

$$dF = kBIdl\sin\theta$$

$d\boldsymbol{F}$ 的方向垂直于 $Id\boldsymbol{l}$ 与 $\boldsymbol{B}$ 所组成的平面，指向按右螺旋法则决定. 如图 10.27 所示. 式中 k 为比例系数，决定于各量所用的单位. 在国际单位制(SI) 中，$k=1$，则上式写成

$$dF = BIdl\sin\theta \tag{10.19}$$

写成矢量式为

$$d\boldsymbol{F} = Id\boldsymbol{l}\times\boldsymbol{B} \tag{10.20}$$

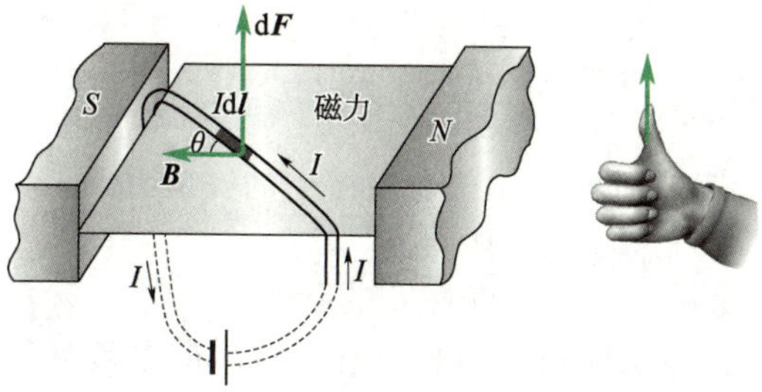

图 10.27　电流元在磁场中所受的安培力

计算一给定载流导线在磁场中所受到的安培力时，必须对各个电流元所受的力 $d\boldsymbol{F}$ 求矢量和，即

$$\boldsymbol{F} = \int_L d\boldsymbol{F} = \int_L Id\boldsymbol{l}\times\boldsymbol{B} \tag{10.21}$$

由于单独的电流元不能获取，因此无法用实验直接证明安培定

律.但是用式(10.21),我们可以计算各种形状的载流导线在磁场中所受的安培力,结果都与实验相符合.例如,长为 l 的直导线中通有电流 I,位于磁感应强度为 $\boldsymbol{B}$ 的均匀磁场中,若电流方向与 $\boldsymbol{B}$ 的夹角为 θ,如图 10.28(a) 所示,因为各电流元所受磁力的方向一致,可采用标量积分,所以这段载流直导线所受的安培力大小为

$$F=\int_0^l IB\sin\theta \mathrm{d}l = IBl\sin\theta \tag{10.22}$$

$\boldsymbol{F}$ 的方向垂直纸面向内.当导线电流方向与磁场方向平行时,导线所受安培力为零;当导线电流方向与磁场方向垂直时,导线所受的力为最大,$F_{\max}=BIl$.$\boldsymbol{F}$ 的方向既与磁场垂直又与导线垂直,如图 10.28(b) 所示.

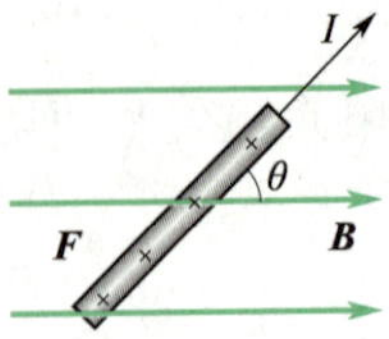

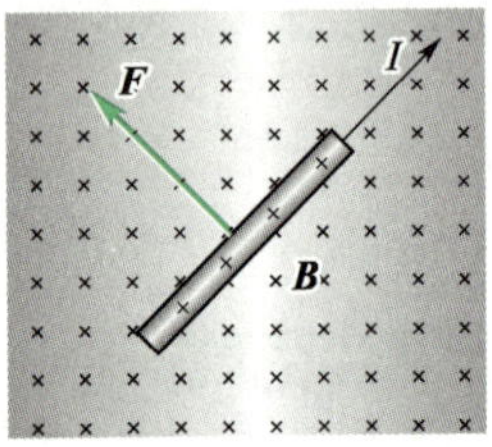

图 10.28 均匀磁场中一段载流直导线所受的安培力

10.4.2 无限长两平行载流直导线间的相互作用力 电流单位"安培"的定义

设有两根相距为 a 的无限长平行直导线,分别通有同方向的电流 I_1 和 I_2,现在计算两根导线每单位长度所受的磁场力.如图 10.29 所示,在导线 2 上取一电流元 $I_2\mathrm{d}\boldsymbol{l}_2$,由毕奥-萨伐尔定律可知,载流导线 1 在 $I_2\mathrm{d}\boldsymbol{l}_2$ 处产生的磁感应强度 $\boldsymbol{B}_1$ 的大小为

$$B_1=\frac{\mu_0 I_1}{2\pi a}$$

$\boldsymbol{B}_1$ 的方向如图 10.29 所示,垂直于两导线所在的平面.由安培定律得,电流元 $I_2\mathrm{d}\boldsymbol{l}_2$ 所受安培力大小为

$$\begin{aligned}\mathrm{d}F_2 &= B_1 I_2 \mathrm{d}l_2 \sin\theta\\ &= B_1 I_2 \mathrm{d}l_2\\ &= \frac{\mu_0 I_1 I_2}{2\pi a}\mathrm{d}l_2\end{aligned}$$

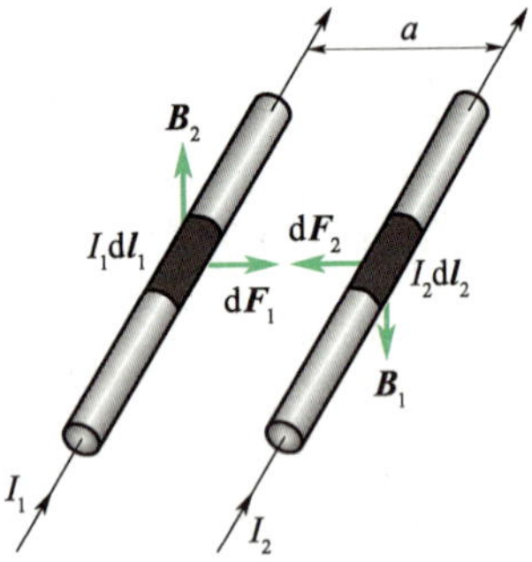

图 10.29 平行载流直导线间的相互作用

θ 表示 $I_2\mathrm{d}\boldsymbol{l}_2$ 与 $\boldsymbol{B}_1$ 的夹角,$\mathrm{d}\boldsymbol{F}_2$ 的方向在平行两导线所在的平面内,垂直于导线 2,并指向导线 1.所以,载流导线 2 单位长度所受安培力大小为

$$\frac{\mathrm{d}F_2}{\mathrm{d}l_2}=\frac{\mu_0 I_1 I_2}{2\pi a} \tag{10.23a}$$

同理可得载流导线 1 单位长度所受的安培力大小为

$$\frac{\mathrm{d}F_1}{\mathrm{d}l_1}=\frac{\mu_0 I_1 I_2}{2\pi a} \tag{10.23b}$$

方向指向导线 2.由此可知,两平行直导线中的电流流向相同时,两导线通过磁场的作用而相互吸引;如果两导线中的电流流向相反时,两导线通过磁场的作用而相互排斥,斥力与吸力大小相等.

在 SI 制中,规定电流强度的基本单位为安培.由式(10.23) 可知,安培的定义为:**放在真空中的两条无限长平行直导线,各通有相等的稳恒电流,当两导线相距 1 m,每一导线每米长度上受力为 2×10^{-7} N 时,各导线中的电流强度为 1 A**.

例 10.4

载有电流 I_1 的长直导线旁边有一与长直导线垂直的共面导线，载有电流 I_2. 其长度为 l，近端与长直导线的距离为 d，如图 10.30 所示. 求 I_1 作用在 l 上的力.

解　在 l 上取 $\mathrm{d}\boldsymbol{l}$，它与长直导线距离为 r，电流 I_1 在此处产生的磁场方向垂直向内，大小为

$$B=\frac{\mu_0 I_1}{2\pi r}$$

$\mathrm{d}\boldsymbol{l}$ 受力　　$\mathrm{d}\boldsymbol{F}=I_2\mathrm{d}\boldsymbol{l}\times\boldsymbol{B}$

方向垂直导线 l 向上，大小为

$$\mathrm{d}F=\frac{\mu_0 I_1 I_2\mathrm{d}l}{2\pi r}=\frac{\mu_0 I_1 I_2\mathrm{d}r}{2\pi r}$$

所以，I_1 作用在 l 上的力方向垂直导线 l 向上，大小为

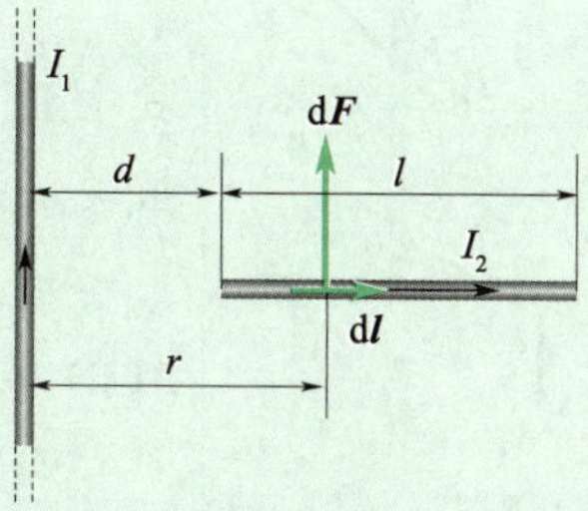

图 10.30

$$F=\int_l \mathrm{d}F=\int_d^{d+l}\frac{\mu_0 I_1 I_2\mathrm{d}r}{2\pi r}=\frac{\mu_0 I_1 I_2}{2\pi}\ln\frac{d+l}{d}$$

10.4.3 磁场对载流线圈的作用

对于载流线圈，我们通常采用磁矩来表征载流线圈的本身属性. 设载流线圈所围面积为 ΔS，线圈中电流为 I_0，则该载流线圈的磁矩定义为

$$\boldsymbol{P}_{\mathrm{m}}=I_0\Delta S\boldsymbol{n}_0 \tag{10.24}$$

磁矩 $\boldsymbol{P}_{\mathrm{m}}$ 是矢量，其方向与线圈的法线方向一致，$\boldsymbol{n}_0$ 表示沿法线方向的单位矢量. 法线与电流流向成右手螺旋关系，如图 10.31 所示. 显然，线圈的磁矩是表征线圈本身特性的物理量.

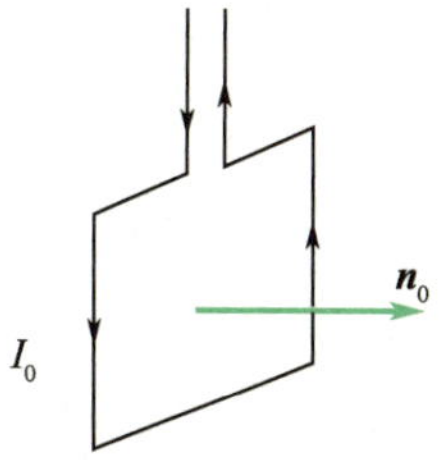

图 10.31　载流平面线圈法线方向的规定

1. 均匀磁场对载流线圈的作用

设在磁感应强度为 $\boldsymbol{B}$ 的均匀磁场中，有一刚性矩形线圈，线圈的边长分别为 l_1、l_2，电流强度为 I，如图 10.32(a) 所示. 当线圈磁矩的方向与磁场 $\boldsymbol{B}$ 的方向成 φ 角（线圈平面与磁场的方向成 θ 角，$\varphi+\theta=\frac{\pi}{2}$）时，由安培定律，导线 da 和 bc 所受的安培力分别为

$$F_1=BIl_1\sin(\pi-\theta)=BIl_1\sin\theta$$
$$F_1'=BIl_1\sin\theta$$

这两个力在同一直线上，大小相等而方向相反，其合力为零. 而导线 ab 和 cd 都与磁场垂直，它们所受的安培力分别为 $\boldsymbol{F}_2$ 和 $\boldsymbol{F}_2'$，其大小为

$$F_2=F_2'=BIl_2$$

如图 10.32(b) 所示，$\boldsymbol{F}_2$ 和 $\boldsymbol{F}_2'$ 大小相等，方向相反，但不在同一直线上，形成一力偶. 因此，载流线圈所受的磁力矩为

$$M = F_2 \frac{l_1}{2}\cos\theta + F_2' \frac{l_1}{2}\cos\theta = BIl_1 l_2 \cos\theta$$
$$= BIS\cos\theta = BIS\sin\varphi$$

式中 $S = l_1 l_2$ 表示线圈平面的面积. 如果线圈有 N 匝，那么线圈所受磁力矩的大小为

$$M = NBIS\sin\varphi = P_m B\sin\varphi \tag{10.25}$$

式中 $P_m = NIS$ 就是线圈**磁矩**的大小. 磁矩是矢量，所以式(10.25) 写成矢量式为

$$\boldsymbol{M} = \boldsymbol{P}_m \times \boldsymbol{B} \tag{10.26}$$

$\boldsymbol{M}$ 的方向与 $\boldsymbol{P}_m \times \boldsymbol{B}$ 的方向一致.

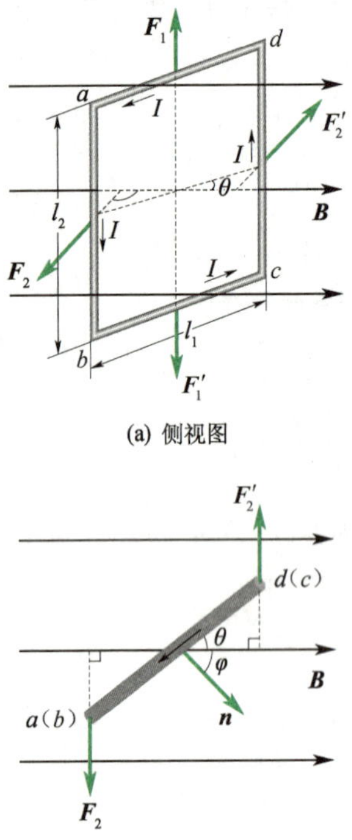

(a) 侧视图

(b) 俯视图

图 10.32　平面载流线圈在均匀磁场中所受的力矩

式(10.25) 和式(10.26) 不仅对矩形线圈成立，对于在均匀磁场中任意形状的载流平面线圈也同样成立. 甚至，由于带电粒子沿闭合回路的运动，以及带电粒子的自旋所具有的磁矩，带电粒子在磁场中所受的磁力矩作用，均可用式(10.26) 来描述.

下面讨论几种特殊情况：

(1) 当 $\varphi = \dfrac{\pi}{2}$，此时线圈平面与 $\boldsymbol{B}$ 平行，$\boldsymbol{P}_m$ 与 $\boldsymbol{B}$ 垂直，线圈所受的磁力矩最大，其值为$M = NBIS$，这时磁力矩有使 φ 减少的趋势.

(2) 当 $\varphi = 0$，此时线圈平面与 $\boldsymbol{B}$ 垂直，$\boldsymbol{P}_m$ 与 $\boldsymbol{B}$ 同方向，线圈所受磁力矩为零，此时线圈处于稳定平衡状态.

(3) 当 $\varphi = \pi$，此时线圈平面与 $\boldsymbol{B}$ 垂直，但 $\boldsymbol{P}_m$ 与 $\boldsymbol{B}$ 反向，线圈所受磁力矩也为零，这时线圈处于非稳定平衡位置. 所谓非稳定平衡位置是指，一旦外界扰动使线圈稍稍偏离这一平衡位置，磁场对线圈的磁力矩作用就将使线圈继续偏离，直到 $\boldsymbol{P}_m$ 转向 $\boldsymbol{B}$ 的方向(线圈达到稳定平衡状态) 时为止.

从上面的讨论可知，平面载流刚性线圈在均匀磁场中，由于只受磁力矩作用，因此只发生转动，而不会发生整个线圈的平动.

磁场对载流线圈作用力矩的规律是制成各种电动机和电流计的基本原理.

*2. 非均匀磁场对载流线圈的作用

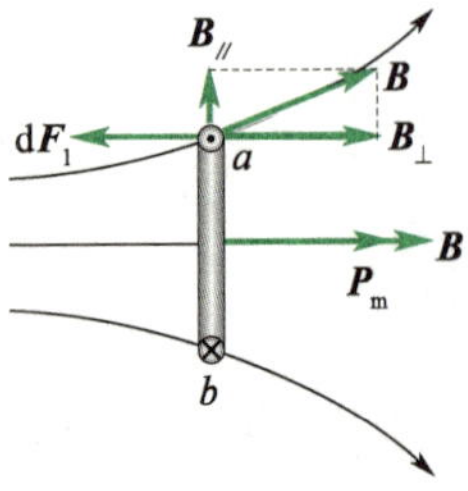

图 10.33　非匀强磁场中的载流线圈

如果平面载流线圈处在非均匀磁场中，由于线圈上各个电流元所在处的 $\boldsymbol{B}$ 在大小和方向上都不相同，各个电流元所受到的安培力的大小和方向一般也都不同，因此，线圈所受的合力和合力矩一般也不会等于零，所以线圈除转动外还要平动. 下面我们通过特例来说明这种情况. 在图 10.33 所示的辐射形磁场中，设线圈的磁矩 $\boldsymbol{P}_m$ 与线圈中心所在处的 $\boldsymbol{B}$ 同方向. 取线圈上任一电流元 $Id\boldsymbol{l}$，把电流元所在处的 $\boldsymbol{B}$ 分解为两个分矢量：垂直于线圈平面的分矢量 $\boldsymbol{B}_\perp$ 和平行于线圈平面的分矢量 $\boldsymbol{B}_{/\!/}$. 电流元 $Id\boldsymbol{l}$ 受到 $\boldsymbol{B}_\perp$ 的作用力为 $d\boldsymbol{F}_2$(图中未画出)，方向沿线圈的半径向外. 对整个线圈来说，作用在各个电流元上的这些

力，只能使线圈发生形变，而不能使线圈发生平动或转动．但是电流元 $I\mathrm{d}\boldsymbol{l}$ 还同时受到 $\boldsymbol{B}_{/\!/}$ 分矢量作用的力 $\mathrm{d}\boldsymbol{F}_1$，方向垂直于线圈平面，指向左方．对整个线圈来说，各个电流元所受的这些力，方向都相同，所以在合力的作用下，线圈将向磁场较强处平移．可以证明：合力的大小与线圈的磁矩和磁感应强度的梯度成正比．

例 10.5

半径为 R 的圆盘，带正电，其面电荷密度 $\sigma = kr$，k 是常数，圆盘放在一均匀磁场 $\boldsymbol{B}$ 中，其法线方向与 $\boldsymbol{B}$ 垂直，如图 10.34 所示．当圆盘以角速度 ω 绕过圆心 O 点，且垂直于圆盘平面的轴作逆时针旋转时，求圆盘的磁矩和磁力矩的大小与方向．

解 在盘上取 $r \to r+\mathrm{d}r$ 的圆环，则圆环上的电量为

$$\mathrm{d}q = \sigma 2\pi r \mathrm{d}r$$

根据电流的定义，环以角速度 ω 旋转的等效电流为

$$\mathrm{d}I = \frac{\sigma 2\pi r \mathrm{d}r}{T} = \frac{\sigma 2\pi r \mathrm{d}r}{2\pi/\omega} = \sigma r \omega \mathrm{d}r$$

环的磁矩大小为 $\mathrm{d}P_{\mathrm{m}} = \pi r^2 \mathrm{d}I = \pi r^2 (kr) \omega r \mathrm{d}r$，故圆盘的磁矩大小为

$$P_{\mathrm{m}} = \int_0^R \pi k \omega r^4 \mathrm{d}r = \frac{\pi k \omega R^5}{5}$$

依据右手螺旋法则可知磁矩的方向垂直于纸面向外．

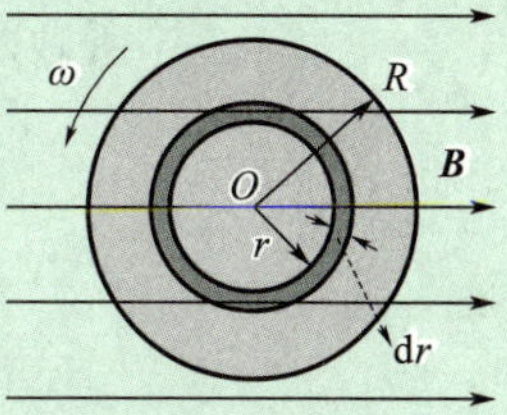

图 10.34

环上的磁力矩 $\mathrm{d}M = B\mathrm{d}P_{\mathrm{m}} = B\pi k \omega r^4 \mathrm{d}r$，所以圆盘所受总磁力矩大小为

$$M = \int \mathrm{d}M = \int_0^R B\pi k \omega r^4 \mathrm{d}r = \pi k \omega B R^5/5$$

方向由右手螺旋法则可确定为垂直于磁感应强度 $\boldsymbol{B}$ 竖直向上．

10.4.4 磁力的功

载流导线或载流线圈在磁场中运动时，其所受的磁力或磁力矩将对它们做功．

1. 载流导线在磁场中运动时磁力所做的功

设在磁感应强度为 $\boldsymbol{B}$ 的均匀磁场中，有一载流的闭合回路 $abcda$，电流强度 I 保持不变，电路中 ab 之长为 l，ab 可沿 da 和 cb 滑动，如图 10.35 所示．按安培定律，ab 所受的磁力 $\boldsymbol{F}$ 的大小为

$$F = BIl$$

$\boldsymbol{F}$ 的方向如图 10.35 所示．在 ab 从初始位置向右移动 Δx 距离过程中，磁力 $\boldsymbol{F}$ 所做的功为

$$W = F\Delta x = BIl\Delta x = BI\Delta S = I\Delta\Phi \qquad (10.27)$$

上式说明，当载流导线在磁场中运动时，如果电流保持不变，磁力所做的功等于电流强度乘以通过回路所环绕的面积内磁通量的增量．

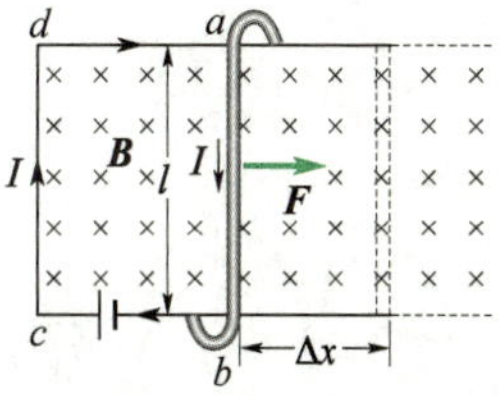

图 10.35 磁力所做的功

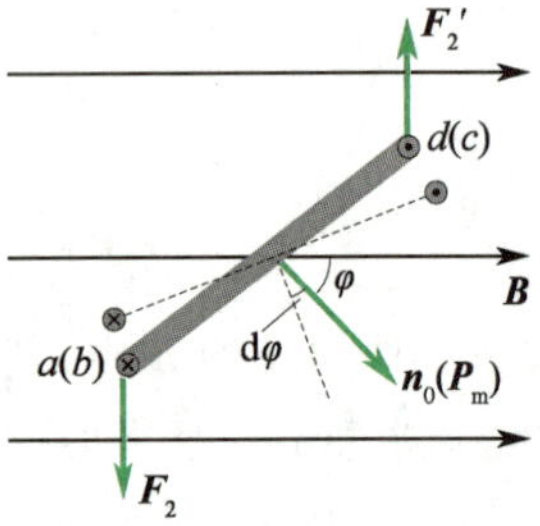

图 10.36 磁力矩所做的功

2. 载流线圈在磁场中转动时磁力矩所做的功

设一面积为 S,通有电流强度为 I 的线圈,处于磁感应强度为 $\boldsymbol{B}$ 的匀强磁场中. 现在我们来计算线圈转动时,磁力矩所做的功.

如图 10.36 所示,设线圈转过极小的角度 $d\varphi$,使 $\boldsymbol{n}_0(\boldsymbol{P}_m)$ 与 $\boldsymbol{B}$ 之间的夹角从 φ 增为 $\varphi+d\varphi$,在此转动过程中,磁力矩做负功(磁力矩总是力图使 $\boldsymbol{P}_m$ 转向 $\boldsymbol{B}$),因此

$$\begin{aligned} dW &= -Md\varphi = -BIS\sin\varphi d\varphi \\ &= BISd(\cos\varphi) \\ &= Id(BS\cos\varphi) = Id\Phi \end{aligned} \tag{10.28}$$

当上述线圈从 φ_1 转到 φ_2 的过程中,维持线圈内电流不变,则磁力矩所做的总功为

$$W = \int_{\Phi_{m1}}^{\Phi_{m2}} Id\Phi_m = I(\Phi_{m2}-\Phi_{m1}) = I\Delta\Phi_m \tag{10.29}$$

式中 Φ_{m1} 和 Φ_{m2} 分别表示线圈在 φ_1 和 φ_2 时,通过线圈的磁通量.

可以证明,一个任意的闭合回路在磁场中改变位置或改变形状时,如果维持线圈上电流不变,则磁力或磁力矩所做的功都可按 $W=I\Delta\Phi_m$ 计算,亦即磁力或磁力矩所做的功等于电流强度乘以通过载流线圈的磁通量的增量.

如果电流随时间而改变,这时磁力所做的总功要用积分计算

$$W = \int_{\Phi_{m1}}^{\Phi_{m2}} Id\Phi_m \tag{10.30}$$

这是计算磁力做功的一般公式.

根据磁矩为 $\boldsymbol{P}_m$ 的载流线圈在均匀磁场中受到磁力矩的作用,可以引入线圈磁矩与磁场的相互作用能的概念,设 φ 表示 $\boldsymbol{P}_m$ 与 $\boldsymbol{B}$ 之间的夹角,此夹角由 φ_1 增大到 φ_2 过程中,外力需克服磁力矩做的功为

$$W_{外} = \int_{\varphi_1}^{\varphi_2} Md\varphi = \int_{\varphi_1}^{\varphi_2} P_m B\sin\varphi d\varphi = P_m B(\cos\varphi_1 - \cos\varphi_2)$$

此功就等于磁矩 $\boldsymbol{P}_m$ 与磁场相互作用能的增量. 通常以 $\varphi_1=\frac{\pi}{2}$ 时的位置为相互作用能零值的位置. 这样,由上式可得,在均匀磁场中,当磁矩与磁场方向间夹角为 $\varphi(\varphi=\varphi_2)$ 时,磁矩与磁场的相互作用能为

$$W_m = -P_m B\cos\varphi = -\boldsymbol{P}_m\cdot\boldsymbol{B}$$

由此可见,磁矩与磁场平行时,相互作用能有极小值 $-P_mB$;磁矩与磁场反平行时,相互作用能有极大值 P_mB.

例 10.6

载有电流 I 的半圆形闭合线圈，半径为 R，放在均匀的外磁场 $\boldsymbol{B}$ 中，$\boldsymbol{B}$ 的方向与线圈平面平行，如图 10.37 所示.(1) 求此时线圈所受的力矩大小和方向；(2) 求在这力矩作用下，当线圈平面转到与磁场 $\boldsymbol{B}$ 垂直的位置时，磁力矩所做的功.

解　(1) 线圈的磁矩为

$$\boldsymbol{P}_m = IS\boldsymbol{n} = I\frac{\pi}{2}R^2\boldsymbol{n}$$

在图示位置时，线圈磁矩 $\boldsymbol{P}_m$ 的方向与 $\boldsymbol{B}$ 垂直.

由式(10.26)，$\boldsymbol{M} = \boldsymbol{P}_m \times \boldsymbol{B}$，故图示位置线圈所受磁力矩的大小为

$$M = P_m B\sin\frac{\pi}{2} = \frac{1}{2}\pi IBR^2$$

磁力矩 $\boldsymbol{M}$ 的方向由 $\boldsymbol{P}_m \times \boldsymbol{B}$ 确定，为垂直于 $\boldsymbol{B}$ 的方向向上.

(2) 计算磁力矩做功. 根据式(10.29)

$$W = I\Delta\Phi_m = I(\Phi_{m2} - \Phi_{m1})$$

$$= I\left(B\frac{1}{2}\pi R^2 - 0\right) = \frac{1}{2}IB\pi R^2$$

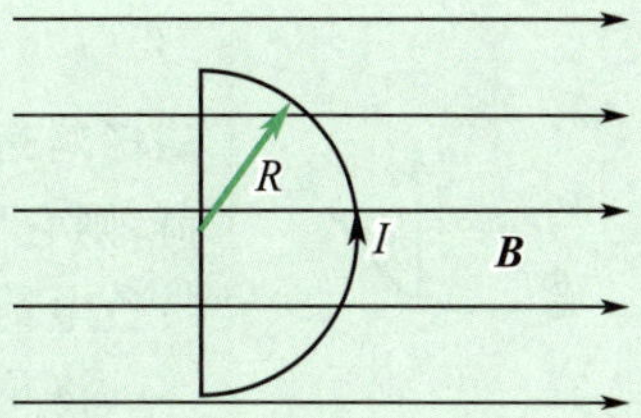

图 10.37

也可以用积分计算：

$$W = \int_{\frac{\pi}{2}}^{0} -M\mathrm{d}\theta = \int_{\frac{\pi}{2}}^{0} -P_m B\sin\theta\mathrm{d}\theta$$

$$= P_m B\cos\theta\Big|_{\frac{\pi}{2}}^{0} = \frac{1}{2}IB\pi R^2$$

10.5　磁场对运动电荷的作用

本节将研究磁场对运动电荷的磁力作用和带电粒子在磁场中的运动规律，以及霍耳效应等实际应用的例子.

10.5.1　洛伦兹力

从安培定律可以推算出每一个运动着的带电粒子在磁场中所受到的力. 由安培定律得，任一电流元 $I\mathrm{d}\boldsymbol{l}$ 在磁感应强度为 $\boldsymbol{B}$ 的磁场中，所受到的力 $\mathrm{d}\boldsymbol{F}$ 的大小为

$$\mathrm{d}F = BI\mathrm{d}l\sin\theta$$

式中 θ 为 $I\mathrm{d}\boldsymbol{l}$ 与 $\boldsymbol{B}$ 的夹角. 因为电流强度可写成

$$I = qnvS$$

式中 S 为电流元的截面积，v 为带电粒子的定向运动速率，q 为带电粒子的电量，n 为导体内带电粒子数密度，则上式可写成

$$\mathrm{d}F = qvnSB\mathrm{d}l\sin\theta$$

科学家介绍

洛伦兹

由于电流元 $I\mathrm{d}\boldsymbol{l}$ 的方向与带电粒子 q 定向运动方向一致，故上式中的 θ 亦为$\boldsymbol{v}$ 与 $\boldsymbol{B}$ 的夹角. 而在线元 $\mathrm{d}\boldsymbol{l}$ 这一段导体内定向运动的带电粒子数目 $\mathrm{d}N=nS\mathrm{d}l$，每一个带电粒子受到的磁场作用力，通过粒子与电流元导线的碰撞产生磁场对载流导线的作用力 $\mathrm{d}\boldsymbol{F}$，因此每一个定向运动的带电粒子所受到的磁力 $\boldsymbol{f}$ 的大小为

$$f=\frac{\mathrm{d}F}{\mathrm{d}N}=qvB\sin\theta \tag{10.31}$$

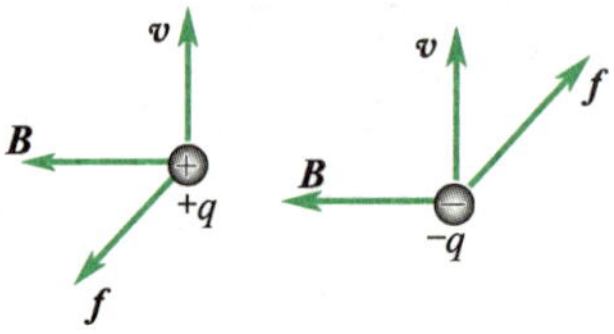

图 10.38　洛伦兹力的方向

磁场对运动电荷作用的力 $\boldsymbol{f}$ 称为洛伦兹力. 如果带电粒子带正电荷，则它所受的洛伦兹力 $\boldsymbol{f}$ 的方向与 $\boldsymbol{v}\times\boldsymbol{B}$ 的方向一致. 如果粒子带负电荷，洛伦兹力的方向与正电荷的情形相反，如图 10.38 所示.

洛伦兹力的矢量表达式为

$$\boldsymbol{f}=q\boldsymbol{v}\times\boldsymbol{B} \tag{10.32}$$

式中 q 的正负决定于粒子所带电荷的正负. 由式(10.32) 可以看出，洛伦兹力 $\boldsymbol{f}$ 总是与带电粒子运动速度 $\boldsymbol{v}$ 的方向垂直，即有 $\boldsymbol{f}\cdot\boldsymbol{v}=0$，因此洛伦兹力不能改变运动电荷速度的大小，只能改变速度的方向，使带电粒子的运动路径弯曲.

如果带电粒子处于同时存在电场和磁场的空间运动时，则其所受合力为

$$\boldsymbol{F}=q(\boldsymbol{E}+\boldsymbol{v}\times\boldsymbol{B}) \tag{10.33}$$

上式称为**洛伦兹关系式**，它包含电场力 $q\boldsymbol{E}$ 与磁场力(洛伦兹力) $q\boldsymbol{v}\times\boldsymbol{B}$ 两部分.

科研成果介绍

北京正负电子对撞机

10.5.2　带电粒子在匀强磁场中的运动

设有一匀强磁场，磁感应强度为 $\boldsymbol{B}$，一电量为 q，质量为 m 的粒子以速度$\boldsymbol{v}$ 进入磁场. 在磁场中粒子受到洛伦兹力，其运动方程为

$$\boldsymbol{f}=q\boldsymbol{v}\times\boldsymbol{B}=m\frac{\mathrm{d}\boldsymbol{v}}{\mathrm{d}t} \tag{10.34}$$

下面分三种情况进行讨论.

1) $\boldsymbol{v}$ 与 $\boldsymbol{B}$ 平行或反平行

当带电粒子的运动速度$\boldsymbol{v}$ 与 $\boldsymbol{B}$ 同向或反向时，作用于带电粒子的洛伦兹力等于零. 由式(10.34) 可知，$\boldsymbol{v}=$ 恒矢量，故带电粒子仍做匀速直线运动，不受磁场的影响.

2) $\boldsymbol{v}$ 与 $\boldsymbol{B}$ 垂直

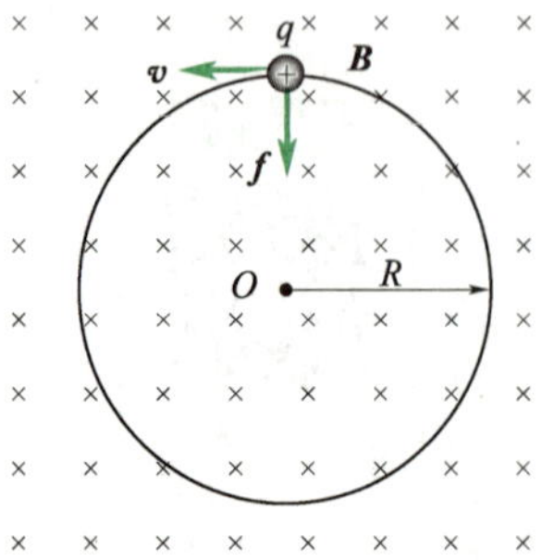

图 10.39　$\boldsymbol{v}\perp\boldsymbol{B}$ 时的运动

当带电粒子以速度$\boldsymbol{v}$ 沿垂直于磁场的方向进入一匀强磁场 $\boldsymbol{B}$ 中，如图 10.39 所示. 此时洛伦兹力 $\boldsymbol{f}$ 的方向始终与速度 $\boldsymbol{v}$ 垂直，故带电粒子将在 $\boldsymbol{f}$ 与 $\boldsymbol{v}$ 所组成的平面内做匀速圆周运动. 洛伦兹力即为向心力，其运动方程为

$$qvB=m\frac{v^2}{R}$$

可求得轨道半径(又称回旋半径)

$$R = \frac{mv}{qB} \tag{10.35}$$

由上式可知,对于一定的带电粒子($\frac{q}{m}$ 一定),当它在均匀磁场中运动时,其轨道半径 R 与带电粒子的速度值成正比.

由式(10.35)还可求得粒子在圆周轨道上绕行一周所需的时间(周期)为

$$T = \frac{2\pi R}{v} = \frac{2\pi m}{qB} \tag{10.36}$$

T 的倒数即粒子在单位时间内绕圆周轨道转过的圈数,称为带电粒子的回旋频率,用 ν 表示为

$$\nu = \frac{1}{T} = \frac{qB}{2\pi m} \tag{10.37}$$

以上两式表明,带电粒子在垂直于磁场方向的平面内做圆周运动时,其周期 T 和回旋频率 ν 只与磁感应强度 $\boldsymbol{B}$ 及粒子本身的质量 m 和所带的电量 q 有关,而与粒子的速度及回旋半径无关.也就是说,同种粒子在同样的磁场中运动时,快速粒子在半径大的圆周上运动,慢速粒子在半径小的圆周上运动,但它们绕行一周所需的时间都相同.这是带电粒子在磁场中做圆周运动的一个显著特征.回旋加速器就是根据这一特征设计制造的.

3) $\boldsymbol{v}$ 与 $\boldsymbol{B}$ 斜交成 θ 角

当带电粒子的运动速度 $\boldsymbol{v}$ 与磁场 $\boldsymbol{B}$ 成 θ 角时,可将 $\boldsymbol{v}$ 分解为与 $\boldsymbol{B}$ 垂直的速度分量 $v_\perp = v\sin\theta$ 和与 $\boldsymbol{B}$ 平行的速度分量 $v_{/\!/} = v\cos\theta$.根据上面的讨论可知,在垂直于磁场的方向,由于具有分速度 $\boldsymbol{v}_\perp$,磁场力将使粒子在垂直于 $\boldsymbol{B}$ 的平面内做匀速圆周运动.在平行于磁场的方向上,磁场对粒子没有作用力,粒子以速度分量 $\boldsymbol{v}_{/\!/}$ 做匀速直线运动.这两种运动合成的结果,使带电粒子在均匀磁场中做等螺距的螺旋运动,如图10.40所示.此时螺旋线的半径为

$$R = \frac{mv_\perp}{qB} = \frac{mv\sin\theta}{qB}$$

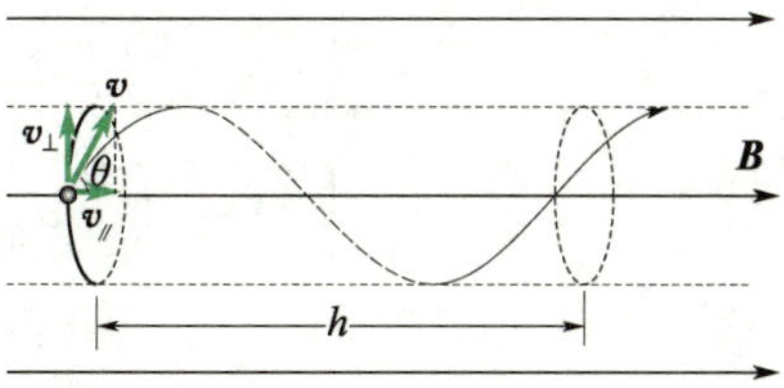

图10.40 $\boldsymbol{v}$ 与 $\boldsymbol{B}$ 斜交时的运动

科研成果介绍

兰州重离子研究装置

螺旋周期为

$$T = \frac{2\pi R}{v_\perp} = \frac{2\pi m}{qB} \tag{10.38}$$

螺距为

$$h = v_{/\!/} T = v\cos\theta T = \frac{2\pi m v\cos\theta}{qB} \tag{10.39}$$

带电粒子在磁场中的螺旋线运动，广泛地应用于“磁聚焦”技术.

例 10.7

测定离子荷质比的仪器称为质谱仪. 倍恩勃立奇质谱仪原理如图 10.41(a) 所示. 离子源所产生的带电量为 q 的离子，经狭缝 S_1 和 S_2 之间的加速电场加速，进入由 P_1、P_2 组成的速度选择器. 在速度选择器中，电场强度为 $\boldsymbol{E}$，磁感应强度为 $\boldsymbol{B}'$. $\boldsymbol{E}$、$\boldsymbol{B}'$ 方向如图 10.41(b) 所示. 从 S_0 射出的离子垂直射入一磁感应强度为 $\boldsymbol{B}$ 的均匀磁场中. 离子进入这一磁场后因受洛伦兹力而做匀速圆周运动. 不同质量的离子打在底片的不同位置上，形成按离子质量排列的线系. 若底片上线系有三条，该元素有几种同位素？设 d_1、d_2、d_3 是底片上 1、2、3 三个位置与速度选择器轴线间的距离，该元素的三种同位素的质量 m_1、m_2、m_3 各为多少？

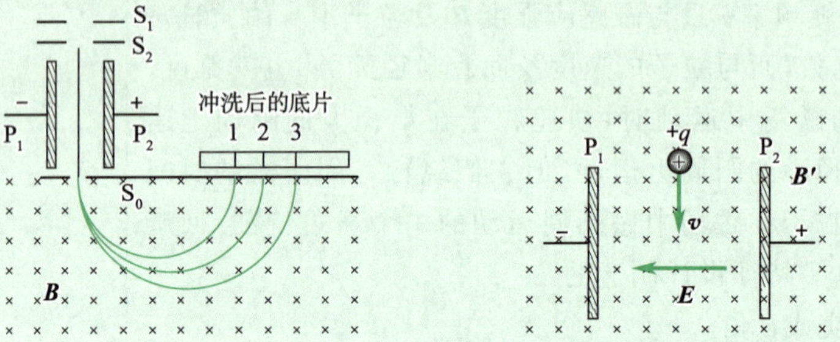

(a) 质谱仪原理图　　(b) 速度选择器

图 10.41

解　如图 10.41(b) 所示，在速度选择器中，带电量为 q 的离子受电场力 $f_e = qE$，同时受磁场力 $f_m = qvB'$，两力方向相反. 只有当离子的速度满足

$$qE = qvB', \text{即 } v = \frac{E}{B'}$$

时离子才有可能穿过 P_1 和 P_2 两板间的狭缝，而从 S_0 射出.

离子自 S_0 进入匀强磁场 $\boldsymbol{B}$ 后，做匀速圆周运动. 设半径为 R，则

$$qvB = m\frac{v^2}{R}$$

式中 B、q、v 是一定的，则质量 m 不同的离子对应不同的圆周运动半径 R，故该元素有三种同位素.

又因为 $v = \dfrac{E}{B'}$，代入上式得

$$m = \frac{qBB'}{E}R$$

将 $R = \dfrac{d}{2}$ 分别代入，得

$$\begin{cases} m_1 = \dfrac{qBB'}{2E}d_1 \\ m_2 = \dfrac{qBB'}{2E}d_2 \\ m_3 = \dfrac{qBB'}{2E}d_3 \end{cases}$$

10.5.3 霍耳效应

将一导体板放在垂直于板面的磁场 $\boldsymbol{B}$ 中，如图 10.42(a) 所示．当有电流 I 沿着垂直于 $\boldsymbol{B}$ 的方向通过导体时，在金属板上下两表面 M、N 之间就会出现横向电势差 U_H．这种现象是美国青年物理学家霍耳在 1879 年首先发现的，称为**霍耳效应**．电势差 U_H 称为霍耳电势差(或叫霍耳电压)．实验表明，霍耳电势差 U_H 与电流强度 I 及磁感应强度 $\boldsymbol{B}$ 的大小成正比，与导体板的厚度 d 成反比，即

$$U_H = R_H \frac{IB}{d} \tag{10.40}$$

式中 R_H 是仅与导体材料有关的常数，称为霍耳系数．

霍耳电势差的产生是由于运动电荷在磁场中受洛伦兹力作用的结果．因为导体中的电流是载流子定向运动形成的．如果做定向运动的带电粒子是负电荷，则它所受的洛伦兹力 $\boldsymbol{f}_m$ 的方向如图 10.42(b) 所示，结果使导体的上表面 M 聚集负电荷，下表面 N 聚集正电荷，在 M、N 两表面间产生方向向上的电场；如果做定向运动的带电粒子是正电荷，则它所受的洛伦兹力 $\boldsymbol{f}_m$ 的方向如图10.42(c) 所示，在这个力作用下，使导体的上表面 M 聚集正电荷，下表面 N 聚集负电荷，在 M、N 两表面间产生方向向下的电场，当这个电场对带电粒子的电场力 $\boldsymbol{f}_e$ 正好与磁场 $\boldsymbol{B}$ 对带电粒子的洛伦兹力 $\boldsymbol{f}_m$ 相平衡时，达到稳定状态，此时上、下两面的电势差 $U_M - U_N$ 就是霍耳电势差 U_H．

设在导体内载流子的电量为 q，平均定向运动速度为 $\boldsymbol{v}$，它在磁场中所受的洛伦兹力大小为

$$f_m = qvB$$

如果导体板的宽度为 b，当导体上、下两表面间的电势差为 $U_M - U_N$ 时，带电粒子所受的电场力大小为

$$f_e = qE = q\frac{U_M - U_N}{b}$$

由平衡条件有

$$qvB = q\frac{U_M - U_N}{b}$$

则导体上、下两表面间的电势差为

$$U_H = U_M - U_N = bvB$$

设导体内载流子数密度为 n，于是 $I = nqvbd$，以此代入上式可得

$$U_H = \frac{1}{nq}\frac{IB}{d} \tag{10.41}$$

将上式与式(10.40) 比较，得霍耳系数

提示：打开“九斗”APP，点击“[ ]”，全屏扫描下图即可进行互动学习。

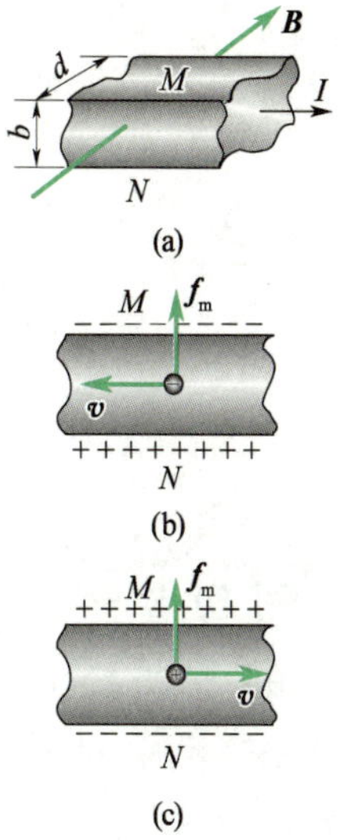

图 10.42　霍耳效应

$$R_H = \frac{1}{nq} \tag{10.42}$$

上式表明，霍耳系数的数值决定于每个载流子所带的电量 q 和载流子的浓度 n，其正负取决于载流子所带电荷的正负. 若 q 为正，则 $R_H > 0, U_M - U_N > 0$；若 q 为负，则 $R_H < 0, U_M - U_N < 0$. 由实验测定霍耳电势差或霍耳系数后，就可判定载流子带的是正电荷还是负电荷. 此外，根据霍耳系数的大小，还可测定载流子的浓度.

一般金属导体中的载流子就是自由电子，其浓度很大，所以金属材料的霍耳系数很小，相应的霍耳电压也很弱. 但在半导体材料中，载流子浓度 n 很小，因而半导体材料的霍耳系数与霍耳电压比金属大得多，故实用中大多采用半导体霍耳效应.

近年来，霍耳效应已在测量技术、电子技术、自动化技术、计算技术等各个领域中得到越来越普遍的应用. 例如，我国已制造出多种半导体材料的霍耳元件，可以用来测量磁感应强度、电流、压力、转速等，还可以用于放大、振荡、调制、检波等方面，也可以用于电子计算机中的计算元件等.

例 10.8

有一宽为 0.50 cm，厚为 0.10 mm 的薄片银导线，当片中通以 2 A 电流，且有 0.80 T 的磁场垂直薄片时，试求产生的霍耳电势差为多大？（银密度为 10.5 g/cm^3）

解 银原子是单价原子，每个原子给出一个自由电子，则单位体积中的自由电子数 n 将等于单位体积中的银原子数. 已知银的原子量为 108，1 mol 银（0.108 kg）有 $N_0 = 6.0 \times 10^{23}$ 个原子，银的密度为 10.5×10^3 kg/m^3，所以

$$n = N_0 \frac{\rho}{M_{mol}} = 6.0 \times 10^{23} \times \frac{10.5 \times 10^3}{0.108} \text{ m}^{-3}$$
$$\approx 6 \times 10^{28} \text{ m}^{-3}$$

由式(10.41) 可求出霍耳电势差为

$$U_H = \frac{1}{nq}\frac{IB}{d}$$
$$= \frac{2 \times 0.80}{6 \times 10^{28} \times 1.6 \times 10^{-19} \times 0.10 \times 10^{-3}} \text{ V}$$
$$= 1.7 \times 10^{-6} \text{ V}$$

由此可知，对于良导体，霍耳电势差是非常微小的.

*10.5.4 磁流体发电

等离子体及其磁约束

磁流体发电机

除固体中的霍耳效应外，在导电流体中同样会产生霍耳效应. 图 10.43 是磁流体发电机原理示意图. 在燃烧室中利用燃料（油、煤气或原子能反应堆）燃烧的热能加热气体使之成为等离子体，其温度约为 3 000 K（为了加速等离子体的形成，往往在气体中加入少量钾或铯等容易电离的物质）. 然后使这种高温等离子体（导电流体）以约 1 000 m/s 的高速进入发电通道，发电通道的上、下两面有磁极以产生磁场 $\boldsymbol{B}$，其两侧安有电极. 则在高速 $\boldsymbol{v}$ 流动着的导电流体中，正、负带电粒子的运动方向与磁场垂直，由于受洛伦兹力的作用，正、负带电粒子

将分别向垂直于 $\boldsymbol{v}$ 和 $\boldsymbol{B}$ 的两个相反方向偏转，结果在发电通道两侧的电极上产生电势差. 如果不断提供高温高速的等离子体，便能在电极上连续输出电能.

我们知道，在普通发电机中，电动势是由线圈在磁场中转动产生的. 为此必须先把初级能源(化学燃料、核燃料)燃烧放出的热能经过锅炉、热机等变成机械能，然后再变成电能. 而在磁流体发电机中，是利用热能加热等离子体，然后使等离子体通过磁场产生电动势直接得到电能. 不经过热能到机械能的转变，因而损耗少，热效率高(可达 50% ～ 60%，而火力发电的热效率通常只有 30% ～ 40%). 但磁流体发电目前还存在某些技术问题有待解决，如发电通道效率低，通道和电极的材料都要求耐高温、耐腐蚀、耐化学烧蚀等. 目前所用材料的寿命都比较短，因而使磁流体发电机不能长时间运行，所以磁流体发电还没有达到实用阶段.

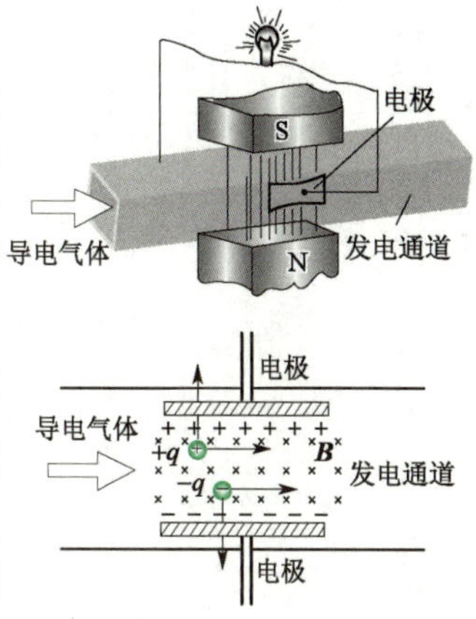

图 10.43　磁流体发电原理

10.6 磁 介 质

10.6.1 磁介质的分类

实际的磁场中大多存在着各种各样的物质，这些物质因受磁场的作用而处于一种特殊的状态，称为磁化状态. 磁化后的物质反过来又要对磁场产生影响，我们称能够影响磁场的物质为**磁介质**.

实验表明，不同的物质对磁场的影响差异很大. 若均匀磁介质处于磁感应强度为 $\boldsymbol{B}_0$ 的外磁场中，磁介质要被磁化，从而产生磁化电流. 磁化电流也要激发磁感应强度为 $\boldsymbol{B}'$ 的附加磁场，则磁介质中的总磁感应强度 $\boldsymbol{B}$ 是 $\boldsymbol{B}_0$ 和 $\boldsymbol{B}'$ 的叠加，即

$$\boldsymbol{B} = \boldsymbol{B}_0 + \boldsymbol{B}' \tag{10.43}$$

对不同的磁介质，$\boldsymbol{B}'$ 的大小和方向可能有很大的差别. 为了便于讨论磁介质的分类，我们引入相对磁导率 μ_r. 当均匀磁介质充满整个磁场时，磁介质的**相对磁导率**定义为

$$\mu_r = \frac{B}{B_0} \tag{10.44}$$

式中 B 为磁介质中的总磁场的磁感应强度的大小，B_0 为真空中磁场或者说外磁场的磁感应强度的大小. μ_r 可用来描述不同磁介质磁化后对原外磁场的影响. 类似于介电常数 ε 的定义，我们定义磁介质的**磁导率**

$$\mu = \mu_0 \mu_r \tag{10.45}$$

实验指出，就磁性来说，物质可分为以下三类.

(1) **抗磁质**：这类磁介质的相对磁导率 $\mu_r < 1$，在外磁场中，其附加磁感应强度 $\boldsymbol{B}'$ 与 $\boldsymbol{B}_0$ 方向相反，因而总磁感应强度的大小 $B < B_0$.

磁介质车票

如，汞、铜、铋、氢、锌、铅等.

(2) **顺磁质**：这类磁介质的相对磁导率 $\mu_r > 1$，在外磁场中，其附加磁感应强度 $\boldsymbol{B}'$ 与 $\boldsymbol{B}_0$ 同方向，因而总磁感应强度的大小 $B > B_0$. 例如，锰、铬、铂、氧、铝等.

(3) **铁磁质**：这类磁介质的相对磁导率 $\mu_r \gg 1$，在外磁场中，其附加磁感应强度 $\boldsymbol{B}'$ 与 $\boldsymbol{B}_0$ 方向相同，且 $B' \gg B_0$，因而总磁感应强度的大小 $B \gg B_0$. 例如，铁、镍、钴、钆等.

抗磁质和顺磁质的磁性都很弱，统称为弱磁质. 它们的 μ_r 尽管可以大于 1 或者小于 1，但是都很接近 1，而且 μ_r 都是与外磁场无关的常数. 铁磁质的磁性都很强，且还具有一些特殊的性质.

*10.6.2 抗磁质与顺磁质的磁化

现在我们从物质的电结构来说明物质的磁性. 在无外磁场作用时，分子中任何一个电子，都同时参与两种运动，即环绕原子核的轨道运动和电子本身的自旋. 这两种运动都能产生磁效应. 把分子看成一个整体，分子中各个电子对外界所产生的磁效应的总和可用一个等效的圆电流表示，称为分子电流. 这种分子电流具有的磁矩称为分子固有磁矩或称**分子磁矩**，用 $\boldsymbol{P}_m$ 表示.

当没有外磁场作用时，抗磁质分子的固有磁矩 $\boldsymbol{P}_m = \boldsymbol{0}$，从而整块磁介质的 $\sum \boldsymbol{P}_{mi} = \boldsymbol{0}$，介质不显磁性；而顺磁质分子的固有磁矩 $\boldsymbol{P}_m \neq \boldsymbol{0}$，但由于排列杂乱无章，整块磁介质仍有 $\sum \boldsymbol{P}_{mi} = \boldsymbol{0}$，因此介质也不显磁性.

无外磁场时，抗磁质分子的固有磁矩 $\boldsymbol{P}_m = \boldsymbol{0}$ 是由于分子中各电子的轨道运动磁矩和自旋运动磁矩的矢量和为零. 就每个电子而言，无论是轨道运动还是自旋运动都产生磁矩. 当有外磁场作用时，将引起分子磁矩的变化，在分子上产生附加磁矩 $\Delta \boldsymbol{P}_m$. 下面我们来分析附加磁矩 $\Delta \boldsymbol{P}_m$ 及由此产生的附加磁场 $\boldsymbol{B}'$ 的方向.

附加磁矩 $\Delta \boldsymbol{P}_m$ 是由电子的进动产生的. 具体分析如下：

(1) 绕核轨道运动磁矩为 $\boldsymbol{P}_{m,e}$ 的电子的进动：设电子绕核轨道运动的磁矩为 $\boldsymbol{P}_{m,e}$，因为电子带负电，所以电子绕核轨道运动的角动量 $\boldsymbol{P}_e$ 与磁矩 $\boldsymbol{P}_{m,e}$ 反方向（见图 10.44）. 在外磁场作用下，电子受的磁力矩为

$$\boldsymbol{M} = \boldsymbol{P}_{m,e} \times \boldsymbol{B}_0$$

根据角动量定理 $\boldsymbol{M} = \dfrac{d\boldsymbol{P}_e}{dt}$，电子轨道运动角动量 $\boldsymbol{P}_e$ 的改变量 $d\boldsymbol{P}_e$ 与 $\boldsymbol{M}$ 同方向，即顺着 $\boldsymbol{B}_0$ 方向看去，电子运动的轨道角动量 $\boldsymbol{P}_e$ 是绕 $\boldsymbol{B}_0$ 以顺时针方向转动. 因此，电子在绕核轨道运动的同时还以外磁场 $\boldsymbol{B}_0$ 的方向为轴线转动. 电子的这种运动就叫电子的进动，进动角速度为 Ω. 而且，不论电子原来轨道运动角动量的方向如何，即电子磁矩 $\boldsymbol{P}_{m,e}$ 与 $\boldsymbol{B}_0$ 的夹角大于或小于 $\dfrac{\pi}{2}$，由电子进动产生的附加磁矩 $\Delta \boldsymbol{P}_{m,e}$ 总是与外磁场 $\boldsymbol{B}_0$ 的方向相反，如图 10.44 所示.

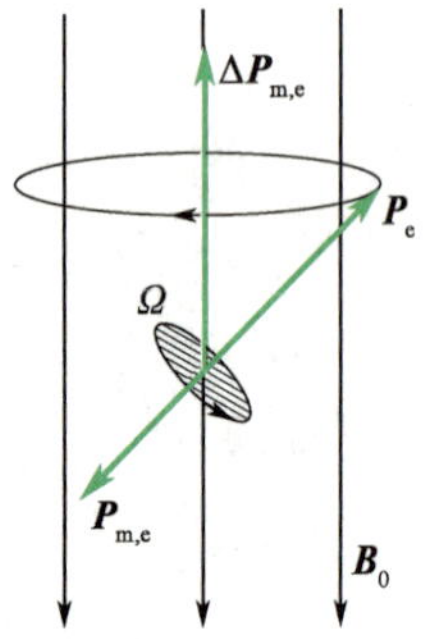

图 10.44　电子的进动

(2) 分子的附加磁矩 $\Delta \boldsymbol{P}_m$：因为电子的附加磁矩 $\Delta \boldsymbol{P}_{m,e}$ 总是与 $\boldsymbol{B}_0$ 反方向，所以，电子附加磁矩 $\Delta \boldsymbol{P}_{m,e}$ 的总和即分子的附加磁矩 $\Delta \boldsymbol{P}_m$ 总是与 $\boldsymbol{B}_0$ 反向. 它将产生一个与 $\boldsymbol{B}_0$ 反方向的 $\boldsymbol{B}'$，这就是抗磁效应.

在顺磁质分子中，即使在没有外磁场时，各个电子的磁效应也不相抵消，故顺磁质分子的固有磁矩 $\boldsymbol{P}_m$ 不等于零. 当存在外磁场时，外磁场在电子上也引起附加磁矩. 但分子磁矩 $\boldsymbol{P}_m$ 比分子中电子附加磁矩的总和大得多，以致 $\Delta\boldsymbol{P}_m$ 可以忽略不计. 这样，顺磁性物质中的分子电流由于外磁场的作用，它们的磁矩将转向外磁场方向，于是 $\sum\boldsymbol{P}_{mi}\neq\boldsymbol{0}$，产生与外磁场同方向的附加磁场 $\boldsymbol{B}'$，故顺磁质内的磁感应强度的大小为 $B=B_0+B'$. 这就是顺磁性物质磁效应的成因.

*10.6.3 磁化强度

与电介质中引入极化强度 $\boldsymbol{P}$ 来描述电介质的极化程度类似，在磁介质中我们引入磁化强度 $\boldsymbol{M}$ 来描述磁介质的磁化程度.

对于顺磁质，我们将磁介质内某点处单位体积内分子磁矩的矢量和定义为该点的磁化强度，即

$$\boldsymbol{M}=\frac{\sum\boldsymbol{P}_{mi}}{\Delta V} \tag{10.46a}$$

顺磁质中 $\boldsymbol{M}$ 的方向与外磁场 $\boldsymbol{B}_0$ 的方向一致.

对于抗磁质，磁化的主要原因是抗磁质分子在外磁场中所产生的附加磁矩 $\Delta\boldsymbol{P}_m$，$\Delta\boldsymbol{P}_m$ 与 $\boldsymbol{B}_0$ 的方向相反，大小与 B_0 成正比. **抗磁质的磁化强度为**

$$\boldsymbol{M}=\frac{\sum\Delta\boldsymbol{P}_{mi}}{\Delta V} \tag{10.46b}$$

抗磁质中 $\boldsymbol{M}$ 的方向与外磁场 $\boldsymbol{B}_0$ 的方向相反.

在国际单位制中，M 的单位为 A/m.

10.6.4 磁介质中的安培环路定理

*1. 磁化强度与磁化电流的关系

当电介质极化时，极化强度与极化电荷有着密切的关系. 与此相类似，当磁介质被磁化时，磁化强度与磁化电流也有着密切的关系. 为此我们用一简例来进行讨论.

设有一无限长载流直螺线管，管内充满均匀的顺磁介质，螺线管的电流强度为 I. 在此电流磁场 $\boldsymbol{B}_0$ 的作用下，磁介质中分子电流平面将趋向与 $\boldsymbol{B}_0$ 方向垂直，如图 10.45(a) 所示. 在均匀磁介质内部任意位置处，通过的分子电流是成对的，而且方向相反，结果互相抵消，如图10.45(b) 所示. 只有在截面边缘处，分子电流未被抵消，形成与截面边缘重合的圆电流 I_S. 对磁介质整体来说，分子电流沿着圆柱面垂直其母线方向流动，称为**磁化面电流**. 因为是顺磁质，磁化面电流与螺线管上导线中的电流 I 方向相同，如图 10.45(c) 所示. 如果是抗磁质，则两者方向相反.

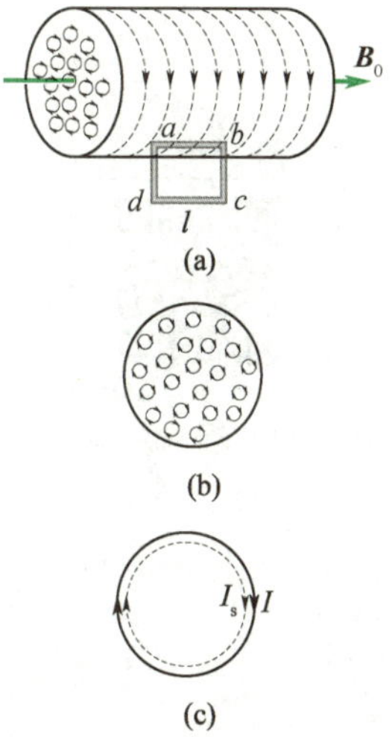

图 10.45 充满磁介质的长直螺线管

设 j_S 为圆柱形磁介质表面上"每单位长度的分子面电流"(即**磁化面电流密度**)，S 为磁介质的截面，l 为所选取的一段磁介质的长度. 在 l 长度上，磁化电流 $I_S=lj_S$，因此在这段磁介质总体积 Sl 中的总磁矩为

$$\sum\boldsymbol{P}_{mi}=I_S\boldsymbol{S}=j_Sl\boldsymbol{S}$$

按定义，磁介质的磁化强度大小为

$$M = \frac{\sum P_{mi}}{\Delta V} = \frac{j_S Sl}{Sl} = j_S \qquad (10.47)$$

上式表明，**磁化强度 $\boldsymbol{M}$ 在量值上等于磁化面电流密度.** $\boldsymbol{M}$ 是矢量，$\boldsymbol{j}_S$ 也是矢量，它们之间的关系写成矢量式有

$$\boldsymbol{j}_S = \boldsymbol{M} \times \boldsymbol{n}_0 \qquad (10.48)$$

$\boldsymbol{n}_0$ 是介质表面外法线方向的单位矢量. 不难看出，这一关系与电介质中极化面电荷密度与极化强度 $\boldsymbol{P}$ 的关系 $\sigma' = \boldsymbol{P} \cdot \boldsymbol{n} = P_n$ 相对应.

下面我们进一步讨论在一定范围内，磁化强度与磁化电流之间的关系. 如图 10.45(a) 所示，在圆柱形磁介质的边界附近，取一长方形的闭合回路 $abcda$，ab 在磁介质内部，它平行于柱体轴线，长度为 l，而 bc、ad 两边则垂直于柱面. 现在，在磁介质内部各点处 $\boldsymbol{M}$ 都沿 ab 方向，大小相等，在柱外各点处 $\boldsymbol{M} = 0$. 所以，磁化强度 $\boldsymbol{M}$ 对图 10.45(a) 中的闭合回路的线积分为

$$\oint \boldsymbol{M} \cdot d\boldsymbol{l} = \int_{ab} \boldsymbol{M} \cdot d\boldsymbol{l} = M\overline{ab} = Ml$$

将式(10.47)$M = j_S$ 代入后得

$$\oint \boldsymbol{M} \cdot d\boldsymbol{l} = j_S l = I_S \qquad (10.49)$$

这里，$j_S l = I_S$ 就是通过闭合回路 $abcda$ 的总磁化电流. 式(10.49) 虽然是从均匀磁介质及长方形闭合回路的简单特例导出，但却是在任何情况下都普遍适用的关系式.

2. 磁介质中的安培环路定理

把真空中磁场的安培环路定理推广到有磁介质存在的稳恒磁场中去，当电流的磁场中有磁介质时，由于介质的磁化，要产生磁化电流. 如果考虑到磁化电流对磁场的贡献，则安培环路定理应写成

$$\oint_L \boldsymbol{B} \cdot d\boldsymbol{l} = \mu_0 \left(\sum I_i + I_S \right) \qquad (10.50)$$

式中 $\boldsymbol{B}$ 为磁介质中的总磁感应强度，等式右边括号内的两项电流是穿过回路所围面积的总电流，即传导电流 $\sum I_i$ 和磁化电流 I_S 的代数和.

将式(10.49) 代入上式中，则有

$$\oint_L \boldsymbol{B} \cdot d\boldsymbol{l} = \mu_0 \left(\sum I_i + \oint_L \boldsymbol{M} \cdot d\boldsymbol{l} \right)$$

或

$$\oint_L \left(\frac{\boldsymbol{B}}{\mu_0} - \boldsymbol{M} \right) \cdot d\boldsymbol{l} = \sum I_i$$

和电介质中引进 $\boldsymbol{D}$ 矢量相似，我们以 $\left(\frac{\boldsymbol{B}}{\mu_0} - \boldsymbol{M} \right)$ 定义一个新的物理量 $\boldsymbol{H}$，称为**磁场强度矢量.**

即

$$\boldsymbol{H} = \frac{\boldsymbol{B}}{\mu_0} - \boldsymbol{M} \qquad (10.51)$$

这样，有磁介质时的安培环路定理便有下列简单的形式

$$\oint_L \boldsymbol{H} \cdot d\boldsymbol{l} = \sum I_i \qquad (10.52)$$

从式(10.52) 可知，**在稳恒磁场中，磁场强度矢量 $\boldsymbol{H}$ 沿任一闭合路**

磁介质中的安培环路定理

径的线积分(即 $\boldsymbol{H}$ 的环流)等于包围在环路内各传导电流的代数和,而与磁化电流无关.

10.6.5 $\boldsymbol{B}$ 与 $\boldsymbol{H}$ 的关系

式(10.51)是磁场强度 $\boldsymbol{H}$ 的定义式,它表示了磁场中任一点处 $\boldsymbol{H}$、$\boldsymbol{B}$、$\boldsymbol{M}$ 三个物理量之间的关系.而且不论磁介质是否均匀,甚至是铁磁性物质,用此式定义的 $\boldsymbol{H}$ 矢量都是正确的.

实验表明,对于各向同性的均匀磁介质,介质内任一点的磁化强度 $\boldsymbol{M}$ 与该点的磁场强度 $\boldsymbol{H}$ 成正比.比例系数 χ_m 是恒量,称为磁介质的**磁化率**,即

$$\boldsymbol{M} = \chi_m \boldsymbol{H} \tag{10.53}$$

把式(10.53)代入式(10.51),则得

$$\boldsymbol{B} = \mu_0 \boldsymbol{H} + \mu_0 \boldsymbol{M} = \mu_0 (1 + \chi_m) \boldsymbol{H} \tag{10.54}$$

如果引入一个物理量 μ_r,令

$$\mu_r = 1 + \chi_m \tag{10.55}$$

μ_r 就是磁介质的**相对磁导率**,这和我们在前面用式(10.44)所定义的 μ_r 是同一个量,于是式(10.54)成为

$$\boldsymbol{B} = \mu_0 \mu_r \boldsymbol{H} = \mu \boldsymbol{H} \tag{10.56}$$

对于真空,$\boldsymbol{M} = 0$,$\chi_m = 0$,$\mu_r = 1$,$\mu = \mu_0$,因此,$\boldsymbol{B} = \mu_0 \boldsymbol{H}$.

对于各向同性的均匀磁介质,χ_m 是恒量,μ_r 也是恒量,且都是纯数,$\mu_r = 1 + \chi_m$. 磁介质的磁化率 χ_m、相对磁导率 μ_r、磁导率 μ 都是描述磁介质磁化特性的物理量,只要知道三个量中的任一个量,该介质的磁性就完全清楚了.对于顺磁质,$\chi_m > 0$,故 $\mu_r > 1$;对于抗磁质,$\chi_m < 0$,故 $\mu_r < 1$. 表 10.1 列出了部分顺磁质及抗磁质的磁化率.

表 10.1　几种常见磁介质的磁化率

材料		$\chi_m = \mu_r - 1$(18 ℃)	材料		$\chi_m = \mu_r - 1$(18 ℃)
顺磁质	锰	12.4×10^{-5}	抗磁质	铋	-1.70×10^{-5}
	铬	4.5×10^{-5}		铜	-0.108×10^{-5}
	铝	0.82×10^{-5}		银	-0.25×10^{-5}
	空气(101 kPa,20 ℃)	30.36×10^{-5}		氢(20 ℃)	-2.47×10^{-5}

可见,在常温下,磁化率的值都很小,相对磁导率 μ_r 都很接近于 1.

通过以上的讨论使我们知道,引入磁场强度 $\boldsymbol{H}$ 这个物理量以后,能够比较方便地处理有磁介质的磁场问题,就像引入电位移 $\boldsymbol{D}$

后，能够比较方便地处理有电介质的静电场问题一样. 特别是当均匀磁介质充满整个磁场，且磁场分布又具有某些对称性的情况，我们可用有磁介质的安培环路定理先求出磁场强度 $\boldsymbol{H}$ 的分布，再根据 $\boldsymbol{B}=\mu\boldsymbol{H}$ 得出介质中磁场的磁感应强度的分布，在整个过程中可不考虑磁化电流. 下面举例说明.

例 10.9

一根"无限长"的直圆柱形铜导线，外包一层相对磁导率为 μ_r 的圆筒形磁介质，导线半径为 R_1，磁介质的外半径为 R_2，导线内有电流 I 通过，电流均匀分布在横截面上，如图 10.46 所示，求：

(1) 介质内外的磁场强度分布，并画出 H - r 图，加以说明（r 是磁场中某点到圆柱轴线的距离）；

(2) 介质内外的磁感应强度分布，并画出 B - r 图，加以说明.

解 (1) 求 H - r 关系. 由于电流分布的轴对称性，因而磁场分布也有轴对称性，因此可用安培环路定理求解. 在垂直于轴线的平面上，选择积分回路 L 为以圆柱轴线为圆心、r 为半径的圆周，由式(10.52)可得

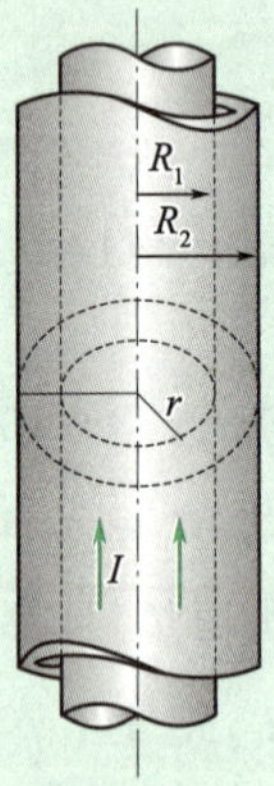

图 10.46

$$\oint_L \boldsymbol{H}\cdot d\boldsymbol{l}=2\pi rH=\sum I_i$$

$$H=\frac{1}{2\pi r}\sum I_i$$

当 $r<R_1$ 时，

$$H_1=\frac{1}{2\pi r}\frac{I}{\pi R_1^2}\pi r^2=\frac{I}{2\pi R_1^2}r$$

当 $R_1\leqslant r\leqslant R_2$ 时，

$$H_2=\frac{I}{2\pi r}$$

当 $r>R_2$ 时，

$$H_3=\frac{I}{2\pi r}$$

画出 H - r 曲线，如图 10.47(a) 所示.

(2) 求 B-r 关系. 由已求出的介质内外的磁场强度分布，再根据 $\boldsymbol{B}=\mu\boldsymbol{H}=\mu_0\mu_r\boldsymbol{H}$ 确定介质内外的磁感应强度分布.

当 $r<R_1$，该区域在金属导体内，可作为真空处理，$\mu_r=1$，故 $B_1=\mu_0 H_1=\frac{\mu_0 I}{2\pi R_1^2}r$；

当 $R_1\leqslant r\leqslant R_2$，该区域是相对磁导率为 μ_r 的磁介质内，故 $B_2=\mu H_2=\mu_0\mu_r\frac{I}{2\pi r}$；

当 $r>R_2$，该区域为真空，故 $B_3=\mu_0 H_3=\frac{\mu_0 I}{2\pi r}$.

画出 B - r 曲线，如图 10.47(b) 所示. 可见，在边界 $r=R_1$ 和 $r=R_2$ 处，磁感应强度 $\boldsymbol{B}$ 不连续.

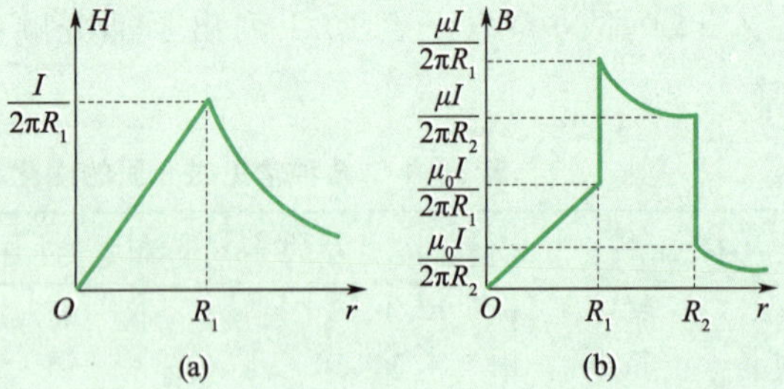

图 10.47

10.6.6 铁磁质

铁磁质是一类特殊的磁介质，也是最有用的磁介质. 铁、镍、钴和它们的一些合金均属于铁磁质.

1. 磁化曲线

在实验室中，常用图 10.48 所示的电路来研究铁磁质的磁化特性. 以铁磁质作芯的环形螺线管和电源及可变电阻串联成一电路，设螺线管每单位长度的匝数为 n，当线圈中通有强度为 I 的电流时，螺线环内的磁场强度为

$$H = nI$$

与 H 相应的磁感应强度 B 可通过图中的磁通计①来测量.

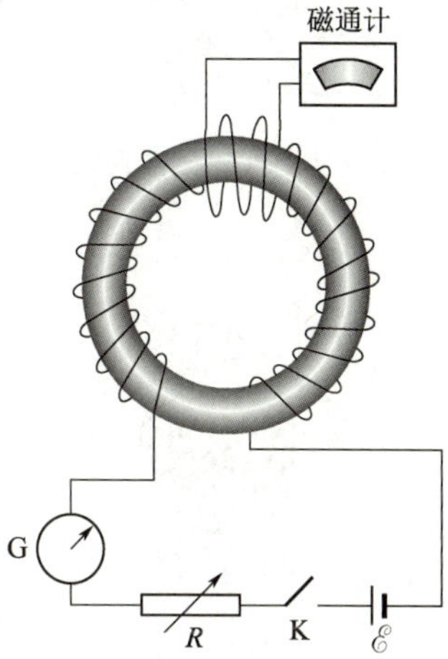

图 10.48　测定铁磁质磁化特性的实验装置

实验结果：测得铁磁质内的磁感应强度 B 和磁场强度 H 之间的关系，不再是顺磁质和抗磁质内那种简单的线性正比关系，而是较复杂的函数关系，如图 10.49 所示. 开始时 $H=0, B=0$，磁介质处于未磁化状态. 当逐渐增大线圈中的电流时，H 值逐渐增大，B 也逐渐增大，相当于线圈中 $O\sim 1$ 段；当 H 继续增大，B 急剧增大，相当于曲线中的 $1\sim 2$ 段；H 再继续增大，B 值开始缓慢增加，相当于曲线中的 $2\sim a$ 段；到达 a 点后，磁场强度 H 再增大时，铁磁质内的磁感应强度 B 不再增大了，达到磁化饱和状态. 这时的磁感应强度 B_m 叫作**饱和磁感应强度**. 这条曲线叫作起始磁化曲线，简称**磁化曲线**.

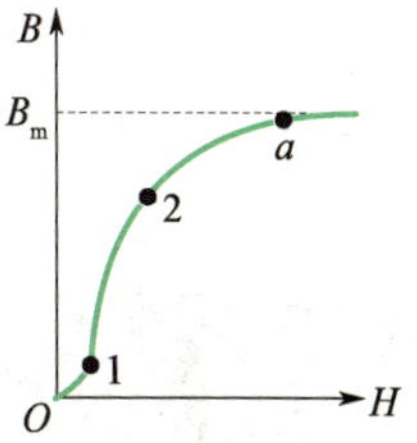

图 10.49　铁磁质的起始磁化曲线

由图 10.49 可以看出，对于铁磁质，B 和 H 之间不是线性关系，故曲线上各点的斜率即磁导率 μ 是不同的. 也就是说，铁磁质的 μ 不再是常数，而是磁场强度 H 的函数，这个函数关系可用图 10.50 的曲线表示. 由于铁磁质具有很大的磁导率，即 $\mu_r \gg 1$，故在外磁场的作用下，铁磁质中将产生与外磁场同方向、量值很大的磁感应强度. 并且在外磁场撤除后，介质的磁化状态并不恢复到原来的起点，而是保留部分磁性.

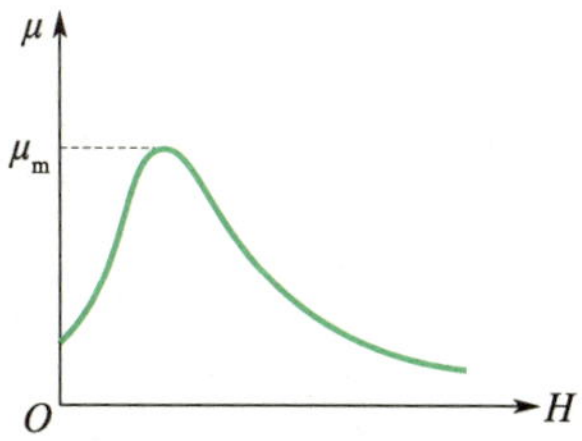

图 10.50　铁磁质的 μ - H 曲线

2. 磁滞回线

铁磁质的磁化在达到饱和状态以后，如果使 H 减小，实验发现，此时 B 值也将减小，但 B 值并不沿原来的起始磁化曲线（Oa 曲线）下降，而是沿着另一曲线 ab 下降，如图 10.51 所示. 到 $H=0$ 时，B 没有回到零，磁介质中还保留一定的磁感应强度 B_r，B_r 称为**剩余磁感应强度**，简称剩磁. 到达 b 点以后，按下列顺序，继续改变磁场强度 H：$0\to -H_c$，$-H_c\to -H_s$，$-H_s\to 0$，$0\to +H_c$，$+H_c\to +H_s$；相应的磁感应强度 B 将分别沿着曲线 $b\to c$，$c\to a'$，$a'\to b'$，$b'\to c'$，$c'\to a$ 形成闭合曲线. 从上述变化过程可以看出，磁感应强度 B 的变

① 关于磁通计的工作原理见 11.1 节.

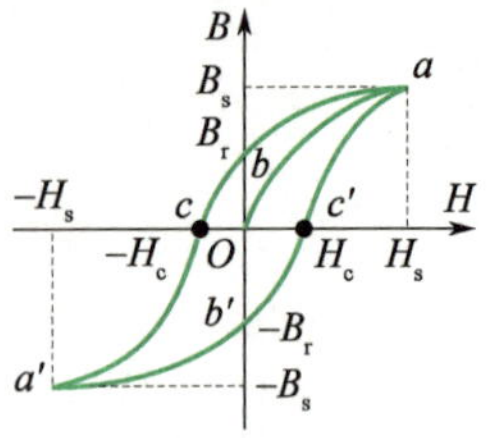

图 10.51 磁滞回线

磁滞回线

化总是落后于磁场强度 H 的变化，这种现象称为**磁滞现象**，是铁磁质的重要特性之一. 图10.51 中的闭合曲线 $abca'b'c'a$ 称为磁滞回线. 如果在还未到达饱和状态以前，就把 H 减小，B 将沿另一较小的磁滞回线变化.

从上述的实验结果可知，对铁磁质而言，B 不是 H 的单值函数. 对同一磁场强度(如 $H=0$)，磁感应强度可能有不同的量值($B=Ob,Ob',\cdots,0$)，这取决于铁磁质的磁化历史.

若要完全消除铁磁质内的剩磁(称作完全退磁)，需要加上反向磁场. 使铁磁质完全退磁所需的反向磁场强度 H_c 的量值叫作**矫顽力**. 实用上通常不采用加恒定的反向电流消除剩磁的方法，而是采用施加一个由强变弱的交变磁场，使铁磁质的剩磁逐渐减弱到零. 例如手表、录音机和录像机的磁头、磁带等的退磁大都采用这一方法.

实验指出，铁磁质反复磁化时要发热，这种耗散为热量的能量损失称为**磁滞损耗**. 热量的产生是因为铁磁质在反复磁化时，分子的振动加剧，使分子振动加剧的能量是由产生磁化场的电流所供给的. 可以证明，反复磁化一次的磁滞损耗与B - H 磁滞回线所包围的面积成正比，而磁滞损耗的功率与反复磁化的频率成正比，因此，对一具有铁芯的线圈来说，线圈中所通的交流电频率愈高，以及磁滞回线面积愈大时，磁滞损耗的功率也愈大.

3. 磁畴

图 10.52 多晶铁磁质的磁畴示意图

铁磁性不能用一般顺磁质的磁化理论来解释. 因为铁磁质的单个原子或分子并不具有任何特殊的磁性. 如铁原子和铬原子的结构大致相同，原子的磁矩也相同，但铁是典型的铁磁质，而铬是普通的顺磁质. 可见，铁磁质并不是与原子或分子有关的性质，而是和物质的固体结构有关的性质.

现代理论和实验都证明在铁磁质内存在着许多小区域，其体积约为 $10^{-12}\ m^3$，其中含有 $10^{12}\sim10^{15}$ 个原子. 在这些小区域内的原子间存在着非常强的电子"交换耦合作用"，使相邻原子的磁矩排列整齐，也就是说，这些小区域已自发磁化到饱和状态了. 这种小区域称为**磁畴**. 每个磁畴相当于一个小的磁性极强的永久磁铁. 无外磁场作用时，同一磁畴内的分子磁矩方向一致，各个磁畴的磁矩方向杂乱无章，磁介质的总磁矩为零，宏观上对外不显磁性，如图 10.52 所示.

为下面讨论方便，特在图 10.53 中示意地画四个体积相同的磁畴，它们的取向不同，磁矩恰好抵消，对外不呈现磁性，如图 10.53(a) 所示. 当加有外磁场时，则铁磁质内自发磁化方向和外场相近的磁畴体积将因外场的作用而扩大，自发磁化方向与外场有较大偏离的磁畴体积将缩小，如果磁场还较弱，则磁畴的这种扩大、缩小过程还较缓慢，如图 10.53(b) 所示，这相当于图 10.49 中磁化曲线的$0\sim1$

段. 如外场继续增强,到一定值时,磁畴界壁就以相当快的速度跳跃地移动,直到自发磁化方向与外场偏离较大的那些磁畴全部消失,如图10.53(c) 所示,这过程与图 10.49 中 1 ~ 2 段相对应,是一不可逆过程(亦即外磁场减弱后,磁畴不能完全恢复原状了). 如外场再继续增加,则留存的磁畴逐渐转向外场方向,如图10.53(d) 所示. 当所有磁畴的自发磁化方向都和外磁场方向相同时,磁化达到饱和. 这相当于图 10.49 中的 2 ~ a 段.

由于铁磁质内存在杂质和内应力,因此磁畴在磁化和退磁过程中做不连续的体积变化和转向时,磁畴不能按原来变化规律逆着退回原状,因而出现磁滞现象和剩磁.

铁磁性和磁畴结构的存在是分不开的,当铁磁体受到强烈震动,或在高温下剧烈的热运动使磁畴瓦解时,铁磁体的铁磁性也就消失了. 居里(P. Curie) 曾发现:对任何铁磁质来说,各有一特定的温度,当铁磁质的温度高于这一温度时,磁畴全部瓦解,铁磁性完全消失而成为普通的顺磁质. 这个温度叫作**居里点**. 铁、镍、钴的居里点分别为 770 ℃、358 ℃、1 115 ℃.

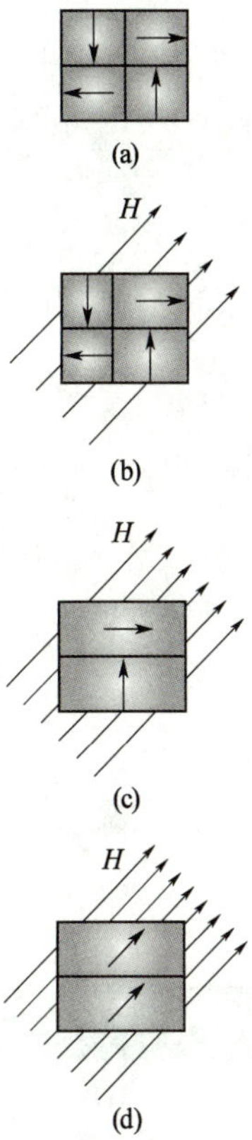

图 10.53　用磁畴的观点说明铁磁质的磁化过程

4. 铁磁质的分类及其应用

从铁磁质的性质和应用方面来看,按矫顽力的大小可将铁磁质分为软磁材料、硬磁材料和矩磁材料.

软磁材料的矫顽力小($H_c < 100$ A/m),磁滞回线狭长,如图 10.54(a) 所示. 这种材料容易磁化,也容易退磁,适合在交变电磁场中工作,如各种电感元件、变压器、镇流器、继电器等. 一旦切断电流后,剩磁很小. 常用的金属软磁材料有工程纯铁、硅钢、坡莫合金等. 还有非金属软磁铁氧体,如锰锌铁氧体、镍锌铁氧体等.

硬磁材料的矫顽力较大($H_c > 100$ A/m),磁滞回线肥大,如图 10.54(b) 所示. 其磁滞特性显著. 这种材料一旦磁化后,会保留较大的剩磁,且不易退磁,故适合于作永久磁体. 用于磁电式电表、永磁扬声器、拾音器、电话、录音机、耳机等电器设备. 常见的金属硬磁材料有碳钢、钨钢、铝钢等.

还有一种铁磁质叫矩磁材料,其特点是剩磁很大,接近于饱和磁感应强度 B_m,而矫顽力小,其磁滞回线接近于矩形,如图 10.54(c) 所示. 当它被外磁场磁化时,总是处在 B_r 或 $-B_r$ 两种不同的剩磁状态. 因此适用于计算机中,作储存记忆元件. 通常计算机中采用二进制,只有"1" 和"0" 两个数码,因此可用矩磁材料的两种剩磁状态分别代表两个数码,起到"记忆" 的作用. 目前常用的矩磁材料有锰 - 镁铁氧体和锂 - 锰铁氧体等,广泛用作天线、电感磁芯和记忆元件.

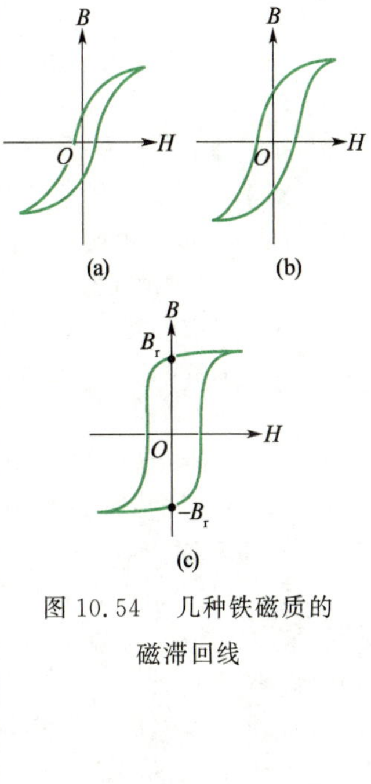

图 10.54　几种铁磁质的磁滞回线

例 10.8

在图10.48所示测定铁磁质磁化特性的实验中，设所用的环形螺线管共有1 000匝，平均半径为15.0 cm，当通有2.00 A电流时，测得环内磁感应强度B为1.00 T. 求：

(1) 螺线管铁芯内的磁场强度H和磁化强度M；

(2) 该铁磁质的磁导率μ和相对磁导率μ_r；

(3) 已磁化的环形铁芯的“分子表面电流密度”.

解 (1) 磁场强度为

$$H = nI = \frac{1\ 000}{2\pi \times 15.0 \times 10^{-2}} \times 2.00\ \text{A/m} = 2.12 \times 10^3\ \text{A/m}$$

磁化强度为

$$M = \frac{B}{\mu_0} - H = \left(\frac{1.00}{4\pi \times 10^{-7}} - 2.12 \times 10^3\right)\ \text{A/m} = 7.94 \times 10^5\ \text{A/m}$$

(2) 铁磁质中磁场在上述H值时的磁导率为

$$\mu = \frac{B}{H} = \frac{1.00}{2.12 \times 10^3}\ \text{H/m} = 4.71 \times 10^{-4}\ \text{H/m}$$

相对磁导率为

$$\mu_r = \frac{\mu}{\mu_0} = \frac{4.71 \times 10^{-4}}{4\pi \times 10^{-7}} = 375$$

(3) 沿环形铁芯的“分子表面电流密度”为

$$j_S = M = 7.94 \times 10^5\ \text{A/m}$$

其绕行方向与螺线管中电流方向相同.

习　题

10.1　选择题.

(1) 对于安培环路定理的理解，正确的是 (　　)

A. 若环流等于零，则在回路L上必定是H处处为零.

B. 若环流等于零，则在回路L上必定不包围电流.

C. 若环流等于零，则在回路L所包围传导电流的代数和为零.

D. 回路L上各点的H仅与回路L包围的电流有关.

(2) 对半径为R载流为I的无限长直圆柱体，距轴线r处的磁感应强度B (　　)

A. 内外部磁感应强度B都与r成正比.

B. 内部磁感应强度B与r成正比，外部磁感应强度B与r成反比.

C. 内外部磁感应强度B都与r成反比.

D. 内部磁感应强度B与r成反比，外部磁感应强度B与r成正比.

(3) 质量为m电量为q的粒子，以速率v与均匀磁场B成θ角射入磁场，轨迹为一螺旋线，若要增大螺距则要 (　　)

A. 增加磁场B.　　B. 减少磁场B.

C. 增大θ角.　　D. 减少速率v.

(4) 一个100匝的圆形线圈，半径为5 cm，通过电流为0.1 A，当线圈在1.5 T的磁场中从$\theta=0$的位置转到180°(θ为磁场方向和线圈磁矩方向的夹角)时磁场力做功为 (　　)

A. 0.24 J.　　B. 2.4 J.

C. 0.14 J.　　D. 14 J.

10.2　填空题.

(1) 边长为a的正方形导线回路载有电流为I，则其中心处的磁感应强度________.

(2) 计算有限长的直线电流产生的磁场________用毕奥-萨伐尔定律，而________用安培环路定理求得(填能或不能).

(3) 电荷在静电场中沿任一闭合曲线移动一周，电场力做功为________. 电荷在磁场中沿任一闭合曲线移动一周，磁场力做功为________.

(4) 两个大小相同的螺线管一个有铁芯一个没有铁芯，当给两个螺线管通以________电流时，管内的磁感线分布相同.

10.3　在同一磁感线上，各点$\boldsymbol{B}$的数值是否都相等？为何不把作用于运动电荷的磁力方向定义为磁感应强度$\boldsymbol{B}$的方向？

10.4　(1) 在没有电流的空间区域里，如果磁感线是平行直线，磁感应强度 $\boldsymbol{B}$ 的大小在沿磁感线和垂直它的方向上是否可能变化(磁场是否一定是均匀的)？(2) 若存在电流，上述结论是否还对？

10.5　在载流长螺线管的情况下，前面曾推导出其内部 $B=\mu_0 nI$，外面 $B=0$，所以在载流螺线管外面环绕一周(见题 10.6 图) 的环路积分

$$\oint_L \boldsymbol{B}_{外} \cdot \mathrm{d}\boldsymbol{l} = 0$$

但从安培环路定理来看，环路 L 中有电流 I 穿过，环路积分应为

$$\oint_L \boldsymbol{B}_{外} \cdot \mathrm{d}\boldsymbol{l} = \mu_0 I$$

这是为什么？

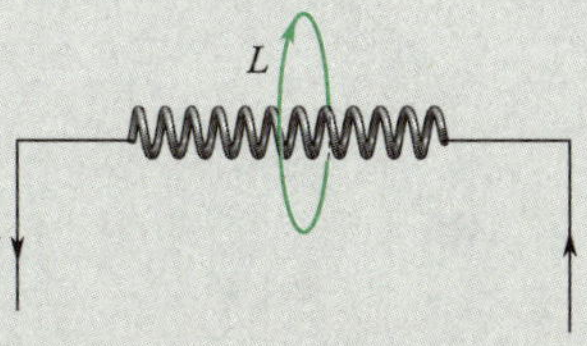

题 10.5 图

10.6　如果一个电子在通过空间某一区域时不偏转，能否肯定这个区域中没有磁场？如果它发生偏转能否肯定那个区域中存在着磁场？

10.7　已知磁感应强度 $B=2.0\ \mathrm{Wb/m^2}$ 的均匀磁场，方向沿 x 轴正方向，如题 10.7 图所示. 试求：(1) 通过图中 $abcd$ 面的磁通量；(2) 通过图中 $befc$ 面的磁通量；(3) 通过图中 $aefd$ 面的磁通量.

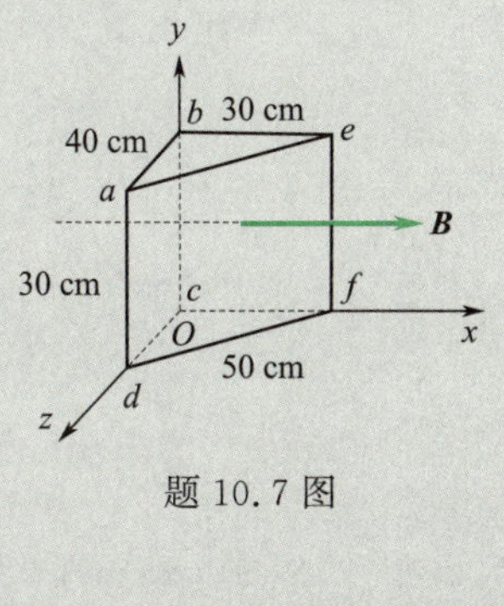

题 10.7 图

10.8　如题 10.8 图所示，AB、CD 为长直导线，BC 为圆心在 O 点的一段圆弧形导线，其半径为 R. 若通以电流 I，求 O 点的磁感应强度.

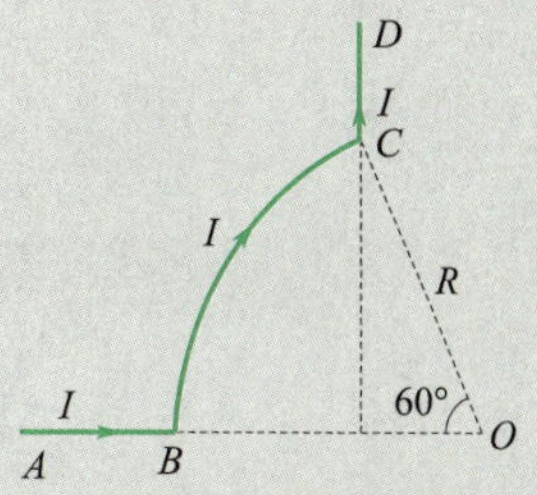

题 10.8 图

10.9　在真空中，有两根互相平行的无限长直导线 L_1 和 L_2，相距 0.10 m，通有方向相反的电流，$I_1=20\ \mathrm{A}$，$I_2=10\ \mathrm{A}$，如题 10.9 图所示. A、B 两点与导线在同一平面内. 这两点与导线 L_2 的距离均为 5.0 cm. 试求 A、B 两点处的磁感应强度，以及磁感应强度为零的点的位置.

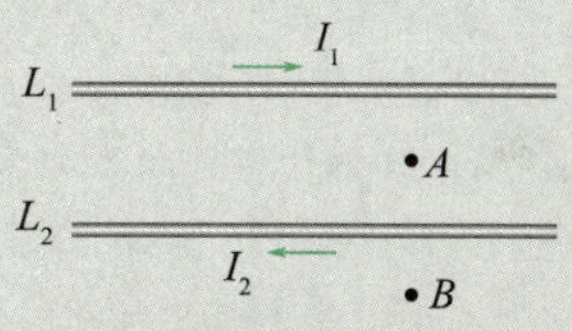

题 10.9 图

10.10　如题 10.10 图所示，两根导线沿半径方向引向铁环上的 A、B 两点，并在很远处与电源相连. 已知圆环的粗细均匀，求环中心 O 的磁感应强度.

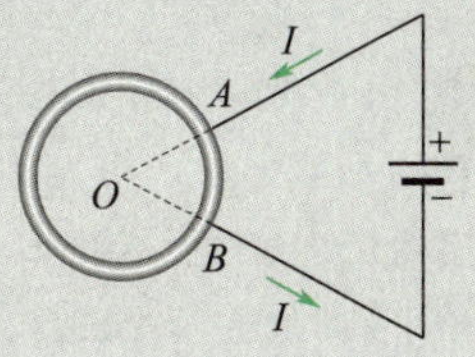

题 10.10 图

10.11　在一半径 $R=1.0$ cm 的无限长半圆柱形金属薄片中，自上而下地有电流 $I=5.0$ A 通过，电流分布均匀，如题 10.11 图所示. 试求圆柱轴线任一点 P 处的磁感应强度.

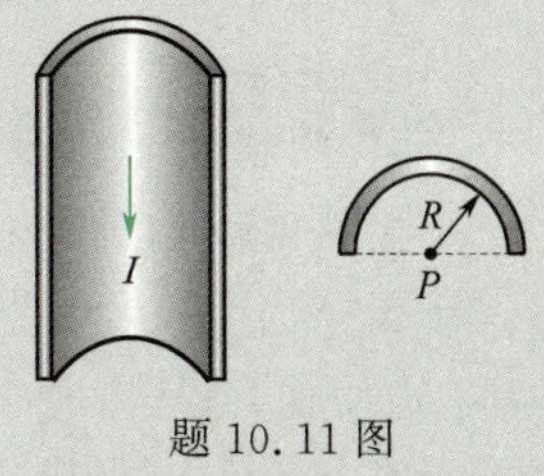

题 10.11 图

10.12　氢原子处在基态时，它的电子可看作是在半径 $a=0.52\times10^{-8}$ cm的轨道上做匀速圆周运动，速率 $v=2.2\times10^{8}$ cm/s. 求电子在轨道中心所产生的

磁感应强度和电子磁矩的值.

10.13　两平行长直导线相距 $d = 40$ cm，每根导线载有电流 $I_1 = I_2 = 20$ A，如题 10.13 图所示. 求：

(1) 两导线所在平面内与该两导线等距的一点 A 处的磁感应强度；

(2) 通过图中斜线所示面积的磁通量.（$r_1 = r_3 = 10$ cm，$l = 25$ cm）

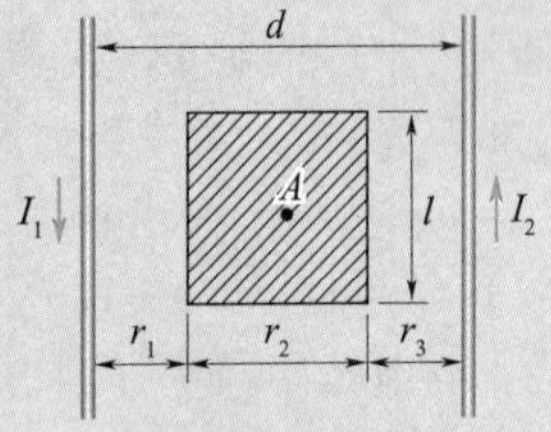

题 10.13 图

10.14　一根很长的铜导线载有电流 10 A，设电流均匀分布. 在导线内部作一平面 S，如题 10.14 图所示. 试计算通过 S 平面的磁通量（沿导线长度方向取长为 1 m 的一段作计算）. 铜的磁导率 $\mu \approx \mu_0$.

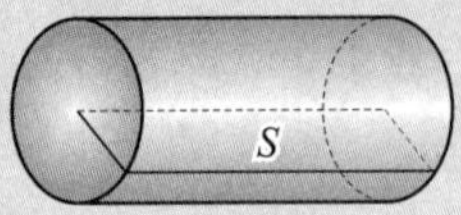

题 10.14 图

10.15　设题 10.15 图中两导线中的电流均为 8 A，对图示的三条闭合曲线 a、b、c，分别写出安培环路定理等式右边电流的代数和，并讨论：

(1) 在各条闭合曲线上，各点的磁感应强度 $\boldsymbol{B}$ 的大小是否相等？

(2) 在闭合曲线 c 上各点的 $\boldsymbol{B}$ 是否为零？为什么？

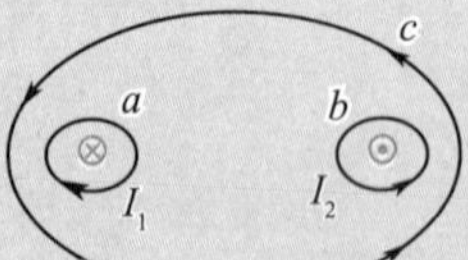

题 10.15 图

10.16　题 10.16 图中所示是一根很长的长直圆管形导体的横截面，内、外半径分别为 a、b，导体内载有沿轴线方向的电流 I，且 I 均匀地分布在管的横截面上. 设导体的磁导率 $\mu \approx \mu_0$，试证明导体内部各点 $(a < r < b)$ 的磁感应强度的大小由下式给出：

$$B = \frac{\mu_0 I}{2\pi(b^2 - a^2)} \frac{r^2 - a^2}{r}$$

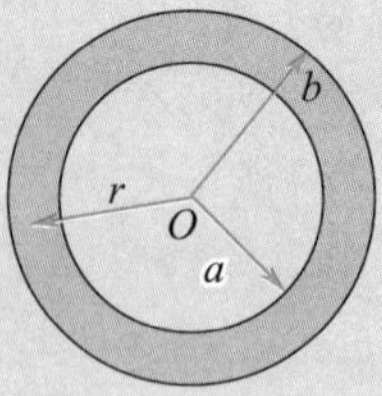

题 10.16 图

10.17　一根很长的同轴电缆，由一导体圆柱（半径为 a）和一同轴的导体圆管（内、外半径分别为 b，c）构成，如题 10.17 图所示. 使用时，电流 I 从一导体流出，从另一导体流回. 设电流都是均匀地分布在导体的横截面上，求：(1) 导体圆柱内 $(r < a)$；(2) 两导体之间 $(a < r < b)$；(3) 导体圆筒内 $(b < r < c)$；(4) 电缆外 $(r > c)$ 各点处磁感应强度的大小.

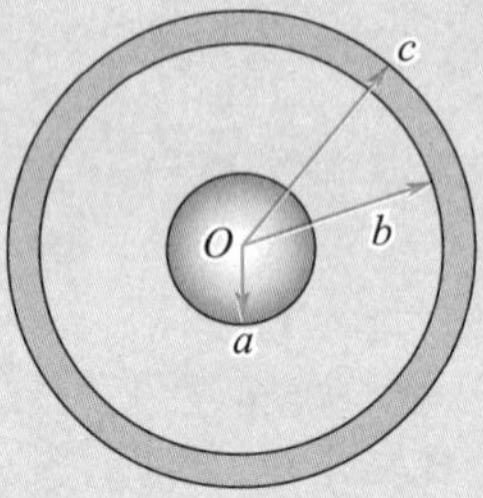

题 10.17 图

10.18　在半径为 R 的长直圆柱形导体内部，与轴线平行地挖成一半径为 r 的长直圆柱形空腔，两轴间距离为 a，且 $a > r$，横截面如题 10.18 图所示. 现在电流 I 沿导体管流动，电流均匀分布在管的横截面上，而电流方向与管的轴线平行. 求：

(1) 圆柱轴线上的磁感应强度的大小；

(2) 空心部分轴线上的磁感应强度的大小.

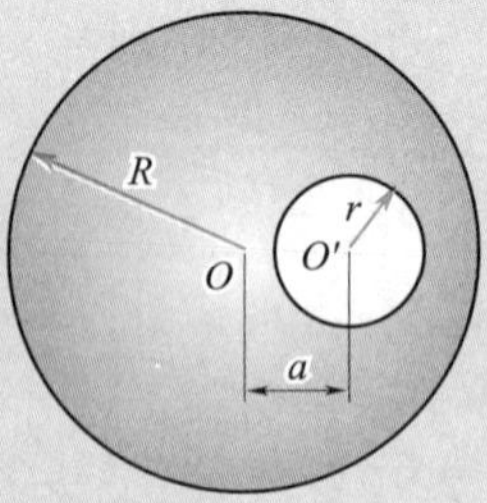

题 10.18 图

10.19　如题 10.19 图所示，长直电流 I_1 附近有一等腰直角三角形线框，通以电流 I_2，二者共面. 求 $\triangle ABC$ 的各边所受的磁力.

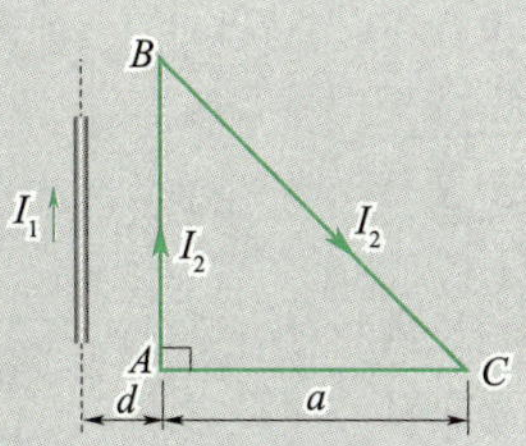

题 10.19 图

10.20　在磁感应强度为 $\boldsymbol{B}$ 的均匀磁场中，垂直于磁场方向的平面内有一段载流弯曲导线，电流为 I，如题 10.20 图所示. 求其所受的安培力.

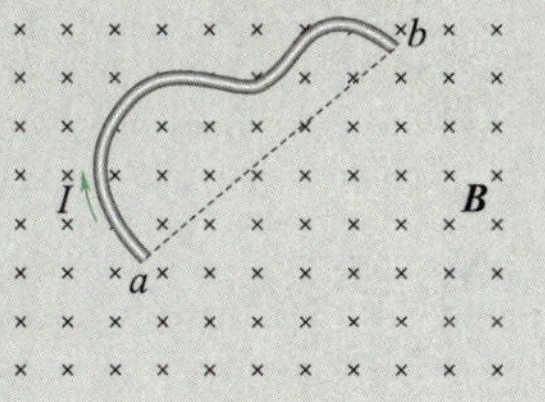

题 10.20 图

10.21　如题 10.21 图所示，在长直导线 AB 内通以电流 $I_1=20$ A，在矩形线圈 $CDEF$ 中通有电流 $I_2=10$ A，AB 与线圈共面，且 CD、EF 都与 AB 平行. 已知 $a=9.0$ cm，$b=20.0$ cm，$d=1.0$ cm，求：

(1) 导线 AB 的磁场对矩形线圈每边所作用的力；

(2) 矩形线圈所受合力和绕通过其相对两边中点的竖直轴的合力矩.

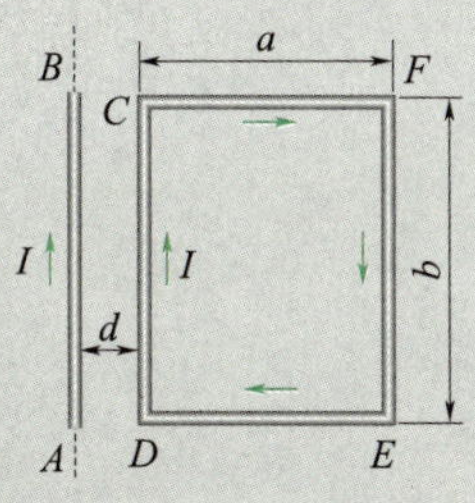

题 10.21 图

10.22　边长为 $l=0.1$ m 的正三角形线圈放在磁感应强度 $B=1$ T 的均匀磁场中，线圈平面与磁场方向平行. 如题 10.22 图所示，使线圈通以电流 $I=10$ A，求：

(1) 线圈每边所受的安培力；

(2) 对 OO' 轴的磁力矩大小；

(3) 从所在位置转到线圈平面与磁场垂直时磁力所做的功.

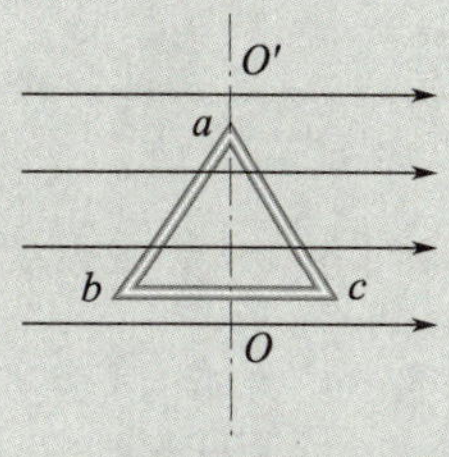

题 10.22 图

10.23　如题 10.23 图所示，一正方形线圈，由细导线做成，边长为 a，共有 N 匝，可以绕通过其相对两边中点的一个竖直轴自由转动. 现在线圈中通有电流 I，并把线圈放在均匀的水平外磁场 $\boldsymbol{B}$ 中，求线圈磁矩与磁场 $\boldsymbol{B}$ 的夹角为 θ 时，线圈受的转动力矩.

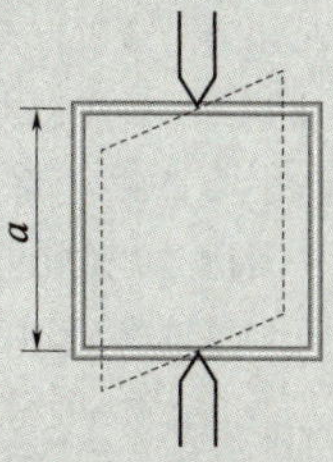

题 10.23 图

10.24　一长直导线通有电流 $I_1=20$ A，旁边放一导线 ab，其中通有电流 $I_2=10$ A，且两者共面，如题 10.24 图所示. 求导线 ab 所受作用力对 O 点的力矩.

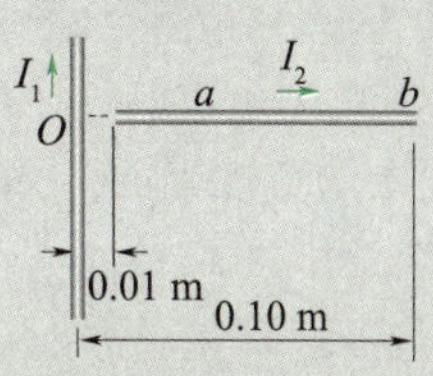

题 10.24 图

10.25　电子在 $B=70\times10^{-4}$ T 的匀强磁场中做圆周运动，圆周半径 $r=3.0$ cm. 已知 $\boldsymbol{B}$ 垂直于纸面向外，某时刻电子在 A 点，速度 $\boldsymbol{v}$ 向上，如题 10.25 图所示.

(1) 试画出这电子运动的轨道；

(2) 求这电子速度 $\boldsymbol{v}$ 的大小；

(3) 求这电子的动能 E_k.

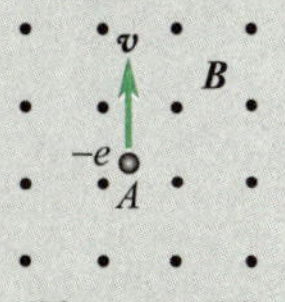

题 10.25 图

10.26　一电子在 $B = 20 \times 10^{-4}$ T 的磁场中沿半径为 $R = 2.0$ cm 的螺旋线运动，螺距 $h = 5.0$ cm，如题 10.26 图所示.

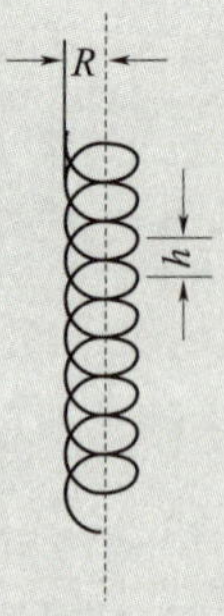

题 10.26 图

(1) 求这电子的速度；

(2) 磁场 $\boldsymbol{B}$ 的方向如何？

10.27　在霍耳效应实验中，一宽 1.0 cm，长 4.0 cm，厚 1.0×10^{-3} cm 的导体，沿长度方向载有 3.0 A 的电流，当磁感应强度大小为 $B = 1.5$ T 的磁场垂直地通过该导体时，产生 1.0×10^{-5} V 的横向电压. 试求：

(1) 载流子的漂移速度；

(2) 每立方米的载流子数目.

10.28　两种不同磁性材料做成的小棒，放在磁铁的两个磁极之间，小棒被磁化后在磁极间处于不同的方位，如题 10.28 图所示. 试指出哪一个是由顺磁质材料做成的，哪一个是由抗磁质材料做成的.

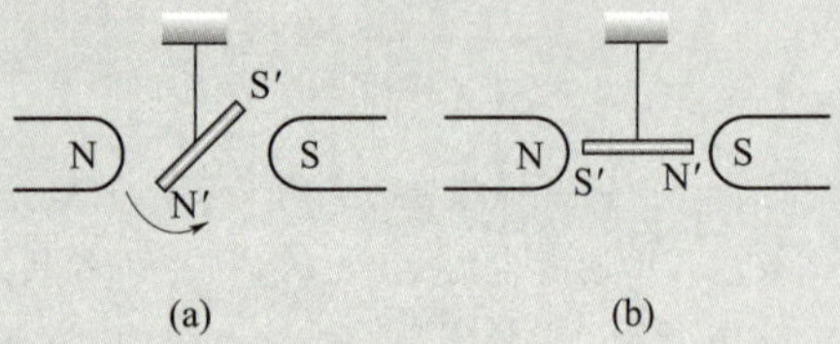

题 10.28 图

10.29　题 10.29 图中的三条线表示三种不同磁介质的 B-H 关系曲线，虚线是 $B = \mu_0 H$ 关系的曲线，试指出哪一条是表示顺磁质，哪一条是表示抗磁质，哪一条是表示铁磁质.

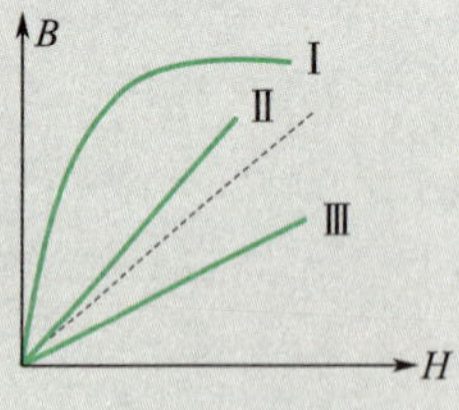

题 10.29 图

10.30　螺绕环中心周长 $L = 10$ cm，环上线圈匝数 $N = 200$ 匝，线圈中通有电流 $I = 100$ mA.

(1) 当管内是真空时，求管中心的磁场强度 $\boldsymbol{H}$ 和磁感应强度 $\boldsymbol{B}_0$；

(2) 若环内充满相对磁导率 $\mu_r = 4\,200$ 的磁性物质，则管内的 $\boldsymbol{B}$ 和 $\boldsymbol{H}$ 各是多少？

*(3) 磁性物质中心处由导线中传导电流产生的 $\boldsymbol{B}_0$ 和由磁化电流产生的 $\boldsymbol{B}'$ 各是多少？

10.31　螺绕环的导线内通有电流 20 A，利用冲击电流计测得环内磁感应强度的大小是 1.0 Wb/m^2. 已知环的平均周长是 40 cm，绕有导线 400 匝. 试计算：

(1) 磁场强度；

(2) 磁化强度；

*(3) 磁化率；

*(4) 相对磁导率.

10.32　一铁制的螺绕环，其平均圆周长 $L = 30$ cm，截面积为 1.0 cm^2，在环上均匀绕以 300 匝导线，当绕组内的电流为 0.032 A 时，环内的磁通量为 2.0×10^{-6} Wb. 试计算：

(1) 环内的平均磁通量密度；

(2) 圆环截面中心处的磁场强度.

本章习题参考答案

第 11 章 变化的电磁场

电和磁既有区别，又相互联系在一起．上一章已经介绍电流能激发磁场，那么能否利用磁场来产生电流呢？自 1820 年奥斯特发现了电流的磁效应之后，许多人一直探索利用磁场产生电流的问题．经过 10 年的努力，终于在 1831 年英国物理学家法拉第发现了电磁感应现象及其基本规律．电磁感应现象的发现，深刻地揭示了电和磁之间的内在联系，推动了电磁学理论的发展．1861 ～ 1864 年，麦克斯韦在总结前人成果的基础上，极富创建性地提出了感应电场和位移电流的概念，用优美的数学形式建立了完整的电磁场方程组，即麦克斯韦电磁方程组，概括了所有宏观电磁现象的规律，同时预言了电磁波的存在，并揭示出光的电磁本质．

本章首先介绍电磁感应现象的基本规律 —— 法拉第电磁感应定律，讨论产生感应电动势的两种情况 —— 动生和感生电动势；其次介绍工程技术中常见的自感与互感现象及其规律，讲解磁场的能量；最后介绍位移电流的概念及麦克斯韦方程组．

本章提要

11.1 电磁感应定律

提示：打开“九斗”APP，点击“[ ]”，全屏扫描下图即可进行互动学习。

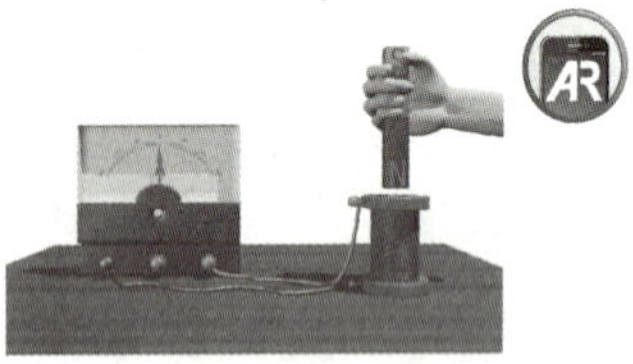

电磁感应

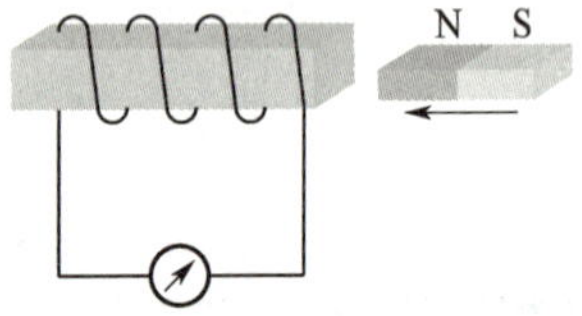

图 11.1 磁铁相对线圈运动产生电流

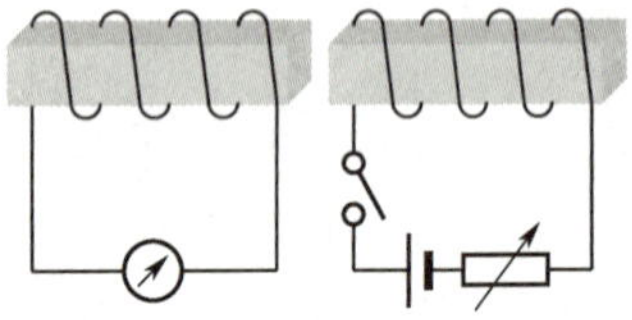

图 11.2 附近通电线圈电流变化产生电流

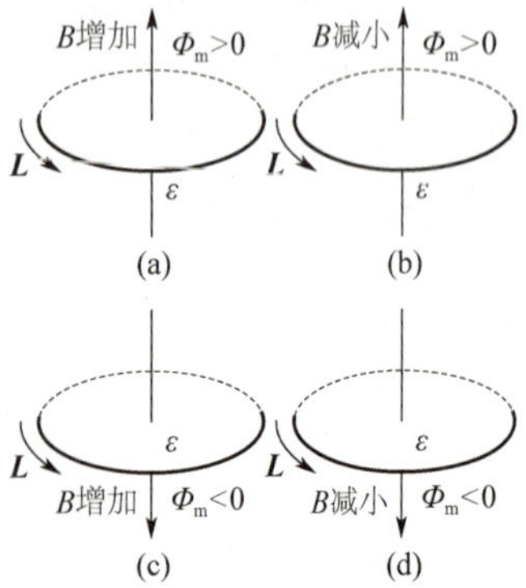

图 11.3 感应电动势的方向与磁通量变化的关系

电磁感应定律的发现，是电磁学领域中的重大成就之一. 在理论上，它揭示了电与磁相互联系和转化的重要一面，推动了电磁场理论的建立；在实践上，它为电工学和电子技术奠定了基础.

11.1.1 法拉第电磁感应定律

法拉第(Faraday) 研究电磁感应的实验大体上可归结为两类：一类实验是磁铁与闭合线圈有相对运动时，线圈中产生了电流，如图 11.1 所示；另一类实验是用一个通电线圈来取代磁铁，当通电线圈中电流发生变化时，另一个闭合线圈中出现了电流，如图 11.2 所示. 通过与静电感应类比，法拉第将这些现象称为电磁感应现象.

从大量的电磁感应实验中，法拉第总结出：当穿过闭合导体回路所围面积的磁通量发生变化时，无论是何种原因引起的，都会在回路中产生电流，这种电流称为**感应电流**. 感应电流的出现说明回路中有电动势存在，这种电动势称为**感应电动势**.

1845 年，德国物理学家诺伊曼(Neumann) 对法拉第的工作从理论上作出了定量表述：**当穿过闭合导体回路的磁通量发生变化时，回路中产生感应电流，而感应电动势与穿过回路的磁通量对时间的变化率的负值成正比**. 在国际单位制(SI) 中，其数学表达式为

$$\mathscr{E}=-\frac{\mathrm{d}\Phi_m}{\mathrm{d}t} \tag{11.1}$$

式中的负号反映感应电动势的方向与磁通量变化的关系.

在判断感应电动势的方向时，应先规定回路的绕行正方向. 如果回路中磁感线的方向与所规定的绕行正方向满足右手螺旋关系，那么穿过回路所围面积的磁通量为正值，反之则为负值. 图 11.3 给出了可能出现的 4 种情况下感应电动势方向的判定. 对于图 11.3(a) 和(b) 所示的情况，磁感线方向与所规定的回路绕行正方向满足右手螺旋关系，所以磁通量为正. 此时，如果磁通量增大，即 $\mathrm{d}\Phi_m/\mathrm{d}t>0$，则 $\varepsilon<0$，这表明感应电动势方向与所规定的回路 L 的绕行正方向相反[见图 11.3(a)]；如果磁通量减小，即 $\mathrm{d}\Phi_m/\mathrm{d}t<0$，则 $\varepsilon>0$，这表明感应电动势方向与所规定的回路 L 的绕行正方向相同[见图 11.3(b)]. 对于图 11.3(c) 和图 11.3(d) 所示的情况，磁感线方向与所规定的回路绕行正方向满足左手螺旋关系，所以磁通量为负. 此时，如果磁通量增大，即 $\mathrm{d}\Phi_m/\mathrm{d}t<0$，则 $\varepsilon>0$，这表明感应电动势方向与所规定的回路 L 的绕行正方向相同[见图 11.3(c)]；如果磁通

量减小，即 $\mathrm{d}\Phi_m/\mathrm{d}t > 0$，则 $\varepsilon < 0$，这表明感应电动势方向与所规定的回路 L 的绕行正方向相反[图 11.3(d)].

思考：对一个闭合回路，绕行正方向可以任选，但一般而言，回路的绕行正方向总是使得对所取的回路的磁通量 $\Phi_m > 0$. 例如对于图 11.3(c) 和图 11.3(d) 的两种情况，绕行正方向可以取图中所示 L 的反方向，此时感应电动势的方向又如何判断呢？

如果闭合回路的总电阻为 R，则回路中的感应电流为

$$i = \frac{\mathscr{E}}{R} = -\frac{1}{R}\frac{\mathrm{d}\Phi_m}{\mathrm{d}t} \tag{11.2}$$

由式(11.2) 可确定感应电流的大小.

在 t_1 到 t_2 的一段时间内通过回路导线中任一截面的感应电量为

$$q = \int_{t_1}^{t_2} i\mathrm{d}t = -\frac{1}{R}\int_{\Phi_{m1}}^{\Phi_{m2}} \mathrm{d}\Phi_m = \frac{1}{R}(\Phi_{m1} - \Phi_{m2})$$

式中 Φ_{m1} 和 Φ_{m2} 分别是时刻 t_1 和 t_2 通过回路的磁通量. 上式表明，在一段时间内通过导线任一截面的电量与这段时间内导线所包围的面积的磁通量的变化量成正比，而与磁通量变化的快慢无关. 常用的测量磁感应强度的磁通计(又称高斯计)就是根据这个原理制成的.

实际中用到的线圈常常是多匝串联而成的，如果穿过每匝线圈的磁通量均相等且方向相同，那么在磁通量变化时，每匝线圈中的感应电动势的大小相等，方向相同. 因此，N 匝线圈中总的感应电动势为

$$\mathscr{E} = -N\frac{\mathrm{d}\Phi_m}{\mathrm{d}t} = -\frac{\mathrm{d}\Psi_m}{\mathrm{d}t} \tag{11.3}$$

式中 $\Psi_m = N\Phi_m$ 称为线圈的磁通匝链数，简称**磁链**. 在国际单位制(SI) 中，磁链的单位与磁通量的单位相同，均为韦伯(Wb).

11.1.2 楞次定律

1833 年，楞次从实验中总结出判断感应电流方向的方法：**闭合回路中感应电流的方向，总是使得它所激发的磁场去反抗引起感应电流的磁通量的变化**. 这一结论叫作**楞次定律**.

如图 11.4(a) 所示，当磁铁向着导体回路移动时，穿过导体回路所围面积的磁通量 Φ_m 增加，这时回路中将产生感应电流 I. 根据楞次定律，感应电流 I 激发的磁场应与磁铁产生的磁场方向相反，去反抗原磁通 Φ_m 的增加，所以感应电流的方向应如图 11.4(a) 所示. 当磁铁离开导体回路时，穿过回路的磁通量 Φ_m 减少，这时感应电流 I 所激发的磁场应与磁铁产生的磁场方向相同，去补偿原磁通量的减少，如图 11.4(b) 所示.

另外，当磁铁的 N 极向回路推进时，回路中出现如图 11.4(a)

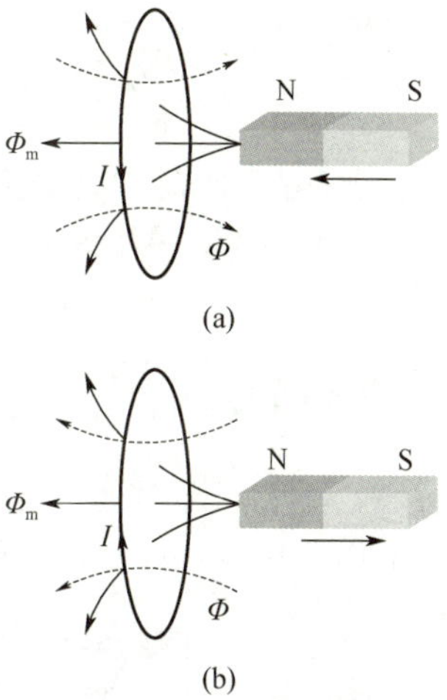

图 11.4　感应电流激发的磁场总是反抗引起感应电流的磁通量的变化

所示方向的感应电流 I. 如果把闭合回路等效为一块薄磁片，那么，面对磁铁的那一面相当于磁片的 N 极，它与磁铁的 N 极相斥，起到阻碍磁铁向回路推进的作用. 当磁铁的 N 极远离线圈运动时，回路中则出现如图 11.4(b) 所示方向的感应电流 I. 那么，闭合回路面对磁铁的那一面相当于磁片的 S 极，它与磁铁的 N 极相吸，起到阻碍磁铁远离线圈的作用. 由此可见，从运动的角度来看，楞次定律总是体现为效果阻碍原因. 如果把磁通量的变化视作原因，感应电流激发的磁场看作是效果，那么楞次定律又可表述为感应电流的效果，总是去反抗引起感应电流的原因.

楞次定律

楞次定律是能量守恒定律在电磁感应现象上的具体体现. 如把磁棒 N 极插入线圈时，线圈中因有感应电流流过，也相当于一根磁棒. 由楞次定律知，线圈的 N 极应与磁棒的 N 极相对. 这样，插入磁棒时外力必须克服两个 N 极的斥力做机械功. 正是这机械功转化为感应电流的焦耳热.

例 11.1

如图 11.5 所示，空间分布着均匀磁场 $B = B_0 \sin \omega t$. 一旋转半径为 r、长为 l 的矩形导体线圈以匀角速度 ω 绕与磁场垂直的轴 OO' 旋转，$t=0$ 时，线圈的法向 $\boldsymbol{n}$ 与 $\boldsymbol{B}$ 之间夹角 $\varphi_0 = 0$. 求线圈中的感应电动势.

解　设 φ 表示 t 时刻 $\boldsymbol{n}$ 与 $\boldsymbol{B}$ 之间的夹角，则

$$\varphi = \omega t + \varphi_0 = \omega t$$

所以，t 时刻通过矩形导体线圈的磁通量为

$$\Phi_{\mathrm{m}} = \boldsymbol{B} \cdot \boldsymbol{S} = BS\cos \omega t = B_0 2rl \sin \omega t \cos \omega t = B_0 rl \sin 2\omega t$$

线圈中的感应电动势为

$$\mathscr{E} = -\frac{\mathrm{d}\Phi_{\mathrm{m}}}{\mathrm{d}t} = -2\omega B_0 rl \cos 2\omega t$$

可见 $\mathscr{E}$ 是随时间作周期性变化的. 当 $\mathscr{E} > 0$ 时表示感应电动势的方向与 $\boldsymbol{n}$ 成右手螺旋关系；当 $\mathscr{E} < 0$ 时表示 $\mathscr{E}$ 的方向与 $\boldsymbol{n}$ 成左手螺旋关系. 另外，当 $\boldsymbol{B}$ 是不随时间变化的稳恒磁场时，本例就是交流发电机的基本原理.

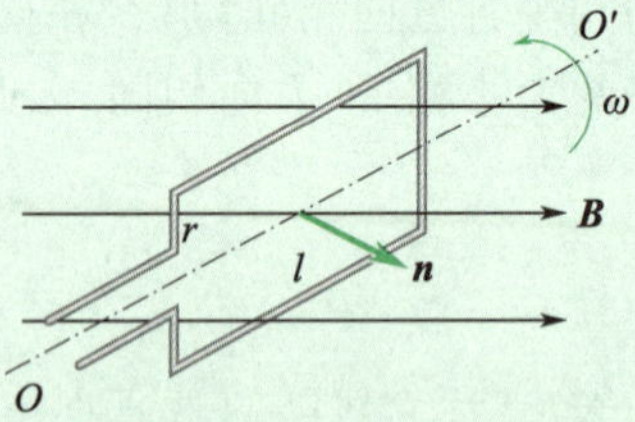

图 11.5

例 11.2

一根无限长的直导线载有交流电流 $i = I_0 \sin \omega t$. 旁边有一共面矩形线圈 $abcd$，如图11.6所示. $ab = l_1$，$bc = l_2$，ab 与直导线平行且相距为 d. 求线圈中的感应电动势.

解　取矩形线圈沿顺时针 $abcda$ 方向为回路正绕向，则

$$\Phi_{\mathrm{m}} = \int_S \boldsymbol{B} \cdot \mathrm{d}\boldsymbol{S} = \int_d^{d+l_2} \frac{\mu_0 i}{2\pi x} l_1 \mathrm{d}x = \frac{\mu_0 i l_1}{2\pi} \ln \frac{d+l_2}{d}$$

所以，线圈中的感应电动势为

$$\mathscr{E}=-\frac{\mathrm{d}\Phi_{\mathrm{m}}}{\mathrm{d}t}=-\frac{\mu_0 l_1 \omega}{2\pi}I_0(\cos \omega t)\ln\frac{d+l_2}{d}$$

可见，$\mathscr{E}$ 也是随时间作周期性变化的，$\mathscr{E}>0$ 表示矩形线圈中感应电动势沿顺时针方向，$\mathscr{E}<0$ 表示它沿逆时针方向.

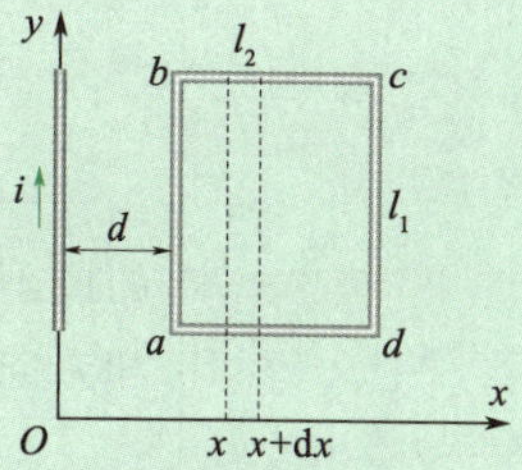

图 11.6

11.2　动生电动势与感生电动势

法拉第电磁感应定律说明，无论什么原因，只要穿过回路面积的磁通量发生了变化，回路中就有感应电动势产生. 事实上，磁通量的变化不外乎两种原因：一种是磁场不变，回路或其一部分在磁场中有相对磁场的运动，这样产生的感应电动势称为动生电动势；另一种是回路不动，因磁场随时间变化而产生的感应电动势，称为感生电动势.

11.2.1　动生电动势

动生电动势的产生，可以用洛伦兹力来解释. 如图 11.7 所示，长为 l 的导体棒与导轨所构成的矩形回路 $abcd$ 平放在纸面内，均匀磁场 $\boldsymbol{B}$ 垂直向里. 当导体 ab 以速度 $\boldsymbol{v}$ 沿导轨向右滑动时，导体棒内的自由电子也以速度 $\boldsymbol{v}$ 随之向右运动. 电子受到的洛伦兹力为

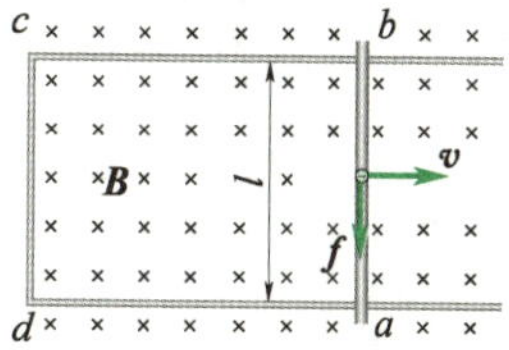

图 11.7　动生电动势

$$\boldsymbol{f}=(-e)\,\boldsymbol{v}\times\boldsymbol{B}$$

$\boldsymbol{f}$ 的方向从 b 指向 a. 在洛伦兹力作用下，自由电子有向下的定向漂移运动. 如果导轨是导体，在回路中将产生沿 $abcda$ 方向的电流；如果导轨是绝缘体，则洛伦兹力将使自由电子在 a 端积累，使 a 端带负电而 b 端带正电. 在 ab 棒上产生自上而下的静电场. 静电场对电子的作用力从 a 指向 b，与电子所受洛伦兹力方向相反. 当静电力与洛伦兹力达到平衡时，ab 间的电势差达到稳定值，b 端电势比 a 端电势高. 由此可见，这段运动导体棒相当于一个电源，它的非静电力就是洛伦兹力.

我们已经知道，电动势定义为把单位正电荷从负极通过电源内部移到正极的过程中，非静电力做的功. 在动生电动势的情形中，作用在单位正电荷上的非静电力是洛伦兹力，其对应的非静电场场强 $\boldsymbol{E}_{\mathrm{k}}$ 为

$$\boldsymbol{E}_{\mathrm{k}}=\frac{\boldsymbol{f}}{-e}=\boldsymbol{v}\times\boldsymbol{B}$$

所以，动生电动势为

$$\mathscr{E}_{ab}=\int_{-}^{+}\boldsymbol{E}_{\mathrm{k}}\cdot\mathrm{d}\boldsymbol{l}=\int_{a}^{b}(\boldsymbol{v}\times\boldsymbol{B})\cdot\mathrm{d}\boldsymbol{l} \tag{11.4}$$

一般而言，在任意的稳恒磁场中，一个任意形状的导线 L(闭合的或不闭合的) 在运动或发生形变时，各个线元 $\mathrm{d}\boldsymbol{l}$ 的速度 $\boldsymbol{v}$ 的大小和方向都可能不同. 这时，在整个线圈 L 中所产生的动生电动势为

$$\mathscr{E}=\int_{L}(\boldsymbol{v}\times\boldsymbol{B})\cdot\mathrm{d}\boldsymbol{l} \tag{11.5}$$

式(11.5) 提供了计算动生电动势的方法.

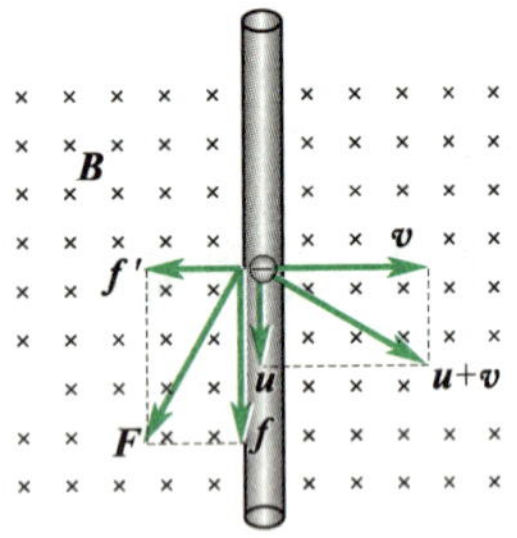

图 11.8　洛伦兹力不做功

我们知道，洛伦兹力总是垂直于电荷的运动速度，即 $\boldsymbol{f}\perp\boldsymbol{v}$，因此洛伦兹力对电荷不做功. 然而，当导体棒与导轨构成的回路中有感应电流时，感应电动势是要做功的. 那么做功的能量从何而来呢? 为了说明这个问题，我们必须考虑到，在运动导体中自由电子不但具有导体本身的运动速度 $\boldsymbol{v}$，而且还具有相对于导体的定向运动速度 $\boldsymbol{u}$，如图 11.8 所示. 于是，自由电子所受到的总洛伦兹力为

$$\boldsymbol{F}=-e(\boldsymbol{u}+\boldsymbol{v})\times\boldsymbol{B}=-e\boldsymbol{u}\times\boldsymbol{B}-e\boldsymbol{v}\times\boldsymbol{B}=\boldsymbol{f}'+\boldsymbol{f}$$

这个力 $\boldsymbol{F}$ 与合速度 $\boldsymbol{V}=\boldsymbol{u}+\boldsymbol{v}$ 的点乘为功率，即

$$P=\boldsymbol{F}\cdot\boldsymbol{V}=(\boldsymbol{f}'+\boldsymbol{f})\cdot(\boldsymbol{u}+\boldsymbol{v})=\boldsymbol{f}\cdot\boldsymbol{u}+\boldsymbol{f}'\cdot\boldsymbol{v}$$
$$=+evBu-euBv=0$$

所以，实际上 $\boldsymbol{F}\perp\boldsymbol{V}$，即总洛伦兹力对电子不做功. 然而，为使导体棒保持速度为 $\boldsymbol{v}$ 的匀速运动，必须施加外力 $\boldsymbol{f}_0$ 以克服洛伦兹力的一个分力 $\boldsymbol{f}'=-e\boldsymbol{u}\times\boldsymbol{B}$. 利用上式 $-\boldsymbol{f}'\cdot\boldsymbol{v}=\boldsymbol{f}\cdot\boldsymbol{u}$ 的结果可以看到，外力克服 $\boldsymbol{f}'$ 做功的功率为 $\boldsymbol{f}_0\cdot\boldsymbol{v}=-\boldsymbol{f}'\cdot\boldsymbol{v}=\boldsymbol{f}\cdot\boldsymbol{u}$. 这就是说，外力克服洛伦兹力的一个分量 $\boldsymbol{f}'$ 所做的功的功率 $\boldsymbol{f}_0\cdot\boldsymbol{v}$ 等于通过洛伦兹力的另一个分量 $\boldsymbol{f}$ 对电子的定向运动做正功的功率 $\boldsymbol{f}\cdot\boldsymbol{u}$，从而外力做的功全部转化为感应电流的能量. 洛伦兹力起到了能量转化的传递作用，但前提是运动导体中必须有能自由移动的电荷.

例 11.3

如图 11.9 所示，长度为 L 的铜棒在磁感应强度为 $\boldsymbol{B}$ 的均匀磁场中以角速度 ω 绕过 O 点的轴沿逆时针方向转动. 求：(1) 棒中感应电动势的大小和方向，(2) 直径为 OA 的半圆弧导体 $\overset{\frown}{OCA}$ 以同样的角速度 ω 绕 O 轴转动时，导体 $\overset{\frown}{OCA}$ 上的感应电动势.

解　(1) 方法一：用 $\mathscr{E}_{\mathrm{i}}=\int_{O}^{A}(\boldsymbol{v}\times\boldsymbol{B})\cdot\mathrm{d}\boldsymbol{l}$ 求解.

在 OA 上取 $\mathrm{d}\boldsymbol{l}$ 距轴为 l，其速度 $\boldsymbol{v}$ 与 $\boldsymbol{B}$ 垂直且 $\boldsymbol{v}\times\boldsymbol{B}$ 与 $\mathrm{d}\boldsymbol{l}$ 方向相反，故

$$(\boldsymbol{v}\times\boldsymbol{B})\cdot\mathrm{d}\boldsymbol{l}=vB\,\mathrm{d}l\cos\pi=-\omega Bl\,\mathrm{d}l$$

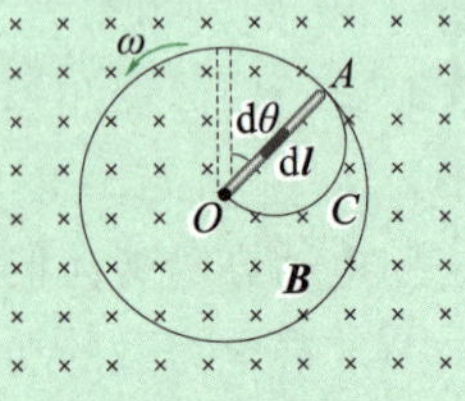

图 11.9

$$\mathscr{E}_{OA}=\int_O^A(\boldsymbol{v}\times\boldsymbol{B})\cdot\mathrm{d}\boldsymbol{l}=\int_0^L-\omega Bl\,\mathrm{d}l$$
$$=-\frac{1}{2}\omega BL^2$$

感应电动势 $\mathscr{E}$ 的实际方向从 A 指向 O.

方法二：用法拉第电磁感应定律求解.

设 OA 在 $\mathrm{d}t$ 时间内转了 $\mathrm{d}\theta$ 角，则 OA 扫过的面积 $\mathrm{d}S=\frac{1}{2}L^2\mathrm{d}\theta$，穿过 $\mathrm{d}S$ 的磁通量为

$$\mathrm{d}\Phi_\mathrm{m}=B\mathrm{d}S=\frac{1}{2}BL^2\mathrm{d}\theta$$

由法拉第电磁感应定律，面积为 $\mathrm{d}S$ 的回路中，只有半径 OA 在切割磁感线，所以 OA 上感应电动势大小

$$|\mathscr{E}_{OA}|=\left|\frac{\mathrm{d}\Phi_\mathrm{m}}{\mathrm{d}t}\right|=\frac{1}{2}BL^2\frac{\mathrm{d}\theta}{\mathrm{d}t}=\frac{1}{2}B\omega L^2$$

$\mathscr{E}$ 的方向仍可用洛伦兹力判断. 所得结果与第一种方法相同.

(2) 因为由半径 OA 和半圆弧 $\overset{\frown}{ACO}$ 组成的闭合导体回路在磁场中以角速度 ω 旋转时穿过回路的磁通量不变，所以整个半圆形回路的感应电动势 $\mathscr{E}=0$. 又因为

$$\mathscr{E}=\mathscr{E}_{OA}+\mathscr{E}_{\overset{\frown}{ACO}}$$

所以 $$\mathscr{E}_{\overset{\frown}{OCA}}=\mathscr{E}_{OA}=-\frac{1}{2}\omega BL^2$$

$\mathscr{E}_{\overset{\frown}{OCA}}$ 的实际方向由 A 点沿半圆弧指向 O 点.

例 11.4

无限长直导线中通有电流 $I=10$ A，另一长 $l=0.20$ m 的导体棒 ab 以速率 $v=2.0$ m/s 平行于长直导线做匀速运动. 棒与长直导线共面且正交，如图 11.10 所示. 棒的 a 端距长直导线的距离 $d=0.1$ m，求棒中的动生电动势.

解　棒 ab 在电流 I 产生的非均匀磁场中做切割磁感线运动，产生动生电动势. 在棒 ab 上如图 11.10 所示取线元 $\mathrm{d}x$，在长度范围内磁场可视为均匀场且 $B=\frac{\mu_0 I}{2\pi x}$，则 ab 棒中的动生电动势为

$$\mathscr{E}_{ab}=\int_a^b(\boldsymbol{v}\times\boldsymbol{B})\cdot\mathrm{d}\boldsymbol{x}=-\int_a^b vB\,\mathrm{d}x$$
$$=-\int_d^{d+l}v\frac{\mu_0 I}{2\pi x}\mathrm{d}x=-\frac{\mu_0 I}{2\pi}v\ln\frac{d+l}{d}$$
$$=-4.4\times10^{-6}\ \mathrm{V}$$

即 ab 棒中的电动势大小为 4.4×10^{-6} V，负号表示电动势的方向是由 b 端指向 a 端，a 端电势高，b 端电势低，两端电势差为 $U_{ab}=4.4\times10^{-6}$ V.

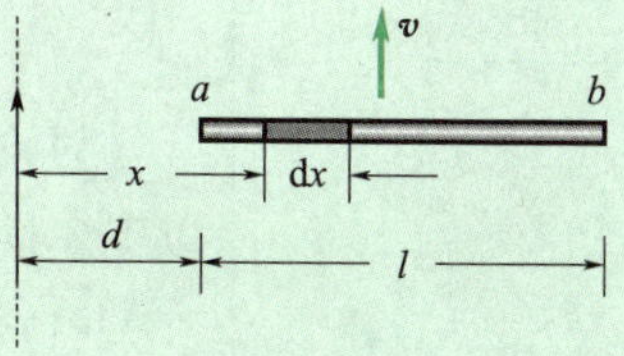

图 11.10

11.2.2 感生电动势

如上所述，导体在磁场中运动产生动生电动势，其非静电力是洛伦兹力. 在因磁场变化而产生感生电动势的情况下，导体回路不动，其非静电力不可能是洛伦兹力. 然而人们发现，不论回路的形状及导体的性质和温度如何，只要磁场变化导致穿过回路的磁通量发生了变化，就会有数值等于 $\frac{\mathrm{d}\Phi_\mathrm{m}}{\mathrm{d}t}$ 的感生电动势在回路上产生. 这说

明感生电动势的产生只是变化的磁场本身引起的. 在分析电磁感应现象的基础上，麦克斯韦提出：变化的磁场在其周围空间激发一种新的电场，这种电场称为**感生电场**或**涡旋电场**，用 $\boldsymbol{E}_r$ 表示. 在回路中产生感生电动势的非静电力正是这一涡旋电场力，即

感生电场与静电场的区别

$$\mathscr{E}=\oint_L \boldsymbol{E}_r\cdot \mathrm{d}\boldsymbol{l}=-\frac{\mathrm{d}\Phi_m}{\mathrm{d}t}$$

因为对 L 围成的面积 S，磁通量

$$\Phi_m=\int_S \boldsymbol{B}\cdot \mathrm{d}\boldsymbol{S}$$

所以感生电动势可表示为

$$\mathscr{E}=\oint_L \boldsymbol{E}_r\cdot \mathrm{d}\boldsymbol{l}=-\frac{\mathrm{d}}{\mathrm{d}t}\int_S \boldsymbol{B}\cdot \mathrm{d}\boldsymbol{S}$$

当闭合回路 L 不动时，可以把对时间的微商和对曲面 S 的积分两个运算的顺序交换，得

$$\oint_L \boldsymbol{E}_r\cdot \mathrm{d}\boldsymbol{l}=-\int_S \frac{\partial \boldsymbol{B}}{\partial t}\cdot \mathrm{d}\boldsymbol{S} \tag{11.6}$$

这就是法拉第电磁感应定律的积分形式. 式(11.6)中的负号表示 $\boldsymbol{E}_r$ 与 $\frac{\partial \boldsymbol{B}}{\partial t}$ 构成左手螺旋关系，是楞次定律的数学表示.

如果同时存在静电场 $\boldsymbol{E}_e$，则总电场 $\boldsymbol{E}$ 等于涡旋电场 $\boldsymbol{E}_r$ 与静电场 $\boldsymbol{E}_e$ 之矢量和，并且有静电场环流定理 $\oint_L \boldsymbol{E}_e\cdot \mathrm{d}\boldsymbol{l}=0$，所以不难得到，对总电场 $\boldsymbol{E}=\boldsymbol{E}_r+\boldsymbol{E}_e$ 而言，有

科学家介绍

麦克斯韦

$$\oint_L \boldsymbol{E}\cdot \mathrm{d}\boldsymbol{l}=-\int_S \frac{\partial \boldsymbol{B}}{\partial t}\cdot \mathrm{d}\boldsymbol{S} \tag{11.7}$$

讨论：感生电场和静电场都对电荷有电场力的作用，但仍存在以下不同之处：

(1) 静电场是由静止电荷激发，而感生电场由变化的磁场所激发；

(2) 静电场是保守场，$\oint_L \boldsymbol{E}_e\cdot \mathrm{d}\boldsymbol{l}=0$，即环流等于零，而感生电场不是保守场，$\oint_L \boldsymbol{E}_r\cdot \mathrm{d}\boldsymbol{l}=-\int_S \frac{\partial \boldsymbol{B}}{\partial \boldsymbol{t}}\cdot \mathrm{d}\boldsymbol{S}$，即环流不等于零；

(3) 静电场的电场线起于正电荷，止于负电荷，是有源场；感生电场的电场线是闭合的，无头无尾，所以称为涡旋电场. 同时，感生电场对任意闭合曲面的电通量必然为零，所以是无源场.

例 11.5

如图 11.11 所示，半径为 R 的圆柱形空间内分布有沿圆柱轴线方向的均匀磁场，磁场方向垂直纸面向里，其变化率为$\frac{dB}{dt}$. 试求：

(1) 圆柱形空间内、外涡旋电场 $\boldsymbol{E}_r$ 的分布；

(2) 若$\frac{dB}{dt}>0$，把长为 L 的导体 ab 放在圆柱截面上，则 $\mathscr{E}_{ab}$ 等于多少？

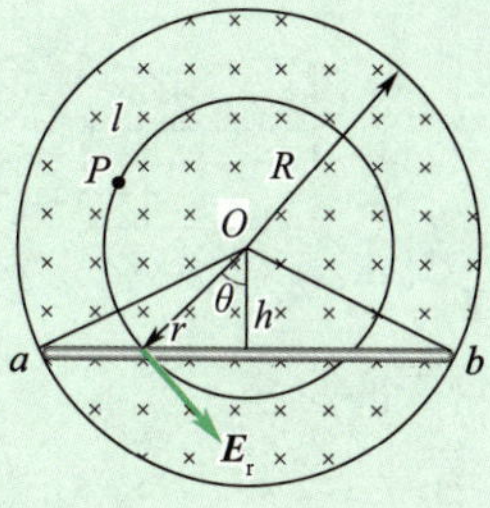

图 11.11

解　(1) 根据磁场分布的轴对称性可知，空间的涡旋电场的电场线应是围绕圆柱轴线且在圆柱截面上的一系列同心圆. 过圆柱体内任一点 P 在截面上作半径为 r 的圆形回路 l，并设 l 的回转方向与 $\boldsymbol{B}$ 的方向构成右手螺旋关系，即设图中沿 l 的顺时针切线方向为$\boldsymbol{E}_r$ 的正方向. 由式(11.6)

$$\oint_l \boldsymbol{E}_r \cdot d\boldsymbol{l} = -\int_S \frac{\partial \boldsymbol{B}}{\partial t} \cdot d\boldsymbol{S}$$

并考虑 l 上各点$\boldsymbol{E}_r$ 沿 l 方向且大小相等，可得

$$E_r 2\pi r = -\frac{dB}{dt}\pi r^2$$

$$E_r = -\frac{r}{2}\frac{dB}{dt} \qquad (r < R)$$

当$\frac{dB}{dt}>0$时，$E_r<0$ 即沿逆时针方向；反之，$E_r>0$ 即沿顺时针方向.

同理，在圆柱外一点 $(r>R)$，涡旋场 E_r 为

$$E_r = -\frac{R^2}{2r}\frac{dB}{dt} \qquad (r > R)$$

(2) 方法一：用电动势定义求解.

由(1)结论知，在$r<R$区域$E_r = -\frac{r}{2}\frac{dB}{dt}$. 当$\frac{dB}{dt}>0$时，$E_r$ 为逆时针方向(见图 11.11). 所以

$$\mathscr{E}_{ab} = \int_a^b \boldsymbol{E}_r \cdot d\boldsymbol{l} = \int_a^b \frac{r}{2}\frac{dB}{dt}dl\cos\theta$$

$$= \int_0^L \frac{h}{2}\frac{dB}{dt}dl = \frac{Lh}{2}\frac{dB}{dt}$$

因为$\frac{dB}{dt}>0$，所以 $\mathscr{E}_{ab}>0$，即 $\mathscr{E}_{ab}$ 由 a 端指向 b 端.

方法二：用法拉第电磁感应定律求解.

作闭合回路 $OabO$，回路内感应电动势为

$$\mathscr{E} = -\frac{d\Phi_m}{dt} = -\int_S \frac{dB}{dt}dS\cos\pi = \frac{dB}{dt}\frac{hL}{2}$$

因为　$\mathscr{E}_{Oa} = \mathscr{E}_{bO} = 0$

所以　$\mathscr{E}_{ab} = \mathscr{E} - \mathscr{E}_{Oa} - \mathscr{E}_{bO} = \frac{hL}{2}\frac{dB}{dt}$

结果与方法一相同.

11.2.3 电子感应加速器

作为感生电场的一个重要应用，我们讨论电子感应加速器. 电子感应加速器是利用感生电场加速电子的高能电子加速器，它的结构如图 11.12(a) 所示，在圆柱形电磁铁的两磁极之间放置一个环形真空室，当电磁铁线圈中通以交变电流时，在两磁极间产生一圆形区域的交变磁场. 交变磁场又在真空室内激发涡旋状的感生电场. 电子由电子枪注入环形真空室时，在磁场施加的洛伦兹力和涡旋电场的电场力的共同作用下做加速圆周运动. 由于磁场和涡旋电

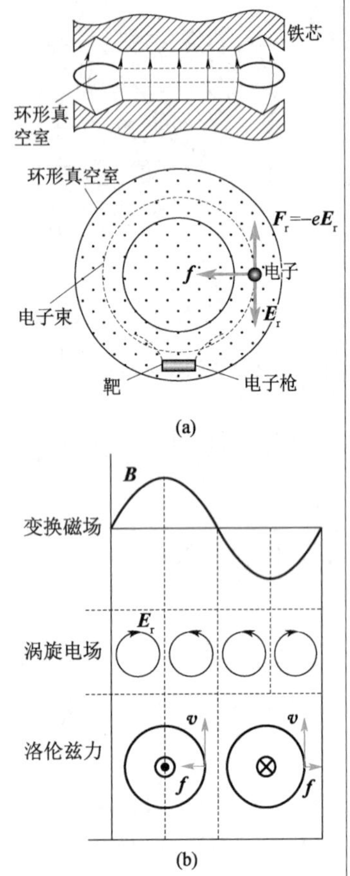

图 11.12 电子感应加速器

场都是周期性变化的,因此只有当圆形区域上的磁场分布满足一定的条件时,电子才能得到加速且又不改变其圆轨道运动的半径.

由磁场分布的轴对称性可知,感生电场的分布也具有轴对称性.距轴距离为 r 的圆周上各点的感生电场大小应相等,而方向都沿圆形轨道的切线方向.因而沿半径为的圆形路径上感生电场的环路积分为

$$\oint_L \boldsymbol{E}_r \cdot d\boldsymbol{r} = E_r \cdot 2\pi r$$

以 $\overline{B}$ 表示半径为 r 的圆形轨道所围面积上的平均磁感应强度,则通过此面积的磁通量为

$$\Phi_m = \overline{B}S = \overline{B} \cdot \pi r^2$$

由式(11.6)可得距离轴线 r 处的感生电场的电场强度大小为

$$E_r = \frac{r}{2}\frac{d\overline{B}}{dt}$$

电子的运动方程为

$$\frac{dmv}{dt} = eE_r = \frac{er}{2}\frac{d\overline{B}}{dt} \qquad ①$$

而电子在半径为 r 的圆形轨道上运动时又受到洛伦兹力的作用,洛伦兹力提供向心力,应满足 $mv^2/r = evB$,即

$$mv = erB$$

将此式对时间求导可得

$$\frac{d(mv)}{dt} = er\frac{dB}{dt} \qquad ②$$

比较式 ① 和式 ②,可得

$$B = \frac{1}{2}\overline{B} \qquad (11.8)$$

也就是说,磁场分布必须满足半径为 r 的圆轨道上的磁感应强度等于其所围面积上的平均磁感应强度的一半,才能保证电子在真空室的圆轨道轴线上被加速而又不改变其圆轨道半径.

还应该注意,如果磁场是交变的,涡旋电场当然也是交变的.因此,在一个周期内电子并不按一种回旋方向加速,而且电子所受的洛伦兹力也并非总是指向圆心.图 11.12(b) 表示在一个周期中电子受到的涡旋电场力和洛伦兹力的方向,说明只在第一个 1/4 周期内,电子才处于正常加速阶段.这个时间虽然短,但由于电子束在注入真空室时已有较大的初速度,即使 1/4 周期内也已在真空室内环行了几十万甚至几百万圈,即使是小型电子感应加速器也可以把电子加速到 0.1 ~ 1 MeV,大型的电子感应加速器使电子获得数百兆电子伏($1\ \text{MeV} = 1.6 \times 10^{-13}$ J) 的能量,引出的高能电子束可用于科学研究、医疗和工业生产中.

11.2.4 涡电流　趋肤效应

当大块金属导体放在交变磁场中，金属中的自由电子会受到变化磁场产生的感生电动势的作用，从而在金属中形成涡旋状的感生电流，称为**涡旋电流**（简称涡流）. 因为金属块的电阻很小，所以一般涡流的电流强度很大，结果会产生大量的焦耳热，这就是感应加热的原理. 感应加热广泛用于有色金属和特种合金的冶炼、焊接及真空技术方面. 然而在很多情况下，涡流发热却是有害的. 例如，变压器和电机的铁芯，由于处在交变磁场中，铁芯会因涡流而发热，这不但损失了能量，而且发热会使铁芯温度升高引起导线绝缘性能下降，甚至造成事故. 为此，常用增大铁芯的电阻来减小涡电流，如把铁芯做成层状，用薄层的绝缘材料（如绝缘漆）把各层铁芯隔开. 更有效的是用粉末状的铁芯，各粉末间相互绝缘. 在高频变压器中，常采用这种粉末状铁芯.

安检门的原理是什么?

在另一些场合，可利用涡电流产生的阻尼作用. 如图 11.13 所示，用金属片做成的摆，悬挂于电磁铁的两极之间. 在电磁铁未通电时，金属片可以自由摆动，要经较长时间才会停下来. 当电磁铁通电后，两极间便有强大的磁场，当金属摆进入磁场时，产生了涡电流. 根据楞次定律，这个感生电流的作用要阻碍摆和磁场的相对运动，因此金属摆受到一个阻尼力的作用，就像在某种黏滞介质中摆动一样，会很快地停止下来. 这种阻尼起源于电磁感应，称为**电磁阻尼**. 在各式仪表中电磁阻尼已被广泛应用. 电力机车和电车中所用的电磁制动器，也是根据电磁阻尼的原理制成的.

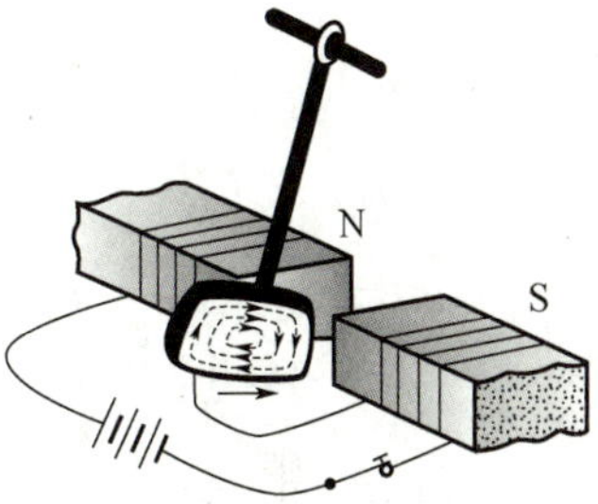

图 11.13　阻尼摆

一段柱状的均匀导体通过直流电流时，电流在导体的横截面上的分布基本上是均匀的. 但在交变电流尤其是高频电流的情况下，变化的电流在导线内部产生围绕着电流的变化磁场，变化的磁场又在导体内产生涡旋电流，在导线中心轴附近的涡旋电流与原先的电流几乎总为反方向，而在导线表面处又几乎总为同向. 即涡旋电流使得交变电流在导体的横截面上不再均匀分布，而是越靠近导体表面处电流密度越大，电流密度呈如图 11.14 所示的分布，这种交变电流集中于导体表面的效应叫**趋肤效应**. 由于趋肤效应的存在，使得我们在高频电路中可以用空心导线代替实心导线.

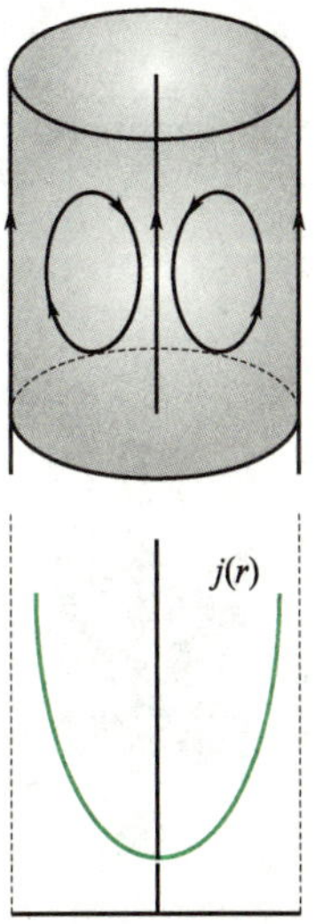

图 11.14　趋肤效应

趋肤效应使载流导线的有效截面减小了，导线电阻显著地随频率的增高而增大. 为了改善这种情况，常在导线表面上镀银以减小电阻，或用彼此绝缘的许多细导线集束来代替单一粗导线，因为这样可以增加导线的表面积，增大导线载流的有效截面. 在工业应用方面，利用趋肤效应可以对金属进行表面淬火.

最后应当指出，我们把感应电动势分成动生和感生两种，这在一定程度上也只有相对的意义，因为在确定是导体还是磁场源运动时，显然与所选参考系有关. 例如，图 11.1 所示的情形，如果在线圈为静止的参考系中观察，磁棒的运动引起空间磁场的变化，线圈中的电动势是感生的. 但是如果我们在随磁棒一起运动的参考系内观察，则磁棒是静止的，空间磁场也未发生变化，而线圈在运动，因而线圈内的电动势是动生的. 这是由于运动的相对性的必然结果. 然而，我们也必须看到，坐标变换只能在一定程度上消除动生和感生电动势的界限. 对如图 11.2 所示的情形则不可能通过坐标变换把感生电动势归结为动生电动势.

11.3 自感应与互感应

11.3.1 自感应

电流流过线圈时，其磁感线将穿过线圈本身，因而给线圈提供了磁通. 如果电流随时间而变化，线圈中就会因磁通量变化而产生感生电动势，这种现象叫**自感现象**.

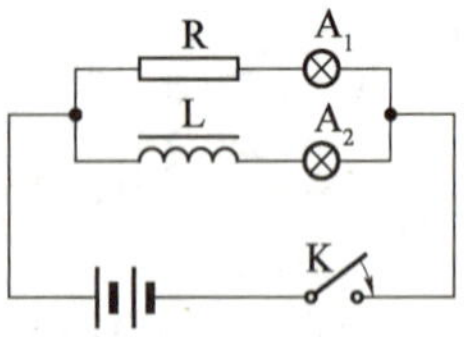

(a) 电流增大时的自感现象

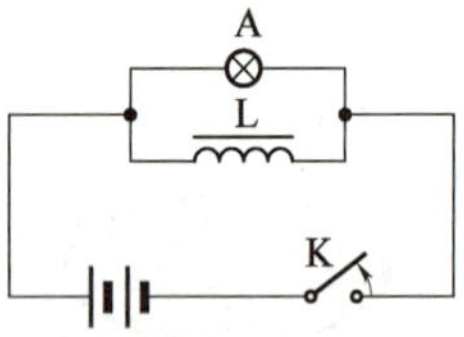

(b) 电流减小时的自感现象

图 11.15

自感现象可用图 11.15 的实验来演示. 图(a) 中 A_1、A_2 是两个相同的小灯泡，L 是带铁芯的多匝线圈，R 是电阻，其阻值与 L 的阻值相等. 接通开关 K，灯泡 A_1 立即就亮而灯泡 A_2 则逐渐变亮，最后与 A_1 亮度相同. 这说明，由于 L 中存在自感电动势，电流的增大是比较迟缓的. 自感的这种作用称为"电磁惯性".

而在图 11.15(b) 中，开关 K 断开时，我们看到灯泡 A 不会立即熄灭，而是猛然一亮，然后逐渐熄灭. 这是因为开关切断时，线圈 L 与电源脱离，线圈 L 上的电流从有变无，是一个减小的过程. 线圈 L 上的自感电动势将阻碍电流的减小，所以线圈上电流不应立即减为零. 但此时开关 K 已切断，线圈 L 上的电流只能通过灯泡 A 而闭合，因此灯泡 A 不会立即熄灭. 实验中设计线圈 L 的电阻远小于灯泡 A 的电阻. 在开关 K 连通、电路处于稳定状态时，流过线圈的电流远大于流过灯泡的电流. 在切断开关的极短瞬间，流过线圈的电流就流过灯泡，使灯泡猛然一亮. 但由于线圈与灯泡均已脱离了电源，所以电流必将逐渐减小为零，因而灯泡逐渐熄灭.

自感

不同线圈产生自感现象的能力不同. 一个密绕的 N 匝线圈，每一匝可近似看成一条闭合曲线. 线圈中电流激发的穿过每匝的磁通近似相等，叫自感磁通，记作 $\Phi_{m自}$. 因为整个线圈是 N 匝相同的线圈串联，所以整个线圈的自感电动势为

$$\mathscr{E}_{自} = -N\frac{\mathrm{d}\Phi_{m自}}{\mathrm{d}t} = -\frac{\mathrm{d}(N\Phi_{m自})}{\mathrm{d}t}$$

令 $\Psi_{m自} = N\Phi_{m自}$，称为线圈的自感磁链．则

$$\mathscr{E}_{自} = -\frac{d\Psi_{m自}}{dt}$$

根据毕奥-萨伐尔定律，电流在空间各点激发的磁感应强度 $\boldsymbol{B}$ 都与电流 I 成正比（有铁芯的线圈除外），而对同一个线圈，$\Phi_{m自}$ 又与 B 成正比，故 $\Psi_{m自}$ 与 I 成正比，即

$$\Psi_{m自} \propto I$$

写成等式

$$\Psi_{m自} = LI$$

比例系数 L 叫作线圈的**自感系数**，简称**自感**．它只依赖线圈本身的形状、大小及介质的磁导率而与电流无关（有铁芯的线圈除外）．引入自感后自感电动势为

$$\mathscr{E}_{自} = -L\frac{dI}{dt} \tag{11.9}$$

上式中规定 $\mathscr{E}_{自}$ 与 I 的正向相同，$\mathscr{E}_{自}$ 与 $\Phi_{m自}$ 成右手螺旋关系．在 SI 制中，L 的单位是亨利(H)，$1\ \text{H} = \dfrac{1\ \text{Wb}}{1\ \text{A}}$．实际中常用毫亨(mH)和微亨($\mu$H)等较小单位，$1\ \text{H} = 10^3\ \text{mH} = 10^6\ \mu\text{H}$．

思考题：对于真空中的长直密绕螺线管，试证明其自感 $L = \mu_0 n^2 V$．其中 n 是单位长度匝数，V 为螺线管内部空间的体积．

自感现象在电工、电子技术中有广泛的应用．日光灯镇流器是自感用在电工技术中最简单的例子．在电子电路中也广泛使用自感，如自感与电容组成的谐振电路和滤波器等．在供电系统中切断载有强大电流的电路时，由于电路中自感元件的作用，开关触头处会出现强烈的电弧，容易危及设备与人身安全．为避免事故，必须使用带有灭弧结构的特殊开关，如油开关等．

11.3.2　互感应

如图 11.16 所示，两个邻近的线圈(1)和线圈(2)分别通有电流 I_1 和 I_2．当其中一个线圈的电流发生变化时，在另一个线圈中会产生感生电动势．这种因两个载流线圈中的电流变化而相互在对方线圈中激起感应电动势的现象叫**互感应现象**．

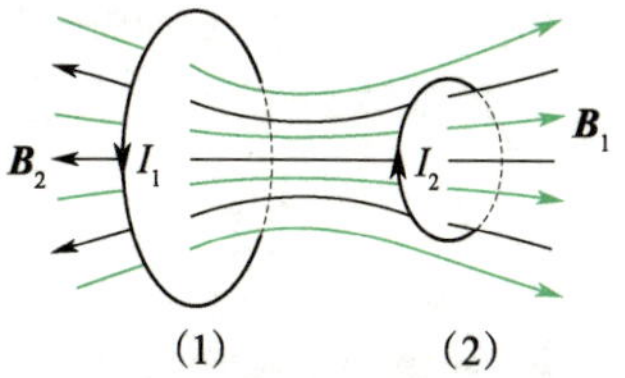

图 11.16　互感现象

在两线圈的形状、相互位置保持不变时，根据毕奥-萨伐尔定律，由电流 I_1 产生的空间各点磁感应强度 $\boldsymbol{B}_1$ 均与 I_1 成正比．因而 $\boldsymbol{B}_1$ 穿过另一线圈(2)的磁通链 Ψ_{m21} 也与电流 I_1 成正比，即

$$\Psi_{m21} = M_{21}I_1$$

同理

$$\Psi_{m12} = M_{12}I_2$$

式中 M_{21} 和 M_{12} 是两个比例系数．实验与理论均证明 $M_{21} = M_{12}$，故用 M 表示，称为两线圈的**互感系数**，简称**互感**．根据法拉第电磁感应定律，电流 I_1 的变化在线圈(2)中产生的互感电动势

互感系数的计算

$$\mathscr{E}_{21}=-M\frac{\mathrm{d}I_1}{\mathrm{d}t} \tag{11.10a}$$

同理，电流 I_2 的变化在线圈(1) 中产生的互感电动势

$$\mathscr{E}_{12}=-M\frac{\mathrm{d}I_2}{\mathrm{d}t} \tag{11.10b}$$

互感系数的单位与自感系数相同. 互感系数也不易计算，一般也常用实验测定.

例 11.6

一矩形线圈长为 a，宽为 b，由 100 匝表面绝缘的导线组成，放在一根很长的导线旁边并与之共面. 求图 11.17 中(a)、(b) 两种情况下线圈与长直导线之间的互感.

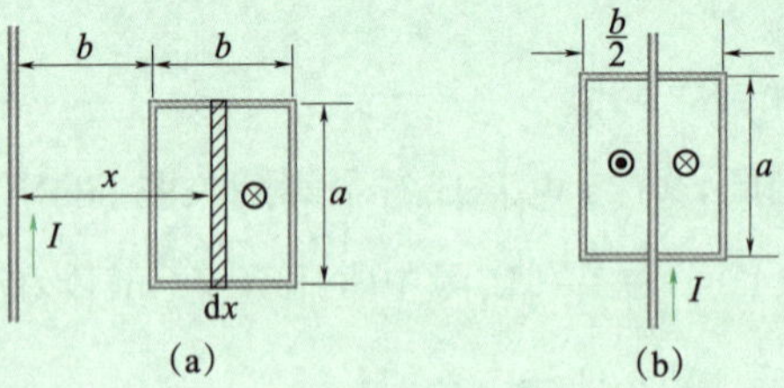

图 11.17

解 如图 11.17(a) 所示，已知长导线在矩形线圈 x 处磁感应强度为

$$B=\frac{\mu_0 I}{2\pi x}$$

通过线圈的磁通链数为

$$\Psi_{\mathrm{m}}=\int_b^{2b}\frac{N\mu_0 I}{2\pi x}a\,\mathrm{d}x=\frac{N\mu_0 Ia}{2\pi}\ln 2$$

所以，线圈与长导线的互感为

$$M=\frac{\Psi_{\mathrm{m}}}{I}=\frac{N\mu_0 a}{2\pi}\ln 2$$

图 11.17(b) 中，直导线两边的磁感应强度方向相反且以导线为轴对称分布，通过矩形线圈的磁通链为零，所以 $M=0$. 这是消除互感的方法之一.

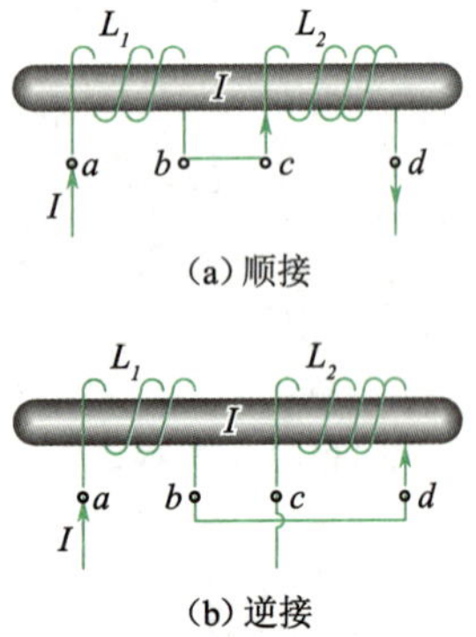

图 11.18 自感线圈的串联

两个有互感耦合的线圈串联后等效于一个自感线圈，但其等效自感系数不等于原来两线圈的自感系数之和. 如图 11.18 所示，其中图 11.18(a) 的连接方式叫顺接，其连接后的等效自感 L 为

$$L=L_1+L_2+2M \tag{11.11a}$$

图 11.18(b) 的连接方式叫逆接，其连接后的等效自感 L 为

$$L=L_1+L_2-2M \tag{11.11b}$$

证明 如图 11.18 所示，设自感线圈 L_1 的两端为 a、b，自感线圈 L_2 的两端为 c、d，取回路方向为 $abcd$ 方向，回路中电流为 I，则回路的全磁通为两线圈磁通量之和，即

$$\Psi=\Psi_1+\Psi_2$$

式中，Ψ_1 为第一个线圈中的磁通量，它等于第一个线圈自己产生的磁通量 Ψ_{11} 和第二个线圈产生的磁通量 Ψ_{12} 的代数和.

如果两个线圈的磁场是彼此增强的，此时称两个线圈是顺接的. 故 Ψ_{11} 和 Ψ_{12} 应相加，即

$$\Psi_1=\Psi_{11}+\Psi_{12}=L_1 I+MI$$

同理，Ψ_2 为第二个线圈中的磁通量，有

$$\Psi_2=\Psi_{22}+\Psi_{21}=L_2I+MI$$

故回路全磁通为

$$\Psi=\Psi_1+\Psi_2=(L_1+L_2+2M)I$$

串联线圈等效自感为

$$L=\frac{\Psi}{I}=L_1+L_2+2M$$

若把线圈两端相连，如图 11.18 所示，则两线圈的磁通量彼此削弱，此时称两个线圈是逆接的，所以

$$\Psi_1=\Psi_{11}-\Psi_{12}=L_1I-MI$$

$$\Psi_2=\Psi_{22}-\Psi_{21}=L_2I-MI$$

串联线圈的等效自感为

$$L=\frac{\Psi}{I}=L_1+L_2-2M$$

互感现象被广泛应用于无线电技术和电磁测量中. 通过互感线圈能够使能量或信号由一个线圈传递到另一个线圈. 各种电源变压器、中周变压器、输入输出变压器、电压互感器、电流互感器等都是利用互感原理制成的. 但是，电路之间的互感也会引起相互干扰，必须采用磁屏蔽方法来减小这种干扰.

例 11.7

如图 11.19 所示，C_1 表示一长螺线管(称为原线圈)，长为 l，截面积为 S，共有 N_1 匝，C_2 表示另一长螺线管(称为副线圈)，长度和截面积与 C_1 相同，并与 C_1 共轴，共有 N_2 匝，螺线管内磁介质的磁导率为 μ. 求：(1) 这两个共轴螺线管的互感系数；(2) 两个螺线管的自感系数与互感系数的关系.

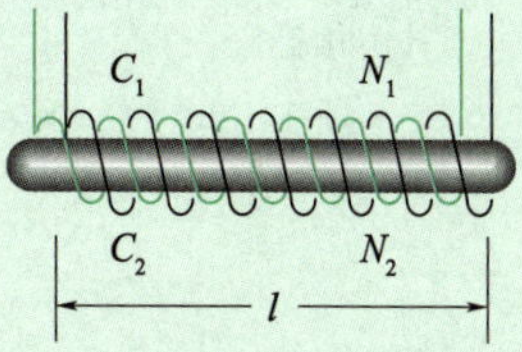

图 11.19

解　(1) 设原线圈中通有电流 I_1，可知管内的磁场的磁感应强度为

$$B=\mu\frac{N_1I_1}{l}$$

通过副线圈的磁通链数为

$$\Psi_{21}=N_2\Phi_{21}=\mu\frac{N_1N_2I_1}{l}S$$

按互感系数的定义得两线圈的互感系数为

$$M=\frac{\Psi_{21}}{I_1}=\mu\frac{N_1N_2S}{l}$$

(2) 原线圈通有电流 I_1 时，原线圈自己的磁通链数为

$$\Psi_{11}=N_1\Phi_{11}=\mu\frac{N_1^2I_1}{l}S$$

按自感系数的定义得原线圈的自感系数为

$$L_1=\frac{\Psi_{11}}{I_1}=\mu\frac{N_1^2S}{l}$$

同理，副线圈的自感系数

$$L_2=\mu\frac{N_2^2S}{l}$$

由此可见，$M^2=L_1L_2$，$M=\sqrt{L_1L_2}$，这是在无磁漏的情况下的结果. 在考虑磁漏的情况下 $M=K\sqrt{L_1L_2}$，$K\leqslant 1$ 称为耦合系数.

思考：一个自感线圈截成相等的两段，每一段的自感系数不是原线圈自感系数的 1/2，而是原线圈自感系数的 1/4.

11.4 磁场能量

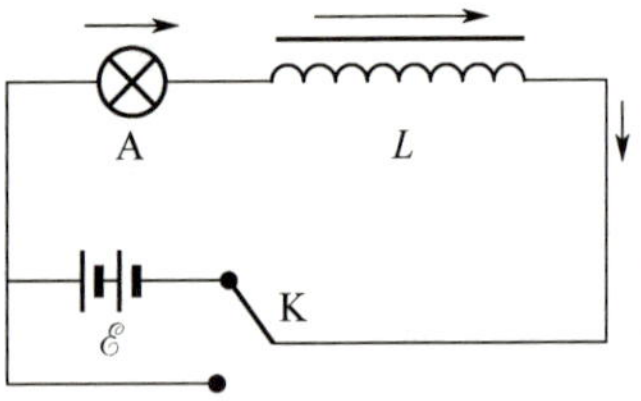

(a)电流增大时，自感电动势阻碍电流增大

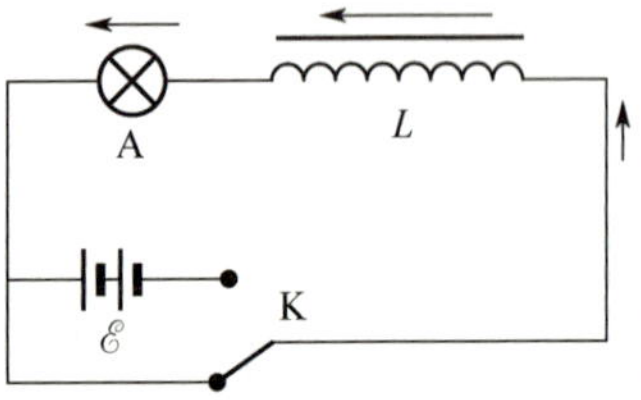

(b)电流减小时，自感电动势补偿电流

图 11.20

磁场能量

11.4.1 自感磁能

如图 11.20(a) 所示，自感为 L 的线圈与电源接通，线圈中的电流 i 将要由零增大至恒定值 I. 这一电流变化在线圈中所产生的自感电动势与电流的方向相反，起着阻碍电流增大的作用. 因此自感电动势 $\mathscr{E}=-L\dfrac{\mathrm{d}i}{\mathrm{d}t}$ 做负功. 在建立电流 I 的整个过程中，外电源不仅要供给电路中产生焦耳热的能量，而且还要反抗自感电动势做功 W，即

$$W=\int \mathrm{d}W=\int_0^{\infty}(-\mathscr{E})i\,\mathrm{d}t=\int_0^{\infty}L\frac{\mathrm{d}i}{\mathrm{d}t}i\,\mathrm{d}t=\int_0^{I}Li\,\mathrm{d}i=\frac{1}{2}LI^2$$

电源反抗自感电动势所做的功 W 转化为储存在线圈中的能量，称为自感磁能，即

$$W_{\mathrm{m}}=\frac{1}{2}LI^2 \tag{11.12}$$

在图 11.20(b) 中，切断开关后，灯泡 A 不立即熄灭而是猛然一亮，然后逐渐熄灭，就是线圈中所储存的磁能通过自感电动势做功全部释放出来，变成灯泡 A 在很短时间内所发的光能与热能.

11.4.2 磁场能量

与电场一样，磁能是定域在整个磁场空间的. 我们可以从通电自感线圈储存自感磁能的公式导出磁场能量及其能量密度公式. 长直密绕螺线管的自感 $L=\mu_0 n^2 V$，如果管内充满均匀磁介质(非铁磁质)，则 $L=\mu n^2 V$，μ 为磁介质的磁导率. 当螺线管通以电流 I 时，它所储存的磁能为

$$W_{\mathrm{m}}=\frac{1}{2}LI^2=\frac{1}{2}\mu n^2 VI^2$$

因为长直螺线管内 $H=nI$，$B=\mu nI$. 所以

$$W_{\mathrm{m}}=\frac{1}{2}\mu nInIV=\frac{1}{2}BHV$$

V 是螺线管内部空间体积，也就是磁场存在的空间体积，并且螺线管内部是均匀磁场，所以

$$w_m = \frac{W_m}{V} = \frac{1}{2}BH \tag{11.13}$$

w_m 表示磁场中单位体积的能量，叫磁场能量密度. 尽管式(11.13)是从长直螺线管内磁场得到的，但可以证明对任何磁场都适用. 在普遍情况下，如果 $\boldsymbol{B}$ 与 $\boldsymbol{H}$ 的方向不同，则

$$w_m = \frac{1}{2}\boldsymbol{B}\cdot\boldsymbol{H}$$

而总磁场能量等于磁能密度对磁场所占有的全部空间的积分，即

$$W_m = \int_V \frac{1}{2}\boldsymbol{B}\cdot\boldsymbol{H}\mathrm{d}V \tag{11.14}$$

对于一个载流线圈有

$$\frac{1}{2}LI^2 = \int_V \frac{1}{2}\boldsymbol{B}\cdot\boldsymbol{H}\mathrm{d}V = W_m$$

上式不仅为自感 L 提供了另一种计算方法，而且对于有限横截面积的导体来说(导线的横截面积不能忽略时)，它还为自感提供了基本的定义，即磁能法定义自感 $L = \frac{2W_m}{I^2}$.

遥感技术

例 11.8

求无限长圆柱形同轴电缆长为 l 的一段中磁场的能量及自感. 设内、外导体的截面半径分别为 R_1、R_2($R_2 > R_1$)，电缆通有电流 I，两导体之间磁介质的磁导率假设为 μ_0.

解　作为传输超高频信号(如微波)的同轴电缆如图 11.21 所示，由于趋肤效应，磁场只存在于两导体之间，即 $R_1 < r < R_2$ 的空间内. 利用安培环路定理不难求得磁场分布为

$$H = \frac{I}{2\pi r},\quad B = \mu_0 H = \frac{\mu_0 I}{2\pi r}$$

所以磁场能量密度为

$$w_m = \frac{1}{2}BH = \frac{\mu_0 I^2}{8\pi^2 r^2}$$

在长为 l 的一段同轴电缆内总的磁场能量为

$$W_m = \int_V w_m \mathrm{d}V = \int_{R_1}^{R_2} \frac{\mu_0 I^2}{8\pi^2 r^2} l 2\pi r \mathrm{d}r$$

$$= \frac{\mu_0 I^2 l}{4\pi}\ln\frac{R_2}{R_1}$$

所以

$$L = \frac{2W_m}{I^2} = \frac{\mu_0 l}{2\pi}\ln\frac{R_2}{R_1}$$

而单位长度的圆柱形同轴电缆的自感为

$$L_0 = \frac{\mu_0}{2\pi}\ln\frac{R_2}{R_1}$$

只与电缆的结构及介质情况有关.

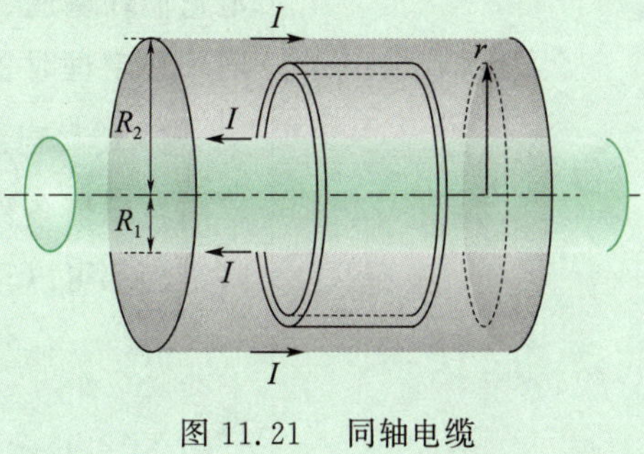

图 11.21　同轴电缆

11.5 位移电流 麦克斯韦方程组

位移电流

11.5.1 位移电流

1. 电磁场的基本规律

对于静电场，由库仑定律和电场强度叠加原理，可以导出描述电场性质的高斯定理和静电场环流定理.

$$\oint_S \boldsymbol{D} \cdot \mathrm{d}\boldsymbol{S} = \sum q_i \tag{11.15}$$

$$\oint_l \boldsymbol{E} \cdot \mathrm{d}\boldsymbol{l} = 0 \tag{11.16}$$

对于稳恒磁场，由毕奥–萨伐尔定律和磁感应强度叠加原理，可以导出描述稳恒磁场性质的高斯定理和安培环路定理

$$\oint_S \boldsymbol{B} \cdot \mathrm{d}\boldsymbol{S} = 0 \tag{11.17}$$

$$\oint_l \boldsymbol{H} \cdot \mathrm{d}\boldsymbol{l} = \sum I_i \tag{11.18}$$

对于变化的磁场，麦克斯韦提出，感生电动势现象预示着变化的磁场周围产生了涡旋电场. 于是，法拉第电磁感应定律就表明了在普遍（非稳恒）情况下电场的环流定理应是

$$\oint_l \boldsymbol{E} \cdot \mathrm{d}\boldsymbol{l} = -\int_S \frac{\partial \boldsymbol{B}}{\partial t} \cdot \mathrm{d}\boldsymbol{S} \tag{11.19}$$

注意：式(11.19)中的电场$\boldsymbol{E}$包括静电场和非稳恒电场的总和，而静电场的环流定理式(11.16)只是它的一个特例.

从当时的实验资料和理论分析，都没有发现电场的高斯定理和磁场的高斯定理在非稳恒条件下有什么不合理的地方. 麦克斯韦假定它们在普遍（非稳恒）情况下仍应成立. 然而，麦克斯韦在分析安培环路定理时发现，将它应用到非稳恒磁场时遇到了困难.

2. 传导电流和位移电流

在稳恒条件下，无论载流回路周围是真空还是磁介质，安培环路定理都可以写成

$$\oint_l \boldsymbol{H} \cdot \mathrm{d}\boldsymbol{l} = \sum I_i = \int_S \boldsymbol{j}_0 \cdot \mathrm{d}\boldsymbol{S} \tag{11.20}$$

其中$\sum I_i$是穿过以闭合回路l为边界的任意曲面S的传导电流，等于传导电流密度$\boldsymbol{j}_0$在S面上的通量.

由$\boldsymbol{j}_0$的定义，根据电荷守恒定律，通过封闭面流出的电量应等

于封闭面内电荷 q 的减少. 因此有

$$\oint_S \boldsymbol{j}_0 \cdot \mathrm{d}\boldsymbol{S} = -\frac{\mathrm{d}q}{\mathrm{d}t} \tag{11.21}$$

这一关系式称为**电流的连续性方程**.

导体内各处的电流密度都不随时间变化的电流叫**稳恒电流**. 稳恒电流的一个重要性质就是通过任一封闭曲面的稳恒电流等于零,即

$$\oint_S \boldsymbol{j}_0 \cdot \mathrm{d}\boldsymbol{S} = 0 \tag{11.22}$$

通过任意封闭曲面的电流等于零,即任意一段时间内通过此封闭曲面流出和流入的电量相等,而这一封闭面内的总电量应不随时间改变. 在导体内各处都可作一个任意形状和大小的封闭曲面,由此可以分析出:**在稳恒电流情况下,导体内电荷的分布不随时间改变. 不随时间改变的电荷分布产生不随时间改变的电场,这种电场称为稳恒电场**. 导体内恒定的不随时间改变的电荷分布就像固定的静止电荷分布一样,因此稳恒电场与静电场有许多相似之处,例如,它们都服从高斯定理和电场强度环路积分为零的环路定理. 若以 $\boldsymbol{E}$ 表示稳恒电场的电场强度,则也应有

$$\oint_l \boldsymbol{E} \cdot \mathrm{d}\boldsymbol{l} = 0 \tag{11.23}$$

为了考察在非稳恒条件下,安培环路定理式(11.20) 是否仍然成立,我们分析图 11.22 所示的电容器充放电电路. 电容器的充放电过程显然是非稳恒过程,导线中的电流是随时间变化的,并且在两极板之间的绝缘介质中没有传导电流. 如果我们围绕导线取一闭合回路 l,并以 l 为边界作两个曲面 S_1 和 S_2,其中 S_1 与导线相交,而 S_2 穿过两极板之间的绝缘介质,则有

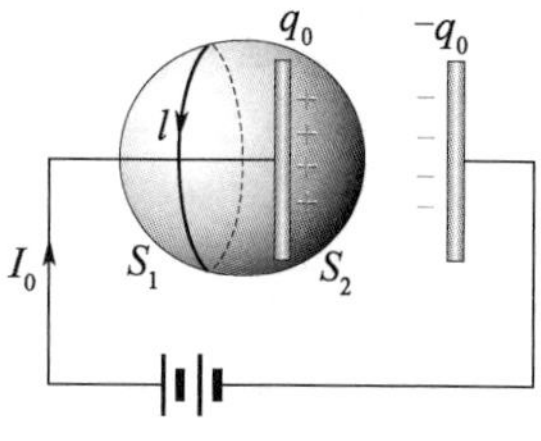

图 11.22

$$\int_{S_1} \boldsymbol{j}_0 \cdot \mathrm{d}\boldsymbol{S} = I_0 \tag{11.24a}$$

$$\int_{S_2} \boldsymbol{j}_0 \cdot \mathrm{d}\boldsymbol{S} = 0 \tag{11.24b}$$

就是说,电容器的存在破坏了电路中传导电流的连续性,使得以同一闭合回路 l 所作的不同曲面 S_1 和 S_2 上穿过的电流不同,从而式(11.20) 失去了意义. 因此,在非稳恒磁场的情况下安培环路定理式(11.20) 不再适用,必须以新的规律来代替它.

在图 11.22 的电容器充电过程中,传导电流在电容器极板上终止的同时,将在极板表面引起自由电荷的积累,即正极板 $+q_0$ 增加、负极板 $-q_0$ 增加. 从而引起两极板之间的电场随之变化. 因为穿过任意闭合曲面 S 的传导电流密度的通量 $\oint_S \boldsymbol{j}_0 \cdot \mathrm{d}\boldsymbol{S}$ 就是流出 S 面的电流,它应当等于 S 面内部自由电荷在单位时间的减少率,即

$$\oint_S \boldsymbol{j}_0 \cdot \mathrm{d}\boldsymbol{S} = -\frac{\mathrm{d}q_0}{\mathrm{d}t} \tag{11.25}$$

其中 S 是由 S_1 和 S_2 构成的闭合曲面，q_0 是积累在闭合面 S 内的极板上的自由电荷，即图 11.22 所示的正极板表面的自由电荷.

另一方面，根据麦克斯韦的假设，对此非稳恒电场高斯定理仍然成立，则有

$$\oint_S \boldsymbol{D} \cdot \mathrm{d}\boldsymbol{S} = q_0$$

对此式两边求微商，得

$$\frac{\mathrm{d}}{\mathrm{d}t}\oint_S \boldsymbol{D} \cdot \mathrm{d}\boldsymbol{S} = \oint_S \frac{\partial \boldsymbol{D}}{\partial t} \cdot \mathrm{d}\boldsymbol{S} = \frac{\mathrm{d}q_0}{\mathrm{d}t}$$

把此式代入式(11.25)，得

$$\oint_S \boldsymbol{j}_0 \cdot \mathrm{d}\boldsymbol{S} = -\oint_S \frac{\partial \boldsymbol{D}}{\partial t} \cdot \mathrm{d}\boldsymbol{S}$$

可将此式改写为

$$\oint_S \left(\boldsymbol{j}_0 + \frac{\partial \boldsymbol{D}}{\partial t}\right) \cdot \mathrm{d}\boldsymbol{S} = 0$$

或

$$\int_{S_1} \left(\boldsymbol{j}_0 + \frac{\partial \boldsymbol{D}}{\partial t}\right) \cdot \mathrm{d}\boldsymbol{S} = \int_{S_2} \left(\boldsymbol{j}_0 + \frac{\partial \boldsymbol{D}}{\partial t}\right) \cdot \mathrm{d}\boldsymbol{S}$$

由此可见，在非稳恒条件下，尽管传导电流密度 $\boldsymbol{j}_0$ 不一定连续，但 $\boldsymbol{j}_0 + \frac{\partial \boldsymbol{D}}{\partial t}$ 这个量永远是连续的. 并且 $\frac{\partial \boldsymbol{D}}{\partial t}$ 具有电流密度的性质，麦克斯韦把它称作位移电流密度 $\boldsymbol{j}_D$，即

$$\boldsymbol{j}_D = \frac{\partial \boldsymbol{D}}{\partial t} \tag{11.26}$$

而把 $\frac{\mathrm{d}\Phi_D}{\mathrm{d}t}$ 称为**位移电流** I_D，即

$$I_D = \frac{\mathrm{d}\Phi_D}{\mathrm{d}t} = \frac{\mathrm{d}}{\mathrm{d}t}\int_S \boldsymbol{D} \cdot \mathrm{d}\boldsymbol{S} = \int_S \frac{\partial \boldsymbol{D}}{\partial t} \cdot \mathrm{d}\boldsymbol{S} = \int_S \boldsymbol{j}_D \cdot \mathrm{d}\boldsymbol{S} \tag{11.27}$$

并把传导电流 I_0 与位移电流 I_D 合在一起称为全电流 I，即全电流 I 为

$$I = I_0 + I_D = \int_S \boldsymbol{j}_0 \cdot \mathrm{d}\boldsymbol{S} + \int_S \boldsymbol{j}_D \cdot \mathrm{d}\boldsymbol{S} = \int_S \left(\boldsymbol{j}_0 + \frac{\partial \boldsymbol{D}}{\partial t}\right) \cdot \mathrm{d}\boldsymbol{S} \tag{11.28}$$

在图 11.22 所示的电路中，电容器极板表面中断了的传导电流 I_0 被绝缘介质中的位移电流 $I_D = \frac{\mathrm{d}\Phi_D}{\mathrm{d}t}$ 接续，二者合在一起保持全电流的连续性. 在一般情况下，电介质中的电流主要是位移电流，传导电流可忽略不计；而在导体中主要是传导电流，位移电流可忽略不计. 但在超高频电流情况下，导体内的传导电流和位移电流均起作用，不可忽略.

因为在电介质中 $\boldsymbol{D} = \varepsilon_0 \boldsymbol{E} + \boldsymbol{P}$，所以位移电流密度 $\boldsymbol{j}_D$ 为

$$j_D = \frac{\partial \boldsymbol{D}}{\partial t} = \varepsilon_0 \frac{\partial \boldsymbol{E}}{\partial t} + \frac{\partial \boldsymbol{P}}{\partial t}$$

上式中右边第二项来自交变电路中电介质的反复极化，若在真空中，这一项等于零. 因此，真空中位移电流密度为

$$j_D = \varepsilon_0 \frac{\partial \boldsymbol{E}}{\partial t}$$

它是位移电流的基本组成部分，说明真空中的位移电流或曰“纯粹”的位移电流本质上是变化着的电场，而与电荷的定向运动无关.

11.5.2 全电流定律

在引进了位移电流的概念之后，麦克斯韦为了把安培环路定理推广到非稳恒情况下也适用的普遍形式，用全电流代替式(11.20)右边的传导电流，得到

$$\oint_l \boldsymbol{H} \cdot \mathrm{d}\boldsymbol{l} = \sum I_i + \int_S \frac{\partial \boldsymbol{D}}{\partial t} \cdot \mathrm{d}\boldsymbol{S} \tag{11.29}$$

即在普遍情况下，磁场强度 $\boldsymbol{H}$ 沿任一闭合回路 l 的积分等于穿过以该回路为边界的任意曲面的全电流. 这就是麦克斯韦的**全电流定律**.

麦克斯韦的位移电流假设的实质在于，它说明了位移电流与传导电流一样都是激发磁场的源，其核心是**变化的电场可以激发磁场**. 但是，位移电流与传导电流仅仅在激发磁场这一点上是相同的. 在本质上位移电流是变化着的电场，而传导电流则是自由电荷的定向运动. 此外，传导电流在通过导体时会产生焦耳热，而导体中的位移电流则不会产生焦耳热. 高频情况下介质的反复极化会放出大量热，这是位移电流热效应的原因. 但这与传导电流通过导体时放出的焦耳热不同，遵从完全不同的规律.

11.5.3 麦克斯韦方程组

麦克斯韦把电磁现象的普遍规律概括为四个方程式，通常称之为麦克斯韦方程组.

(1) **通过任意闭合面的电位移通量等于该曲面所包围的自由电荷的代数和.** 即

$$\oint_S \boldsymbol{D} \cdot \mathrm{d}\boldsymbol{S} = \sum q_i$$

注意：上式在电荷和电场都随时间变化时仍然成立. 这意味着尽管这时电场与电荷之间的关系不像静电场那样由库仑平方反比律决定，但任一闭合面的 $\boldsymbol{D}$ 通量与闭合面内自由电荷的电量之间的关系仍遵从高斯定理.

(2) **电场强度沿任意闭合曲线的线积分等于以该曲线为边界**

科研成果介绍

500 米口径球面射电望远镜

的任意曲面的磁通量对时间变化率的负值. 即

$$\oint_l \boldsymbol{E} \cdot \mathrm{d}\boldsymbol{l} = -\int_S \frac{\partial \boldsymbol{B}}{\partial t} \cdot \mathrm{d}\boldsymbol{S}$$

这里的电场 $\boldsymbol{E}$ 包括自由电荷产生的库仑电场和由变化磁场所产生的涡旋电场.

(3) **通过任意闭合曲面的磁通量恒等于零**. 即

$$\oint_S \boldsymbol{B} \cdot \mathrm{d}\boldsymbol{S} = 0$$

这也是从稳恒磁场到对随时间变化的非稳恒磁场情况的假设性推广.

(4) **磁场强度沿任意闭合曲线的线积分等于穿过以该曲线为边界的曲面的全电流**. 即

$$\oint_l \boldsymbol{H} \cdot \mathrm{d}\boldsymbol{l} = \sum I_i + \int_S \frac{\partial \boldsymbol{D}}{\partial t} \cdot \mathrm{d}\boldsymbol{S}$$

前面我们已对此作了详细论述.

麦克斯韦电磁场方程组

归纳起来,麦克斯韦方程组的积分形式为

$$\begin{cases} \oint_S \boldsymbol{D} \cdot \mathrm{d}\boldsymbol{S} = \sum q_i \\ \oint_l \boldsymbol{E} \cdot \mathrm{d}\boldsymbol{l} = -\int_S \frac{\partial \boldsymbol{B}}{\partial t} \cdot \mathrm{d}\boldsymbol{S} \\ \oint_S \boldsymbol{B} \cdot \mathrm{d}\boldsymbol{S} = 0 \\ \oint_l \boldsymbol{H} \cdot \mathrm{d}\boldsymbol{l} = \sum I_i + \int_S \frac{\partial \boldsymbol{D}}{\partial t} \cdot \mathrm{d}\boldsymbol{S} \end{cases} \tag{11.30a}$$

从上面的论述中我们看到,麦克斯韦理论不但提出了涡旋电场、位移电流这样的概念,还包括了从特殊情况(静电场和稳恒磁场)向一般非稳恒情况的假设性推广. 如稳恒场的高斯定理在非稳恒场时仍成立的假设. 它的正确性由一系列理论与实验很好符合的事实而得到证实.

在有介质存在时,$\boldsymbol{E}$ 和 $\boldsymbol{B}$ 都与介质的特性有关,因此上述麦克斯韦方程组是不完备的,还需要再补充描述介质性质的下述方程:

$$\begin{cases} \boldsymbol{D} = \varepsilon_0 \varepsilon_r \boldsymbol{E} = \varepsilon \boldsymbol{E} \\ \boldsymbol{B} = \mu_0 \mu_r \boldsymbol{H} = \mu \boldsymbol{H} \\ \boldsymbol{j}_0 = \sigma \boldsymbol{E} \end{cases} \tag{11.31}$$

式(11.31) 中的 ε、μ、σ 分别是介质的介电常数、磁导率和电导率.

通过数学变换,可得麦克斯韦方程组(11.30a) 的微分形式如下:

$$\begin{cases} \nabla \cdot \boldsymbol{D} = \rho_0 \\ \nabla \times \boldsymbol{E} = -\frac{\partial \boldsymbol{B}}{\partial t} \\ \nabla \cdot \boldsymbol{B} = 0 \\ \nabla \times \boldsymbol{H} = \boldsymbol{j}_0 + \frac{\partial \boldsymbol{D}}{\partial t} \end{cases} \tag{11.30b}$$

其中$\nabla \cdot \boldsymbol{D}$和$\nabla \cdot \boldsymbol{B}$分别为电位移和磁感应强度的散度，$\nabla \times \boldsymbol{E}$和$\nabla \times \boldsymbol{H}$分别为电场强度和磁场强度的旋度.

麦克斯韦方程组(11.30a)加上介质方程(11.31)构成决定电磁场变化的一组完备的方程式. 这就是说，当电荷、电流分布给定时，从麦克斯韦方程组(一般采用微分形式(11.30b))，根据初始条件以及边界条件就可以完全地决定电磁场的分布和变化.

探雷器是如何工作的?

例 11.9

如图 11.23 所示，半径$R = 0.1$ m的两块圆板构成平板电容器，以匀速充电使电容器两板间电场的变化率为$\frac{\mathrm{d}E}{\mathrm{d}t} = 1 \times 10^{13}$ V/(m·s)，求电容器两板间的位移电流，并计算电容器内离两板中心连线$r(r < R)$处的磁感应强度B_r和$r = R$处的磁感应强度B_R.

解　据位移电流的定义知

$$I_{\mathrm{D}} = \frac{\mathrm{d}\Phi_{\mathrm{D}}}{\mathrm{d}t} = S\frac{\mathrm{d}D}{\mathrm{d}t} = \pi R^2 \varepsilon_0 \frac{\mathrm{d}E}{\mathrm{d}t} = 2.8\ \mathrm{A}$$

从这个正在充电的电容器来看，两板之外有传导电流，两板之间有位移电流，所产生的磁场对于两板中心连线具有对称性，即在离两板中心连线为r处的圆周上各点磁感应强度的大小相等，方向沿圆周切向并与电流流向成右螺旋. 以两板中心连线为轴，在平行于极板内作半径为r的圆形回路，应用麦克斯韦方程组(11.30a)的第 4 个公式有

$$\oint_L \boldsymbol{H} \cdot \mathrm{d}\boldsymbol{l} = \int_S \frac{\partial \boldsymbol{D}}{\partial t} \cdot \mathrm{d}\boldsymbol{S}$$

即

$$H \cdot 2\pi r = \varepsilon_0 \frac{\mathrm{d}E}{\mathrm{d}t} \cdot \pi r^2$$

所以

$$H_r = \frac{\varepsilon_0}{2} r \frac{\mathrm{d}E}{\mathrm{d}t}$$

$$B_r = \frac{\mu_0 \varepsilon_0}{2} r \frac{\mathrm{d}E}{\mathrm{d}t}$$

当$r = R$时

$$B_R = \frac{\mu_0 \varepsilon_0}{2} R \frac{\mathrm{d}E}{\mathrm{d}t} = 5.6 \times 10^{-6}\ \mathrm{T}$$

计算结果表明，虽然位移电流相当大，但它产生的磁场却很弱. 只有在超高频情况下，才会获得较强的磁场.

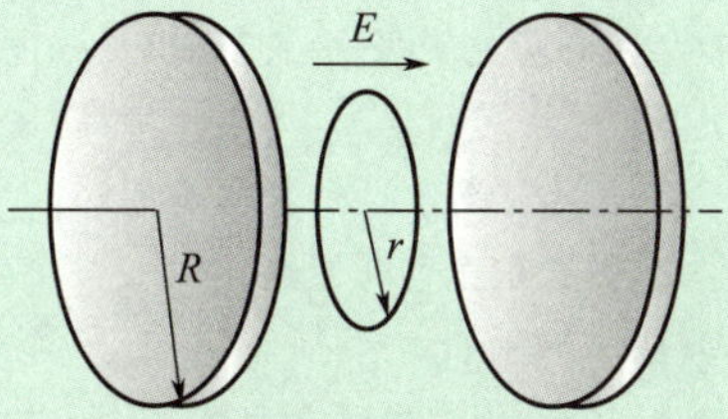

图 11.23

习　题

11.1　选择题.

(1) 一圆形线圈在均匀磁场中做下列运动时，哪些情况会产生感应电流　(　　)

A. 沿垂直磁场方向平移.

B. 以直径为轴转动，轴跟磁场垂直.

C. 沿平行磁场方向平移.

D. 以直径为轴转动，轴跟磁场平行.

(2) 下列哪些矢量场为保守力场　(　　)

A. 静电场.　　B. 稳恒磁场.

C. 感生电场.　　D. 变化的磁场.

(3) 用线圈的自感系数L来表示载流线圈磁场能量的公式$W_{\mathrm{m}} = \frac{1}{2}LI^2$　(　　)

A. 只适用于无限长密绕线管.

B. 只适用于一个匝数很多，且密绕的螺线环.

C. 只适用于单匝圆线圈.

D. 适用于自感系数L一定的任意线圈.

(4) 对于涡旋电场，下列说法不正确的是　(　　)

A. 涡旋电场对电荷有作用力.

B. 涡旋电场由变化的磁场产生.

C. 涡旋电场由电荷激发.

D. 涡旋电场的电场线是闭合的.

(5) 对于位移电流,下列说法正确的是 ( )

A. 与电荷的定向运动有关.

B. 变化的电场.

C. 产生焦耳热.

D. 与传导电流一样.

(6) 如图题 11.1(6) 图所示为一充电后的平行板电容器,A板带正电,B板带负电,开关K合上时,A、B位移电流方向为(按图上所标 x 轴正方向回答) ( )

A. x 轴正向.

B. x 轴负向.

C. x 轴正向或负向.

D. 不确定.

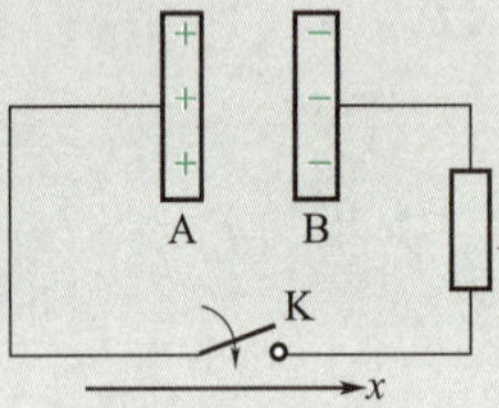

题 11.1(6) 图

11.2 填空题.

(1) 将金属圆环从磁极间沿与磁感应强度垂直的方向抽出时,圆环将受到________.

(2) 产生动生电动势的非静电场力是________,产生感生电动势的非静电场力是________,激发感生电场的场源是________.

(3) 长为 l 的金属直导线在垂直于均匀的平面内以角速度 ω 转动,如果转轴的位置在________,这个导线上的电动势最大,数值为________;如果转轴的位置在________,整个导线上的电动势最小,数值为________.

(4) 一个变化的电场必定有一个磁场伴随它,方程为________;

(5) 一个变化的磁场必定有一个电场伴随它,方程为________;(6) 磁感线必定是无头无尾的闭合曲线,方程为________;

(7) 静电平衡的导体内部不可能有电荷的分布,方程为________.

11.3 一半径 $r=10$ cm 的圆形回路放在 $B=0.8$ T 的均匀磁场中. 回路平面与 $\boldsymbol{B}$ 垂直. 当回路半径以恒定速率 $\frac{dr}{dt}=80$ cm/s 收缩时,求回路中感应电动势的大小.

11.4 一对互相垂直的相等的半圆形导线构成回路,半径 $R=5$ cm,如题 11.4 图所示. 均匀磁场 $B=80\times10^{-3}$ T,$\boldsymbol{B}$ 的方向与两半圆的公共直径(在 Oz 轴上)垂直,且与两个半圆构成相等的角 α. 当磁场在 5 ms 内均匀降为零时,求回路中的感应电动势的大小及方向.

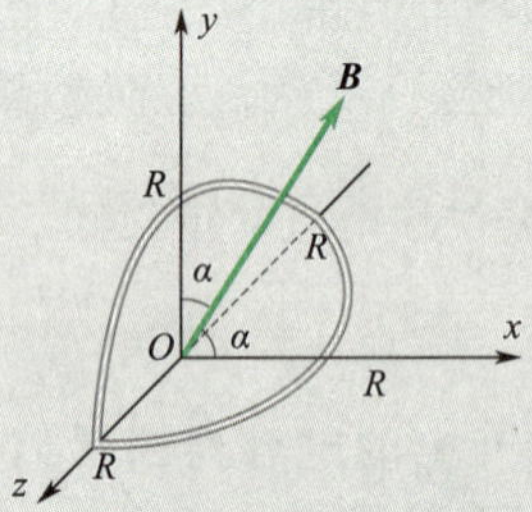

题 11.4 图

11.5 如题 11.5 图所示,载有电流 I 的长直导线附近,放一导体半圆环 MeN 与长直导线共面,且端点 MN 的连线与长直导线垂直. 半圆环的半径为 b,环心 O 与导线相距 a. 设半圆环以速度 $\boldsymbol{v}$ 平行导线平移. 求半圆环内感应电动势的大小和方向及 MN 两端的电势差 U_{MN}.

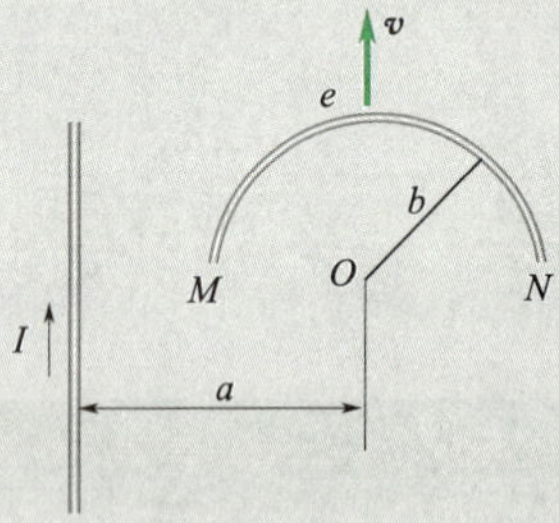

题 11.5 图

11.6 如题 11.6 图所示,在两平行载流的无限长直导线的平面内有一矩形线圈. 两导线中的电流方向相反、大小相等,且电流以 $\frac{dI}{dt}$ 的变化率增大,求:

(1) 任一时刻线圈内所通过的磁通量;

(2) 线圈中的感应电动势.

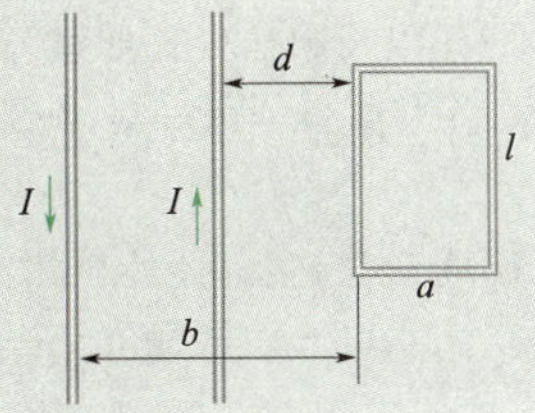

题 11.6 图

11.7　如题 11.7 图所示，用一根硬导线弯成半径为 r 的一个半圆. 令这半圆形导线在磁场中以频率 f 绕图中半圆的直径旋转. 整个电路的电阻为 R. 求感应电流的最大值.

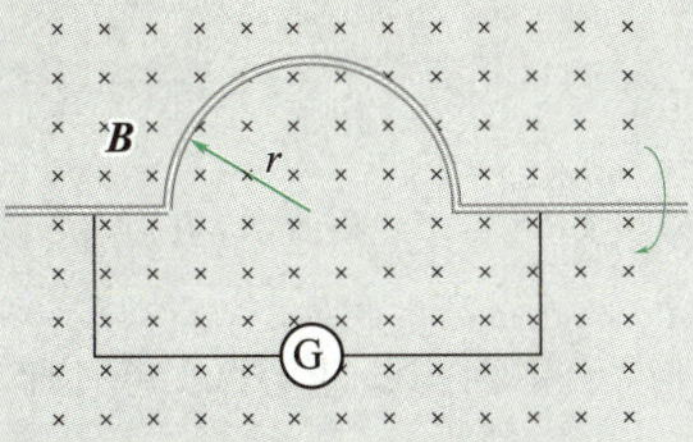

题 11.7 图

11.8　如题 11.8 图所示，长直导线通以电流 $I=5$ A，在其右方放一长方形线圈，两者共面. 线圈长 $b=0.06$ m，宽 $a=0.04$ m，线圈以速度 $v=0.03$ m/s 垂直于直线平移远离. 求 $d=0.05$ m 时线圈中感应电动势的大小和方向.

11.9　长度为 l 的金属杆 ab 以速率 v 在导电轨道 $abcd$ 上平行移动. 已知导轨处于均匀磁场 $\boldsymbol{B}$ 中，$\boldsymbol{B}$ 的方向与回路的法线成 60° 角（见题 11.9 图），$\boldsymbol{B}$ 的大小为 $B=kt$（k 为正常数）. 设 $t=0$ 时杆位于 cd 处，求任一时刻 t 导线回路中感应电动势的大小和方向.

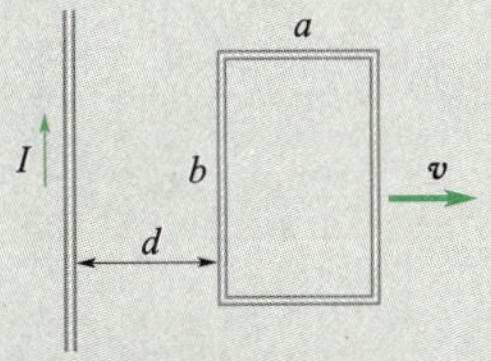

题 11.8 图

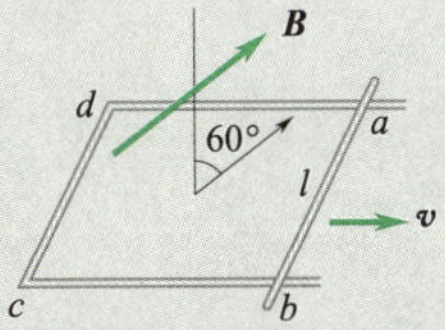

题 11.9 图

11.10　一矩形导线框以恒定的加速度向右穿过一均匀磁场区，$\boldsymbol{B}$ 的方向如题 11.10 图所示. 取逆时针方向为电流正方向，画出线框中电流与时间的关系（设导线框刚进入磁场区时 $t=0$）.

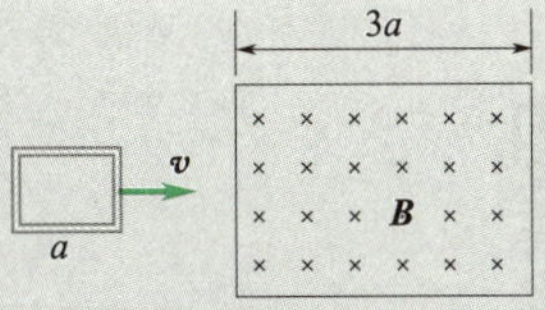

题 11.10 图

11.11　导线 ab 长为 l，绕过 O 点的垂直轴以匀角速 ω 转动. $aO=\dfrac{l}{3}$，磁感应强度 $\boldsymbol{B}$ 平行于转轴，如题 11.11 图所示. 试求：

（1）ab 两端的电势差；

（2）a、b 两端哪一点电势高？

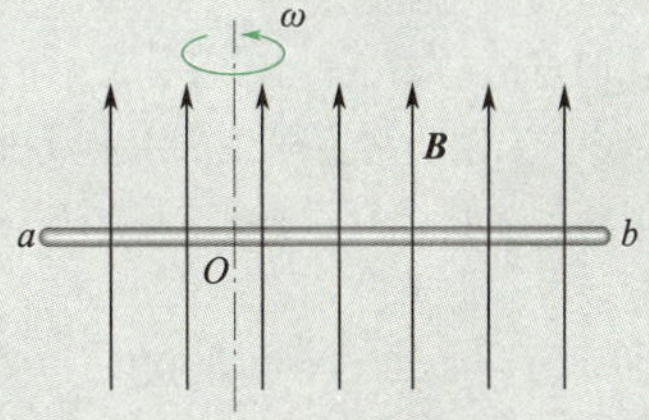

题 11.11 图

11.12　如题 11.12 图所示，长度为 $2b$ 的金属杆位于两无限长直导线所在平面的正中间，并以速度 $\boldsymbol{v}$ 平行于两直导线运动. 两直导线通以大小相等、方向相反的电流 I，两导线相距 $2a$. 试求：金属杆两端的电势差及其方向.

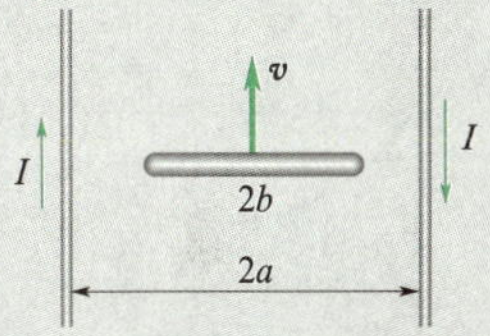

题 11.12 图

11.13　磁感应强度为 $\boldsymbol{B}$ 的均匀磁场充满一半径为 R 的圆柱形空间，一金属杆放在题 11.13 图中位置，杆长为 $2R$，其中一半位于磁场内、另一半在磁场外. 当 $\dfrac{\mathrm{d}B}{\mathrm{d}t}>0$ 时，求：杆两端的感应电动势的大小和方向.

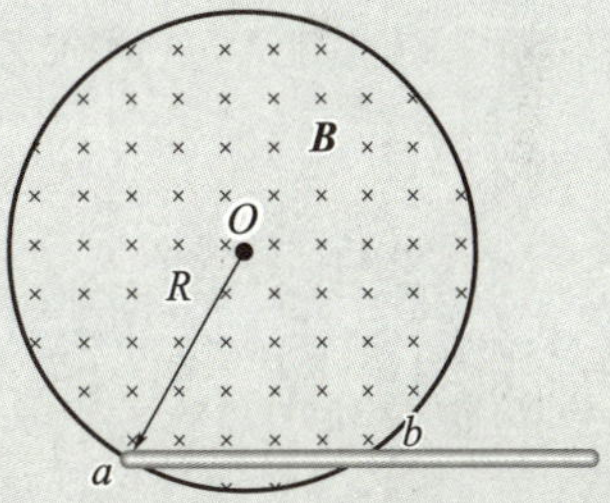

题 11.13 图

11.14　半径为 R 的直螺线管中，有 $\dfrac{\mathrm{d}B}{\mathrm{d}t}>0$ 的磁场，一任意闭合导线 $abca$，一部分在螺线管内绷直成 ab 弦，a、b 两点与螺线管绝缘，如题 11.14 图所示. 设 $ab=R$，试求闭合导线中的感应电动势.

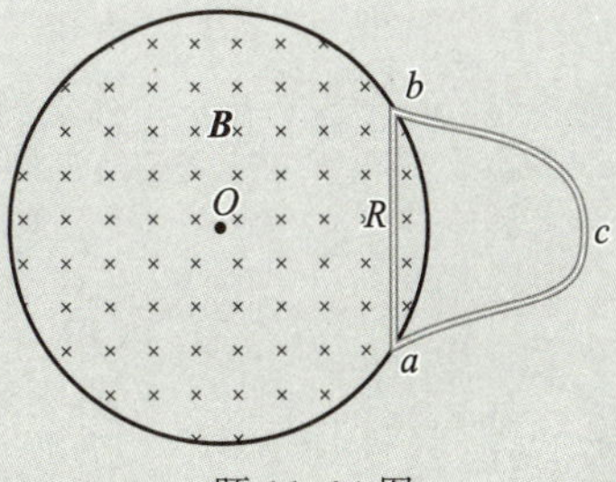

题 11.14 图

11.15　如题 11.15 图所示，在垂直于直螺线管管轴的平面上放置导体 ab 于直径位置，另一导体 cd 在一弦上，导体均与螺线管绝缘. 当螺线管接通电源的一瞬间管内磁场如题11.15 图所示方向. 试求：

(1) ab 两端的电势差；

(2) cd 两点电势高低的情况.

11.16　一无限长的直导线和一正方形的线圈如题 11.16 图所示放置(导线与线圈接触处绝缘). 求线圈与导线间的互感系数.

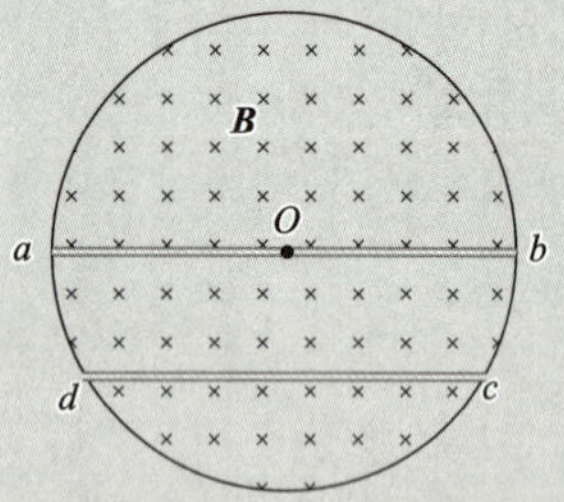

题 11.15 图

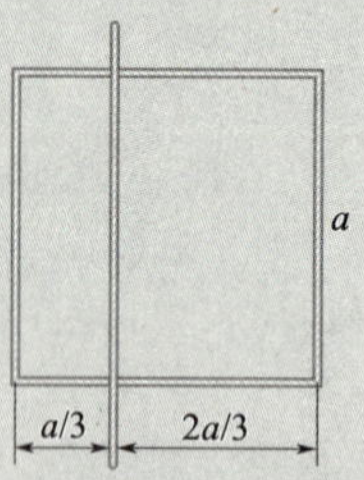

题 11.16 图

11.17　两线圈顺串联后总自感为 1.0 H，在它们的形状和位置都不变的情况下，反串联后总自感为 0.4 H. 试求它们之间的互感.

11.18　一矩形截面的螺绕环如题 11.18 图所示，共有 N 匝. 试求：

(1) 此螺绕环的自感系数；

(2) 若导线内通有电流 I，环内磁能为多少？

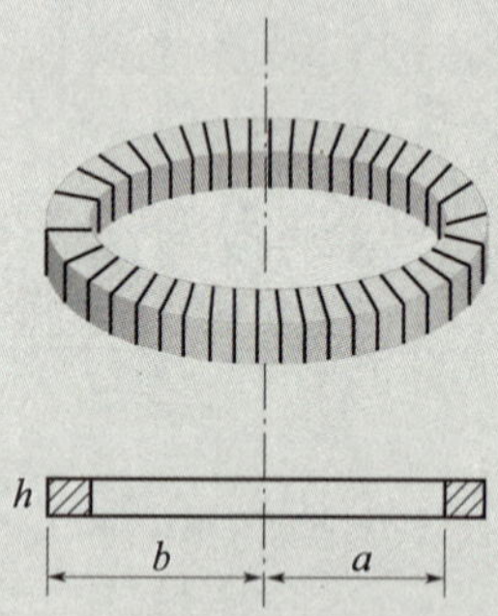

题 11.18 图

11.19　一无限长圆柱形直导线，其截面各处的电流密度相等，总电流为 I. 求导线内部单位长度上所储存的磁能.

11.20　圆柱形电容器内、外导体截面半径分别为 R_1 和 R_2($R_1 < R_2$)，中间充满介电常数为 ε 的电介质. 当两极板间的电压随时间的变化为 $\frac{\mathrm{d}U}{\mathrm{d}t} = k$ 时(k 为常数)，求介质内距圆柱轴线为 r 处的位移电流密度.

11.21　试证：平行板电容器的位移电流可写成 $I_{\mathrm{D}} = C\frac{\mathrm{d}U}{\mathrm{d}t}$. 式中 C 为电容器的电容，U 是电容器两极板的电势差. 如果不是平行板电容器，以上关系还适用吗？

11.22　如题 11.22 图所示，电荷 $+q$ 以速度 $\boldsymbol{v}$ 向 O 点运动，$+q$ 到 O 点的距离为 x，在 O 点处作半径为 a 的圆平面，圆平面与 $\boldsymbol{v}$ 垂直. 求通过此圆的位移电流.

11.23　如题 11.23 图所示，设平行板电容器内各点的交变电场强度 $E = 720 \sin 10^5 \pi t$ V/m，正方向规定如图. 试求：

(1) 电容器中的位移电流密度；

(2) 电容器内距中心连线 $r = 10^{-2}$ m 的一点 P 处，当 $t = 0$ 和 $t = \frac{1}{2} \times 10^{-5}$ s 时磁场强度的大小及方向(不考虑传导电流产生的磁场).

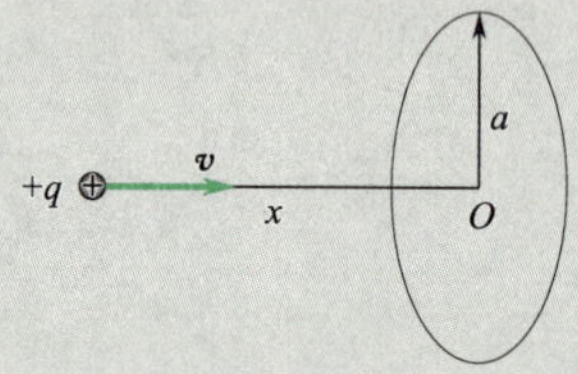

题 11.22 图

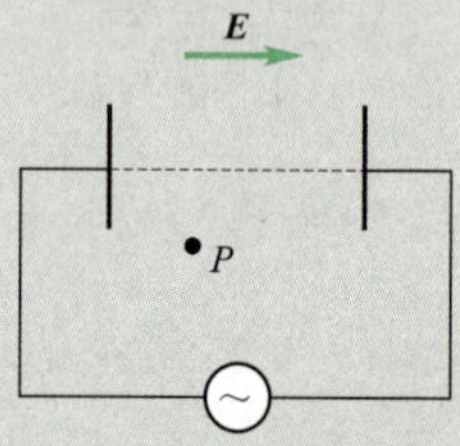

题 11.23 图

本章习题参考答案

第四篇

波动光学

光学是研究光的本性、光的传播和光与物质相互作用等规律的学科. 其内容通常分为几何光学、波动光学和量子光学三部分. 以光的直线传播为基础，研究光在透明介质中传播规律的光学称为几何光学；以光的波动性质为基础，研究光的传播及规律的光学称为波动光学；以光的粒子性为基础，研究光与物质相互作用规律的光学称为量子光学.

光学是人类历史上发展较早的学科，公元前 400 多年，我国的《墨经》中就记载了光影关系、小孔成像、反射成像等光的直线传播性能，对光的几何性质已有了较为完整的描述. 直到公元 1590 年琼森(Jonsen) 和李普塞(Lippershey) 发明了望远镜和 17 世纪初冯特纳(Fontana) 发明了显微镜，才由斯涅耳(Snell) 和笛卡儿(Descartes) 对光的反射和折射现象的观察结果归结为当今我们所用的反射定律和折射定律. 17 世纪后半叶，人们对于光的本性的认识曾有两派不同的学说：一派是牛顿所主张的微粒说(至 18 世纪末一直占主导地位)，认为光是一股粒子流；一派是惠更斯所倡导的波动说，认为光是机械振动在“以太”介质中的传播. 由于当时科学水平的局限，他们或者把光看作由机械微粒所组成，或者把光看作是一种机械波. 这两种观点都没有正确地反映光的客观本质.

19 世纪初，逐步发展起来的波动光学体系已初步形成，其中以英国的托马斯·杨(T. Young) 和法国的菲涅耳(A. J. Fresnel) 的著作为代表. 杨氏用双狭缝实验显示了光的干涉现象，测定了光的波长并圆满地解释了“薄膜的颜色”现象；菲涅耳认为光振动是一种连续介质的机械弹性振动，并于1835 年以杨氏干涉原理为基础补充了惠更斯波动说，提出了惠更斯-菲涅耳原理，进一步解释了光的干涉和衍射现象. 1808 年，法国人马吕斯(E. L. Malus) 发现了光的偏振现象，托马斯·杨根据这一发现提出光是一种横波. 光的干涉、衍射和偏振现象，表明光具有波动性，并且是横波，至此，光的波动说获得了普遍承认. 1860 年麦克斯韦(C. Maxwell) 的理论研究指出，电场和磁场的变化，不能局限在空间的某一部分，而是以一定的速度传播着,且其在真空中的传播速度等于实验测定的光速——3×10^{10} cm/s,于是麦克斯韦预言:光是一种电磁波.这一结论在 1887 年被赫兹(Hertz)的实验所证实,人们才认识到光不是机械波,而是电磁波,波动光学的理论得以完善.

19 世纪末至 20 世纪初,人们又发现一系列新现象,如热辐射、光电效应、康普顿效应等,不能用光的波动理论来解释.1900 年,普朗克提出了能量子假说,成功地解释了黑体辐射的实验规律,开创了量子光学的新纪元.1905 年,爱因斯坦提出光量子假说,认为光是由大量以光速运动的粒子流——光子组成,圆满地解释了光电效应;之后康普顿又假定光子不仅具有能量,而且具有动量,成功解释了康普顿效应.

光究竟是“微粒”还是“波动”?近代科学实践证明,光是一种十分复杂的客体,关于光的本性问题,只能用它所表现的性质和规律来回答:光在某些方面的行为像“波动”,另一些方面的行为却像“粒子”,即它具有波动和粒子的两重性质,这就是所谓光的波粒二象性.光的这种二重性,已被证实也是一切微观粒子所具有的基本属性.

光的干涉、衍射和偏振现象在现代科学技术中的应用已十分广泛,如长度的精密测量、光谱学的测量与分析、光测弹性研究、晶体结构分析等.20 世纪 60 年代以来,由于激光的问世和激光技术的迅速发展,开拓了光学研究和应用的新领域,如全息技术、信息光学、集成光学、光纤通信以及强激光下的非线性光学效应研究等,推动了现代科技的新发展.

本篇只是从波动的角度来研究光的性质,分别介绍光的干涉、衍射和偏振,它的量子性将在量子论篇介绍.

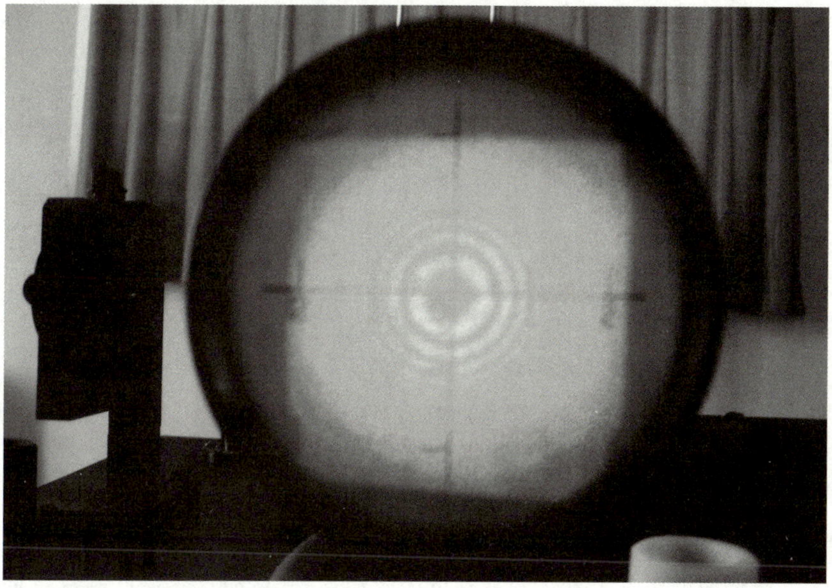

第 12 章 光的干涉

通过第 6 章机械波的学习我们知道，干涉现象是波的一种叠加效应。当频率相同、振动方向相同、位相差恒定的两列波在空间传播时，在重叠区域会形成稳定的、强弱分布不变的波形。在对光的研究中，人们发现，满足一定条件的两列光相遇时，在它们的重叠区域也会出现稳定的明暗分布，这就是光的干涉现象。能产生干涉现象的光称为相干光。

本章介绍光的干涉现象和规律，主要讨论光的相干条件、明暗条纹分布的规律以及典型的光干涉实验等。

本章提要

12.1 光源 光的相干性

12.1.1 光源

1. 光源的发光机理

能发射光的物体称为光源. 常用的光源有两类:普通光源和激光光源. 普通光源有热光源(由热能激发,如白炽灯、太阳)、冷光源(由化学能、电能或光能激发,如日光灯、气体放电管)等. 各种光源的激发方式不同,辐射机理也不相同. 在热光源中,大量分子和原子在热能的激发下处于高能量的激发态,当它从激发态返回到较低能量状态时,就把多余的能量以光波的形式辐射出来,这便是热光源的发光. 这些分子或原子,间歇地向外发光,发光时间极短,仅持续大约 10^{-8} s,因而它们发出的光波是在时间上很短、在空间中极为有限长的一串串波列(见图 12.1). 由于各个分子或原子的发光参差不齐,彼此独立,互不相关,因而在同一时刻,各个分子或原子发出波列的频率、振动方向和相位都不相同. 即使是同一个分子或原子,在不同时刻所发出的波列的频率、振动方向和相位也不尽相同.

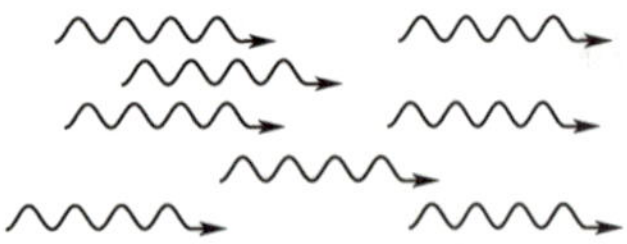

图 12.1 普通光源的各原子或分子所发出的光波是持续时间约为 10^{-8} s 的波列,彼此完全独立

2. 光的颜色和光谱

光源发出的可见光是频率在 $7.7\times10^{14}\sim3.9\times10^{14}$ Hz之间可以引起视觉的电磁波,它在真空中对应的波长范围是 390 ~ 760 nm. 在可见光范围内,不同频率的光将引起不同的颜色感觉,表 12.1 是各种颜色的可见光的波长和频率范围. 由表可见,波长从小到大呈现出从紫到红等各种颜色.

表 12.1 各种颜色的可见光的波长和频率范围

光色	波长范围(nm)	频率范围(Hz)
红	760 ~ 622	$3.9\times10^{14}\sim4.7\times10^{14}$
橙	622 ~ 597	$4.7\times10^{14}\sim5.0\times10^{14}$
黄	597 ~ 577	$5.0\times10^{14}\sim5.5\times10^{14}$
绿	577 ~ 492	$5.5\times10^{14}\sim6.3\times10^{14}$
青	492 ~ 450	$6.3\times10^{14}\sim6.7\times10^{14}$
蓝	450 ~ 435	$6.7\times10^{14}\sim6.9\times10^{14}$
紫	435 ~ 390	$6.9\times10^{14}\sim7.7\times10^{14}$

只含单一波长的光,称为单色光. 然而,严格的单色光在实际中是不存在的,一般光源的发光是由大量分子或原子在同一时刻发

出的，包含了各种不同的波长成分，称为复色光. 如果光波中包含波长范围很窄的成分，则这种光称为准单色光，也就是通常所说的单色光. 波长范围 $\Delta\lambda$ 越窄，其单色性越好. 例如，用滤光片从白光中得到的色光，其波长范围相当宽，$\Delta\lambda \approx 10$ nm；在气体原子发出的光中，每一种成分的光的波长范围$\Delta\lambda \approx 10^{-2} \sim 10^{-4}$ nm；即使是单色性很好的激光，也有一定的波长范围，其 $\Delta\lambda \approx 10^{-9}$ nm. 利用光谱仪可以把光源所发出的光按波长不同的成分彼此分开，所有的波长成分就组成了光谱. 光谱中每一波长成分所对应的亮线或暗线，称为光谱线，它们都有一定的宽度，如图 12.2 所示. 每种光源都有自己特定的光谱结构，利用它可以对化学元素进行分析，或对原子和分子的内部结构进行研究.

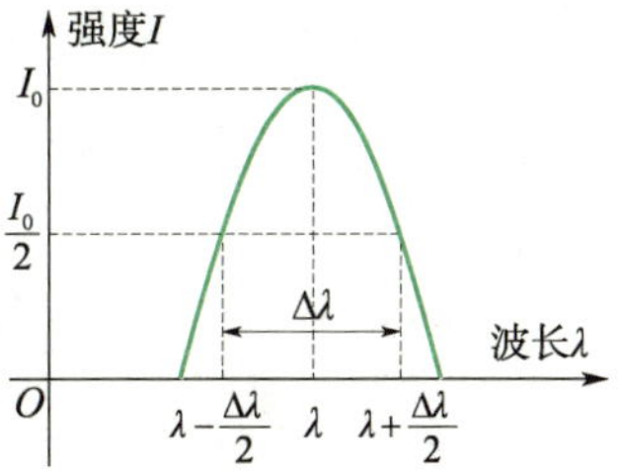

图 12.2　谱线及其宽度

3. 光强

可见光是能激起人视觉的电磁波，是变化电磁场在空间的传播. 实验表明，能引起眼睛视觉效应和照相底片感光作用的是光波中的电场，所以光学中常用电场强度 $\boldsymbol{E}$ 代表光振动，并把 $\boldsymbol{E}$ 矢量称为**光矢量**. 光振动指的是电场强度随时间周期性地变化.

人眼或感光仪器所检测到的光的强弱是由平均能流密度决定的，平均能流密度正比于电场强度振幅 E_0 的平方，所以**光的强度**(平均能流密度)

$$I \propto E_0^2$$

通常我们关心的是光强度的相对分布，可设比例系数为 1，故在传播光的空间内任一点光的强度，可用该点光矢量振幅的平方表示，即

$$I = E_0^2 \tag{12.1}$$

12.1.2 光的相干性

我们已经知道，波动具有叠加性，两个相干波源发出的两列相干波，在相遇的区间将产生干涉现象，如机械波、无线电波的干涉现象. 对于两列光波，在它们的相遇区域满足什么条件才能观察到干涉现象呢?

科研成果介绍

大连相干光源

设两个频率相同、光矢量 $\boldsymbol{E}$ 方向相同的光源所发出的光振幅和光强分别为 E_{10}、E_{20} 和 I_1、I_2，它们在空间某处 P 点相遇，P 点合成光矢量的振幅 E、光强 I 根据式(5.29) 和式(12.1) 可分别表示为

$$E^2 = E_{10}^2 + E_{20}^2 + 2E_{10}E_{20}\cos\Delta\varphi \tag{12.2}$$

$$I = I_1 + I_2 + 2\sqrt{I_1 I_2}\cos\Delta\varphi \tag{12.3}$$

式中 $\Delta\varphi$ 为两光振动在 P 点的相位差. 由于分子或原子每次发光持续的时间极短(约为 10^{-8} s)，人眼和感光仪器还不可能在这极短的

时间内对两波列之间的干涉作出响应.我们所观察到的光强是在较长时间 τ 内的平均值

$$I = \frac{1}{\tau}\int_0^\tau (I_1 + I_2 + 2\sqrt{I_1 I_2}\cos\Delta\varphi)\mathrm{d}t$$

$$= I_1 + I_2 + 2\sqrt{I_1 I_2}\,\frac{1}{\tau}\int_0^\tau \cos\Delta\varphi\mathrm{d}t \tag{12.4}$$

对于上式分两种情况讨论:

1. 非相干叠加

由于分子或原子发光的间歇性和随机性,在 τ 时间内,在叠加处随着光波列的大量更替,来自两个独立光源的两束光,或同一光源的不同部位所发出的光的相位差 $\Delta\varphi$"瞬息万变",它可以取 $0 \sim 2\pi$ 之间的一切数值,且机会均等,因而 $\cos\Delta\varphi$ 对时间的平均值为零,故

$$I = I_1 + I_2 \tag{12.5}$$

上式表明来自两个独立光源的两束光,或同一光源不同部位所发出的光,叠加后的光强等于两光束单独照射时的光强 I_1 和 I_2 之和,故观察不到干涉现象.

2. 相干叠加

如果利用某些方法使得两束相干光在光场中各指定点的 $\Delta\varphi(=\varphi_2-\varphi_1)$ 各有恒定值,则在相遇空间的 P 点处合成后的光强为

$$I = I_1 + I_2 + 2\sqrt{I_1 I_2}\cos\Delta\varphi$$

因相位差 $\Delta\varphi$ 恒定,所以 P 点的光强始终不变.对于两波相遇区域的不同位置,其光强的大小将由这些位置的相位差决定,即空间各处光强分布将由干涉项 $2\sqrt{I_1 I_2}\cos\Delta\varphi$ 决定,将会出现有些地方始终加强($I > I_1 + I_2$),有些地方始终减弱($I < I_1 + I_2$).若 $I_1 = I_2$,则合成后的光强为

$$I = 2I_1(1+\cos\Delta\varphi) = 4I_1\cos^2\frac{\Delta\varphi}{2} \tag{12.6}$$

当 $\Delta\varphi = \pm 2k\pi$ 时,这些位置的光强最大($I = 4I_1$),称为**干涉相长**,即亮纹中心;当 $\Delta\varphi = \pm(2k+1)\pi$ 时,这些位置的光强最小($I = 0$),称**干涉相消**.光强 I 随相位差 $\Delta\varphi$ 变化的情况如图 12.3 所示.

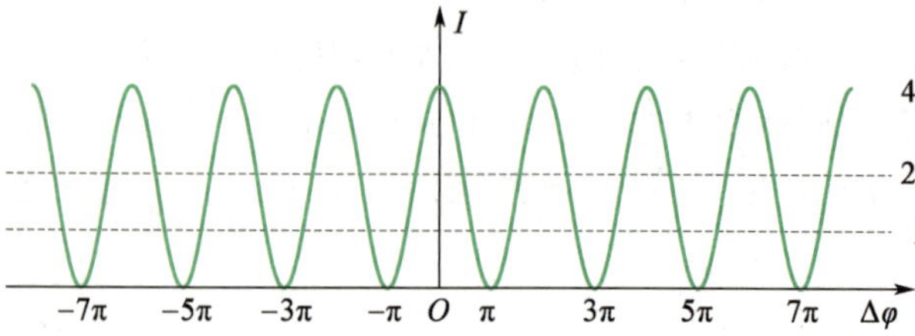

图 12.3 两光叠加时的光强分布

综上所述，只有两束相干光叠加才能观察到光的干涉现象. 怎样才能获得两束相干光呢？原则上可以将光源上同一发光点发出的光波分成两束，使之经历不同的路径再会合叠加. 由于这两束光是出自同一发光原子或分子的同一次发光，所以它们的频率和初相位必然完全相同，在相遇点，这两光束的相位差是恒定的，而振动方向一般总有相互平行的振动分量，从而满足相干条件，可以产生干涉现象. 获得相干光的具体方法有两种：**分波阵面法和分振幅法**. 分波阵面法是从同一波阵面上的不同部分产生的次级波相干，如下面将要讨论的双缝干涉；分振幅法是利用光在透明介质薄膜表面的反射和折射将同一光束分割成振幅较小的两束相干光，如后面要介绍的薄膜干涉、牛顿环等.

12.2　杨氏双缝干涉实验

12.2.1　杨氏双缝干涉

1801 年，托马斯·杨(T. Young)首先用实验获得了两列相干的光波，观察到了光的干涉现象. 实验装置如图 12.4 所示，在普通单色光源(如钠光灯)前面，先放置一个开有小孔 S 的屏，再放置一个开有两个相距很近的小孔 S_1 和 S_2 的屏，就可以在较远的接收屏上观测到干涉图样. 根据惠更斯原理，小孔 S 可看作是发射球面波的点光源. 如果 S_1、S_2 处于该球面波的同一波阵面上，则它们的相位永远相同. 显然，S_1、S_2 是满足相干条件的两个相干点光源，由它们发出的子波将在相遇区域发生干涉. 为了提高干涉条纹的亮度，后来人们改用狭缝代替小孔 S 及 S_1、S_2，即用柱面波代替球面波，这种实验就叫双缝干涉实验. 当激光问世以后，利用它的相干性好和亮度高的特性，直接用激光束照射双孔，便可在屏幕上获得清晰明亮的干涉条纹.

提示：打开"九斗"APP，点击"[ ]"，全屏扫描下图即可进行互动学习。

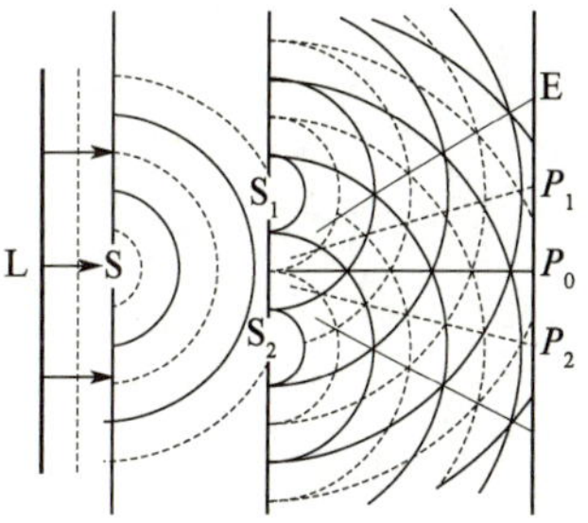

图 12.4　杨氏双缝干涉实验

现在对双缝干涉条纹的位置作定量分析. 如图 12.5 所示，S_1 与 S_2 之间的距离为 d，到屏幕 E 的距离为 D，MO 是 S_1、S_2 的中垂线. 在屏 E 上任取一点 P，设 P 点离 O 点距离为 x，P 点到 S_1、S_2 距离分别为 r_1、r_2，$\angle PMO=\theta$. 在实验中，一般 $D \gg d$，θ 很小，所以从 S_1 与 S_2 发出的光到达 P 点的波程差为

$$\delta = r_2 - r_1 \approx d\sin\theta \approx d\tan\theta = d\,\frac{x}{D} \tag{12.7}$$

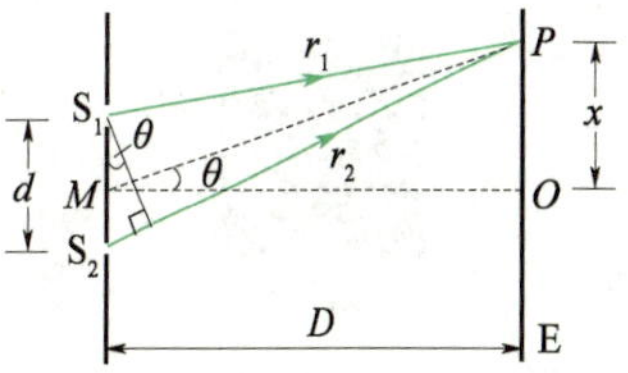

图 12.5　干涉条纹计算用图

由式(6.52)和式(6.53)干涉加强或干涉减弱的条件,有

$$\delta = r_2 - r_1 = \begin{cases} \pm k\lambda & k = 0,1,2,\cdots \text{ 干涉加强} \\ \pm(2k-1)\dfrac{\lambda}{2}, & k = 1,2,\cdots \text{ 干涉减弱} \end{cases} \tag{12.8}$$

即 P 点到双缝的波程差为波长的整数倍时,P 点处将出现明条纹.其中 k 称为干涉级,$k=0$ 的明条纹称为零级明纹或中央明纹,$k=1,2,\cdots$ 对应的明条纹分别称第 1 级明纹、第 2 级明纹……若 P 点到双缝的波程差为半波长的奇数倍时,P 点处出现暗条纹,$k=1,2,\cdots$ 称为第 1 级暗纹、第 2 级暗纹……波程差为其他值的各点,光强介于明与暗之间.因此,可以在屏 E 上看到明暗相间的稳定的干涉条纹.

将式(12.8)代入式(12.7),可得明条纹中心在屏上的位置为

$$x = \pm k\frac{D}{d}\lambda \quad k = 0,1,2,\cdots \tag{12.9}$$

暗纹中心的位置为

$$x = \pm(2k-1)\frac{D}{d}\frac{\lambda}{2} \quad k = 1,2,\cdots \tag{12.10}$$

两相邻明纹或暗纹间的距离(条纹间距)均为

$$\Delta x = x_{k+1} - x_k = \frac{D}{d}\lambda \tag{12.11}$$

从上面三式分析,双缝干涉条纹有如下特点:

(1) 屏上明暗条纹的位置,是对称分布于屏幕中心 O 点两侧且平行于狭缝的直条纹,明暗条纹交替排列.

(2) 相邻明纹和相邻暗纹的间距相等,与干涉级 k 无关.条纹间距 Δx 的大小与入射光波长 λ 及缝屏间距 D 成正比,与双缝间距 d 成反比.

因此,当 D,d 一定时,用不同的单色光做实验,则入射光波长愈小,条纹愈密;波长愈大,条纹愈稀.如果用白光照射,则屏幕上除中央明纹因各单色光重合而显示白色外,其他各级条纹由于各单色光出现明纹的位置不同,因而形成彩色条纹.此外,还可由 Δx 的精确测量而推算出单色光的波长 λ.

12.2.2 其他分波阵面干涉装置

科学家介绍

菲涅耳

1. 菲涅耳双面镜

杨氏实验装置中的小孔或狭缝都很小,它们的边缘效应往往会对实验产生影响而使问题复杂化.后来,菲涅耳(A. J. Fresnel)提出一种可使问题简化的获得相干光束的方法.如图 12.6 所示,一对

紧靠在一起的夹角 ε 很小的平面镜 M_1 和 M_2 构成菲涅耳双面镜. 狭缝光源 S 与两镜面的交棱 C 平行，于是从光源 S 发出的光，经 M_1 和 M_2 反射后成为两束相干光波，在它们的重叠区域内的屏幕上就会出现等距的平行干涉条纹. 设 S_1 和 S_2 为 S 对 M_1 和 M_2 所成的两个虚像，则屏幕上的干涉条纹就如同是由相干的虚光源 S_1 和 S_2 发出的光波所产生的一样，因此可利用杨氏双缝干涉的结果计算这里的明暗纹位置及条纹间距.

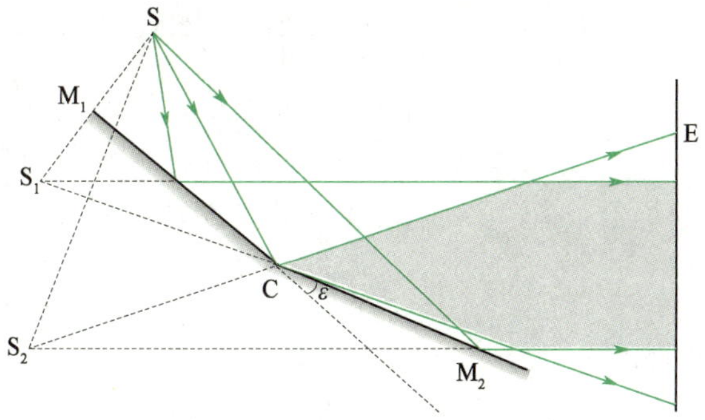

图 12.6　菲涅耳双面镜实验

2. 劳埃德镜

劳埃德(H. Lloyd) 镜的装置如图 12.7 所示，它是一个平面镜. 从狭缝 S_1 发出的光，一部分直接射向屏 E，另一部分以近 90° 的入射角掠射到镜面 ML 上，然后反射到屏幕 E 上. S_2 是 S_1 在镜中的虚像，反射光可看成是虚光源 S_2 发出的，它和 S_1 构成一对相干光源，于是在屏上叠加区域内出现明暗相间的等间距的干涉条纹.

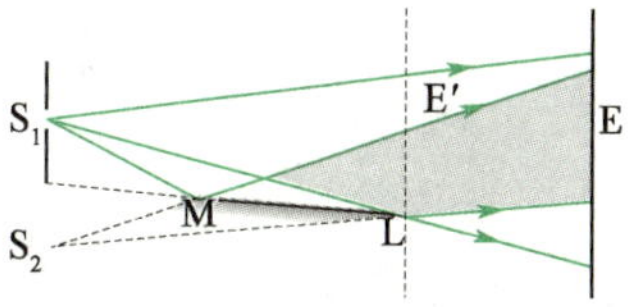

图 12.7　劳埃德镜实验

若将屏幕 E 放到镜端 L 处且与镜接触，则在接触处屏 E′ 上出现的是暗条纹. 这表明，该处由 S_1 直接射到屏上的光和经镜面反射后的光相遇，虽然两光的波程相同，但相位相反. 这只能认为光从空气掠射到玻璃发生反射时，反射光有相位 π 的突变. 这就是说光从光疏介质(折射率较小的介质) 掠射向光密介质(折射率较大的介质) 界面而反射时，会发生“半波损失”.

从劳埃德镜实验和前面波动的叙述中，我们知道入射光由光疏介质射向光密介质界面时，在掠射($i \approx 90°$) 或正射($i \approx 0$) 两种情况下，都将在反射过程中产生“半波损失”. 但光从光密介质入射向光疏介质界面时，在反射中不产生“半波损失”，而且在任何情况下，透射光均没有“半波损失”. 在一般情况下，光线倾斜地入射到两介质的界面时，反射光的相位变化是复杂的，它与界面两边介质的折射率及入射角有关，很难笼统地说是否有“半波损失”.

例 12.1

用单色光照射相距0.4 mm的双缝，缝屏间距为1 m.（1）从第1级明纹到同侧第5级明纹的距离为6 mm，求此单色光的波长；（2）若入射的单色光波长为400 nm的紫光，求相邻两明纹间的距离；（3）上述两种波长的光同时照射时，求两种波长的明条纹第1次重合在屏幕上的位置，以及这两种波长的光从双缝到该位置的波程差.

解 （1）由双缝干涉明纹条件$x=\pm k\dfrac{D}{d}\lambda$，可得

$$\Delta x_{1-5}=x_5-x_1=\frac{D}{d}(k_5-k_1)\lambda$$

得

$$\lambda=\frac{d}{D}\frac{\Delta x_{1-5}}{(k_5-k_1)}=\frac{4\times10^{-4}\times6\times10^{-3}}{1\times(5-1)}\ \text{m}$$
$$=6.0\times10^{-7}\ \text{m}\ (\text{橙色})$$

（2）当$\lambda=400$ nm时，相邻两明纹间距为

$$\Delta x=\frac{D}{d}\lambda=\frac{1\times4\times10^{-7}}{4\times10^{-4}}\ \text{m}=1.0\times10^{-3}\ \text{m}$$
$$=1.0\ \text{mm}$$

（3）设两种波长的光的明条纹重合处离中央明纹的距离为x，则有

$$x=k_1\frac{D}{d}\lambda_1=k_2\frac{D}{d}\lambda_2$$

即

$$\frac{k_1}{k_2}=\frac{\lambda_2}{\lambda_1}=\frac{400}{600}=\frac{2}{3}$$

由此可见，波长为400 nm的紫光的第3级明条纹与波长为600 nm的橙光的第2级明条纹第1次重合.重合的位置为

$$x=k_1\frac{D}{d}\lambda_1=\frac{2\times1\times6\times10^{-7}}{4\times10^{-4}}\ \text{m}$$
$$=3\times10^{-3}\ \text{m}=3\ \text{mm}$$

双缝到重合处的波程差为

$$\delta=k_1\lambda_1=k_2\lambda_2=1.2\times10^{-6}\ \text{m}$$

12.3 光程与光程差

我们知道，干涉现象的产生，决定于两束相干光波的相位差.当两相干光都在同一均匀媒质中传播时，它们在相遇处叠加时的相位差，仅决定于两光之间的几何路程之差.但是，当两束相干光通过不同的媒质时，例如，光从空气透入薄膜，这时，两相干光间的相位差就不能单纯由它们的几何路程之差来决定.为此，需要介绍光程与光程差的概念.

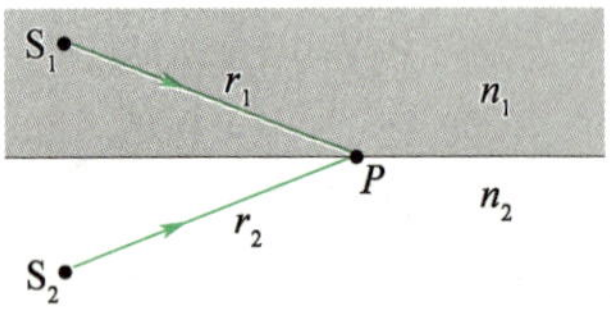

图 12.8 两相干光在不同媒质中传播

前面已经说过，单色光的频率不论在何种媒质中传播都恒定不变，始终等于光源的频率ν.由波速、波长与频率的关系可知，若光在真空中的传播速度为c，则真空中的波长为$\lambda=\dfrac{c}{\nu}$.而光在媒质中的传播速度$u=\dfrac{c}{n}$，所以它在媒质中的波长为$\lambda_n=\dfrac{u}{\nu}=\dfrac{c}{n\nu}=\dfrac{\lambda}{n}$.这表明，光在折射率为$n$的媒质中传播时，其波长只有真空中波长的$\dfrac{1}{n}$.由于光每传过一个波长的距离，相位变化为$2\pi$，若光在媒质中

传播的几何路程为 r，那么相应的相位变化为 $2\pi \dfrac{r}{\lambda_n} = \dfrac{2\pi}{\lambda}nr$. 由此可见，当光在不同的媒质中传播时，即使传播的几何路程相同，但相位的变化是不同的.

设从同相位的相干光源 S_1 和 S_2 发出的两相干光，分别在折射率为 n_1 和 n_2 的媒质中传播，相遇点 P 与光源 S_1 和 S_2 的距离分别为 r_1 和 r_2，如图 12.8 所示. 则两光束到达 P 点的相位变化之差为

$$\Delta\varphi = \frac{2\pi r_1}{\lambda_{n_1}} - \frac{2\pi r_2}{\lambda_{n_2}} = \frac{2\pi}{\lambda}(n_1 r_1 - n_2 r_2) \qquad (12.12)$$

上式表明，两相干光束通过不同的媒质时，决定其相位变化之差的因素有两个：一是两光经历的几何路程 r_1 和 r_2；二是所经媒质的性质即 n_1 和 n_2. 我们把光在某一媒质中所经过的几何路程 r 和该介质的折射率 n 的乘积 nr 叫作**光程**. 当光经历几种不同的介质时

$$\text{光程} = \sum n_i r_i \qquad (12.13)$$

在均匀介质中，$nr = \dfrac{c}{u}r = ct$，因此光程可认为是在相同时间内，光在真空中通过的路程. 引进光程的概念后，我们就可将光在媒质中经过的路程折算为光在真空中的路程，这样便可统一用真空中的波长 λ 来比较两束光经历不同介质时所引起的相位改变. 若用 $\Delta = (n_1 r_1 - n_2 r_2)$ 表示两束光到达 P 点的**光程差**，则两光束在 P 点的相位差为

$$\Delta\varphi = \frac{2\pi}{\lambda}\Delta \qquad (12.14)$$

这是考虑光的干涉问题时常用的一个基本关系式. 应该注意，**引进光程后，不论光在什么介质中传播，上式中的 λ 均是光在真空中的波长**. 此外，上式仅考虑两束光经历不同介质不同路程引起的相位差，**如果两相干光源不是同相位的，则还应加上两相干光源的初相位差才是两束光在 P 点的相位差.**

这样，对于两同相的相干光源发出的两相干光，其干涉条纹的明暗条件便可由两光的光程差 Δ 决定，即

$$\Delta = \begin{cases} \pm k\lambda & k = 0,1,2,\cdots \text{ 加强(明)} \\ \pm(2k+1)\dfrac{\lambda}{2} & k = 0,1,2,\cdots \text{ 减弱(暗)} \end{cases} \qquad (12.15)$$

在观察干涉、衍射现象时，经常要用到透镜. 不同光线通过透镜可改变传播方向，那么会不会引起附加光程差呢？

我们知道，平行光通过薄透镜后，将会聚在透镜的焦平面的焦点 F 上，形成一亮点. 这一事实说明，平行光波面上各点(见图 12.9 中 A、B、C 各点)的相位相同，它们到达焦平面上的会聚点 F 后相位仍然相同，因而相互加强成亮点. 这就是说，从 A、B、C 各点到 F(或 F')点的光程都是相等的，即平行光束经过透镜后不会引起附加的光程差. 这一等光程性可作如下解释：虽然光线 AaF 比光线 BbF 经

光程和光程差

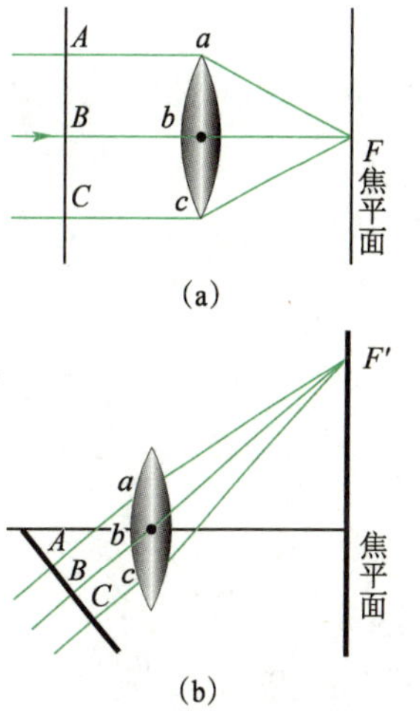

图 12.9　平行光通过透镜后各光线的光程相等

过的几何路程长，但 BbF 在透镜中经过的路程比 AaF 的长，由于透镜的折射率大于空气的折射率，所以折算成光程后，AaF 的光程与 BbF 的光程相等.

例 12.2

在杨氏双缝干涉实验中，入射光的波长为 λ，现在 S_2 缝上放置一片厚度为 d，折射率为 n 的透明介质，试问原来的零级明纹将如何移动？如果观测到零级明纹移到了原来的 k 级明纹处，求该透明介质的厚度 d.

解 如图 12.10 所示，有透明介质时，从 S_1 和 S_2 到观测点 P 的光程差为

$$\Delta = (r_2 - d + nd) - r_1$$

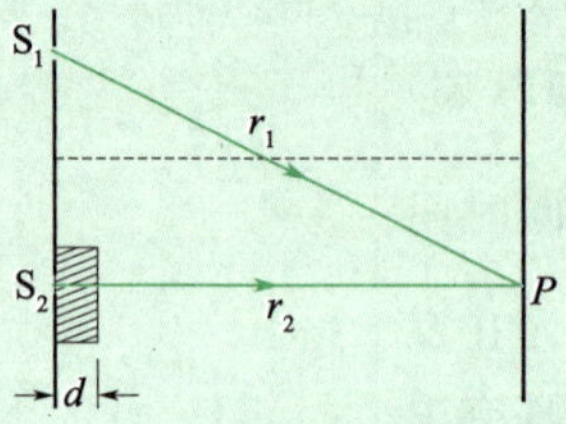

图 12.10

零级明纹相应的 $\Delta = 0$，其位置应满足

$$r_2 - r_1 = -(n-1)d < 0 \qquad (1)$$

与原来零级明纹位置所满足的 $r_2 - r_1 = 0$ 相比可知，在 S_2 前有介质时，零级明纹应该下移.

原来没有介质时 k 级明纹的位置满足

$$r_2 - r_1 = k\lambda \qquad k = 0, \pm 1, \pm 2, \cdots \ (2)$$

按题意，观测到零级明纹移到了原来的 k 级明纹处，于是(1)式和(2)式必须同时得到满足，由此可解得

$$d = \frac{-k\lambda}{n-1}$$

其中 k 为负整数. 上式也可理解为：插入透明介质使屏幕上的干涉条纹移动了 $|k| = (n-1)d/\lambda$ 条. 这也提供了一种测量透明介质折射率的方法.

12.4 薄膜干涉

薄膜干涉现象在日常生活和生产技术中都经常见到. 如马路上的油膜在雨后日光的照射下呈现彩色条纹，高级照相机镜面上见到的彩色花纹等都是日光的薄膜干涉图样.

12.4.1 薄膜干涉

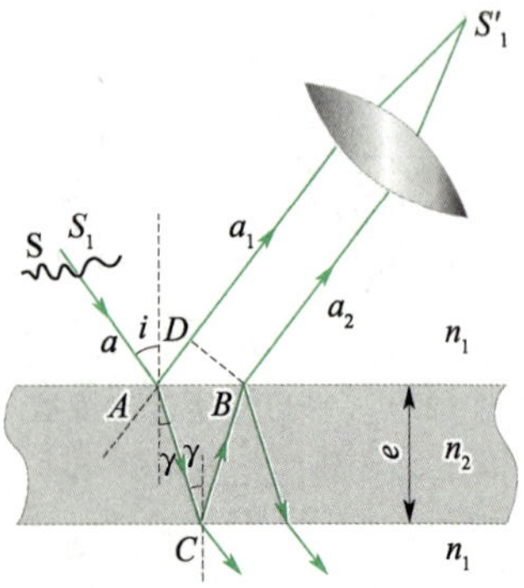

图 12.11 薄膜的干涉

我们先来讨论光线入射在厚度均匀的薄膜上产生的干涉现象. 如图 12.11 所示，在折射率为 n_1 的均匀媒质中，有一折射率为 n_2 的平行平面透明介质薄膜(厚度为 e). 设 $n_2 > n_1$，从单色扩展光源(或面光源)S 上的 S_1 发光点发出一条光线 a，以入射角 i 投射到薄膜上的 A 点，这时，光线 a 将分成两部分，一部分在 A 点反射，成为反射线 a_1，另一部分则以折射角 γ 折射入薄膜内，经下表面 C 点反射后到达 B 点，再经过上表面透射回原介质成为光线 a_2. 这两条光线因

出自光源中的同一点 S_1，所以它们是相干光．它们的能量也是从同一条入射光线 a 发出来的．由于波的能量与振幅有关，这种产生相干光的方法又叫分振幅法．下面我们用光程差概念来分析薄膜干涉的加强和减弱条件．

光线 a 从 A 点开始分成两路光线 a_1 和 a_2，且从光线 a_1 中的 D 点和光线 a_2 中的 B 点以后两路光是等光程的，所以两种光之间的光程差为

$$\Delta = n_2(AC + CB) - n_1 AD + \frac{\lambda}{2} \tag{12.16}$$

其中 $\frac{\lambda}{2}$ 一项是两光线在上表面反射时因半波损失而产生的附加光程差．

由图可见

$$AC = CB = \frac{e}{\cos\gamma}$$

$$AD = AB\sin i = 2e\tan\gamma\sin i$$

根据折射定律

$$n_1\sin i = n_2\sin\gamma$$

因此

$$\begin{aligned}\Delta &= 2n_2\frac{e}{\cos\gamma} - 2n_1 e\tan\gamma\sin i + \frac{\lambda}{2} = \frac{2n_2 e}{\cos\gamma}(1-\sin^2\gamma) + \frac{\lambda}{2}\\ &= 2n_2 e\cos\gamma + \frac{\lambda}{2} = 2e\sqrt{n_2^2 - n_1^2\sin^2 i} + \frac{\lambda}{2}\end{aligned}$$

于是，决定 a_1 和 a_2 两反射光线会聚点 S_1' 是明还是暗的干涉条件为

$$\begin{aligned}\Delta &= 2e\sqrt{n_2^2 - n_1^2\sin^2 i} + \frac{\lambda}{2}\\ &= \begin{cases} k\lambda & k = 1,2,\cdots \text{加强(明)}\\ (2k+1)\dfrac{\lambda}{2} & k = 0,1,2,\cdots \text{减弱(暗)}\end{cases}\end{aligned} \tag{12.17}$$

同理，在透射光中也有干涉现象，上式对透射光仍然适用．但应注意：透射光之间的附加光程差与反射光之间的附加光程差产生的条件恰好相反，当反射光之间有 $\frac{\lambda}{2}$ 的附加光程差时，透射光之间则没有；反之，若反射光之间没有附加光程差时，透射光之间却有 $\frac{\lambda}{2}$ 的附加光程差．所以对同样的入射光来说，当反射方向的干涉加强时，透射方向的干涉便减弱．反之亦然．

从光程差 $\Delta = 2e\sqrt{n_2^2 - n_1^2\sin^2 i} + \frac{\lambda}{2}$ 可见，对于厚度均匀的薄膜（e 处处相等）来说，光程差随入射光线的倾角 i 而变．因此，不同的干涉明条纹和暗条纹，相应地具有不同的倾角，而同一干涉条纹上的各点都具有相同的倾角．所以，在厚度均匀的薄膜上产生的这种干涉条纹叫作**等倾干涉条纹**．

等厚干涉的光程差及应用

12.4.2 增透膜与增反膜

利用薄膜干涉可以测定薄膜的厚度或波长，除此之外，还可用以提高光学仪器的透射率或反射本领. 一般说来，光射到光学元件表面时，其能量要分成反射与透射两部分，于是透射过来的光能（强度）或反射出的光能都要相对原光能减少. 例如，一个由六个透镜组成的高级照相机，因光的反射而损失的能量约占一半左右. 因此在现代光学仪器中，为了减少光能在光学元件的玻璃表面上的反射损失，常在镜面上镀一层均匀的氟化镁（MgF_2）等材料的透明薄膜，以增强其透射率. 这种能使透射增强的薄膜叫作**增透膜**.

另一方面，在有些光学系统中，又要求某些光学元件具有较高的反射本领. 例如，激光器中的反射镜要求对某种频率的单色光的反射率在 99% 以上，为了增强反射能量，常在玻璃表面上镀一层高反射率的透明薄膜，利用薄膜上、下表面反射光的光程差满足干涉相长条件，从而使反射光增强，这种薄膜叫**增反膜**. 由于反射光能量约占入射光能量的 5%，为了达到具有高反射率的目的，常在玻璃表面交替镀上折射率高低不同的多层介质膜，一般镀到 13 层，有的高达 15 层、17 层，宇航员头盔和面甲上都镀有对红外线具有高反射率的多层膜，以屏蔽宇宙空间中极强的红外线照射.

例 12.3

在一光学元件的玻璃（折射率 $n_3 = 1.5$）表面上镀一层厚度为 e，折射率为 $n_2 = 1.38$ 的氟化镁薄膜，为了使入射白光中对人眼最敏感的黄绿光（$\lambda = 550\ \text{nm}$）反射最小，试求薄膜的厚度.

解 如图 12.12 所示，由于 $n_1 < n_2 < n_3$，氟化镁薄膜的上、下表面反射的 Ⅰ、Ⅱ 两光均有半波损失. 设光线垂直入射（$i = 0$），则 Ⅰ、Ⅱ 两光的光程差为

$$\Delta = \left(2n_2 e + \frac{\lambda}{2}\right) - \frac{\lambda}{2} = 2n_2 e$$

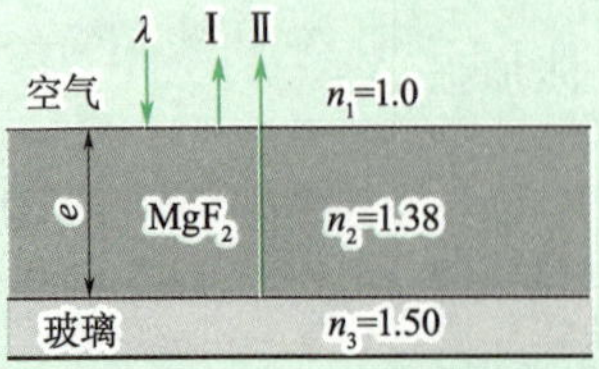

图 13.12 增透膜

要使黄绿光反射最小，即 Ⅰ、Ⅱ 两光干涉相消，于是

$$\Delta = 2n_2 e = (2k+1)\frac{\lambda}{2}$$

应控制的薄膜厚度为 $$e = \frac{(2k+1)\lambda}{4n_2}$$

其中，薄膜的最小厚度（$k = 0$）

$$e_{\min} = \frac{\lambda}{4n_2} = \frac{550\ \text{nm}}{4 \times 1.38} \approx 100\ \text{nm} = 0.1\ \mu\text{m}$$

即氟化镁的厚度为 $0.1\ \mu\text{m}$ 或 $(2k+1) \times 0.1\ \mu\text{m}$，都可使这种波长的黄绿光在两界面上的反射光干涉减弱. 根据能量守恒定律，反射光减少，透射的黄绿光就增强了.

12.5　劈尖干涉　牛顿环

本节讨论光线入射在厚度不均匀的薄膜上所产生的干涉现象，其干涉条纹称等厚干涉条纹.

12.5.1　劈尖干涉

两块平面玻璃片，将它们的一端互相叠合，另一端垫入一薄纸片或一细丝，如图 12.13(a) 所示，则在两玻璃片间就形成一端薄、一端厚的空气薄层，这是一个劈尖形的空气膜，叫作空气劈尖. 空气膜的两个表面即两块玻璃片的内表面. 两玻璃片叠合端的交线称为棱边，其夹角 θ 称劈尖楔角. 在平行于棱边的直线上各点，空气膜的厚度 e 是相等的.

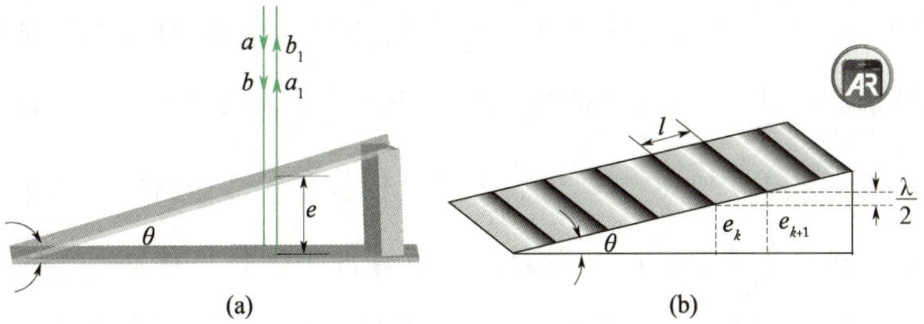

图 12.13　劈尖干涉

提示：打开“九斗”APP，点击“[-]”，全屏扫描左图即可进行互动学习。

当平行单色光垂直照射玻璃片时，就可在劈尖表面观察到明暗相间的干涉条纹. 这是由空气膜的上、下表面反射出来的两列光波叠加干涉形成的.

中国物理学家

严济慈

考虑劈尖上厚度为 e 处，由上、下表面反射的两相干光的光程差为

$$\Delta = 2e + \frac{\lambda}{2} \tag{12.18}$$

其中 $\frac{\lambda}{2}$ 为光在空气膜的下表面反射时的半波损失. 于是两表面反射光的干涉条件为

$$\begin{cases} \Delta = 2e + \dfrac{\lambda}{2} = k\lambda & k = 1,2,\cdots \text{ 明条纹} \\ \Delta = 2e + \dfrac{\lambda}{2} = (2k+1)\dfrac{\lambda}{2} & k = 0,1,2,\cdots \text{ 暗条纹} \end{cases} \tag{12.19}$$

由此可见，凡劈尖上厚度相同的地方，两反射光的光程差都相等，都

与一定的明纹或暗纹的 k 值相对应. 因此这些条纹叫作等厚干涉条纹. 这样的干涉称为**等厚干涉**.

如果玻璃片的表面是严格的几何平面,即劈尖的表面是严格的平面,则平行于棱边的直线上的各点,空气膜的厚度都相同,由式(12.18),两相干光的光程差也一样,所以从式(12.19)可知,干涉条纹是平行于棱边的一系列明暗相间的直条纹,如图 12.13(b) 所示. 如果玻璃片的表面不平整,则干涉条纹将在凹凸不平处发生弯曲,由此我们可以检验玻璃是否磨得很平. 此外,在两玻璃片的接触处,$e=0$,两反射光的光程差为$\frac{\lambda}{2}$,所以棱边处应为暗条纹,事实正是如此.

在劈尖干涉的直条纹中,任何两条相邻明纹或暗纹之间的距离 l 都是相同的,即条纹间距相等,这是因为

$$l\sin\theta = e_{k+1} - e_k = \frac{1}{2}(k+1)\lambda - \frac{1}{2}k\lambda = \frac{\lambda}{2} \quad (12.20)$$

此式说明,对一定波长的单色光入射,劈尖的干涉条纹间隔 l 仅与楔角 θ 有关. θ 愈小,则 l 愈大,干涉条纹愈稀疏;θ 愈大,则 l 愈小,干涉条纹愈密集. 因此,只能在 θ 很小的劈尖上方可观察到清晰的干涉条纹,否则,干涉条纹将密得无法分辨. 上式还说明,任何两相邻明纹或暗纹之间的空气隙厚度差为$\frac{\lambda}{2}$. 所以,在某处的空气膜厚度改变$\frac{\lambda}{2}$的过程中,将观察到该处干涉条纹由亮逐渐变暗后又逐渐变亮(或由暗逐渐变亮后又逐渐变暗),好像干涉条纹移动了一条似的. 若观察到干涉条纹移动了 N 条,则该处空气隙厚度将改变 $N\frac{\lambda}{2}$ 的距离. 干涉膨胀仪测量样品微小长度的变化就是根据这一原理制成的.

如果构成劈尖的介质膜不是空气,而是其他透明物质(液体、二氧化硅等),其上、下表面两反射光的光程差计算方法类同,但附加光程差的计算应具体问题具体分析.

提示:打开"九斗"APP,点击"[扫描图标]",全屏扫描下图即可进行互动学习。

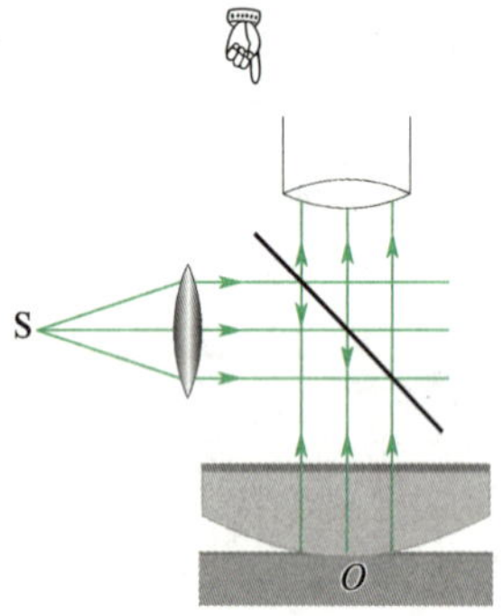

(a)

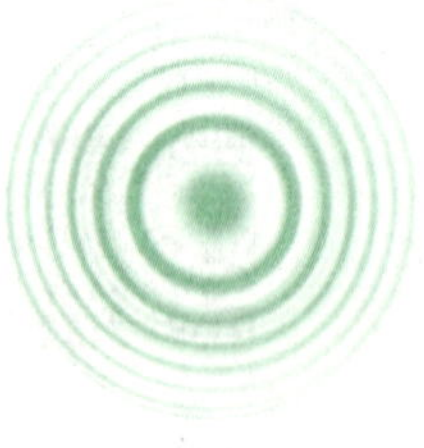

(b)

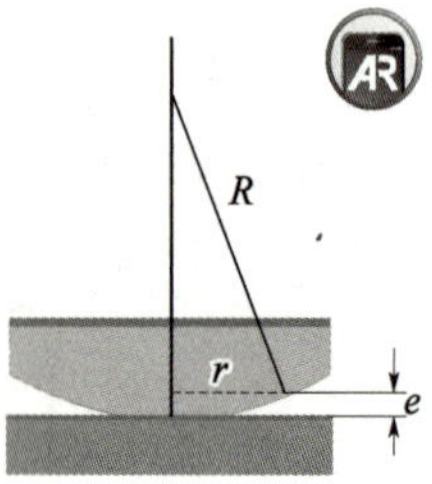

(c)

图 12.14　牛顿环

12.5.2 牛顿环

将一曲率半径相当大的平凸透镜叠放在一平板玻璃上,如图 12.14(a) 或(c) 所示,则在透镜与平板玻璃之间形成一个上表面为球面、下表面为平面的空气薄层. 当单色平行光垂直照射时,由于空气薄层上、下表面两反射光发生干涉,在空气薄层的上表面可以观察到以接触点 O 为中心的明暗相间的环形干涉条纹,如图 12.14(b) 所示. 若用白光照射,则条纹呈彩色. 这些圆环状干涉条纹叫作**牛顿环**,它是等厚条纹的又一特例.

根据前面的分析方法可求出各明暗环的半径 r、波长 λ 及透镜

的曲率半径 R 三者之间的关系．由于空气薄层的任一厚度 e 处，上下表面反射光的相干条件为

$$2e+\frac{\lambda}{2}=\begin{cases}k\lambda & k=1,2,\cdots(\text{明条纹})\\(2k+1)\dfrac{\lambda}{2} & k=0,1,2,\cdots(\text{暗条纹})\end{cases}\qquad(12.21)$$

由图 12.14(c) 可得

$$r^2=R^2-(R-e)^2=2eR-e^2$$

因 $R\gg e$，可略去 e^2 项，于是

$$e=\frac{r^2}{2R}$$

代入式(12.21)，可得干涉明暗环半径分别为

$$r=\sqrt{\frac{(2k-1)R\lambda}{2}}\quad k=1,2,\cdots(\text{明环})\qquad(12.22)$$

$$r=\sqrt{kR\lambda}\quad k=0,1,2,\cdots(\text{暗环})\qquad(12.23)$$

上式表明，k 值越大，环的半径越大，但相邻明环(或暗环)的半径之差越小，即随着牛顿环半径的增大，条纹变得愈来愈密．

在透镜与平板玻璃的接触点 O 处，因 $e=0$，两反射光的光程差为 $\frac{\lambda}{2}$，故牛顿环的中心是一个暗斑(因实际接触处不可能是点而是圆面)．实际测量平凸透镜的曲率半径 R 的方法是分别测出两个暗环的半径 r_k 和 r_{k+m}，代入式(12.23)后，即可联立导出

$$R=\frac{r_{k+m}^2-r_k^2}{m\lambda}\qquad(12.24)$$

本节介绍的两种干涉现象，在透射光中也可以观察到．但透射光干涉的明暗纹条件恰好与反射光相反．所以在空气膜的牛顿环中用透射光观察，中心处为一亮斑．

牛顿环的条纹公式

全息照相

例 12.4

利用劈尖干涉可以测量微小角度．如图 12.15 所示，折射率 $n=1.4$ 的劈尖在某单色光的垂直照射下，测得两相邻明条纹之间的距离是 $l=0.25$ cm．已知单色光在空气中的波长 $\lambda=700$ nm，求劈尖的顶角 θ．

解　在劈尖的表面上(见图 12.15)，取第 k 级和第 $k+1$ 级两条明条纹，用 e_k 和 e_{k+1} 分别表示这两条明纹所在处劈尖的厚度．按明条纹出现的条件，e_k 和 e_{k+1} 应满足下列两式：

$$2ne_k+\frac{\lambda}{2}=k\lambda$$

$$2ne_{k+1}+\frac{\lambda}{2}=(k+1)\lambda$$

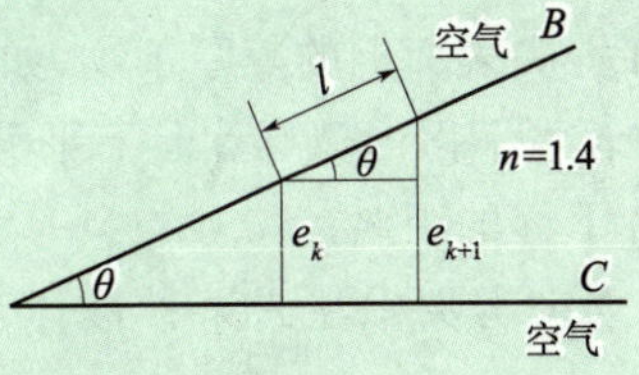

图 12.15

两式相减，得

$$n(e_{k+1}-e_k)=\frac{\lambda}{2}$$

$$e_{k+1} - e_k = \frac{\lambda}{2n} \tag{1}$$

由图可见$(e_{k+1} - e_k)$与两相邻明纹间隔l之间的关系为

$$l\sin\theta = e_{k+1} - e_k$$

代入(1)得

$$\sin\theta = \frac{\lambda}{2nl} \tag{2}$$

将$n = 1.4, l = 0.25\ \text{cm}, \lambda = 7\times10^{-5}\ \text{cm}$,代入(2)式得

$$\sin\theta = \frac{\lambda}{2nl} = \frac{7\times10^{-5}}{2\times1.4\times0.25} = 10^{-4}$$

因$\sin\theta$很小,所以$\theta \approx \sin\theta = 10^{-4}$ rad.

例 12.5

用干涉膨胀仪可测定固体的线胀系数,其构造如图12.16所示.在平台D上放置一上表面磨成稍微倾斜的待测样品W,W外套一个热膨胀系数很小的石英制成的圆环C,环顶上放一平板玻璃A,它与样品的上表面构成一空气劈尖.以波长为λ的单色光自A板垂直入射在这空气劈尖上,将产生等厚干涉条纹.当样品受热膨胀时(不计石英环的膨胀),劈尖的下表面位置上升,使干涉条纹移动.设温度为t_0时,样品的高度为L_0,温度升高到t时,样品的高度增为L,在此过程中,通过视场某一刻线移动的条纹数目为N.求样品的热膨胀系数β.

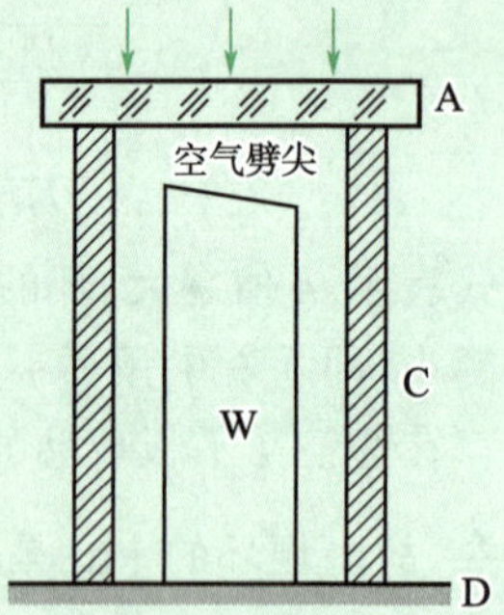

图 12.16

解 在劈尖干涉的等厚条纹中,设温度为t_0时,第k级暗纹所在处的空气层厚度为

$$e_k = k\frac{\lambda}{2}$$

温度升高到t时,劈尖同一处的空气层厚度为

$$e_{k-N} = (k-N)\frac{\lambda}{2}$$

两温度下空气层的厚度差为

$$L - L_0 = e_k - e_{k-N} = N\frac{\lambda}{2}$$

由热膨胀系数的定义,得

$$\beta = \frac{L-L_0}{L_0}\cdot\frac{1}{t-t_0} = \frac{N\lambda}{2L_0(t-t_0)}$$

例 12.6

由两玻璃片构成一空气劈尖,其楔角为$\theta = 5.0\times10^{-5}$ rad,用波长$\lambda = 0.5\ \mu\text{m}$的平行单色光垂直照射,在空气劈尖的上方观察在劈尖表面上的等厚条纹,如图12.17所示.

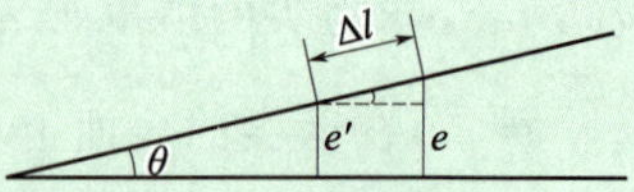

图 12.17

(1) 若将下面的玻璃片向下平移,看到有15条条纹移过,求玻璃片下移的距离;

(2) 若向劈尖中注入某种液体,看到第5个明纹在劈尖上移动了0.5 cm,求液体的折射率.

解 利用劈尖干涉的光程差、干涉条纹即膜的等厚线及其干涉明纹条件求解.

(1) 劈尖下面的玻璃片向下平移,但劈尖角保持不变,形成在劈尖表面上的等厚干涉条纹(平行于劈尖棱边的一些等间距的直线段)整个向棱边方向移动(条纹间距不变).

设原来第 k 级明纹处劈尖的厚度为 e_1，光垂直入射时，劈尖干涉明纹条件（有半波损失）为

$$2e_1+\frac{\lambda}{2}=k\lambda$$

下面的玻璃片向下平移后，原来的第 k 级明纹处变成第 $k+15$ 级明纹处，该处的厚度为 e_1 变成 e_2，由干涉条件有

$$2e_2+\frac{\lambda}{2}=(k+15)\lambda$$

两式相减，得到

$$e_2-e_1=\frac{15\lambda}{2}=\frac{15\times 5\times 10^{-7}}{2}=3.75\ \mu\text{m}$$

即为玻璃片向下平移的距离.

(2) 玻璃片不动，在劈尖中注入某种液体时，劈尖上条纹也发生移动（也向棱边方向移动，条纹间距也变），未加液体时，第 5 级明纹在厚度 e 处，满足

$$2e+\frac{\lambda}{2}=5\lambda$$

加液体（设折射率为 n）后，第 5 级明纹移至厚度为 e' 处，满足

$$2ne'+\frac{\lambda}{2}=5\lambda$$

两式相减，得到 $\quad e'=\dfrac{e}{n}$

条纹在劈尖上移动的距离，由几何关系，有

$$\Delta l=\frac{e-e'}{\theta}=\frac{e-\dfrac{e}{n}}{\theta}=\frac{n-1}{n\theta}e$$

由 $2e+\dfrac{\lambda}{2}=5\lambda$ 解出

$$e=\frac{1}{2}\left(5-\frac{1}{2}\right)\lambda=\frac{1}{2}\times\frac{9}{2}\times 5.0\times 10^{-7}$$
$$=1.125\ \mu\text{m}$$

则液体的折射率为

$$n=\frac{e}{e-\theta\Delta l}$$
$$=\frac{1.125\times 10^{-6}}{1.125\times 10^{-6}-5.0\times 10^{-5}\times 0.5\times 10^{-2}}$$
$$=1.29$$

例 12.7

在牛顿环实验中，透镜的曲率半径为 5.0 m，圆平面直径为 2.0 cm.

(1) 用波长 $\lambda=589.3$ nm 的单色光垂直照射时，可看到多少干涉条纹？

(2) 若在空气层中充以折射率为 n 的液体，可看到 46 条明条纹，求液体的折射率（玻璃的折射率为 1.50）.

解 (1) 由牛顿环明环半径公式

$$r=\sqrt{\frac{(2k-1)}{2}R\lambda}$$

可见条纹级次越高，条纹半径越大，由上式得

$$k=\frac{r^2}{R\lambda}+\frac{1}{2}=\frac{(1.0\times 10^{-2})^2}{5\times 5.893\times 10^{-7}}+\frac{1}{2}$$
$$=34.4$$

可看到 34 条明条纹.

(2) 若在空气层中充以液体，则明环半径为

$$r=\sqrt{\frac{(2k-1)R\lambda}{2n}}$$

故

$$n=\frac{(2k-1)R\lambda}{2r^2}$$
$$=\frac{(2\times 46-1)\times 5\times 5.893\times 10^{-7}}{2\times(1.0\times 10^{-2})^2}$$
$$=1.33$$

可见牛顿环中充以液体后，干涉条纹变密.

12.6 迈克耳孙干涉仪

12.6.1 迈克耳孙干涉仪

科学家介绍

迈克耳孙

在现代科学技术中，广泛应用干涉原理来测量微小长度、角度等，迈克耳孙干涉仪就是一种典型的精密测量仪器. 它的构造和原理如图 12.18 所示.

M_1 和 M_2 是两块精细磨光的平面镜，分别装置在相互垂直的两臂上，其中 M_2 是固定的，M_1 由一螺丝控制，可在导轨上做微小移动. G_1 和 G_2 是两块材料相同、厚薄一样的玻璃片，均与两臂倾斜成 45° 角，其中 G_1 的一个面上镀有半透明的薄银层，其作用是使入射到 G_1 的光束一半反射，一半透过，所以 G_1 称为分光板.

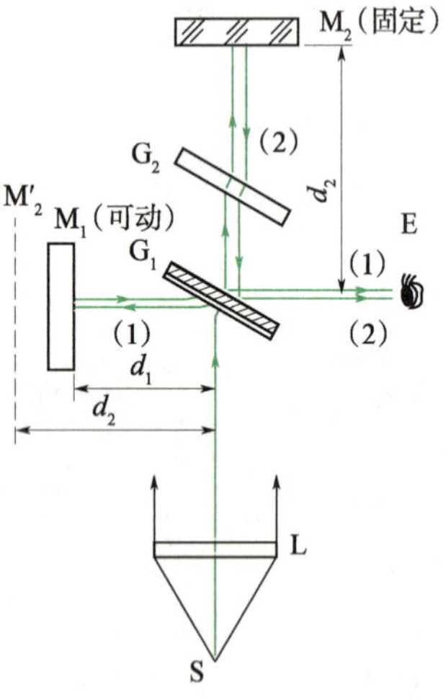

图 12.18 迈克耳孙干涉仪

来自光源 S 的光束，穿过透镜 L 后，变成平行光射向 G_1，进入 G_1 的光线在薄银层上分成两束，一束在薄银层上反射后向 M_1 传播，用(1) 表示，经 M_1 反射后再穿过 G_1 向 E 传播而进入眼睛. 另一束则透过薄银层及 G_2 向 M_2 传播，用(2) 表示，经 M_2 反射后再次穿过 G_2 后由 G_1 的薄银层反射也进入眼睛 E. 显然，进入眼睛的光束(1) 和(2) 是两相干光束，于是在 E 处可观察到干涉条纹. G_2 的作用是为了使光束(2) 也与光束(1) 一样，都是三次穿过玻璃片，这样可以避免两光因在玻璃中经过的路程不等而引起较大的光程差. 因此，G_2 又称为光程补偿片.

设想薄银层所形成的 M_2 的虚像是 M_2'，所以从 M_2 处反射的光可以看成是从虚像 M_2' 发出来的，于是在 M_2' 和 M_1 之间就构成一个“空气薄膜”，从薄膜的两个表面 M_1 和 M_2' 反射的光束(1) 和(2) 的干涉，就可当作薄膜干涉来处理. 如果 M_1 和 M_2 不是严格相互垂直，则 M_2' 与 M_1 之间的“空气膜”就是劈尖状，形成的干涉条纹将近似为平行的等厚条纹；若 M_1 与 M_2 严格相互垂直，则干涉条纹为一系列同心圆环状的等倾条纹.

根据劈尖干涉的理论，当调节 M_1 向前或向后平移 $\frac{\lambda}{2}$ 距离时(“空气膜”的厚度变化 $\frac{\lambda}{2}$)，就可观察到干涉条纹平移过一条. 因此，数一数在视场中移动的条纹数目 ΔN，便可知 M_1 移动的距离为

$$\Delta d = \Delta N \frac{\lambda}{2} \tag{12.25}$$

这表明，根据条纹的移动数 ΔN 和单色光波长 λ，便可算出 M_1

移动的距离，可用来测量微小长度的变化，其精确度可达$\frac{\lambda}{2} \sim \frac{\lambda}{200}$，比一般方法的精密度高得多. 此外，也可由 M_1 移动的距离来测定光波的波长.

例 12.8

在迈克耳孙干涉仪的两臂中，分别放入长 10 cm 的玻璃管，一个抽成真空，另一个充以一个大气压的空气. 设所用光波波长为 546 nm，在向真空玻璃管中逐渐充入一个大气压空气的过程中，观察到有 107.2 个条纹移动. 试求空气的折射率 n.

解 设玻璃管 A 和 B 的管长为 l，当 A 管内为真空、B 管内充有空气时，两臂之间的光程差为 Δ_1；在 A 管内充入空气后，两臂间的光程差为 Δ_2，其变化为

$$\Delta_2 - \Delta_1 = 2nl - 2l = 2(n-1)l$$

由于条纹每移动一条时所对应的光程差变化为一个波长，所以移动 107.2 个条纹时，对应的光程差的变化为

$$2(n-1)l = 107.2\lambda$$

因此，空气的折射率为

$$n = 1 + \frac{107.2\lambda}{2l} = 1.000\ 292\ 7$$

*12.6.2 光源的非单色性对干涉条纹的影响（光场的时间相干性）

严格的单色光是具有确定的频率和波长的简谐波. 然而，任何实际光源都不是理想的单色光源，它们所发出的光总是包含着一定的波长范围 $\Delta\lambda$. 由于 $\Delta\lambda$ 范围内的每一个波长的光均形成各自的一套干涉条纹，且除零级以外各套条纹间都有一定的位移，所以它们非相干叠加的结果会使总的干涉条纹的清晰度下降. 如图 12.19 所示，图中上面的曲线为干涉条纹的总光强. 由图可见，随着 x 的增大，干涉条纹的明暗对比减小，当 x 增大到某一值后，干涉条纹就消失了. 对于谱线宽度为 $\Delta\lambda$ 的单色光，干涉条纹消失的位置应当是，波长为$(\lambda+\Delta\lambda)$的第 k_c 级明条纹中心与波长为 λ 的第(k_c+1) 级明条纹中心重合的位置，即

$$k_c(\lambda+\Delta\lambda) = (k_c+1)\lambda$$

由此式得

$$k_c = \frac{\lambda}{\Delta\lambda} \tag{12.26}$$

与该干涉级 k_c 对应的光程差 Δ_c，就是实现相干的最大光程差，即

$$\Delta_c = k_c(\lambda+\Delta\lambda) = \frac{\lambda^2}{\Delta\lambda} + \lambda \approx \frac{\lambda^2}{\Delta\lambda} \tag{12.27}$$

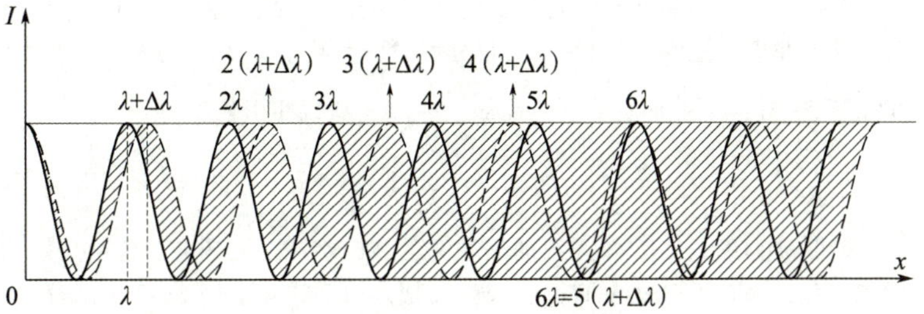

图 12.19 光源的非单色性对光强分布的影响

式中考虑到了 $\lambda \gg \Delta\lambda$. 由此可见，光源的单色性（$\Delta\lambda$ 的宽度）决定了能产生清晰干涉条纹的最大光程差 Δ_c.

光源的单色性对干涉条纹的影响也常用相干长度或相干时间来衡量. 我们知道，普通光源中原子发光是持续时间约在 10^{-8} s 以内的有限长波列，而且只有同一原子在同一时刻发出的光波列分成两路，经不同的光程后再相遇时，才能相干. 在迈克耳孙干涉仪的光路中，设光源先后发出任意两个波列 a 和 b，每个波列都被分光板分解成两个子波列，对应用 a_1、a_2 和 b_1、b_2 表示. 当它们由 M_1、M_2 两镜反射后，在观察点相遇，如果两光路的光程相等，则相遇时重叠的是 a_1 和 a_2，b_1 和 b_2 波列，它们将发生完全干涉，可观察到清晰的干涉条纹，如图12.20(a) 所示；若两光路的光程不相等，但光程差不太大时，a_1 和 a_2，b_1 和 b_2 波列还可能部分重叠，此时仍可产生部分干涉，但条纹的清晰度要降低，如图12.20(b) 所示；当两路光的光程差太大时，由同一波列分解出来的两子波列将不再重叠，此时与 a_2 重叠的可能是 b_1，与 b_2 重叠的可能是 c_1 等，因光源发出的任意两波列间的相位差是随机变化的，所以不同波列分解出的子波列的重叠均不满足相位差恒定的条件，故不能相干，也就观察不到干涉条纹，如图12.20(c) 所示. 因此，在迈克耳孙干涉仪实验中要能观察到干涉条纹，就必须对光程差的大小有一定限制. 显然，能产生干涉的必要条件是，由同一波列分解出来的两个子波列到达相遇点的光程差 Δ 应小于原子发光的波列长度 L. 波列的长度越长，则两子波列在相遇点相互叠加的时间就越长，干涉条纹的清晰度就越高，我们就说光场的时间相干性越好. 通常称波列的长度 L 为**相干长度**. 设原子发光的持续时间为 τ，则 $L = c\tau$. τ 又称为**相干时间**.

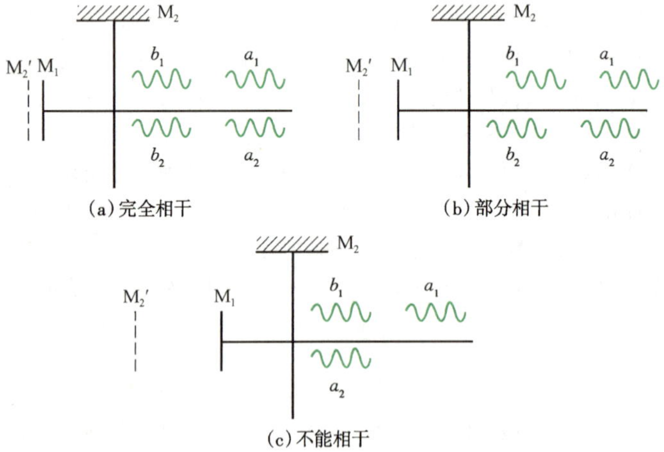

图 12.20　说明相干长度用图

实际上，光的单色性与波列的长度之间有着密切的关系. 对于有一定波长范围 $\Delta\lambda$ 的非单色光源，利用傅里叶积分可证明其频率宽度 $\Delta\nu$ 与波列持续时间 τ 的关系为 $\Delta\nu = \dfrac{1}{\tau}$. 而且 $\nu = \dfrac{c}{\lambda}$，$\Delta\nu = \dfrac{c}{\lambda^2}\Delta\lambda$，所以相干长度

$$L = c\tau = \frac{c}{\Delta\nu} = \frac{\lambda^2}{\Delta\lambda} \tag{12.28}$$

此式表明，波列的长度 L 与光源的谱线宽度 $\Delta\lambda$ 成反比. 光源的单色性越好，其谱线宽度 $\Delta\lambda$ 就越小，波列的长度就越长. 把式(12.28) 与式(12.27) 比较可以知道，波列的长度 L 至少应等于最大光程差 Δ_c，才有可能观察到 $k_c = \dfrac{\lambda}{\Delta\lambda}$ 级以

下的干涉条纹.如用白光做光源,若用眼睛观察干涉条纹,其谱线宽度 $\Delta\lambda$ 约为 150 nm,它的波列长度约与波长 $\lambda \approx 10^{-7}$ m 同一数量级;钠光灯发射的光波波列长度约为 5.8×10^{-4} m;低压镉灯所发射的光波波列长度约为 3.2×10^{-1} m.激光的单色性和时间相干性比普通光源要好得多,如氦氖激光器所发射的激光波列长度约为 2×10^{10} m.因此,在干涉实验中采用激光,就可观测到干涉级较高、明亮清晰的干涉条纹.①

习　题

12.1　选择题.

(1) 在双缝干涉实验中,为使屏上的干涉条纹间距变大,可以采取的办法是　(　　)

A. 使屏靠近双缝.

B. 使两缝的间距变小.

C. 把两个缝的宽度稍微调窄.

D. 改用波长较小的单色光源.

(2) 两块平玻璃构成空气劈形膜,左边为棱边,用单色平行光垂直入射.若上面的平玻璃以棱边为轴,沿逆时针方向做微小转动,则干涉条纹的　(　　)

A. 间隔变小,并向棱边方向平移.

B. 间隔变大,并向远离棱边方向平移.

C. 间隔不变,向棱边方向平移.

D. 间隔变小,并向远离棱边方向平移.

(3) 一束波长为 λ 的单色光由空气垂直入射到折射率为 n 的透明薄膜上,透明薄膜放在空气中,要使反射光得到干涉加强,则薄膜最小的厚度为　(　　)

A. $\lambda/4$.　　B. $\lambda/(4n)$.

C. $\lambda/2$.　　D. $\lambda/(2n)$.

(4) 在迈克耳孙干涉仪的一条光路中,放入一折射率为 n,厚度为 d 的透明薄片,放入后,这条光路的光程改变了　(　　)

A. $2(n-1)d$.　　B. $2nd$.

C. $2(n-1)d+\lambda/2$.　　D. nd.

E. $(n-1)d$.

(5) 在迈克耳孙干涉仪的一条光路中,放入一折射率为 n 的透明介质薄膜后,测出两束光的光程差的改变量为一个波长 λ,则薄膜的厚度是　(　　)

A. $\lambda/2$.　B. $\lambda/(2n)$.　C. λ/n.　D. $\lambda/[2(n-1)]$.

12.2　填空题.

(1) 如题12.2(1)图所示,波长为 λ 的平行单色光斜入射到距离为 d 的双缝上,入射角为 θ.在图中的屏中央 O 处($\overline{S_1O}=\overline{S_2O}$),两束相干光的相位差为________.

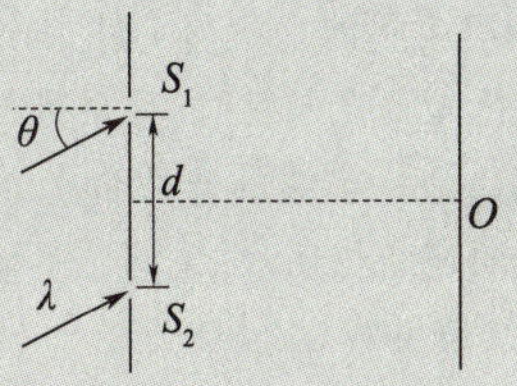

题12.2(1)图

(2) 在双缝干涉实验中,所用单色光波长为 $\lambda=562.5$ nm($1\text{ nm}=10^{-9}$ m),双缝与观察屏的距离 $D=1.2$ m,若测得屏上相邻明条纹间距为 $\Delta x=1.5$ mm,则双缝的间距 $d=$________.

(3) 波长 $\lambda=600$ nm 的单色光垂直照射到牛顿环装置上,第二个明环与第五个明环所对应的空气膜厚度之差为________ nm.($1\text{ nm}=10^{-9}$ m)

(4) 在杨氏双缝干涉实验中,整个装置的结构不变,全部由空气中浸入水中,则干涉条纹的间距将变

---

① 由式(12.28),$L=c\tau$ 知,若 $c=3.0\times10^{8}$ m/s,$\tau=10^{-8}$ s,则 $L=c\tau=3$ m.可是上述非激光光源的实际相干长度远小于此结果.这首先是由于原子间的相互碰撞,使原子发光的持续时间 τ 缩短,相应的发光时间间隔也随之缩短,从而加大了 $\Delta\lambda$;其次是因为发光的原子不可能是静止的,而运动着的原子所发的光会产生多普勒频移,当原子以不同速率向不同方向运动时,将产生不同的频率变化.因此,光源中大量原子发射的同一谱线的光波会因多普勒效应而不同,从而使谱线宽度 $\Delta\lambda$ 进一步加大.根据 $L=\dfrac{\lambda^2}{\Delta\lambda}$,当谱线实际宽度 $\Delta\lambda$ 加大后,实际的相干长度 L 就变小了.

________.(填疏或密)

(5) 在杨氏双缝干涉实验中，光源做平行于缝S_1、S_2连线方向向下微小移动，则屏幕上的干涉条纹将向________方移动.

(6) 在杨氏双缝干涉实验中，用一块透明的薄云母片盖住下面的一条缝，则屏幕上的干涉条纹将向________方移动.

(7) 由两块平玻璃构成空气劈形膜，左边为棱边，用单色平行光垂直入射.若上面的平玻璃以垂直于下平玻璃的方向离开平移，则干涉条纹将向________平移，并且条纹的间距将________.

12.3　某单色光从空气射入水中，其频率、波速、波长是否变化？怎样变化？

12.4　什么是光程？在不同的均匀媒质中，若单色光通过的光程相等时，其几何路程是否相同？其所需时间是否相同？在光程差与相位差的关系式$\Delta\varphi=\frac{2\pi}{\lambda}\Delta$中，光波的波长要用真空中波长，为什么？

12.5　用劈尖干涉来检测工件表面的平整度，当波长为λ的单色光垂直入射时，观察到的干涉条纹如题12.5图所示，每一条纹的弯曲部分的顶点恰与左邻的直线部分的连线相切.试说明工件缺陷是凸还是凹？并估算该缺陷的程度.

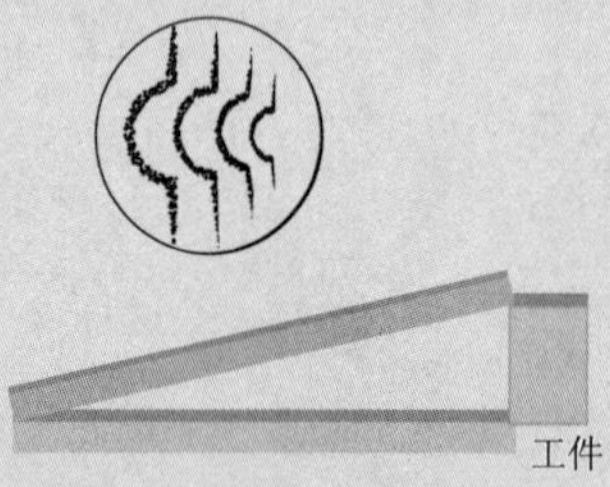

题12.5图

12.6　如题12.6图所示，牛顿环的平凸透镜可以上下移动，若以单色光垂直照射，看见条纹向中心收缩，问透镜是向上还是向下移动？

题12.6图

12.7　在杨氏双缝实验中，双缝间距$d=0.20$ mm，缝屏间距$D=1.0$ m，试求：

(1) 若第2级明条纹离屏中心的距离为6.0 mm，计算此单色光的波长；

(2) 相邻两明条纹间的距离.

12.8　在双缝装置中，用一很薄的云母片($n=1.58$)覆盖其中的一条缝，结果使屏幕上的第7级明条纹恰好移到屏幕中央原零级明纹的位置.若入射光的波长为550 nm，求此云母片的厚度.

12.9　劳埃德镜干涉装置如题12.9图所示，镜长30 cm，狭缝光源S在离镜左边20 cm的平面内，与镜面的垂直距离为2.0 mm，光源波长$\lambda=7.2\times10^{-7}$ m，试求位于镜右边缘的屏幕上第1条明条纹到镜边缘的距离.

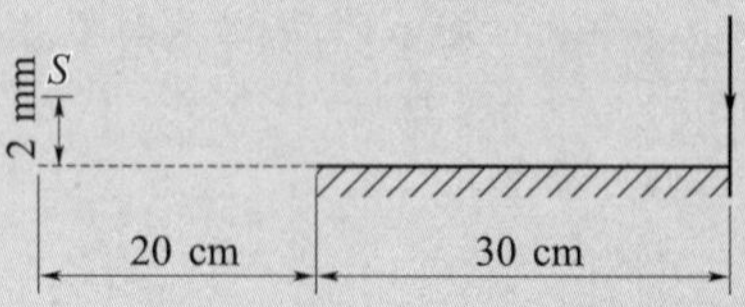

题12.9图

12.10　一平面单色光波垂直照射在厚度均匀的薄油膜上，油膜覆盖在玻璃板上.油的折射率为1.30，玻璃的折射率为1.50，若单色光的波长可由光源连续可调，可观察到500 nm与700 nm这两个波长的单色光在反射中消失.试求油膜层的厚度.

12.11　白光垂直照射到空气中一厚度为380 nm的肥皂膜上，设肥皂膜的折射率为1.33，试问该膜的正面呈现什么颜色？背面呈现什么颜色？

12.12　在折射率$n_1=1.52$的镜头表面涂有一层折射率$n_2=1.38$的MgF_2增透膜，如果此膜适用于波长$\lambda=550$ nm的光，问膜的厚度应取何值？

12.13　如题12.13图所示，波长为680 nm的平行光垂直照射到$L=0.12$ m长的两块玻璃片上，两玻璃片一边相互接触，另一边被直径$d=0.048$ mm的细钢丝隔开.求：

(1) 两玻璃片间的夹角θ是多少？

(2) 相邻两明条纹间空气膜的厚度差是多少？

(3) 相邻两暗条纹的间距是多少？

(4) 在这0.12 m内呈现多少条明条纹？

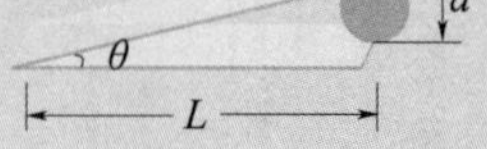

题12.13图

12.14　用$\lambda=500$ nm的平行光垂直入射劈形薄膜的上表面，从反射光中观察，劈尖的棱边是暗纹.若劈尖上面媒质的折射率n_1大于薄膜的折射率n($n=1.5$).求：

(1) 膜下面媒质的折射率n_2与n的大小关系；

(2) 第 10 条暗纹处薄膜的厚度；

(3) 使膜的下表面向下平移一微小距离 Δe，干涉条纹有什么变化？若 $\Delta e = 2.0\ \mu m$，原来的第 10 条暗纹处将被哪级暗纹占据？

12.15 (1) 若用波长不同的光观察牛顿环，$\lambda_1 = 600\ nm$，$\lambda_2 = 450\ nm$，观察到用 λ_1 时的第 k 个暗环与用 λ_2 时的第 $k+1$ 个暗环重合，已知透镜的曲率半径是 190 cm. 求用 λ_1 时第 k 个暗环的半径.

(2) 又如在牛顿环中用波长为500 nm的第5个明环与用波长为 λ_2 的第 6 个明环重合，求未知波长 λ_2.

12.16 当牛顿环装置中的透镜与玻璃之间的空间充以液体时，第 10 个亮环的直径由 $d_1 = 1.40 \times 10^{-2}$ m 变为 $d_2 = 1.27 \times 10^{-2}$ m，求液体的折射率.

12.17 利用迈克耳孙干涉仪可测量单色光的波长. 当 M_1 移动距离为 0.322 mm 时，观察到干涉条纹移动数为 1 024 条，求所用单色光的波长.

12.18 把折射率为 $n = 1.632$ 的玻璃片放入迈克耳孙干涉仪的一条光路中，观察到有 150 条干涉条纹向一方移过. 若所用单色光的波长为 $\lambda = 500$ nm，求此玻璃片的厚度.

本章习题参考答案

第 13 章 光的衍射

上一章我们讨论了光的干涉，本章将讨论光的衍射. 光在传播过程中遇到障碍物时，能绕过障碍物的边缘继续前进，这种偏离直线传播的现象称为光的衍射现象. 和干涉一样，衍射也是波动的一个重要基本特征，它为光的波动说提供了有力的证据. 当激光问世以后，人们利用其衍射现象开辟了许多新的领域.

本章提要

13.1 光的衍射 惠更斯-菲涅耳原理

13.1.1 光的衍射现象及分类

在讨论机械波时我们已经知道，衍射现象显著与否取决于孔隙（或障碍物）的线度与波长的比值，当孔隙（或障碍物）的线度与波长的数量级差不多时，才能观察到明显的衍射现象. 然而，对于光波，由于波长远小于一般障碍物或孔隙的线度，所以光的衍射现象通常不易观察到. 而光的直线传播却给人们留下了深刻的印象.

在实验室中，采用高亮度的激光或普通的强点光源，并使屏幕的面积足够大，则可以将光的衍射现象演示出来. 图13.1(a) 是一个光通过单缝的实验，S为一单色点光源，K是一个可调节的狭缝，E为屏幕. 实验发现，当S,K,E三者的位置固定的情况下，屏幕E上的光斑宽度决定于缝K的宽度. 当缝K的宽度逐渐缩小时，屏E上的光斑也随之缩小，这体现了光的直线传播特征. 但缝K宽度继续减小时（$<10^{-4}$ m），屏E上的光斑不但不缩小，反而增大起来，这说明光波已"弯绕"到狭缝的几何阴影区，光斑的亮度也由原来的均匀分布变成一系列的明暗条纹（单色光源）或彩色条纹（白光光源），条纹的边缘也失去了明显的界限，变得模糊不清，如图13.1(b) 所示.

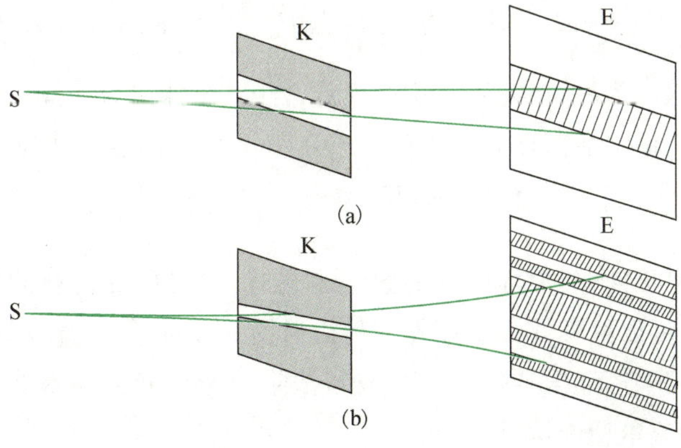

图13.1 光的衍射现象实验

衍射系统是由光源、衍射屏和接收屏组成，通常根据三者相对位置的大小，把衍射现象分为两类. 一类是光源和接收屏（或其中之一）与衍射屏的距离为有限远时的衍射，称**菲涅耳衍射**，如图13.2(a) 所示；另一类是光源和接收屏与衍射屏的距离都是无限远时的衍射，即入射到衍射屏和离开衍射屏的光都是平行光的衍射，称为**夫**

单缝衍射原理

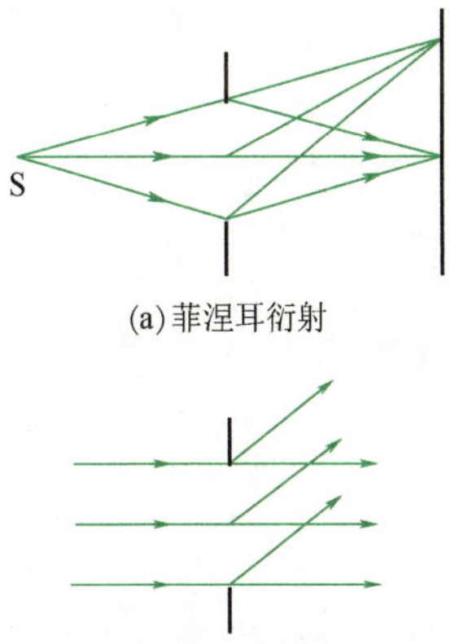

图13.2 衍射分类

琅禾费衍射，如图 13.2(b) 所示. 本章着重讨论单缝和光栅的夫琅禾费衍射及应用.

13.1.2 惠更斯-菲涅耳原理

科学家介绍

惠更斯

惠更斯原理指出：波阵面上的每一点都可看成是发射子波的新波源，任意时刻子波的包迹即为新的波阵面. 惠更斯原理可以解释光通过衍射屏时为什么传播方向会发生改变，但不能解释为什么会出现衍射条纹，更不能计算条纹的位置和光强的分布. 在这方面，菲涅耳用子波相干叠加的概念发展了惠更斯原理. 菲涅耳认为：**从同一波阵面上各点发出的子波，在传播过程中相遇时，也能相互叠加而产生干涉现象，空间各点波的强度，由各子波在该点的相干叠加所决定**. 这个发展了的惠更斯原理称为**惠更斯-菲涅耳原理**.

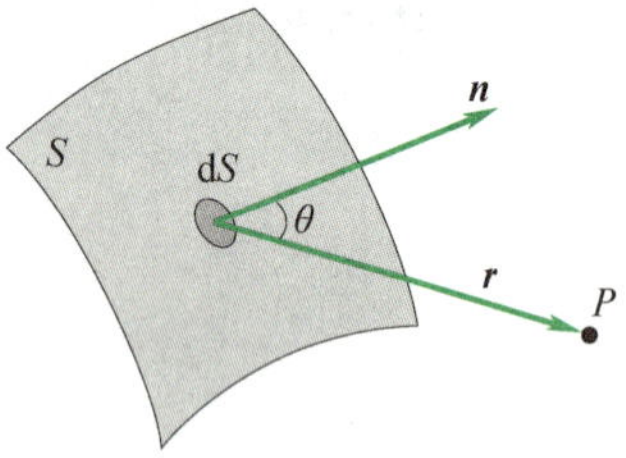

图 13.3　惠更斯-菲涅耳原理

根据菲涅耳“子波相干叠加”的设想，如果已知光波在某时刻的波阵面 S，如图 13.3 所示，则空间任意点 P 的光振动可由波阵面 S 上各面元 $\mathrm{d}S$ 发出的子波在该点叠加后的合振动来表示. 菲涅耳指出，每一面元 $\mathrm{d}S$ 发出的子波在 P 点引起的振动的振幅与 $\mathrm{d}S$ 成正比，与 P 点到 $\mathrm{d}S$ 的距离 r 成反比，还与 r 和 $\mathrm{d}S$ 的法线 $\boldsymbol{n}$ 之间的夹角 θ 有关. 若取 $t=0$ 时波阵面 S 上各点初相位为零，则 $\mathrm{d}S$ 在 P 点引起的光振动可表示为

$$\mathrm{d}E = C\frac{K(\theta)}{r}\cos 2\pi\left(\frac{t}{T}-\frac{r}{\lambda}\right)\mathrm{d}S \tag{13.1}$$

式中 C 为比例系数，$K(\theta)$ 为随 θ 角增大而缓慢减小的函数，称为倾斜因子. 当$\theta=0$ 时，$K(\theta)$ 为最大；当 $\theta \geqslant \frac{\pi}{2}$ 时，$K(\theta)=0$，因而子波叠加后振幅为零. 借此可以说明为什么子波不能向后传播.

波阵面上所有面元发出的子波在 P 点引起的合振动为

$$E = \int \mathrm{d}E = \int C\frac{K(\theta)}{r}\cos 2\pi\left(\frac{t}{T}-\frac{r}{\lambda}\right)\mathrm{d}S \tag{13.2}$$

这便是惠更斯-菲涅耳原理的数学表达式. 它是研究衍射问题的理论基础，可以解释并定量计算各种衍射场的分布，但计算相当复杂. 下面我们采用菲涅耳提出的半波带法来讨论单缝夫琅禾费衍射现象，以避免繁杂的计算.

13.2　单缝夫琅禾费衍射

图 13.4 所示是单缝夫琅禾费衍射实验. 在衍射屏 K 上开有一

个细长狭缝，单色光源 S 发出的光经透镜 L_1 后变为平行光束，射向单缝后产生衍射，再经透镜 L_2 聚焦在焦平面处的屏幕 E 上，呈现出一系列平行于狭缝的衍射条纹.

科学家介绍

夫琅禾费

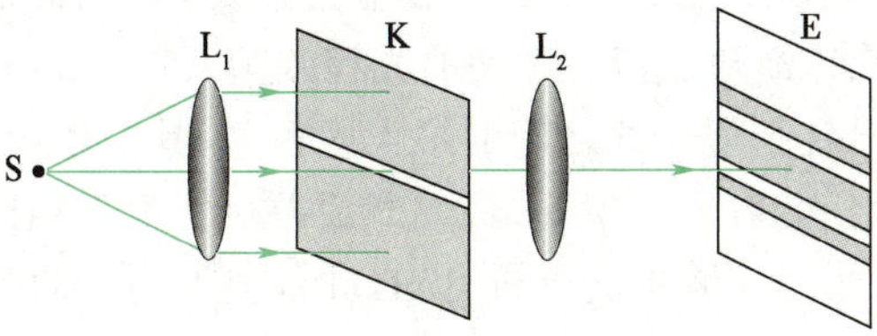

图 13.4　单缝衍射实验装置

现在用菲涅耳半波带法来分析产生明暗纹的条件.

设单缝 K 的宽度为 a(如图 13.5 所示的 AB，为方便理解，特将缝放大)，在平行单色光的垂直照射下，单缝所在处的平面 AB 也就是入射光束的一个波阵面(同相位面). 按照惠更斯原理，波阵面上的每一点都可以发射子波，并以球面波的形式向各方向传播. 显然每一子波源发出的光线有无穷多条，每个可能的方向都有，这些光线都称为衍射光线. 例如，图 13.5 中 A 点上的 1、2、3 光线就代表该点发出的任意 3 个传播方向. 而波阵面上各点发出的各条衍射光，则互相构成各方向的平行光束. 如图 13.5 中，光线 $1,1',1'',1''',\cdots$ 构成一个平行光束，光线 $2,2',2'',2''',\cdots$ 构成另一个方向的平行光束，依此类推. 每一个方向的平行光与原入射方向间的夹角用 φ 表示，φ 就称为衍射角. 按几何光学原理，各平行光束经过透镜 L_2 后，会聚于焦平面 E 上的不同位置处. 由于每一束平行光中所包含的光线均来自同一光源 S，根据惠更斯-菲涅耳原理，各平行光线间有干涉作用，因而在屏幕上形成明暗条纹.

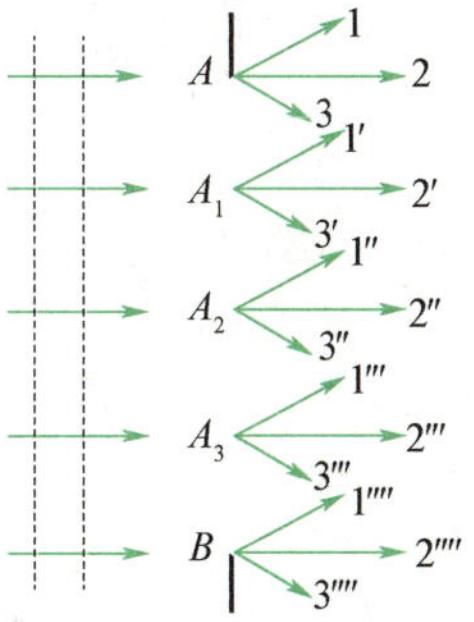

图 13.5　单缝衍射

首先，我们来考虑沿入射光方向传播的衍射光(1)，如图 13.6 所示，这些衍射光线从 AB 面发出时的相位是相同的，而经过透镜又不会引起附加光程差，它们经透镜会聚于焦点 P_0 时，相位仍然相同，因此它们在 P_0 处的光振动是相互加强的，于是在 P_0 处出现明条纹，为中央明纹中心.

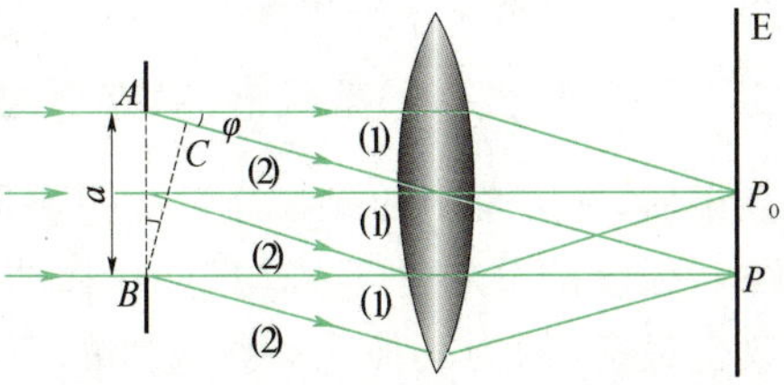

图 13.6　单缝衍射条纹的位置

其次，再来考虑一束与原入射方向成 φ 角的衍射光线(2)，它们经透镜后会聚于屏幕上的 P 点. 显然，由单缝 AB 上各点发出的衍射光到达 P 点的光程各不相同，因而各子波在 P 点的相位也各不相同.其光程差可作这样的分析:过 B 作平面 BC 与衍射光线(2)垂直,由透镜的等光程性可知,BC 面上各点到达 P 点的光程都相等,因此各衍射光到达 P 点时的相位差就等于它们在 BC 面上的相位差,它决定于各衍射光从 AB 面上相应位置到 BC 面间的光程差.例如,单缝边缘 A,B 两点衍射光间的光程差为 $AC=a\sin\varphi$,显然,这是沿 φ 角方向各衍射光线之间的最大光程差,其他各衍射光间的光程差连续变化.衍射角 φ 不同,最大光程差 AC 也不相同,P 点的位置也不同.由菲涅耳波带法分析可知,屏幕上不同点的强度分布,正是取决于这最大光程差.

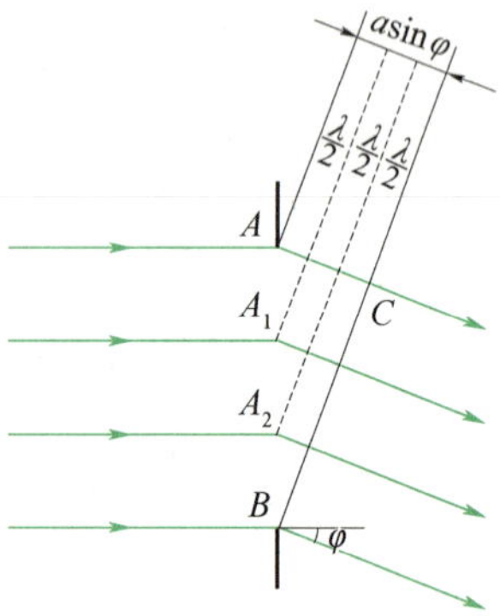

图 13.7 菲涅耳半波带法

半波带法

菲涅耳将波阵面 AB 分割成许多面积相等的波带来研究.其方法是:将 AC 用一系列平行于 BC 的平面来划分,这些平面中两相邻平面间的距离等于入射单色光的半波长,即 $\dfrac{\lambda}{2}$,如图 13.7 所示.这些平面同时也将单缝处的波阵面 AB 分为 AA_1、A_1A_2、A_2B 等整数个波带,称为半波带.由于这些波带的面积相等,所以波带上子波源的数目也相等.任何两个相邻的波带上对应点所发出的光线到达 BC 面的光程差均为 $\dfrac{\lambda}{2}$,即相位差为 π,经透镜会聚在 P 点时,将一一相互抵消.如果 AC 是半波长的偶数倍,则可将单缝上的波面 AB 分成偶数个半波带,于是在 P 点将出现暗条纹;如果 AC 是半波长的奇数倍,则可将单缝上的波面 AB 分成奇数个半波带,每相邻半波带发出的衍射光都成对一一抵消,最后剩下一个半波带的光线没有被抵消,于是 P 点将出现明条纹.

综上所述,当平行单色光垂直单缝入射时,单缝衍射明暗条纹的条件为

$$a\sin\varphi=\begin{cases}0 & \text{中央明纹中心}\\ \pm k\lambda & \text{暗条纹}\\ \pm(2k+1)\dfrac{\lambda}{2} & \text{明条纹}\end{cases}\qquad k=1,2,3,\cdots \tag{13.3}$$

式中 k 为级数,正、负号表示衍射条纹对称分布于中央明纹的两侧.

必须指出,对于任意衍射角 φ 来说,AB 一般不能恰好分成整数个半波带,即 AC 不一定等于 $\dfrac{\lambda}{2}$ 的整数倍,对应于这些衍射角的衍射光束,经透镜会聚后,在屏幕上的光强介于最明与最暗之间.因而在单缝衍射条纹中,强度的分布并不是均匀的.如图 13.8 所示,中央明纹最亮,条纹也最宽(约为其他明条纹宽度的两倍),即两个第 1 级暗条纹中心的间距,在 $a\sin\varphi_0=-\lambda$ 与 $a\sin\varphi_0=\lambda$ 之间.当 φ_0 很小时,$\varphi_0\approx\sin\varphi_0=\pm\dfrac{\lambda}{a}$,因此中央明纹的角宽度(条纹对透镜中心所张的角度)即为 $2\varphi_0\approx2\dfrac{\lambda}{a}$.有时也用半角宽度描述,即

$$\varphi_0 = \frac{\lambda}{a} \tag{13.4}$$

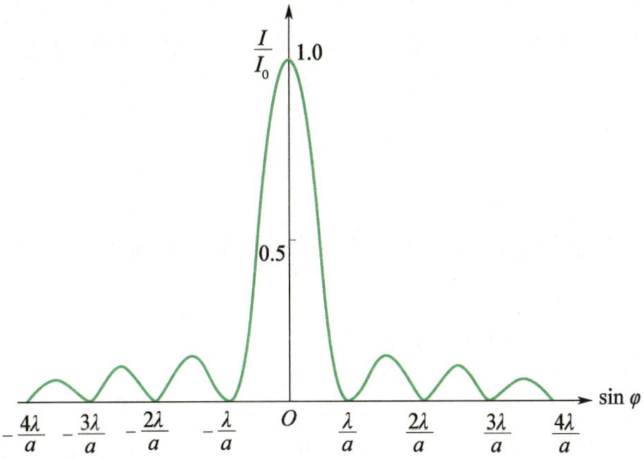

图 13.8 单缝衍射光强分布

这一关系称衍射的反比律. 以 f 表示透镜的焦距,则在屏幕上观察到的中央明纹的线宽度为

$$\Delta x_0 = 2f\tan\varphi_0 = 2\frac{\lambda}{a}f \tag{13.5}$$

显然,其他明条纹的角宽度近似为

$$\Delta\varphi = (k+1)\frac{\lambda}{a} - k\frac{\lambda}{a} = \frac{\lambda}{a} \tag{13.6}$$

其线宽度为 $\Delta x = \frac{\lambda}{a}f$. 而各级明条纹的亮度随着级数的增大而迅速减小. 这是因为 φ 角愈大,AB 波面被分成的波带数愈多,每个波带的面积也相应减小,透过来的光通量亦相应减小,因而从未被抵消的波带上发出的光在屏幕上产生的明条纹的亮度愈弱.

当缝宽 a 一定时,对同一级衍射条纹,波长 λ 愈大,则衍射角 φ 愈大,因此,若用白光入射时,除中央明纹的中部仍是白色外,其两侧将出现一系列由紫到红的彩色条纹,称为衍射光谱.

由式(13.3)和式(13.4)可知,对波长 λ 一定的单色光来说,当 a 愈小时(a 不能小于 λ),对应于各级条纹的 φ 角就愈大,即衍射愈明显;当 a 愈大时,各级条纹所对应的 φ 角将愈小,这些条纹都密集于中央明纹附近而逐渐分辨不清,也就是衍射作用愈不明显. 如果 $a \gg \lambda$,各级衍射条纹将全部并入 P_0 附近,形成单一的明条纹,这就是透镜所造成的单缝的像. 这个像相当于 φ_0 趋于零时平行光束所造成的,也就是说,它是由入射到 AB 面的平行光束直线传播所引起的. 由此可见,中央条纹的中心就是几何光学的像点. 这样,我们在调节衍射实验的实际操作中,可借助几何光学的成像规律,迅速找到中央明纹的位置. 一般我们只能看到光的直线传播现象,是因为光的波长极短,而障碍物上缝的宽度相对波长来说大很多,因而衍射现象极不明显.只有当缝极窄,以至其缝宽可与波长相比拟时,衍射现象才较为显著.

由菲涅耳半波带方法导出的式(13.3)只是近似准确.除中央明纹中心外,其余明纹各处的 φ 值与式(13.3)相比,都要向中央移近少许.

例 13.1

用波长为 λ 的单色光照射狭缝,得到单缝的夫琅禾费衍射图样,第3级暗纹位于屏上的P处,问:

(1) 若将狭缝宽度缩小一半,那么P处是明纹还是暗纹?

(2) 若用波长为 1.5λ 的单色光照射狭缝,P处是明纹还是暗纹?

解 利用半波带法直接求解,与暗纹对应的半波带数为偶数 $2k(k=1,2,\cdots$ 为暗纹级数);与中央明纹除外的明纹对应的半波带数为奇数 $2k+1(k=1,2,\cdots$ 为明纹级数).

根据已知条件,在屏上P处出现第3级暗纹,所以对于P位置,狭缝处的波面可划分为6个半波带.

(1) 缝宽减小到一半,对于P位置,狭缝处波面可分为3个半波带,则在P处出现第1级明纹.

(2) 改用波长为 1.5λ 的单色光照射,则狭缝处波面可划分的半波带数变为原来的一点五分之一,对于P位置,半波带数变为4个,所以在P处将出现第2级暗纹.

例 13.2

波长 $\lambda=600\ nm$ 的单色光垂直入射到缝宽 $a=0.2\ mm$ 的单缝上,缝后用焦距 $f=50\ cm$ 的会聚透镜将衍射光会聚于屏幕上.求:(1) 中央明条纹的角宽度、线宽度;(2) 第1级明条纹的位置及单缝处波面可分为几个半波带?(3) 第1级明条纹宽度.

解 (1)第1级暗条纹对应的衍射角 φ_0 为

$$\sin\varphi_0=\frac{\lambda}{a}=\frac{6\times10^{-7}}{2\times10^{-4}}=3\times10^{-3}$$

因 $\sin\varphi_0$ 很小,可知中央明条纹的角宽度为

$$2\varphi_0\approx2\sin\varphi_0=6\times10^{-3}\ rad$$

第1级暗条纹到中央明条纹中心O的距离为

$$x_1=f\tan\varphi_0\approx f\varphi_0=0.5\times3\times10^{-3}\ m$$
$$=1.5\times10^{-3}\ m=1.5\ mm$$

因此中央明条纹的线宽度为

$$\Delta x_0=2x_1=2\times1.5\ mm=3\ mm$$

(2) 第1级明条纹对应的衍射角 φ 满足

$$\sin\varphi=(2k+1)\frac{\lambda}{2a}=\frac{3\times6\times10^{-7}}{2\times2\times10^{-4}}$$
$$=4.5\times10^{-3}$$

所以第1级明条纹中心到中央明条纹中心的距离为

$$x=f\tan\varphi\approx f\sin\varphi=0.5\times4.5\times10^{-3}\ mm$$
$$=2.25\times10^{-3}\ m=2.25\ mm$$

对应于该 φ 值,单缝处波面可分的半波带数为

$$2k+1=3\text{个}$$

(3) 设第2级暗条纹到中央明条纹中心O的距离为 x_2,对应的衍射角为 φ_2,故第1级明条纹的线宽度为

$$\Delta x=x_2-x_1=f\tan\varphi_2-f\tan\varphi_1$$
$$\approx f\left(\frac{2\lambda}{a}-\frac{\lambda}{a}\right)=\frac{\lambda}{a}f=\frac{6\times10^{-7}\times0.5}{2\times10^{-4}}\ m$$
$$=1.5\times10^{-3}\ m=1.5\ mm$$

由此可见,第1级明条纹的宽度约为中央明纹宽度的一半.

13.3　衍射光栅

从上节的讨论我们知道，原则上可以利用单色光通过单缝时所产生的衍射条纹来测定该单色光的波长. 但为了测量的准确，要求衍射条纹必须分得很开，条纹既细且明亮. 然而对单缝衍射来说，这两个要求难以同时达到. 因为若要条纹分得开，单缝的宽度 a 就要很小，这样通过单缝的光能量就少，以致条纹不够明亮且难以看清楚；反之，若加大缝宽 a，虽然观察到的条纹较明亮，但条纹间距变小，不容易分辨. 所以实际上测定光波波长时，往往不是使用单缝，而是采用能满足上述测量要求的衍射光栅.

为什么太阳光下的光盘表面会出现彩色光带？

13.3.1　光栅衍射现象

由大量等间距、等宽度的平行狭缝所组成的光学元件称为**衍射光栅**. 用于透射光衍射的叫**透射光栅**，用于反射光衍射的叫**反射光栅**. 常用的透射光栅是在一块玻璃片上刻画许多等间距、等宽度的平行刻痕，刻痕处相当于毛玻璃而不易透光，刻痕之间的光滑部分可以透光，相当于一个单缝，如图 13.9 所示. 缝的宽度 a 和刻痕的宽度 b 之和，即 $a+b$ 称为**光栅常数**. 现代用的衍射光栅，在1 cm 内，可刻上 $10^3 \sim 10^4$ 条缝，所以一般的光栅常数约为 $10^{-5} \sim 10^{-6}$ m 的数量级.

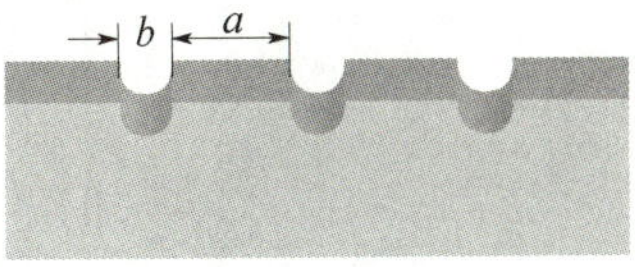

图 13.9　光栅

如图 13.10 所示，平行单色光垂直照射到光栅上，由光栅射出的光线经透镜 L 后，会聚于屏幕 E 上，因而在屏幕上出现平行于狭缝的明暗相间的光栅衍射条纹. 这些条纹的特点是：明条纹很亮很窄，相邻明纹间的暗区很宽，衍射图样十分清晰.

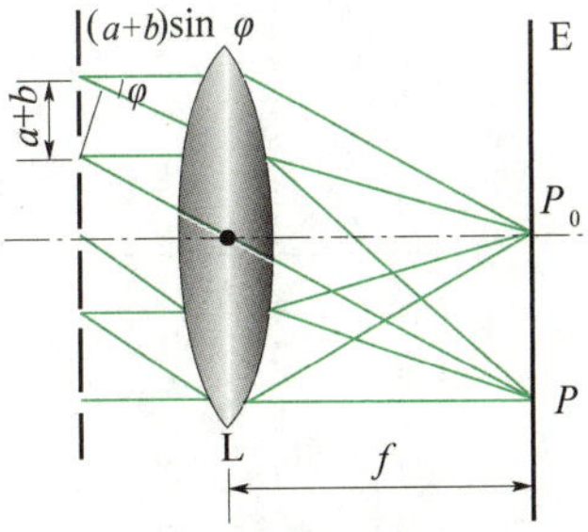

图 13.10　光栅衍射

13.3.2　光栅衍射规律

光栅是由许多单缝所组成，每个缝都在屏幕上各自形成单缝衍射图样，由于各缝的宽度均为 a，故它们形成的衍射图样都相同，且在屏幕上相互间完全重合. 例如，各缝中 φ 角为零的衍射光（垂直透镜入射的平行光）经透镜 L 后，都会聚在透镜主光轴的焦点上，即图 13.10 中的 P_0 点，这就是各单缝衍射的中央明纹的中心位置. 另一方面，各单缝的衍射光在屏幕上重叠时，由于它们都是相干光，所以缝与缝之间的衍射光将产生干涉，其干涉条纹的明暗分布取决于相邻两缝到会聚点的光程差. 因此，分析屏幕上形成的光栅衍射条纹，既要考虑到各单缝的衍射，又要考虑到各缝之间的干涉，即考虑单

光栅与相控阵雷达

缝衍射与多缝干涉的总效果.

1. 光栅公式

首先讨论明条纹的位置. 当平行单色光垂直照射光栅时,每个缝均向各方向发出衍射光,发自各缝具有相同衍射角 φ 的一组平行光都会聚于屏上同一点,如图 13.10 中的 P 点,这些光波叠加彼此产生干涉,称多光束干涉. 从图中可以看出,任意相邻两缝射出衍射角为 φ 的两衍射光到达 P 点处的光程差均为 $(a+b)\sin\varphi$,如果此值恰好是入射光波长 λ 的整数倍,则这两衍射光在 P 点将满足相干加强条件. 这时,其他任意两缝沿该衍射角 φ 方向射出的两衍射光,到达 P 点处的光程差也一定是 λ 的整数倍,于是所有各缝沿该衍射角 φ 方向射出的衍射光在屏上会聚时,均相互加强,形成明条纹. 这时在 P 点的合振幅应是来自一条缝的衍射光的振幅的 N 倍(N 表示光栅缝的总数),合光强则是来自一条缝的光强的 N^2 倍,所以光栅的多光束形成的明条纹的亮度要比一条缝发出的光的亮度大得多. 光栅缝的数目愈多,则明条纹愈明亮. 由此可知,光栅衍射的明条纹位置应满足

$$(a+b)\sin\varphi = k\lambda \qquad k=0,\pm1,\pm2,\cdots \tag{13.7}$$

上式称为**光栅公式**. k 为明条纹级数. 这些明条纹细窄而明亮,通常称为主极大条纹. $k=0$,为零级主极大,$k=1$,为第 1 级主极大,其余依次类推. 正、负号表示各级主极大在零级主极大两侧对称分布. 从光栅公式可以看出,在波长一定的单色光照射下,光栅常数 $(a+b)$ 愈小,各级明条纹的 φ 角愈大,因而相邻两个明条纹分得愈开.

以上讨论的是平行单色光垂直入射到光栅上的情况. 如果平行光倾斜地入射到光栅上,入射方向与光栅平面法线之间的夹角为 θ,那么相邻两缝的入射光在入射到光栅前已有光程差 $(a+b)\sin\theta$,所以光线斜入射时的光栅公式应为

$$(a+b)(\sin\varphi \pm \sin\theta) = k\lambda \qquad k=0,\pm1,\pm2,\cdots \tag{13.8}$$

式中 φ 表示衍射方向与法线间的夹角,φ 与 θ 均取正值,当 φ 与 θ 在法线同侧,如图13.11(a) 所示,上式左边第二个括号中取加号,在异侧时取减号,如图 13.11(b) 所示.

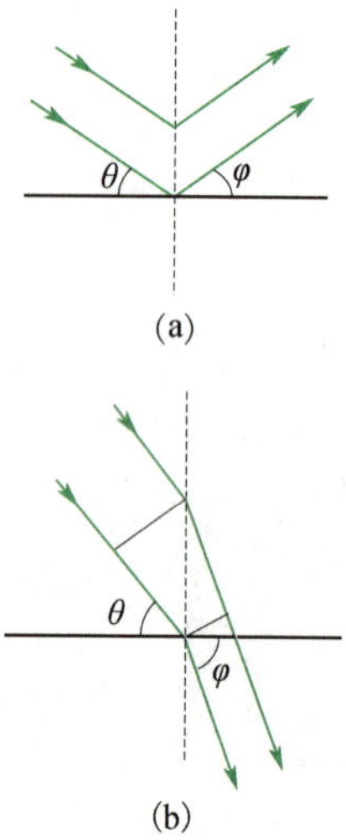

图 13.11 平行单色光的倾斜入射

2. 暗纹条件

在光栅衍射中,相邻两主极大之间还分布着一些暗条纹. 这些暗条纹是由各缝射出的衍射光因干涉相消而形成的. 可以证明,当 φ 角满足下述条件

$$(a+b)\sin\varphi = \left(k+\frac{n}{N}\right)\lambda \qquad k=0,\pm1,\pm2,\cdots \tag{13.9}$$

时,则出现暗条纹. 式中,k 为主极大级数,N 为光栅缝总数,n 为正整数,取值为 $n=1,2,\cdots,(N-1)$. 由上式可知,在两个主极大之间,分布着 $(N-1)$ 个暗条纹. 显然,在这 $(N-1)$ 个暗条纹之间的位

置光强不为零，但其强度比各级主极大的光强要小得多，称为次级明条纹. 所以在相邻两主极大之间分布有$(N-1)$个暗条纹和$(N-2)$个光强极弱的次级明条纹，这些明条纹几乎是观察不到的，因此实际上在两个主极大之间是一片连续的暗区. 从式(13.9)可知，缝数N愈多，暗条纹也愈多，因而暗区愈宽，明条纹愈细窄.

3. 单缝衍射对光强分布的影响

以上讨论多光束干涉时，并没有考虑各缝（单缝）衍射对屏上条纹强度分布的影响. 实际上，由于单缝衍射，在不同的φ方向，衍射光的强度是不同的，所以光栅衍射的不同位置的明条纹，是来源于不同光强度的衍射光的干涉加强. 就是说，多光束干涉的各明条纹要受单缝衍射的调制. 单缝衍射光强大的方向明条纹的光强也大，单缝衍射光强小的方向明条纹的光强也小. 图 13.12 是一个$N=5$的光栅强度分布示意图，图 13.12(a) 是只考虑多光束干涉的光强分布，图 13.12(b) 是各单缝衍射的光强分布，图 13.12(c) 是受单缝衍射调制的多光束干涉的光强分布，即光栅衍射条纹的光强分布. 光栅衍射各级明条纹强度的包络线与单缝衍射的强度曲线相类似.

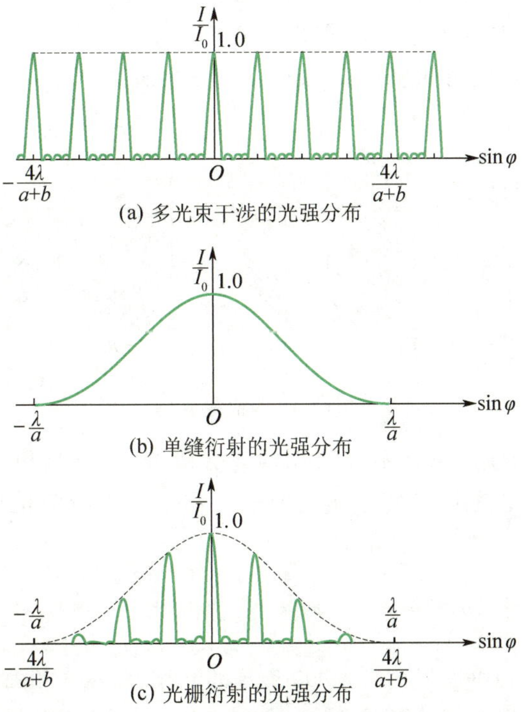

图 13.12　光栅衍射光强分布示意图

4. 缺级现象

前面讨论光栅公式$(a+b)\sin\varphi=k\lambda$时，只是从多光束干涉的角度说明了叠加光强最大而产生明条纹的必要条件，但当这一φ角

光栅衍射原理及缺级现象

位置同时也满足单缝衍射的暗纹条件 $a\sin\varphi = k'\lambda$ 时，可将这一位置看成是光强度为零的"干涉加强". 所以从光栅公式看来应出现某 k 级明条纹的位置，实际上却是暗条纹，即 k 级明条纹不出现，这种现象称为光栅的**缺级现象**. 将上述两式相比可知**缺级条件**为

$$k = k'\frac{a+b}{a} \qquad k' = 1,2,3,\cdots \tag{13.10}$$

一般只要 $\frac{a+b}{a}$ 为整数比时，则对应的 k 级明条纹位置一定出现缺级现象.

13.3.3 光栅光谱

由光栅公式可知，在光栅常数一定的情况下，衍射角 φ 的大小与入射光波的波长有关. 因此当白光通过光栅后，各种不同波长的光将产生各自分开的主极大明条纹. 屏幕上除零级主极大明条纹由各种波长的光混合仍为白色外，其两侧将形成各级由紫到红对称排列的彩色光带，这些光带的整体称为**衍射光谱**，如图 13.13 所示. 对于同一级的条纹由于波长短的光衍射角小，波长长的光衍射角大，所以光谱中紫光(图中以 V 表示) 靠近零级主极大，红光(图中以 R 表示) 则远离零级主极大. 在第 2 级和第 3 级光谱中，发生了重叠，级数愈高，重叠情况愈复杂，实际上很难区分.

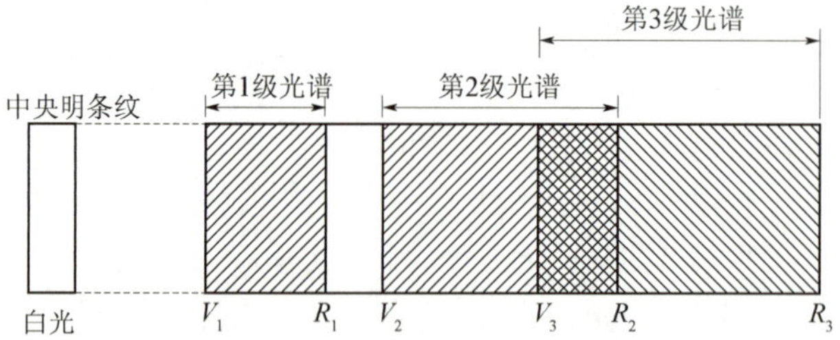

图 13.13 光栅光谱

由于光栅可以把不同波长的光分隔开，且光栅衍射条纹宽度窄，测量误差较小，所以常用它做分光元件，其分光性能比棱镜要优越得多.

例 13.3

用波长为 590 nm 的钠光垂直照射到每厘米刻有 5 000 条缝的光栅上，在光栅后放置一焦距为 20 cm 的会聚透镜，试求：(1) 第 1 级与第 3 级明条纹的距离；(2) 最多能看到第几级明条纹；(3) 若光线以入射角 30° 斜入射时，最多能看到第几级明条纹？并确定零级主极大条纹中心的位置.

解 (1) 光栅常数

$$a+b = \frac{L}{N} = \frac{1\times10^{-2}}{5\,000}\ \text{m} = 2\times10^{-6}\ \text{m}$$

由光栅公式　$(a+b)\sin\varphi = k\lambda$

则有　$\sin\varphi_1 = \dfrac{\lambda}{a+b}$，　$\sin\varphi_3 = \dfrac{3\lambda}{a+b}$

又因 $\tan\varphi = \dfrac{x}{f}$，则第 1 级与第 3 级明条纹之间的距离为

$$\Delta x = x_3 - x_1 = f(\tan\varphi_3 - \tan\varphi_1)$$
$$= f\left(\frac{\sin\varphi_3}{\sqrt{1-\sin^2\varphi_3}} - \frac{\sin\varphi_1}{\sqrt{1-\sin^2\varphi_1}}\right)$$

将已知条件代入上式，可以算出：

$$\Delta x = 0.32\ \text{m}$$

(2) 由光栅公式 $(a+b)\sin\varphi = k\lambda$，得

$$k = \frac{(a+b)\sin\varphi}{\lambda}$$

k 的最大值出现在 $\sin\varphi = 1$ 处，故

$$k < \frac{2\times10^{-6}}{5.9\times10^{-7}} = 3.4$$

因为 $\varphi = 90°$ 时实际看不到条纹，所以 k 应取小于该值的最大整数，故最多能看到第 3 级明条纹.

(3) 光线以 30° 角斜入射时，由斜入射的光栅公式，得

$$k = \frac{(a+b)(\sin\varphi + \sin\theta)}{\lambda}$$

而题意 $\theta = 30°$，$\varphi = 90°$，代入得

$$k < \frac{2\times10^{-6}}{5.9\times10^{-7}}(1+\sin 30°) = 5.1$$

取 $k = 5$，即斜入射时，最多能看到第 5 级明条纹.

此时零级主极大条纹的位置，可由光栅公式 $k = 0$ 求得，即

$$(a+b)(\sin\varphi - \sin\theta) = k\lambda = 0$$

可得

$$\varphi = \theta = 30°$$

即零级主极大条纹中心在平行于入射光方向的副光轴与透镜焦平面的交点上，它距屏幕的中心为

$$x = f\tan 30° = 0.2\times\frac{1}{\sqrt{3}}\ \text{m} = 0.115\ \text{m}$$

例 13.4

在垂直入射于光栅的平行光中，有 λ_1 和 λ_2 两种波长. 已知 λ_1 的第 3 级光谱线(第 3 级明纹)与 λ_2 的第 4 级光谱线恰好重合在离中央明条纹为 5 mm 处，而 $\lambda_2 = 486.1$ nm，并发现 λ_1 的第 5 级光谱线缺级. 透镜的焦距为 0.5 m. 试求：(1) λ_1 为多少，光栅常数 $(a+b)$ 为多少. (2) 光栅的最小缝宽 a 为多少.

解　利用光栅方程、缺级条件，结合衍射光路直接求解.

(1) 由光栅方程

$$(a+b)\sin\varphi = k\lambda$$

和题意可知

$$(a+b)\sin\varphi = k_1\lambda_1 = k_2\lambda_2$$

所以

$$\lambda_1 = \frac{k_2}{k_1}\lambda_2 = \frac{4}{3}\times 486.1\ \text{nm} = 648.1\ \text{nm}$$

又因　$\dfrac{x}{f} = \tan\varphi \approx \sin\varphi$

所以

$$a+b = \frac{k_2\lambda_2}{\sin\varphi} = \frac{f}{x}k_2\lambda_2$$
$$= \frac{50\times4\times486.1\times10^{-9}}{5\times10^{-1}}\ \text{m}$$
$$= 1.94\times10^{-4}\ \text{m}$$

(2) 当第 k 级缺级时满足

$$(a+b)\sin\varphi = k\lambda$$
$$a\sin\varphi = k'\lambda$$

两式相除得　$a = \dfrac{k'}{k}(a+b)$

最小缝宽相应于 $k' = 1$，即第 k 级因落在第 1 级单缝衍射暗纹上而缺级. 所以缝的最小宽度为

$$a_{\min} = \frac{1\times1.94\times10^{-4}}{5}\ \text{m}$$
$$= 0.388\times10^{-4}\ \text{m}$$

例 13.5

一个每厘米均匀刻有 200 条刻线的光栅，用白光照射，在光栅后放一焦距为 $f=500$ cm 的透镜，在透镜的焦平面处有一个屏幕，如果在屏幕上开一个 $\Delta x=1$ mm 宽的细缝，细缝的内侧边缘离中央极大中心5.0 cm，如图 13.14 所示. 试求什么波长范围的可见光可通过细缝？

解 利用光栅方程和衍射光路图求出在 Δx 范围内的衍射光的波长范围. 此方法给出了一种选择和获得准单色光的方法.

按题意，光栅常数为

$$a+b=\frac{1\times10^{-2}}{200}\ \text{m}=5.0\times10^{-5}\ \text{m}$$

由图可以看出 θ_1 和 θ_2 都很小，所以 $\sin\theta\approx\tan\theta$，根据光栅方程，有

$$\sin\theta_1=\frac{k_1\lambda_1}{a+b}\approx\frac{x}{f}$$

$$\sin\theta_2=\frac{k_2\lambda_2}{a+b}\approx\frac{x+\Delta x}{f}$$

因此

$$k_1\lambda_1=\frac{x}{f}(a+b)=\frac{5.0\times5.0\times10^{-5}}{500}\ \text{m}$$

$$=0.5\times10^{-6}\ \text{m}=500\ \text{nm}$$

$$k_2\lambda_2=\frac{x+\Delta x}{f}(a+b)$$

$$=\frac{(5.0+0.1)\times5.0\times10^{-5}}{500}\ \text{m}$$

$$=0.51\times10^{-6}\ \text{m}=510\ \text{nm}$$

显然，在可见光范围内，k_1 和 k_2 都只能取 1，所以可通过细缝的可见光波波长范围为

$$500\ \text{nm}\leqslant\lambda\leqslant510\ \text{nm}$$

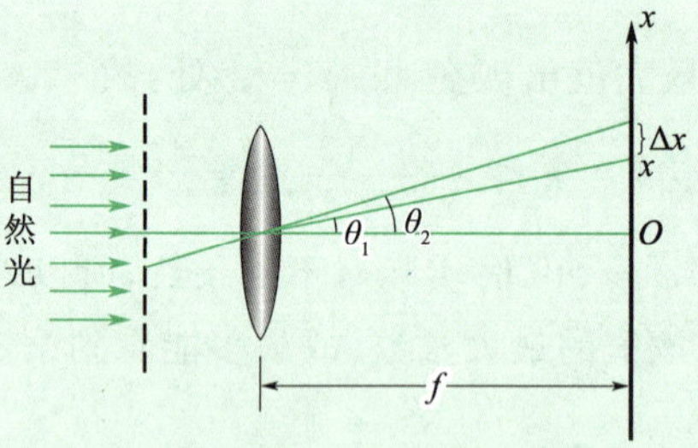

图 13.14

13.4 圆孔衍射 光学仪器的分辨率

13.4.1 圆孔衍射

在单缝夫琅禾费实验装置中，若用一小圆孔代替狭缝，也会产生衍射现象. 如图 13.15(a) 所示，当单色平行光垂直照射小圆孔 K 时，在透镜 L 焦平面处的屏幕 E 上可以观察到圆孔夫琅禾费衍射图样，其中央是一明亮圆斑，周围为一组明暗相间的同心圆环，由第一暗环所围成的中央光斑称为**艾里斑**，艾里斑的直径为 d，其半径对透镜 L 光心的张角 θ 称为艾里斑的半角宽度. 圆孔夫琅禾费衍射图样的光强分布如图 13.15(b) 所示，其中艾里斑的光强约占整个入射光强的 80% 以上. 根据理论计算，如图 13.15(c) 所示，艾里斑的半角宽度 θ 与圆孔直径 D 及入射光波长 λ 的关系为

$$\theta \approx \sin\theta = 1.22\frac{\lambda}{D} = \frac{\frac{d}{2}}{f} \tag{13.11}$$

式中，f 为透镜焦距．由上式可知，圆孔直径 D 愈小，或 λ 愈大，则衍射现象愈明显．

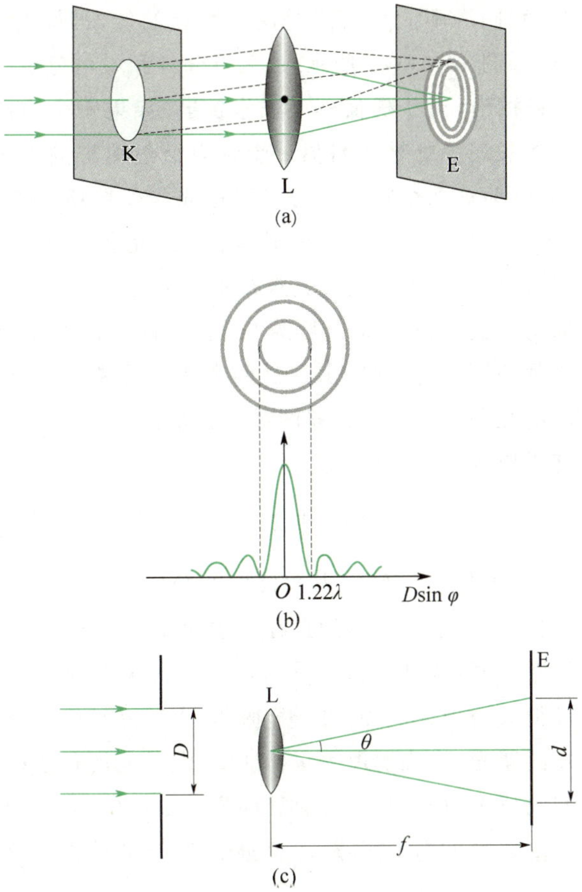

图 13.15　圆孔夫琅禾费衍射

13.4.2 光学仪器的分辨率

从几何光学来看，物体通过透镜成像时，每一物点都有一个对应的像点．只要适当选择透镜的焦距，任何微小物体都可见到清晰的图像．然而，从波动光学来看，组成各种光学仪器的透镜等部件，均相当于一个透光小孔，因此，我们在屏上见到的像是圆孔的衍射图样，粗略地说，见到的是一个具有一定大小的艾里斑．如果两个物点距离很近，其相对应的两个艾里斑很可能部分重叠而不易分辨，以至被看成是一个像点．这就是说，光的衍射现象限制了光学仪器的分辨能力．

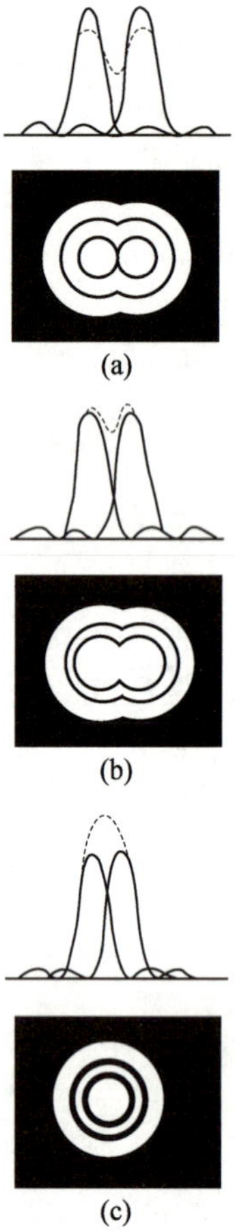

图 13.16 光学仪器的分辨能力

例如，用显微镜观察一个物体上的 a、b 两点时，从 a、b 发出的光，经显微镜的物镜成像时，将形成两个艾里斑，分别为 a 和 b 的像。如果这两个艾里斑分得较开，相互间没有重叠，或重叠较小时，我们就能够分辨出 a、b 两点的像，从而可判断原来物点是两个点，如图 13.16(a) 所示。如果 a、b 两点靠得很近，以至两个艾里斑相互大部分重叠，这时我们将不能分辨出是两个物点的像，即原有物点 a、b 不能被分辨，如图 13.16(c) 所示。那么可分辨和不可分辨的标准是什么呢？**瑞利指出，对于任何一个光学仪器，如果一个物点衍射图样的艾里斑中央最亮处恰好与另一个物点衍射图样的第一个最暗处相重合，则认为这两个物点恰好可以被光学仪器所分辨**。以显微镜为例，如图 13.16(b) 所示。这里屏幕上的总光强分布可由两衍射图样的光强直接相加(因为两发光点是不相干的)，其重叠部分中心的光强约为每一艾里斑最大光强的 80%，一般人的眼睛刚好能分辨出这种光强差别，因而判断出这是两个物点的像。这时的两物点对透镜光心的张角称为光学仪器的**最小分辨角**，用 θ_0 表示。它正好等于每个艾里斑的半角宽度，即

$$\theta_0 = 1.22\frac{\lambda}{D} \tag{13.12}$$

最小分辨角的倒数 $1/\theta_0$ 称为光学仪器的**分辨率**。由式(13.12)可知，光学仪器的分辨率与仪器的孔径 D 成正比，与光波的波长 λ 成反比。所以，在天文观测中，为了分清远处靠得很近的几个星体，需要采用孔径很大的望远镜。而对于显微镜，为了提高分辨率，则尽量采用波长短的紫光。近代物理的实验证实，电子也具有波动性，而且其波长可与固体中原子间距相比拟(约为 0.1 ~ 0.01 nm 数量级)，因此，电子显微镜的分辨率要比普通光学显微镜的分辨率高数千倍。

例 13.6

在通常的亮度下，人眼瞳孔的直径约为 3 mm，在可见光中，人眼感受最灵敏的波长是 550 nm 的黄绿光。问：(1) 人眼的最小分辨角是多大？(2) 如果在黑板上画两根平行直线，相距 2 mm，问坐在距黑板多远处的同学恰能分辨？

解 (1) 根据式(13.12)，可得人眼的最小分辨角为

$$\theta_0 = 1.22\frac{\lambda}{D} = 1.22\times\frac{5.5\times10^{-7}}{3\times10^{-3}}\ \text{rad} = 2.2\times10^{-4}\ \text{rad}$$

(2) 设人离开黑板的距离为 x，平行线间距为 l，两线对人眼的张角为

$$\theta \approx \frac{l}{x}$$

若恰能分辨，应有 $\theta = \theta_0$，所以

$$x = \frac{l}{\theta_0} = \frac{2\times10^{-3}}{2.2\times10^{-4}}\ \text{m} = 9.1\ \text{m}$$

例 13.7

一直径为 2 mm 的氦氖激光束射向月球表面，其波长为 632.8 nm，已知月球和地面的距离为 3.84×10^5 km. 试求：(1) 在月球上得到的光斑的直径有多大？(2) 如果这激光束经扩束器扩展成直径为 2 m，则在月球表面上得到的光斑直径将为多大？在激光测距仪中，通常采用激光扩束器，这是为什么？

解　(1) 以 D_1 表示光斑的直径，L 表示月球到地球的距离，d_1 是激光束的直径，λ 为波长，则由 $\theta_0=1.22\dfrac{\lambda}{d_1}$，$\theta_0\approx\tan\theta_0=\dfrac{\frac{D_1}{2}}{L}$ 得

$$\frac{D_1}{2}=1.22\frac{\lambda}{d_1}L$$

于是有

$$D_1=\frac{2\times1.22\lambda L}{d_1}$$
$$=\frac{2\times1.22\times632.8\times10^{-9}\times3.84\times10^8}{2\times10^{-3}}\ \text{m}$$
$$=2.96\times10^5\ \text{m}$$

(2) 由(1) 中所述可知

$$D_2=\frac{d_1}{d_2}D_1=\frac{2\times10^{-3}\times2.96\times10^5}{2}\ \text{m}$$
$$=296\ \text{m}$$

由此可知，激光通过扩束后，其方向性大为改善，强度大大提高.

*13.5　X 射线的衍射

X 射线又称伦琴射线，是伦琴于 1895 年发现的. 它是一种人眼看不见的具有很强穿透能力的电磁波，波长在 0.01 ~ 10 nm 之间. 图 13.17 所示为 X 射线管的结构示意图. K 是发射电子的热阴极，A 是阳极. 两极间加数万伏高压，阴极发射的电子在强电场作用下加速，高速电子撞击阳极(靶) 而产生 X 射线.

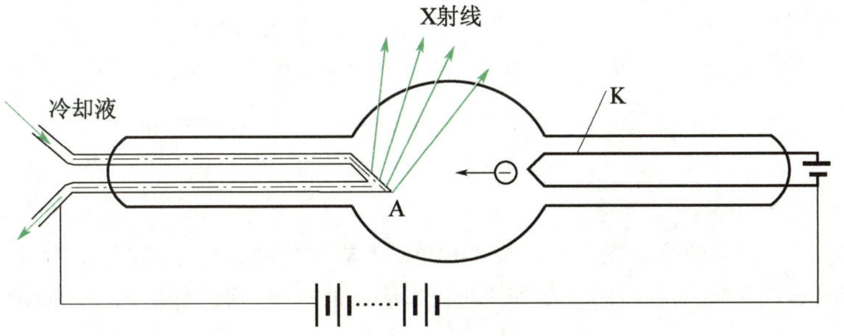

图 13.17　X 射线管

X 射线既然是一种电磁波，也应该与可见光一样有干涉和衍射现象. 但由于它的波长太短，用普通光栅观察不到 X 射线的衍射现象，而且也无法用机械方法制造出光栅常数与 X 射线波长相近的光栅. 1912 年德国物理学家劳厄想到晶体内的原子是有规则排列的，天然晶体实际上就是光栅常数很小的天然三维空间光栅. 利用晶体作为光栅，劳厄成功地进行了 X 射线衍射实验. 他让

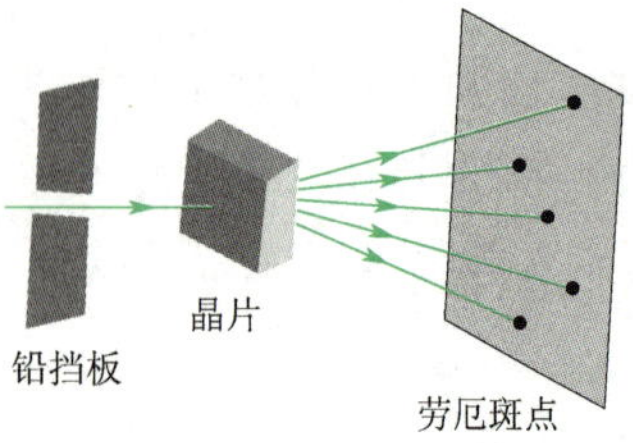

图 13.18 劳厄实验

一束 X 射线穿过铅板上的小孔照射到晶体上，如图 13.18 所示，结果晶片后面的感光胶片上形成一定规则分布的斑点，称为**劳厄斑点**. 实验的成功既证明了 X 射线的波动性质，也证明了晶体内原子是按一定的间隔、规则排列的. 从此，开始广泛利用 X 射线作晶体结构分析.

1913 年，英国布拉格父子提出了另一种研究 X 射线的衍射方法. 他们认为，晶体是由一系列彼此相互平行的原子层构成的. 当 X 射线照射晶体时，晶体点阵中的原子(或离子)便成为发射子波的波源，向各个方向发出衍射波(也称散射波)，这些衍射波都是相干波，它们的叠加可分两种情况来研究：一是从同一原子层中各原子发出衍射波的相干叠加(称为点间干涉)；其次是不同原子层中各原子发出衍射波的相干叠加(称为面间干涉). 布拉格父子证明了：只有在以晶面为镜面并满足反射定律的方向上，点间干涉和面间干涉才能同时满足衍射主极大.

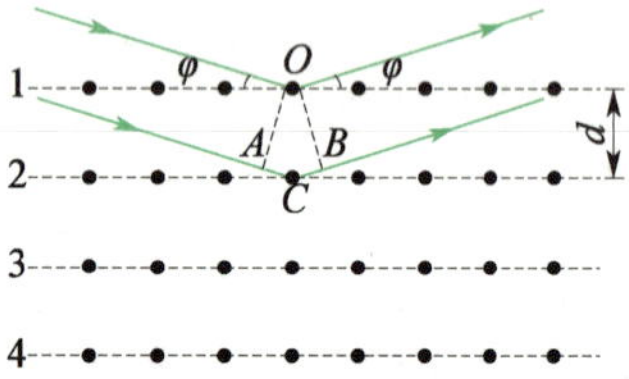

图 13.19 布拉格方法

如图 13.19 所示，设两原子层之间的距离为 d，称为晶格常数(或晶面间距)，当一束平行相干的X射线以掠射角 φ 入射时，则相邻两原子层的反射线的光程差为

$$AC + BC = 2d\sin\varphi$$

显然，符合下述条件

$$2d\sin\varphi = k\lambda,\quad k = 1,2,3,\cdots \tag{13.13}$$

时，各层晶面的反射线都将相互加强，形成亮点. 上式就是著名的**布拉格公式**.

从式(13.13)可知，如果已知 d 和 φ，则可算出 X 射线的波长 λ；同理，若已知X射线的波长 λ 和 φ，则可推算出晶体的晶格常数 d. 沿这两方面分别发展起来的 X 射线光谱分析法和 X 射线晶体结构分析法，无论在物质结构的研究中，还是在工程技术上都有极大的应用价值.

例 13.8

用方解石分析 X 射线谱，已知方解石的晶格常数为 3.029×10^{-10} m，今在 $43°20'$ 和 $40°42'$ 的掠射方向上观察到两条最大谱线，求这两条谱线的波长.

解 根据布拉格公式

$$2d\sin\varphi = k\lambda$$

对于主极大($k = 1$)谱线，其波长为

$$\lambda = 2d\sin\varphi$$

对于 $\theta_1 = 43°20'$，相应波长为

$$\lambda_1 = 2\times3.029\times10^{-10}\times\sin 43°20'\ \text{m}$$
$$= 4.15\times10^{-10}\ \text{m} = 0.415\ \text{nm}$$

对于 $\varphi_2 = 40°42'$，相应波长为

$$\lambda_2 = 2\times3.029\times10^{-10}\times\sin 40°42'\ \text{m}$$
$$= 3.95\times10^{-10}\ \text{m} = 0.395\ \text{nm}$$

例 13.9

比较两条单色的X射线的谱线时注意到，谱线 A 在与一个晶体的光滑面成 30° 的掠射角处给出第 1 级反射极大. 已知谱线 B 的波长为 0.097 nm，这谱线 B 在与同一晶体的同一光滑面成 60° 的掠射角处，给出第 3 级反射极大. 试求谱线 A 的波长.

解 根据布拉格公式

$$2d\sin\varphi = k\lambda$$

对波长 λ_A 的 X 射线有

$$2d\sin 30° = \lambda_A$$

对波长 λ_B 的 X 射线有

$$2d\sin 60° = 3\lambda_B$$

因此

$$\frac{\lambda_A}{3\lambda_B} = \frac{\sin 30°}{\sin 60°}$$

$$\lambda_A = \frac{3\sin 30°\lambda_B}{\sin 60°} = \frac{3\times0.097\times\sin 30°}{\sin 60°}\ \text{nm}$$
$$= 0.168\ \text{nm}$$

习　题

13.1　选择题.

(1) 在夫琅禾费单缝衍射实验中，对于给定的入射单色光，当缝宽度变小时，除中央亮纹的中心位置不变外，各级衍射条纹　(　　)

A. 对应的衍射角变小.

B. 对应的衍射角变大.

C. 对应的衍射角也不变.

D. 光强也不变.

(2) 波长 $\lambda = 500$ nm ($1\text{ nm} = 10^{-9}$ m) 的单色光垂直照射到宽度 $a = 0.25$ mm 的单缝上，单缝后面放一凸透镜，在凸透镜的焦平面上放置一屏幕，用以观测衍射条纹. 今测得屏幕上中央明条纹一侧第三个暗条纹和另一侧第三个暗条纹之间的距离为 $d = 12$ mm，则凸透镜的焦距是　(　　)

A. 2 m.　　B. 1 m.

C. 0.5 m.　　D. 0.2 m.

E. 0.1 m.

(3) 波长为 λ 的单色光垂直入射于光栅常数为 $a+b$、缝宽为 a、总缝数为 N 的光栅上. 取 $k = 0, \pm 1, \pm 2, \cdots$，则决定出现主极大的衍射角 φ 的公式可写成　(　　)

A. $Na\sin\varphi = k\lambda$.　　B. $a\sin\varphi = k\lambda$.

C. $N(a+b)\sin\varphi = k\lambda$.　　D. $(a+b)\sin\varphi = k\lambda$.

(4) 设光栅平面、透镜均与屏幕平行，则当入射的平行单色光从垂直于光栅平面入射变为斜入射时，能观察到的光谱线的最高级次 k　(　　)

A. 变小.　　B. 变大.

C. 不变.　　D. 其改变无法确定.

(5) 在光栅光谱中，假如所有偶数级次的主极大都恰好在单缝衍射的暗纹方向上，因而实际上不出现，那么此光栅每个透光缝宽度 a 和相邻两缝间不透光部分宽度 b 的关系为　(　　)

A. $a = 0.5b$.　　B. $a = b$.

C. $a = 2b$.　　D. $a = 3b$.

13.2　填空题.

(1) 将波长为 λ 的平行单色光垂直投射于一狭缝上，若对应于衍射图样的第一级暗纹位置的衍射角的绝对值为 φ，则缝的宽度等于________.

(2) 波长为 λ 的单色光垂直入射在缝宽 $a = 4\lambda$ 的单缝上. 对应于衍射角 $\varphi = 30°$，单缝处的波面可划分为________个半波带.

(3) 在夫琅禾费单缝衍射实验中，当缝宽变窄，则衍射条纹变________；当入射波长变长时，则衍射条纹变________.(填疏或密)

(4) 在单缝夫琅禾费衍射实验中，设第一级暗纹的衍射角很小，若钠黄光($\lambda_1 = 589$ nm) 中央明条纹为 4.0 mm，则 $\lambda_2 = 442$ nm($1\text{ nm} = 10^{-9}$ m) 的蓝紫色光的中央明纹宽度为________ mm.

(5) 在透光缝数为 N 的平面光栅的衍射实验中，中央主极大的光强是单缝衍射中央主极大光强的________倍，通过 N 个缝的总能量是通过单缝的能量的________倍.

13.3　衍射的本质是什么？衍射和干涉有什么联系和区别？

13.4　在夫琅禾费单缝衍射实验中，如果把单缝沿透镜光轴方向平移时，衍射图样是否会跟着移动？若把单缝沿垂直于光轴方向平移时，衍射图样是否会跟着移动？

13.5　什么叫半波带？单缝衍射中怎样划分半波带？对应于单缝衍射第 3 级明条纹和第 4 级暗条纹，单缝处波面各可分成几个半波带？

13.6　在单缝衍射中，为什么衍射角 φ 愈大(级数愈大) 的那些明条纹的亮度愈小？

13.7　单缝衍射暗条纹条件与双缝干涉明条纹的条件在形式上类似，两者是否矛盾？怎样说明？

13.8　光栅衍射与单缝衍射有何区别？为何光栅衍射的明条纹特别明亮而暗区很宽？

13.9　试指出当衍射光栅的光栅常数为下述三种情况时，哪些级次的衍射明条纹缺级？(1)$a+b = 2a$；(2)$a+b = 3a$；(3)$a+b = 4a$.

13.10　若以白光垂直入射光栅，不同波长的光将会有不同的衍射角. 问：(1) 零级明条纹能否分开不同波长的光？(2) 在可见光中哪种颜色的光衍射角最大？不同波长的光分开程度与什么因素有关？

13.11　一单色平行光垂直照射一单缝，若其第 3 级明条纹位置正好与 600 nm 的单色平行光的第 2 级明条纹位置重合，求前一种单色光的波长.

13.12　用橙黄色的平行光垂直照射一宽为 $a = 0.60$ mm 的单缝，缝后凸透镜的焦距 $f = 40.0$ cm，观察屏幕上形成的衍射条纹. 若屏上离中央明条纹中心 1.40 mm 处的 P 点为一明条纹；求：(1) 入射光的波长；(2)P 点处条纹的级数；(3) 从 P 点看，对该光波而言，狭缝处的波面可分成几个半波带？

13.13　用$\lambda=590$ nm的钠黄光垂直入射到每毫米有500条刻痕的光栅上，问最多能看到第几级明条纹？

13.14　波长$\lambda=600$ nm的单色光垂直入射到一光栅上，第2、3级明条纹分别出现在$\sin\varphi_2=0.20$与$\sin\varphi_3=0.30$处，第4级缺级．求：(1) 光栅常数；(2) 光栅上狭缝的宽度；(3) 在$90°>\varphi>-90°$范围内，实际呈现的全部级数．

13.15　一双缝，两缝间距为0.1 mm，每缝宽为0.02 mm，用波长为480 nm的平行单色光垂直入射双缝，双缝后放一焦距为50 cm的透镜．试求：(1) 透镜焦平面上单缝衍射中央明条纹的宽度；(2) 单缝衍射的中央明条纹包迹内有多少条双缝衍射明条纹？

13.16　在夫琅禾费圆孔衍射中，设圆孔半径为0.10 mm，透镜焦距为50 cm，所用单色光波长为500 nm，求在透镜焦平面处屏幕上呈现的艾里斑半径．

13.17　已知天空中两颗星相对于一望远镜的角距离为4.84×10^{-6} rad，它们都发出波长为550 nm的光，试问望远镜的口径至少要多大，才能分辨出这两颗星？

*13.18　已知入射的X射线束含有从0.095～0.13 nm范围内的各种波长，晶体的晶格常数为0.275 nm，当X射线以45°角入射到晶体时，问对哪些波长的X射线能产生强反射？

本章习题参考答案

第 14 章 光的偏振

光的干涉和衍射现象显示了光的波动性，但这些现象还不能告诉我们光是纵波还是横波. 光的偏振现象从实验上清楚地显示出光的横波性，这一点和光的电磁理论的预言完全一致. 可以说，光的偏振现象为光的电磁波本性提供了进一步的证据.

光的偏振现象在自然界中普遍存在. 光的反射、折射以及光在晶体中传播时的双折射都与光的偏振现象有关. 利用光的这种性质可以研究晶体的结构，也可用于测定机械结构内部应力分布情况. 激光器就是一种偏振光源. 此外如糖量计、偏振光立体电影、袖珍计算器及电子手表的液晶显示等都属偏振光的应用.

本章提要

14.1 自然光和偏振光

14.1.1 横波的偏振性

提示：打开“九斗”APP，点击“[-]”，全屏扫描下图即可进行互动学习。

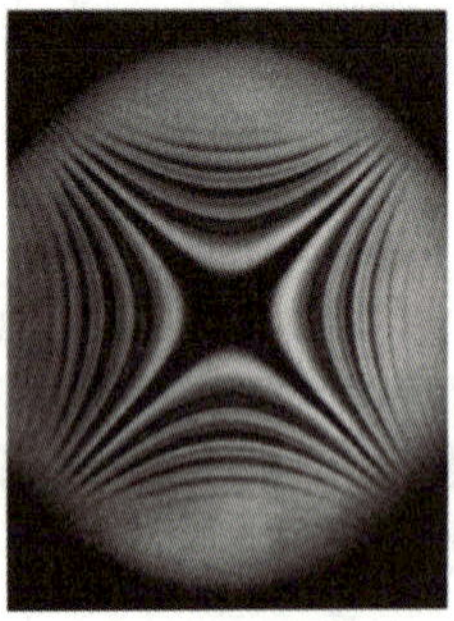

光的偏振

我们知道，波可以分为纵波和横波. 横波的传播方向和质点的振动方向垂直，通过波的传播方向且包含振动矢量的那个平面称为**振动面**. 显然，振动面与包含传播方向在内的其他平面不同，这称为波的振动方向相对传播方向没有对称性，这种不对称叫作**偏振**. 实验表明，只有横波才有偏振现象. 我们来看一个机械波的例子. 如图 14.1 所示，将橡皮绳一端固定，用手拉着穿过缝隙的橡皮绳的另一端上下抖动，于是就有横波沿绳传播. 如果 G_1、G_2 两者的缝隙方向垂直，那么通过 G_1 的振动传到 G_2 处就被挡住，在 G_2 之后不再有波动. 如果以波动的传播方向为轴转动 G_2，使两缝的方向一致，则通过 G_1 的振动可以无阻碍地通过 G_2. 显然，这种现象只可能在横波的情况下发生，而纵波的振动方向与传播方向一致，转动 G_2，不论缝的取向如何，对波的传播没有任何影响.

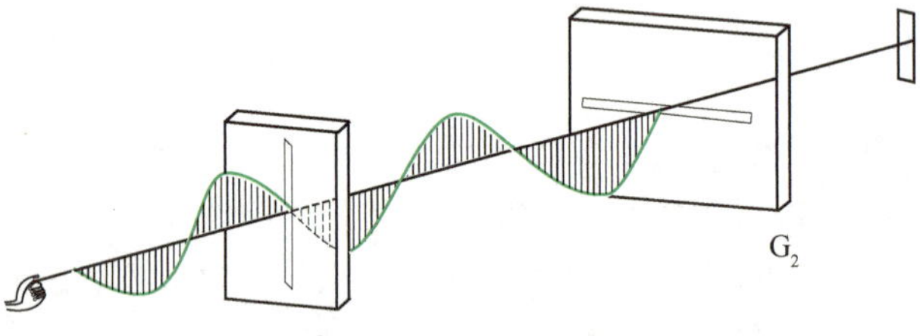

图 14.1　横波的偏振性

光波是电磁波，光波中光矢量的振动方向总是和光的传播方向垂直. 当光的传播方向确定以后，光振动在与光传播方向垂直的平面内的振动方向仍然是不确定的，光矢量可能有各种不同的振动状态，这种振动状态通常称为光的**偏振态**. 按照光振动状态的不同，可以把光分为五类：自然光、线偏振光、部分偏振光、椭圆偏振光和圆偏振光. 下面仅对前三种光分别予以说明.

14.1.2 自然光

普通光源发出的光是大量原子或分子发光的总和，不同原子或同一原子不同时刻发出的光波不仅初相位彼此毫无关联，其振动方向也是彼此互不相关，随机分布．从宏观上看，光源发出的光中包含了所有方向的光振动，没有哪一个方向的光振动比其他方向占优势．在垂直于光传播方向的平面内，沿各个方向振动的光矢量都有，平均说来，光振动对光的传播方向是轴对称而又均匀分布的．在各个方向上，光矢量对时间的平均值是相等的．也就是说，光振动的振幅在垂直于光波的传播方向上，既有时间分布的均匀性，又有空间分布的均匀性，具有这种特性的光就叫**自然光**，如图 14.2(a) 所示．为研究问题方便起见，常把自然光中各个方向的光振动都分解为方向确定的两个相互垂直的分振动．这样，就可将自然光表示成两个相互垂直的、振幅相等的、独立的光振动，如图14.2(b) 所示．这种分解不论在哪两个相互垂直的方向上进行，其分解的结果都是相同的，显然，每一独立光振动的光强都等于自然光光强的一半．但应注意，由于自然光光振动的随机性，这两个相互垂直的光矢量之间没有恒定的相位差，因而它们是不相干的．图 14.2(c) 是自然光的表示法，图中用短线和点分别表示在纸面内和垂直纸面的光振动，点和短线交替均匀画出，表示光矢量对称且均匀分布．

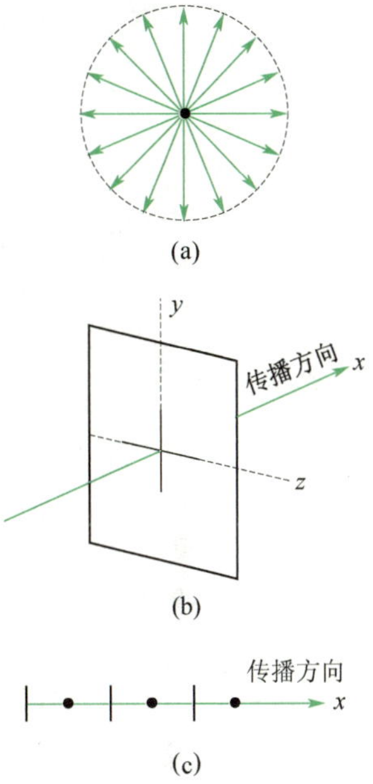

图 14.2　自然光

14.1.3 线偏振光

如果光波的光矢量的方向始终不变，只沿一个固定方向振动时，这种光称为**线偏振光**．在光学实验中，采用某些装置将自然光中相互垂直的两个分振动之一完全移去，就可获得线偏振光，所以线偏振光又叫完全偏振光．因线偏振光中沿传播方向各处的光矢量都在同一振动面内，故线偏振光也称**平面偏振光**．简称**偏振光**．图 14.3 是线偏振光的示意图．图(a) 表示光振动方向在纸面内的线偏振光，图(b) 表示光振动方向垂直纸面的线偏振光．

因为不可能把一个原子所发射的光波分离出来，所以我们在实验中获得的线偏振光，是包含众多原子的光波中光振动方向都已相互平行的成分．

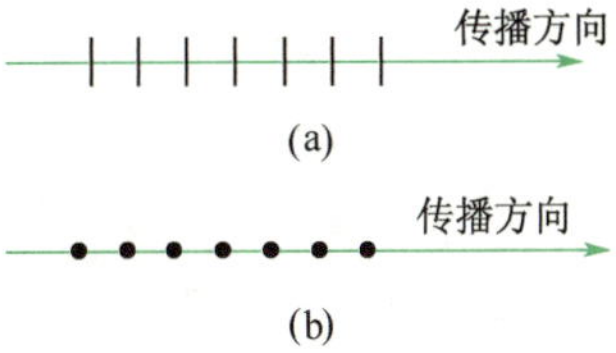

图 14.3　线偏振光

14.1.4 部分偏振光

除了上述讨论自然光和线偏振光之外，还有一种介于两者之间的偏振光，这种光在垂直于光的传播方向的平面内，各方向的振动都有，但它们的振幅大小不相等，称为**部分偏振光**．部分偏振光可以看成为偏振光与自然光的混合．常将其表示成某一确定方向的光振动较强，与之垂直方向的光振动较弱，这两个方向光振动的强弱对比度愈高，表明其愈接近完全偏振光．图 14.4 是部分偏振光的表示法．(a) 表示在纸面内的光振动较强，(b) 表示垂直纸面的光振动较强．

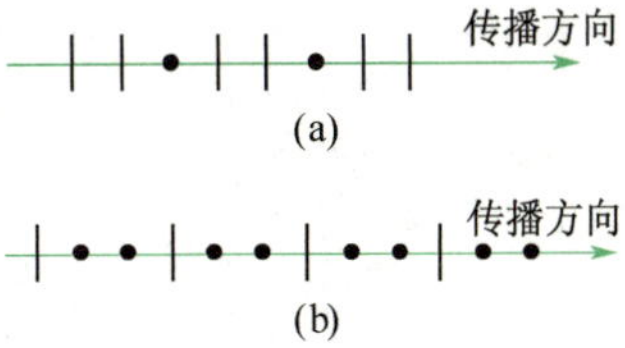

图 14.4　部分偏振光

在同一方向上传播的两列频率相同的线偏振光，如果它们的振动方向相互垂直，且具有固定的相位差 $\Delta\varphi$，则当 $\Delta\varphi = k\pi(k=0,\pm1,\cdots)$ 时，它们合成光矢量末端的轨迹是一条直线，这时两列线偏振光合成后仍为线偏振光；当它们振幅不相等，$\Delta\varphi \neq k\pi$；或振幅相等，$\Delta\varphi \neq k\pi$ 且 $\Delta\varphi \neq (2k+1)\dfrac{\pi}{2}$ 时，合成光矢量末端的轨迹是椭圆，这时两列线偏振光的合成是椭圆偏振光；当它们振幅相等，$\Delta\varphi = (2k+1)\dfrac{\pi}{2}$ 时，合成光矢量末端的轨迹是圆，这时两列线偏振光合成为圆偏振光. 我们规定，如果迎着光源看，光矢量顺时针旋转，则称为右旋椭圆或圆偏振光；如果光矢量逆时针旋转，则称为左旋椭圆或圆偏振光.

14.2 起偏和检偏 马吕斯定律

普通光源发出的光都是自然光. 从自然光中获得偏振光的装置叫作**起偏器**，利用偏振片从自然光获取偏振光是最简便的方法. 除此之外，利用光的反射和折射或晶体棱镜也可以获取偏振光. 下面我们介绍几种产生和检验偏振光的方法.

14.2.1 偏振片的起偏和检偏

偏振片是在透明的基片上蒸镀一层某种物质（如硫酸金鸡钠碱，碘化硫酸奎宁等）晶粒制成的. 这种晶粒对相互垂直的两个分振动光矢量具有选择吸收的性能，即对某一方向的光振动有强烈的吸收，而对与之垂直的光振动则吸收很少，晶粒的这种性质称为**二向色性**. 因此偏振片基本上只允许某一特定方向的光振动通过，这一方向称为偏振片的**偏振化方向**，也叫**透光轴**. 如图 14.5 所示，当自然光垂直照射偏振片 P_1 时，透过 P_1 的光就成为光振动方向平行于该透光轴方向的线偏振光，这一过程称为**起偏**. 透过的线偏振光的光强只有入射自然光光强的一半.

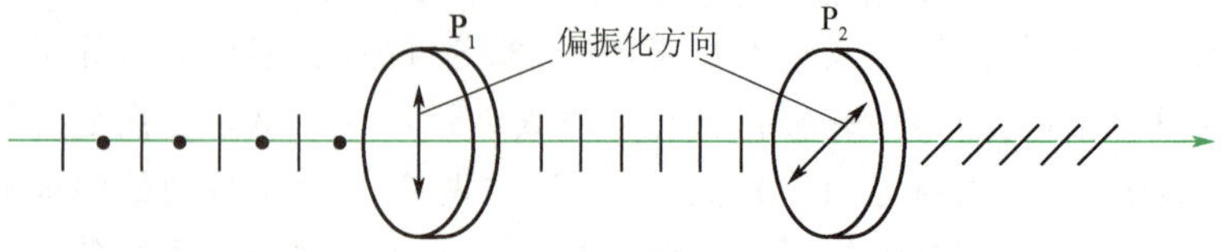

图 14.5 起偏与检偏

偏振片也可用来检验某一光束是否为线偏振光，称为**检偏**. 用做检验光的偏振状态的装置称为**检偏器**. 图 14.5 中的偏振片 P_2 就是一种检偏器. 当透过 P_1 所形成的线偏振光再垂直入射偏振片 P_2 时,如果 P_2 的透光轴与线偏振光的振动方向相同,则该线偏振光可全部继续透过偏振片 P_2,在 P_2 的后面能观察到光;如果把偏振片 P_2 绕光的传播方向旋转 90°,即当 P_2 的透光轴与线偏振光的振动方向相互垂直时,由于线偏振光全部被 P_2 吸收,在 P_2 的后面就观察不到光,即出现消光现象. 如果让 P_2 绕入射线偏振光的传播方向缓慢转动一周时,就会发现透过 P_2 的光强不断改变,并经历两次光强最大和两次光强为零的过程. 如果入射到 P_2 上的是自然光,上述过程就不会出现;如果入射到 P_2 的是部分偏振光,只能观察到两次光强最强和两次光强最弱,但不会出现光强为零的消化现象. 线偏振光透过 P_2 后,光强的变化遵从马吕斯定律.

怎样选择夏天戴的偏光太阳镜?

14.2.2 马吕斯定律

1809 年马吕斯在研究线偏振光通过检偏器后的透射光光强时发现,**如果入射线偏振光的光强为 I_0,透过检偏器后,透射光的光强 I 为**

$$I = I_0 \cos^2 \alpha \tag{14.1}$$

式中 α 是线偏振光的振动方向与检偏器的透光轴方向之间的夹角. 上式称为**马吕斯定律**. 现证明如下:

如图 14.6 所示,ON_1 表示入射线偏振光的振动方向,ON_2 表示检偏器的透光轴方向,两者的夹角为 α. 入射线偏振光的光矢量振幅为 E_0,将此光矢量沿 ON_2 及垂直于 ON_2 的方向分解为两个分量,它们的大小分别为 $E_0 \cos \alpha$ 和 $E_0 \sin \alpha$,其中只有平行于检偏器透光轴方向 ON_2 的分量可以透过检偏器. 由于光强和振幅的平方成正比,所以透过检偏器的透射光强 I 和入射线偏振光的光强 I_0 之比为

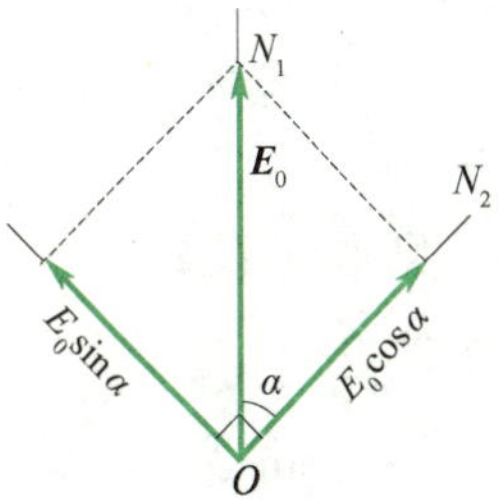

图 14.6　马吕斯定律的证明

$$\frac{I}{I_0} = \frac{(E_0 \cos \alpha)^2}{E_0^2} = \cos^2 \alpha$$

即

$$I = I_0 \cos^2 \alpha$$

如果入射到检偏器的线偏振光是起偏器产生的透射光,如图 14.5 所示情况,那么上式中的 α 角就等于起偏器与检偏器两透光轴方向之间的夹角.

马吕斯定律

从马吕斯定律可以看出,线偏振光通过偏振片后,光强随入射线偏振光的振动方向和偏振片的透光轴方向之间的夹角 α 的改变而改变. 当 $\alpha = 0$ 时,$I = I_0$,透过偏振片的光强最大;当 $\alpha = 90°$ 时,$I = 0$,没有光透过偏振片,即出现消光现象.

例 14.1

一光束由线偏振光和自然光混合而成，当它通过偏振片时，发现透射光的光强依赖偏振片透光轴方向的取向可变化 5 倍.求：入射光束中两种成分的光的相对强度.

解 设光束的总光强为 I，其中线偏振光的强度为 I_1，自然光的光强为 I_0，则 $I = I_1 + I_0$.

通过偏振片后，自然光的光强为$\frac{I_0}{2}$，且与偏振片的透光轴取向无关.线偏振光的最大光强出现在偏振片的透光轴取向平行于线偏振光的振动方向时，大小为 I_1；线偏振光的最小光强出现在偏振片的透光轴取向垂直于线偏振光的振动方向时，大小为零.故透过偏振片的混合光强最大为$\frac{I_0}{2}+I_1$，最小光强为$\frac{I_0}{2}$，所以有

$$\frac{\frac{I_0}{2}+I_1}{\frac{I_0}{2}} = 5$$

由此得到

$$I_1 : I_0 = 2 : 1$$

即线偏振光 $I_1 = \frac{2}{3}I$，自然光 $I_0 = \frac{1}{3}I$.

例 14.2

要使一束线偏振光通过偏振片后振动方向转过 90°，至少需要让这束光通过几块偏振片？在此情况下，透射光强最大是原来光强的多少倍？

解 至少需要两块偏振片(见图 14.7).其中 P_1 透光轴与线偏振光振动方向的夹角为 α，第二块偏振片 P_2 透光轴与 P_1 透光轴夹角为$(90°-\alpha)$.设入射线偏振光原来的光强为 I_0，则透射光强

$$I = I_0\cos^2\alpha\cos^2(90°-\alpha) = I_0\cos^2\alpha\sin^2\alpha = \frac{I_0}{4}\sin^2 2\alpha$$

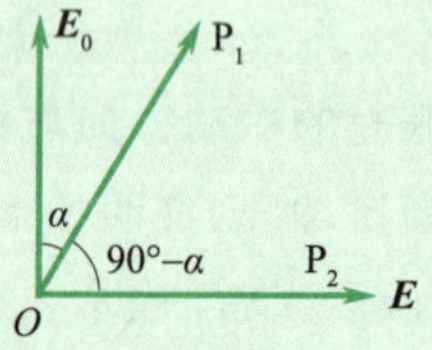

图 14.7

当 $2\alpha = 90°$，即 $\alpha = 45°$ 时，$I = I_{max} = \frac{I_0}{4}$.

14.3 反射与折射时光的偏振

自然光在两种各向同性的媒质分界面上反射和折射时，反射光和折射光都将成为部分偏振光；在特定情况下，反射光有可能成为完全偏振光，即线偏振光.

如图 14.8 所示，MM' 是两种媒质(如空气和玻璃) 的分界面，SI 是一束自然光的入射线，IR 和 IR' 分别为反射线和折射线，i 为入射角，γ 为折射角.我们可以把自然光分解为两个相互垂直的光振动，一个与入射面垂直(图中用黑点表示)，称为垂直振动；另一个和入射面平行(图中用短线表示)，称为平行振动.实验发现，在反射

光束中，垂直振动多于平行振动，而在折射光束中，平行振动多于垂直振动，即反射光和折射光均为部分偏振光.

理论和实验都证明，反射光的偏振化程度和入射角有关，**当入射角等于某一特定值 i_0，且满足**

$$\tan i_0 = \frac{n_2}{n_1} \tag{14.2}$$

时，反射光中只有垂直入射面的分振动，成为线偏振光；而折射光仍为部分偏振光，但这时折射光的偏振化程度最强，如图 14.8(b) 所示，式(14.2) 称为**布儒斯特定律**. i_0 称为**布儒斯特角或起偏振角**，式中 n_1、n_2 为界面上、下媒质的折射率. 例如，自然光从空气射向折射率为1.50 的玻璃面反射时，起偏振角为 56.3°.

根据折射定律，$n_1 \sin i_0 = n_2 \sin \gamma$，又由布儒斯特定律有

$$\tan i_0 = \frac{\sin i_0}{\cos i_0} = \frac{n_2}{n_1}$$

可得

$$\sin \gamma = \cos i_0$$

故

$$i_0 + \gamma = \frac{\pi}{2}$$

这说明当入射角为起偏角时，反射光与折射光相互垂直.

自然光以起偏角入射时，反射光虽然是线偏振光，但光强很弱. 以自然光从空气入射到玻璃界面为例，反射光此时的光强只占入射自然光中垂直振动光强的 15%，折射光占有入射自然光中垂直振动光强的 85% 和平行振动的全部光强. 所以，折射光的光强很强，但它的偏振化程度却不高.

为了增强反射光的强度和折射光的偏振化程度，可以把许多相互平行的玻璃片重叠而成玻璃片堆，如图 14.9 所示. 当自然光以起偏振角 i_0 入射到玻璃片堆上时，不仅光从空气入射到玻璃片的各层界面上时，反射光都是垂直入射面的光振动，而且光在从玻璃片入射到空气层的各界面上时，因为其入射角 $\gamma_0 = \frac{\pi}{2} - i_0$，即 $\tan \gamma_0 = \tan\left(\frac{\pi}{2} - i_0\right) = \cot i_0 = \frac{n_1}{n_2}$，所以对这个界面来说 γ_0 又是起偏振角，即光从玻璃片入射到空气层各界面上时，反射光也都是垂直入射面的光振动. 这样，折射光中的垂直振动因多次反射而不断减弱，因而其偏振化程度将会逐渐增强，当玻璃片足够多时，最后透射出来的光就极近似为平行入射面的线偏振光. 同时，由于玻璃片堆各层反射光的累加，反射光的光强也得到增强. 利用这种方法，可以获得两束振动方向相互垂直的线偏振光.

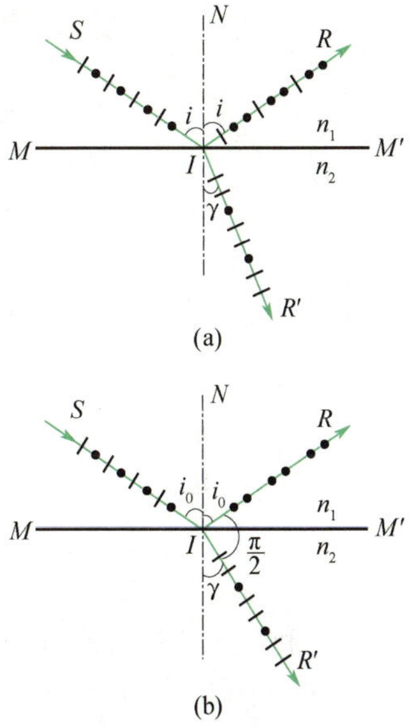

图 14.8　反射和折射时光的偏振

科学家介绍

布儒斯特

布儒斯特角定律及计算

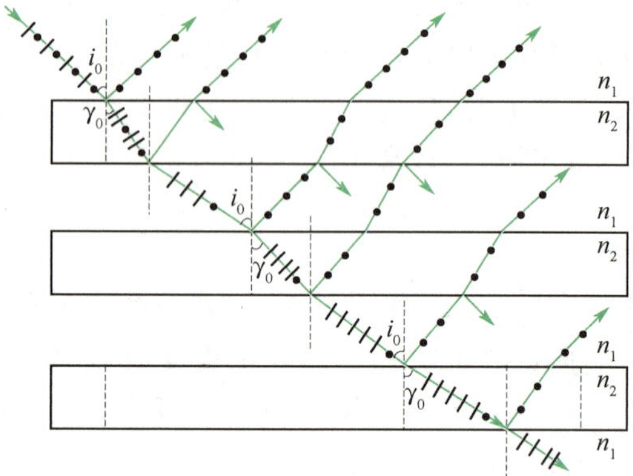

图 14.9　利用玻璃片堆获取线偏振光

例 14.3

利用布儒斯特定律可以测定不透明介质（如珐琅等釉质）的折射率. 当一束平行自然光从空气中以 58° 角入射到某介质材料表面上时，检验出反射光是线偏振光，求该介质的折射率.

解　根据布儒斯特定律

$$\tan i_0 = \frac{n_2}{n_1}$$

所以

$$n_2 = n_1 \tan i_0 = \tan 58^\circ = 1.60$$

例 14.4

如图 14.10 所示为一玻璃三棱镜，材料的折射率为 $n = 1.50$，设光在棱镜中传播时能量不被吸收. 问：(1) 一束光强为 I_0 的单色光，从空气入射到棱镜左侧界面折射进入棱镜. 若要求入射光全部能进入棱镜，对入射光和入射角有何要求？(2) 若要求光束经棱镜从右侧折射出来，强度仍保持不变，则对棱镜顶角有何要求？

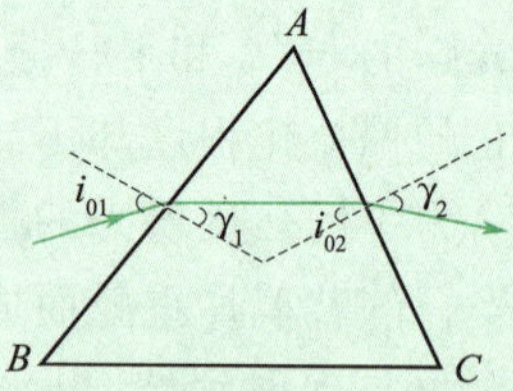

图 14.10

解　(1) 若要求入射光全部折射到棱镜里，则要求其反射光强度为零. 对于自然光这条件无法满足. 若入射光为光振动平行入射面的线偏振光，则在入射角等于起偏振角的情况下，反射光束的强度为零，入射光将全部进入棱镜. 因此要求入射光是振动方向平行于入射面的线偏振光. 入射角 i_{01} 为

$$i_{01} = \arctan n = \arctan 1.50 = 56.3^\circ$$

(2) 当进入棱镜的光射到棱镜右侧界面，因它只包含平行入射面的光振动，只要以起偏振角入射，则其反射光的强度仍然为零，进入棱镜的光将全部折射出棱镜而保持强度不变. 这时投射到界面 AC 的起偏振角 i_{02} 为

$$i_{02} = \arctan \frac{1}{n} = \arctan \frac{1}{1.5} = 33.7^\circ$$

因为 $i_{01} + \gamma_1 = \frac{\pi}{2}$，$i_{02} + \gamma_2 = \frac{\pi}{2}$，从图 14.10 上的几何关系可以看出

$$\begin{aligned}\angle A &= \gamma_1 + i_{02} = \frac{\pi}{2} - i_{01} + i_{02} \\ &= 90^\circ - 56.3^\circ + 33.7^\circ \\ &= 67.4^\circ\end{aligned}$$

*14.4　散射光的偏振

在眼前放一块偏振片向天空望去，当转动偏振片时，会发现透过它的“天光”有明暗的变化. 这说明“天光”是部分偏振光，这种部分偏振光是大气中的微粒或分子对太阳光散射的结果.

一束光射到一个微粒或分子上，就会使其中的电子在光束内的电场矢量的作用下振动. 此类振动中的电子会向其周围四面八方发射同频率的电磁波，即光，这种现象叫作**光的散射**. 正是由于这种散射才使我们从侧面能看到有灰尘的室内的太阳光束或大型歌舞晚会上的彩色激光射线.

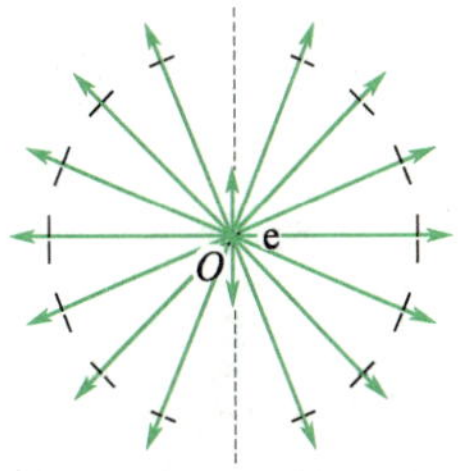

图 14.11　振动的电子发出的光的振幅和偏振方向示意图

分子中的一个电子振动时发出的光是偏振光，它的光振动方向总是垂直于光的传播方向(横波)，并和电子的振动方向在同一个平面内. 但是，往各方向发出的光强度不同：在垂直于电子振动的方向，强度最大；在沿电子振动的方向，强度为零. 图14.11 表示了这种情形，O 处有一电子沿竖直方向振动，它发出的球面波向四周传播，各条光线上的短线表示该方向上光振动的方向，短线的长短大致表示该方向上光振动的振幅.

如图 14.12 所示，设太阳光沿水平方向(x 方向) 射来，它的水平方向(y 方向，垂直纸面向内) 和竖直方向(z 方向) 的光矢量激起位于 O 处的分子中的电子做同方向的振动而发生光的散射. 结合图 14.11 所示的规律，沿竖直方向向上看去，就只有振动方向沿 y 方向的线偏振光了. 实际上，由于我们看到的“天光”是大气中许多微粒或分子从不同方向散射来的光，也可能是经过几次散射后射来的光，又由于微粒或分子的大小会影响其散射光的强度等原因，故人们看到的“天光”就是部分偏振光.

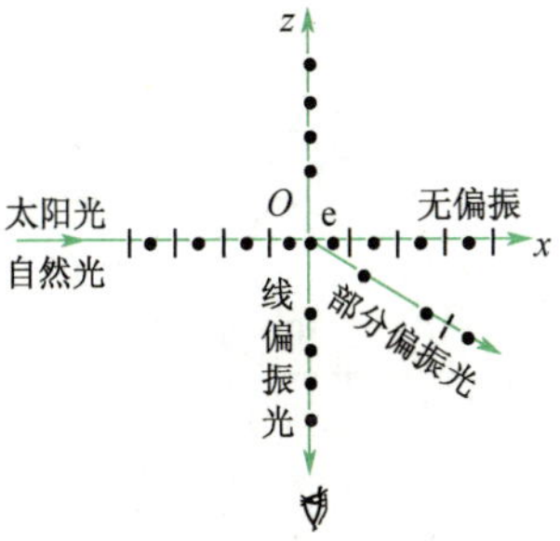

图 14.12　太阳光的散射

另一方面，按照电磁理论，每个散射光波的振幅是与它的频率的平方成正比，而其光强又和它的振幅的平方成正比，所以散射光的强度和光的频率的四次方成正比. 由于蓝光的频率比红光高，所以太阳光中的蓝色光成分比红色光成分散射强度更大些. 因此，天空看起来是蓝色的. 在早晨或傍晚，太阳光沿地平线射来，在大气层中传播的距离较长，其中的蓝色光成分大都散射掉了，余下的进入人眼的光就主要是频率较低的红色光了，这就是朝阳或夕阳看起来发红的原因.

*14.5　光的双折射

14.5.1　双折射现象　寻常光和非常光

在我们日常生活经验中，所熟悉的现象是当一束光射到两种各向同性媒质(如空气和玻璃) 的分界面上时，要发生反射和折射，并且反射光和折射光仍各为一束光. 但是当光射入各向异性晶体(如方解石晶体) 后，可以观察到有两

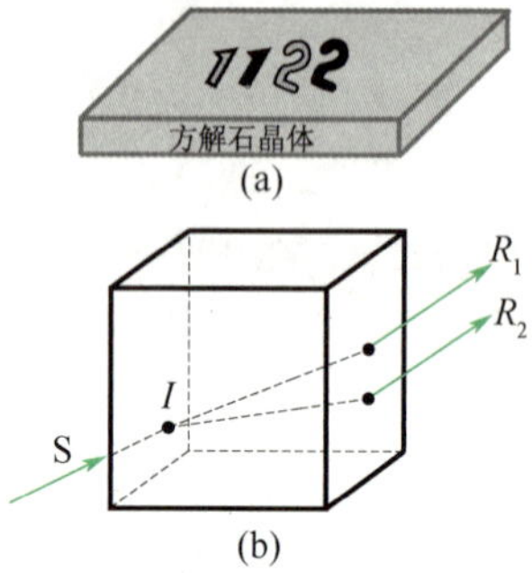

图 14.13　方解石的双折射

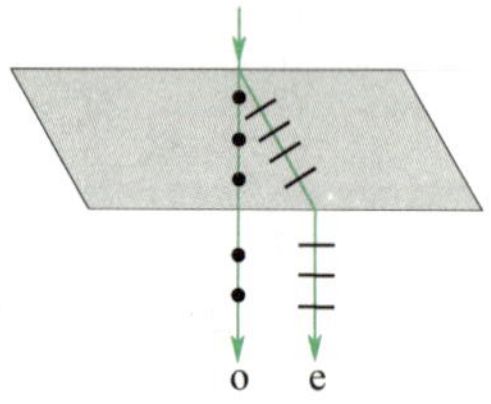

图 14.14　寻常光和非常光

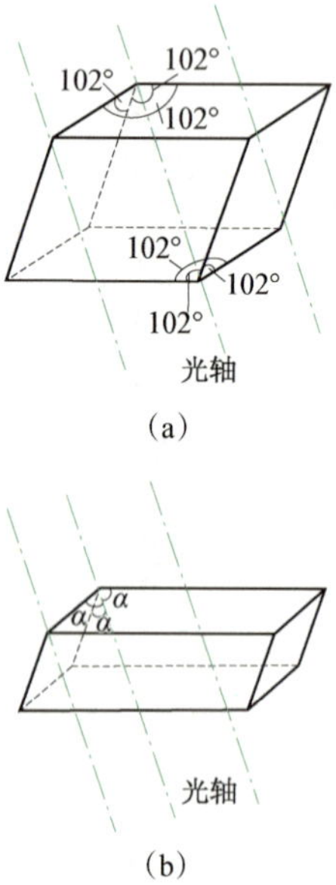

图 14.15　方解石晶体的光轴

束折射光，这种现象称为光的**双折射现象**. 如图 14.13(a) 所示，把一块方解石晶体放在原印有一行字的纸面上，从上往下透过方解石看字时，见到每个字都变成了相互错开的两个字，即每个字都有两个像. 这就是光线进入方解石后产生的两束折射光所致. 图14.13(b) 表示光在方解石晶体内的双折射. 显然，晶体愈厚，透射出来的光线分得愈开.

实验发现，除立方晶系外，光线进入晶体时，一般都将产生双折射现象.

进一步的研究表明，两束折射线中的一束始终遵守折射定律，无论入射线的方向如何，其入射角 i 与折射角 γ 的正弦之比始终为恒量，即 $\dfrac{\sin i}{\sin \gamma}=\dfrac{n_2}{n_1}=$ 恒量，这一束折射光称为**寻常光**，通常用 o 表示，简称 o **光**；另一束折射光不遵守普通的折射定律，它不一定在入射面内，而且入射角 i 改变时，$\dfrac{\sin i}{\sin \gamma}$ 的量值不是一个常数，这束光通常称为**非常光**，用 e 表示，简称 e **光**. 让一束自然光垂直于方解石表面入射($i=0$) 时，o 光沿原方向前进，e 光则一般偏离原方向前进，如图 14.14 所示. 这时，如果使方解石晶体以入射光线为轴旋转，将发现 o 光不动，而 e 光却随之绕轴旋转. 用检偏器检验表明，o 光和 e 光都是线偏振光.

14.5.2 晶体的光轴与光线的主平面

晶体内存在着一个特殊方向，光沿这个方向传播时不产生双折射，即 o 光和 e 光重合，在该方向 o 光和 e 光的折射率相等，光的传播速度相等. 这个特殊的方向称为晶体的**光轴**. 如天然方解石晶体是斜平行六面体，两棱之间的夹角约为 78° 或 102°. 从其三个钝角面相会合的顶点引出一条直线，并使其与三棱边都成等角，这一直线方向就是方解石晶体的光轴方向. 如图 14.15 所示，图(a) 为各棱边都相等的方解石晶体，图(b) 为各棱边不相等的方解石晶体. 应该注意，“光轴” 不是指一条直线，而是强调其“方向”.

只有一个光轴的晶体称为单轴晶体，如方解石、石英等. 有些晶体具有两个光轴方向，称为双轴晶体，如云母、蓝宝石等.

晶体中某条光线与晶体的光轴所组成的平面称为该光线的**主平面**. o 光和 e 光各有自己的主平面. 实验发现，o 光的光振动垂直于 o 光的主平面，e 光的光振动在 e 光的主平面内. 一般情况下，o 光和 e 光的主平面并不重合，它们之间有一不大的夹角. 只有当光线沿光轴和晶体表面法线所组成的平面入射时，这两个主平面才严格重合，且就在入射面内，这时，o 光和 e 光的光振动方向相互垂直. 这个由光轴和晶体表面法线方向组成的平面称为晶体的**主截面**. 在实际应用中，一般都选择光线沿主截面入射，以使双折射现象的研究更为简化.

14.5.3 用惠更斯原理解释双折射现象

双折射现象是由于在晶体中 o 光和 e 光的传播速度不同而引起的. 在单轴晶体中，o 光沿各个方向传播的速度相同，而 e 光沿各个方向传播的速度是不同的，唯有沿光轴方向 o 光和 e 光的传播速度相同，在垂直于光轴方向 o 光和 e 光的传播速度相差最大. 假想在晶体内有一子波源，由它发出的光波在晶体内传播，则 o 光的波面是球面，而 e 光的波面是旋转椭球面，两个波面在光轴方向上相切. 用 v_o 表示 o 光的传播速度，v_e 表示 e 光沿垂直于光轴方向的传播速度. 对于 $v_o > v_e$ 一类晶体，如石英，称为**正晶体**，如图 14.16(a) 所示；另一类晶体 $v_o < v_e$，如方解石，称为**负晶体**，如图 14.16(b) 所示.

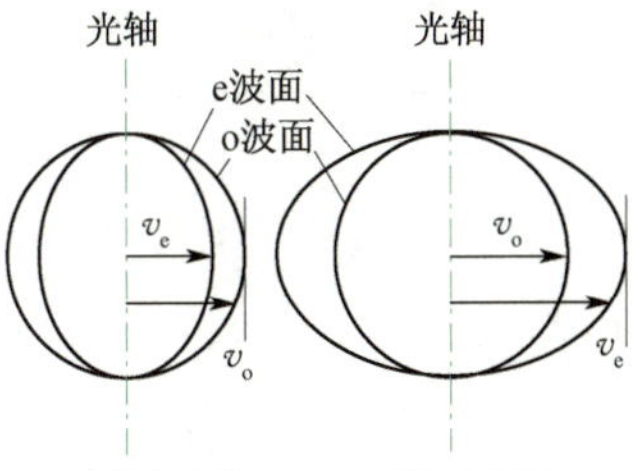

(a) 正晶体　(b) 负晶体

图 14.16　正晶体和负晶体的子波波阵面

根据折射率的定义，对于 o 光，$n_o = \dfrac{c}{v_o}$ 表示 o 光的主折射率，它是与方向无关，只由晶体材料决定的常数. 对于 e 光，通常把真空中的光速 c 与 e 光沿垂直光轴方向的传播速度 v_e 之比 $n_e = \dfrac{c}{v_e}$，称为 e 光的主折射率.

知道了晶体光轴方向和 n_o，n_e 两个主折射率，应用惠更斯作图法，就可确定单轴晶体中 o 光和 e 光的传播方向，从而说明双折射现象.

图 14.17(a) 为平行光以入射角 i 倾斜入射到方解石晶体的情况. AC 是平面波的一个波面，当入射波 C 传到 D 时，AC 波面上除 C 点外的其他各点，都已先后到达晶体表面 AD 并向晶体内发出子波，其中 A 点发出的 o 光球面子波和 e 光旋转椭球面子波波面如图所示，两子波波面相切于光轴上的 G 点. AD 间各点先后发出的球面子波波面的包迹平面 DE 就是 o 光在晶体中的新波面，AE 线即为 o 光在晶体中的折射线方向；各旋转椭球面子波波面的包迹平面 DF 就是 e 光在晶体中的新波面，AF 线即为 e 光在晶体中的折射方向. 从图14.17(a) 中可见 o 光和 e 光的传播方向不同，因而在晶体中出现了双折射现象. 值得注意的是 e 光的传播方向并不与它的波面垂直. 图 14.17(b) 和 14.17(c) 为平行光正入射到晶体表面的情况. 在图 14.17(c) 中，o 光和 e 光的传播方向是相同的，但传播速度和折射率均不相同，仍属双折射现象. 这一情况与光在晶体内沿光轴方向传播时具有同速度、同折射率、无双折射现象是有区别的.

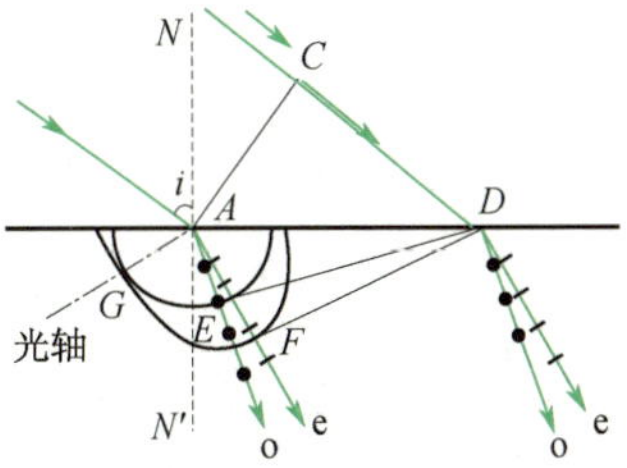

(a) 平面波倾斜地射入方解石的双折射现象

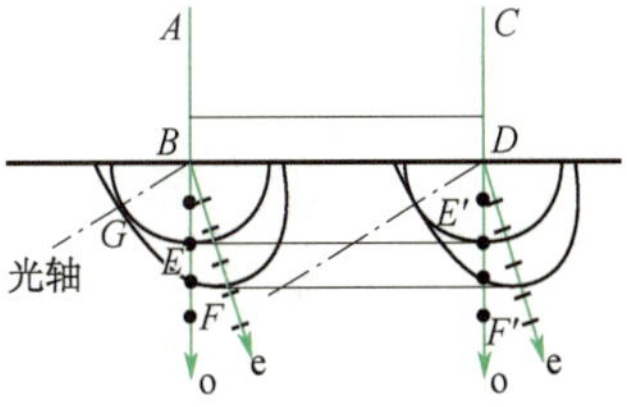

(b) 平面波垂直射入方解石的双折射现象

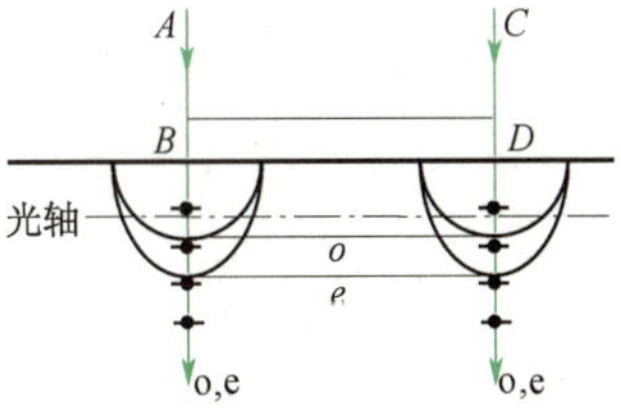

(c) 平面波垂直射入方解石（光轴在折射面内并平行于晶面）的双折射现象

图 14.17

*14.6　偏振光的干涉　人为双折射现象

目前在矿物学、冶金学和生物学方面比较广泛使用的偏振光显微镜，其基本原理就是利用偏振光的干涉. 又如光测弹性方法，属于人为双折射现象的应用，也涉及偏振光的干涉. 本节讨论有关这两个方面的一些基本原理.

14.6.1　椭圆偏振光与圆偏振光　波片

利用振动方向相互垂直的两个同频率简谐振动的合成可以获得椭圆偏振光和圆偏振光. 如图 14.18 所示，P 为偏振片，C 为单轴薄晶片，其光轴平行于晶面且与 P 的透光轴夹角为 θ. 单色自然光通过偏振片后，成为线偏振光，设其振幅为 E，光振动方向与晶片 C 光轴方向的夹角为 θ，该线偏振光垂直于光轴进入晶片后分解为 o、e 两光，仍沿原方向前进(此时 o、e 光两主平面重合，且就在它们的传播方向与光轴所在的平面内)，o 光的光振动垂直于主平面(垂直于光轴)，e 光的光振动则平行于光轴，其振幅分别为 $E_o = E\sin\theta$，$E_e = E\cos\theta$. 由于两光在晶体中的传播速度不同，晶片对 o、e 光的主折射率(e 光在垂直于光轴方向的折射率) n_o 和 n_e 亦不相同，所以通过厚度为 d 的晶片后，它们之间将出现相位差

$$\Delta\varphi = \frac{2\pi}{\lambda}(n_o - n_e)d \tag{14.3}$$

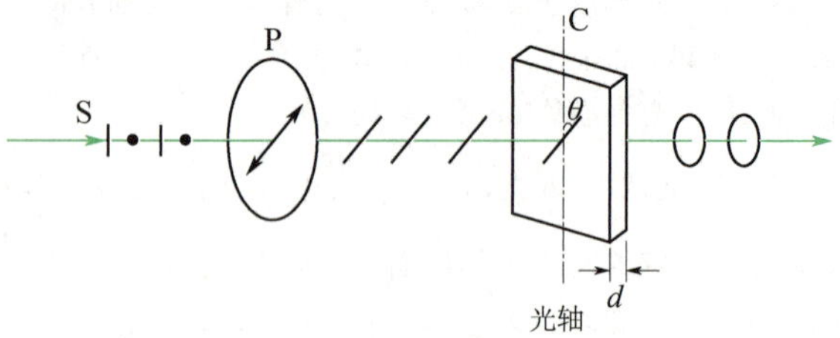

图 14.18 椭圆偏振光的获得

其中λ是入射单色光的波长. 这样两束频率相同,振动方向相互垂直,且具有一定相位差的两个光振动就合成为椭圆偏振光. 合成光矢量末端的轨迹在一般情况下是一个椭圆. 适当选择晶片厚度 d,使得相位差

$$\Delta\varphi = \frac{2\pi}{\lambda}(n_o - n_e)d = \frac{\pi}{2}$$

则通过晶片后的合成光为正椭圆偏振光. 由于这时 o,e 光通过晶片后的光程差为

$$\Delta = (n_o - n_e)d = \frac{\lambda}{4}$$

所以这样厚度的晶片称为四分之一波片. 显然,这是对特定波长而言.

图 14.18 中的波片 C 为四分之一波片,且 $\theta = \frac{\pi}{4}$ 时,则晶体中 o 光与 e 光的振幅相等,即 $E_o = E_e$,此时通过晶片后的光将成为圆偏振光.

如果将晶片 C 换成二分之一波片,θ 仍保持 $\frac{\pi}{4}$,则 o 光、e 光通过晶片后的相位差为 π,且振幅相等,合成后仍为线偏振光,不过振动方向将旋转 90°.

14.6.2 偏振光的干涉

只要满足相干条件,和自然光一样,偏振光也可以产生干涉现象. 图 14.19 是观察偏振光干涉的装置. P_1、P_2 是两个透光轴互相垂直的偏振片,C 为薄晶片,其光轴平行于晶体表面. 单色自然光垂直入射于偏振片 P_1,通过 P_1 后成为线偏振光,入射到晶片时分解为 o 光和 e 光,通过晶片后则成为光振动方向相互垂直且有一定相位差的两束光. 这两束光射入偏振片 P_2 时,只有与 P_2 透光轴平行的分振动才可以通过,这样就得到了两束相干的线偏振光.

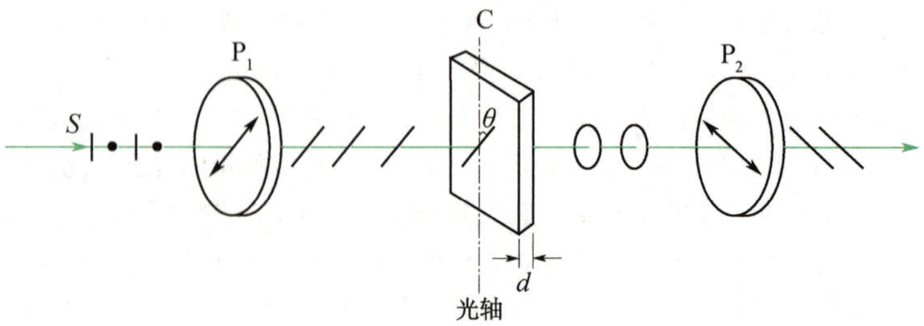

图 14.19 偏振光的干涉

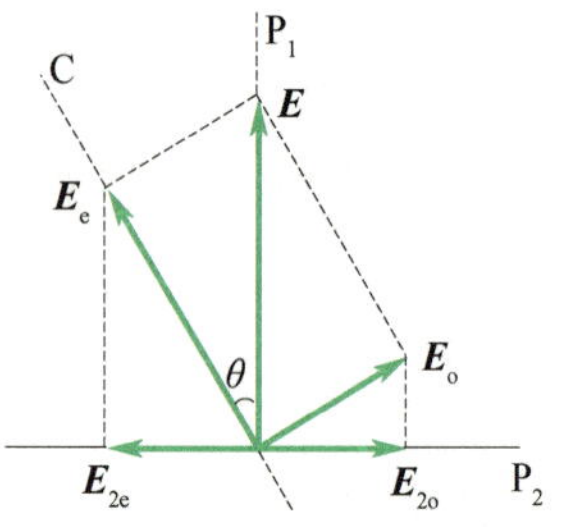

图 14.20 偏振光干涉振幅矢量图

图 14.20 是通过偏振片 P_1、薄晶片 C 和偏振片 P_2 的光的振幅矢量图. 其中 P_1、P_2 为两偏振片的透光轴方向,C 为晶片的光轴方向,E 为入射晶片 C 的线偏振光的振幅. 通过晶片 C 后两束光振幅分别为 $E_o = E\sin\theta$,$E_e = E\cos\theta$,它们

的振动方向为 o 光垂直于光轴 C，e 光平行于光轴 C. 这两束光透过 P_2 后的振幅分别为

$$E_{2o} = E_o\cos\theta = E\sin\theta\cos\theta$$

$$E_{2e} = E_e\sin\theta = E\cos\theta\sin\theta$$

二者振幅相等. 由以上分析可知，透过偏振片 P_2 的两束光是频率相同、振动方向相同、振幅相等和相位差恒定的相干光，因而可以观察到偏振光的干涉现象. 在 P_2 后观察到的光强决定于两束透射光的总相位差

$$\Delta\varphi = \frac{2\pi}{\lambda}(n_o - n_e)d + \pi \tag{14.4}$$

式中第一项为两光通过厚度为 d 的晶片所产生的相位差；第二项是由于 $\boldsymbol{E}_{2o}$ 和 $\boldsymbol{E}_{2e}$ 方向相反而引起的附加相位差. 由此可知干涉的明暗条件为

$$\Delta\varphi = \frac{2\pi}{\lambda}(n_o - n_e)d + \pi = \begin{cases} 2k\pi & k = 1,2,\cdots(\text{加强}\quad\text{视场最亮}) \\ (2k+1)\pi & k = 1,2,\cdots(\text{减弱}\quad\text{视场最暗}) \end{cases} \tag{14.5}$$

如果晶片 C 是劈尖形状，则视场将出现明暗相间的干涉条纹.

如果所用入射光源为白光，则对应不同波长的光，满足各自的干涉条件，在视场中将呈现彩色干涉图样，这种现象称为**色偏振**.

14.6.3 人为双折射现象

某些非晶体在受到外界作用(如机械力，电场或磁场等作用)时，失去各向同性的性质，也呈现出双折射现象，称为人为双折射现象.

1. 光弹性效应 —— 应力双折射

本来是透明的各向同性的介质在机械应力作用下，显示光学上的各向异性，这种现象叫作光弹性效应，有时也称作机械双折射或应力双折射. 对物体施以压力或张力时，其有效光轴都在应力方向上，并且引起的双折射与应力成正比. 设 n_o 和 n_e 分别为受力介质对 o 光和 e 光的折射率，则由实验可得

$$n_o - n_e = KP$$

其中 K 为比例系数，决定于介质的性质，P 是应力(压强).

两偏振光通过厚度为 d 的介质后所产生的相位差为

$$\Delta\varphi = \frac{2\pi}{\lambda}(n_o - n_e)d \tag{14.6}$$

式中 λ 为光在真空中的波长.

利用光弹性效应可以研究机械物体内部应力的分布情况. 把待分析的机械零件用透明材料制成模型，并按实际使用时的受力情况对模型施力，于是在各受力部分产生相应的双折射. 把模型放在正交的起偏器与检偏器之间就可以观察到干涉条纹，根据条纹的色彩和形状可计算出应力分布情况，这种方法叫光弹性方法. 它在工程技术上已得到广泛应用.

2. 克尔效应 —— 电致双折射

克尔于 1875 年发现，某些非晶体或液体在强电场作用下，使分子定向排列，从而获得类似于晶体的各向异性性质，这一现象称为克尔效应.

如图 14.21 所示，C 是装有平板电极且储有非晶体或液体(如硝基苯)的容器，叫作克尔盒. P_1、P_2 是两个正交的偏振片，使用时最好让它们的偏振化方向

液晶

与电场方向分别成±45°角. 电源未接通时,视场是暗的. 接通电源后,视场由暗转明,说明在电场作用下,非晶体变成双折射晶体. 实验表明,盒内非晶体或液体在电场作用下获得单轴晶体的性质,其光轴方向与电场 E 的方向平行,入射单色光波长 λ 与 n_o 和 n_e 之间的关系是

$$n_o - n_e = KE^2\lambda \tag{14.7}$$

式中,K 为克尔常数,与材料有关.

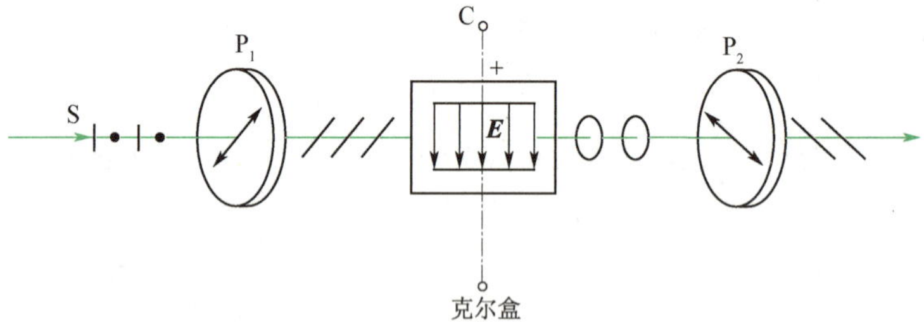

图 14.21　克尔效应

利用克尔效应可制成光的断续器——光开关. 这种开关的优点在于几乎没有惯性,它能随着电场的产生和消失迅即开启和关闭(不超过 10^{-9} s),因而可使光强的变化非常迅速. 这种光断续器已广泛用于高速摄影、光速测量及电影、电视等装置,近年来更多地用做脉冲激光器的 Q 开关.

在强磁场的作用下,非晶体也能呈现双折射现象,叫磁致双折射,详细情况不再介绍.

*14.7 旋光现象

1811 年,阿拉果发现,当线偏振光通过某些透明物质时,线偏振光的振动面将旋转一定的角度,这种现象称为振动面的旋转,也称旋光现象. 能使振动面旋转的物质称为旋光物质,如石英、糖和酒石酸等溶液都是旋光物质. 实验证明,振动面旋转的角度决定于旋光物质的性质、厚度或浓度以及入射光的波长等.

图 14.22 所示是研究物质旋光性的装置. 图中 F 是滤光器,用以获取单色光. C 是旋光物体,例如晶面与光轴垂直的石英片. 当旋光物质放在两个相互正交的偏振片 P_1 和 P_2 之间时,将会看到视场由原来的黑暗变为明亮. 将偏振片 P_2 绕光的传播方向旋转某一角度后,视场又将由明亮变为黑暗. 这说明线偏振光透过旋光物体后仍然是线偏振光,但是振动面旋转了一个角度,旋转角等于偏振片 P_2 旋转的角度.

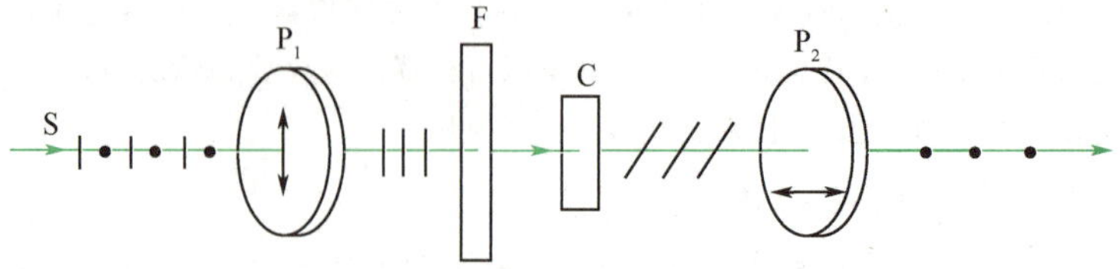

图 14.22　观察旋光现象的实验

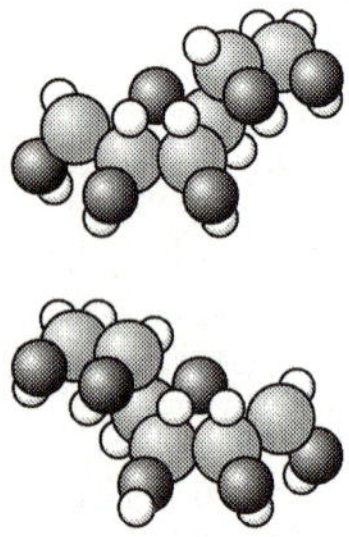
图 14.23　蔗糖分子两种同分异构体结构

应用上述方法,实验结果表明:

(1) 不同的旋光物质可以使线偏振光的振动面向不同的方向旋转. 如果面

对光源观察，使振动面向右（顺时针方向）旋转的物质称为右旋物质；使振动面向左（逆时针方向）旋转的物质称为左旋物质．如石英晶体，由于结晶形态的不同，具有右旋和左旋两种类型；葡萄糖为右旋糖；果糖为左旋糖．溶液的左右旋光性是其中分子本身特殊结构引起的．左右旋分子，如蔗糖分子，它们的原子组成一样，都是 $C_6H_{12}O_6$，但空间结构不同．这两种分子叫**同分异构体**，它们的结构互为镜像（见图 14.23）．令人费解的是人工合成的同分异构体，如左旋糖和右旋糖，总是左右旋分子各半，而来自生命物质的同分异构体，如由甘蔗或甜菜榨出来的蔗糖以及生物体内的葡萄糖则都是右旋糖．生物总是选择右旋糖消化吸收，而对左旋糖不感兴趣．

（2）振动面的旋转角 φ 与波长有关，当波长给定时，则与旋光物质的厚度 d 有关．它们满足关系式

$$\varphi = \alpha d \tag{14.8}$$

式中 d 用 mm 计，α 称旋光恒量，与物质的性质、入射光的波长等有关．如 1 mm 厚的石英片能产生的旋转角对红光为 15°，对钠黄光为 21.7°，对紫光为 51°．

（3）偏振光通过糖溶液、松节油时，振动面的旋转角可用下式表示：

$$\varphi = \alpha c d \tag{14.9}$$

式中 α 和 d 的意义同上，c 是旋光物质的浓度．在制糖工业中，测定糖溶液浓度的糖量计就是根据这一原理制成的．

习　题

14.1　选择题．

（1）一束光强为 I_0 的自然光垂直穿过两个偏振片，且此两偏振片的偏振化方向成 45° 角，则穿过两个偏振片后的光强 I 为　（　　）

A. $I_0/4\sqrt{2}$.　B. $I_0/4$.　C. $I_0/2$.　D. $\sqrt{2}I_0/2$.

（2）自然光以布儒斯特角由空气入射到一玻璃表面上，反射光是　（　　）

A. 在入射面内振动的完全线偏振光．

B. 平行于入射面的振动占优势的部分偏振光．

C. 垂直于入射面振动的完全线偏振光．

D. 垂直于入射面的振动占优势的部分偏振光．

（3）在双缝干涉实验中，用单色自然光，在屏上形成干涉条纹．若在两缝后放一个偏振片，则　（　　）

A. 干涉条纹的间距不变，但明纹的亮度加强．

B. 干涉条纹的间距不变，但明纹的亮度减弱．

C. 干涉条纹的间距变窄，且明纹的亮度减弱．

D. 无干涉条纹．

（4）一束自然光自空气射向一块平板玻璃［见题 14.1(4) 图］，设入射角等于布儒斯特角 i_0，则在界面 2 的反射光是　（　　）

A. 自然光．

B. 线偏振光且光矢量的振动方向垂直于入射面．

C. 线偏振光且光矢量的振动方向平行于入射面．

D. 部分偏振光．

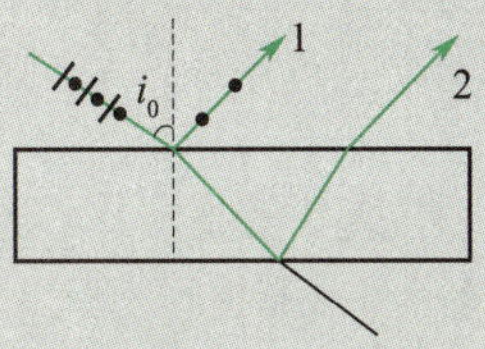

图 14.1(4)

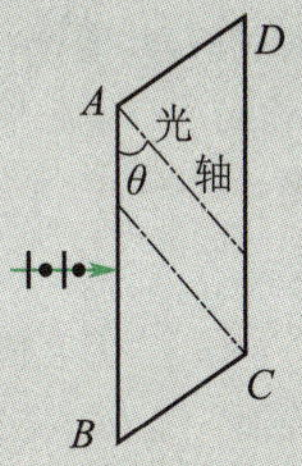

图 14.1(5)

*（5）$ABCD$ 为一块方解石的一个主截面，AB 为垂直于纸面的晶体平面与纸面的交线．光轴方向在纸面内且与 AB 成一锐角 θ，如题 14.1(5) 图所示．一束平行的单色自然光垂直于 AB 端面入射．在方解石内折射光分解为 o 光和 e 光，o 光和 e 光的　（　　）

A. 传播方向相同，电场强度的振动方向互相垂直．

B. 传播方向相同，电场强度的振动方向不互相垂直．

C. 传播方向不同，电场强度的振动方向互相垂直．

D. 传播方向不同，电场强度的振动方向不互相垂直．

14.2　填空题．

（1）马吕斯定律的数学表达式为 $I = I_0\cos^2\alpha$．式中 I 为通过检偏器的透射光的强度；I_0 为入射______

的强度；α 为入射光________方向和检偏器________方向之间的夹角.

(2) 当一束自然光以布儒斯特角入射到两种媒质的分界面上时，就偏振状态来说反射光为________光，其振动方向________于入射面.

(3) 一束自然光从空气投射到玻璃表面上(空气折射率为 1)，当折射角为 30° 时，反射光是完全偏振光，则此玻璃板的折射率等于________.

(4) 光的干涉和衍射现象反映了光的________性质. 光的偏振现象说明光波是________波.

*(5) 在光学各向异性晶体内部有一确定的方向，沿这一方向寻常光和非常光的________相等，这一方向称为晶体的光轴. 只有一个光轴方向的晶体称为________晶体.

14.3 自然光是否一定不是单色光？线偏振光是否一定是单色光？

14.4 用哪些方法可以获得线偏振光？怎样用实验来检验线偏振光、部分偏振光和自然光？

14.5 一束光入射到两种透明介质的分界面上时，发现只有透射光而无反射光，试说明这束光是怎样入射的；其偏振状态如何。

14.6 什么是光轴、主截面和主平面？什么是寻常光和非常光？它们的振动方向和各自的主平面有何关系？

14.7 在单轴晶体中，e 光是否总是以 c/n_e 的速率传播？哪个方向以 c/n_o 的速率传播？

14.8 是否只有自然光入射晶体时才能产生 o 光和 e 光？

14.9 投射到起偏器的自然光强度为 I_0，开始时，起偏器和检偏器的透光轴方向平行. 然后使检偏器绕入射光的传播方向转过 30°、45°、60°，试分别求出在上述三种情况下，透过检偏器后光的强度是 I_0 的几倍。

14.10 使自然光通过两个偏振化方向夹角为 60° 的偏振片时，透射光强为 I_1，今在这两个偏振片之间再插入一偏振片，它的偏振化方向与前两个偏振片均成 30°，问：此时透射光强 I 与 I_1 之比为多少？

14.11 自然光入射到两个重叠的偏振片上. 如果透射光强为：(1) 透射光最大强度的三分之一；(2) 入射光强的三分之一，则这两个偏振片透光轴方向间的夹角为多少？

14.12 一束自然光从空气入射到折射率为 1.40 的液体表面上，其反射光是完全偏振光. 试求：(1) 入射角等于多少；(2) 折射角为多少。

14.13 利用布儒斯特定律怎样测定不透明介质的折射率？若测得釉质在空气中的起偏振角为 58°，求釉质的折射率.

14.14 光由空气射入折射率为 n 的玻璃. 在题 14.14 图所示的各种情况中，用黑点和短线把反射光和折射光的振动方向表示出来，并标明是线偏振光还是部分偏振光. 图中 $i \neq i_0$，$i_0 = \arctan n$.

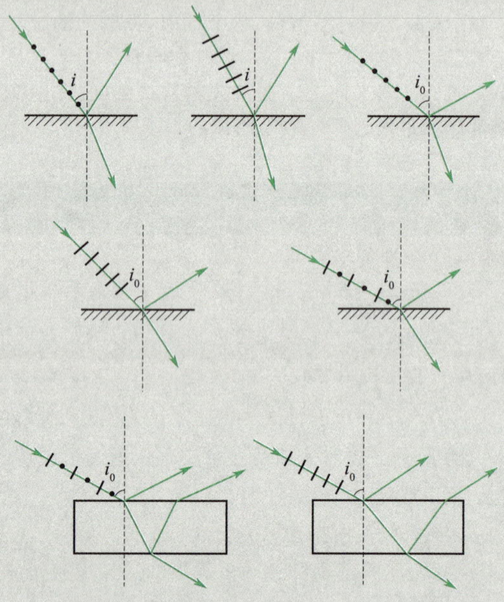

题 14.14 图

*14.15 如果一个二分之一波片或四分之一波片的光轴与起偏器的偏振化方向成 30° 角，试问：从二分之一波片还是从四分之一波片透射出来的光将是：(1) 线偏振光？(2) 圆偏振光？(3) 椭圆偏振光？为什么？

*14.16 将厚度为 1 mm 且垂直于光轴切出的石英晶片，放在两平行的偏振片之间，对某一波长的光波，经过晶片后振动面旋转了 20°. 问：石英晶片的厚度变为多少时，该波长的光将完全不能通过？

本章习题参考答案

第五篇

量子论

量子物理是研究微观粒子(线度约为 10^{-10}m) 运动规律及物质的微观结构的理论.量子论和相对论是20世纪初的重大理论成果,是近代和现代物理学的理论支柱.

1900年12月24日普朗克用能量量子化的假说,成功地解释了黑体辐射规律,标志着量子论的诞生.1905年爱因斯坦提出了光量子的概念,成功地解释了光电效应.1913年玻尔在卢瑟福原子的有核模型的基础上,应用量子化概念,解释了氢原子光谱的规律.1922年康普顿进一步证实了光的量子性.至此,这一时期的量子论,对微观粒子的本性还缺乏全面认识,称为早期量子论或旧量子论.

1924年德布罗意提出微观粒子的波粒二象性的假说,指出微观粒子也具有波动性.1927年戴维孙和革末的电子衍射实验证实了电子具有波动性.1926年薛定谔发表《波动力学》,提出微观实物粒子所遵守的波动方程,即薛定谔方程.1925年海森伯建立的矩阵力学和薛定谔的波动力学是等价的,它们是量子力学最初的两种不同形式.1926年玻恩对物质波作出统计解释.1927年海森伯提出测不准关系.1928年狄拉克把量子力学和狭义相对论相结合,创立了相对论量子力学.至此,量子力学的体系基本完成.

量子力学的建立,开辟了人们认识微观世界的道路,找到了探索原子、分子的微观结构及在原子、分子水平上物质结构的理论武器.1927年以后,量子力学被广泛地用来研究微观物理学的各领域,如原子、原子核、固体、半导体等,都取得了巨大成就.这些研究成果,推进了新技术的发明,促进了生产力的发展.

量子论在解决实际问题中不断发展.1939年海森伯和泡利建立了量子场论.而量子电动力学就是关于电磁场的量子论.随着粒子物理的发展,20世纪

70 年代又出现了量子色动力学、量子味动力学，这些理论都还在发展之中.

现在，从粒子物理到天体物理、从化学到生物和医学、从晶体管到大规模集成电路、从激光到超导材料，几乎一切高新技术都离不开量子论. 可以说，人们的日常生活已经和量子论密切相关，如果没有量子论就没有现代人类的物质文明.

本篇首先介绍早期量子论. 对量子力学只介绍薛定谔方程及其在几个一维问题中的应用. 量子力学对氢原子和多电子原子的应用，只介绍几个主要结论. 本篇还简单介绍原子核物理、粒子物理、固体的能带理论、激光、超导、纳米科学技术. 最后介绍玻色-爱因斯坦凝聚态.

第 15 章
量子物理基础

本章基本上按照量子论发展史的先后次序，首先介绍早期量子论，然后对量子力学作初步介绍，最后介绍原子物理学的主要内容.

本章提要

量子力学的十大应用

15.1 黑体辐射 普朗克量子假设

15.1.1 热辐射 绝对黑体辐射定律

当加热一铁块时，温度在 300 ℃ 以下，只感觉到它发热，看不见发光. 随着温度的升高，不仅物体辐射的能量愈来愈大，而且颜色开始呈暗红色，继而变为赤红、橙红、黄白色，达 1 500 ℃，出现白光. 其他物体加热时发光的颜色也有类似随温度而改变的现象. 这说明在不同温度下物体能发出不同波长的电磁波. 实验表明，任何物体在任何温度下，都向外发射波长不同的电磁波. 在不同的温度下发出的各种电磁波的能量按波长的分布不同. 这种能量按波长的分布随温度而不同的电磁辐射叫作**热辐射**.

为了定量描述某物体在一定温度下发出的能量随波长的分布，引入"**单色辐射本领**"（也叫**单色辐出度**）的概念. 波长为 λ 的单色辐射本领是指单位时间内从物体的单位面积上发出的波长在 λ 附近单位波长间隔所辐射的能量. 通常用 $M_\lambda(T)$ 表示. 它的 SI 制单位为瓦每立方米，记作 W/m^3.

任何物体在任何温度下，不但能辐射电磁波，还能吸收电磁波. 理论和实验表明辐射本领大的表面，吸收本领也大，反之亦然. 物体表面越黑吸收本领越大，辐射本领也越大. 能全部吸收投射在它上面的各种波长的电磁波的物体叫作**绝对黑体**，简称黑体. 绝对黑体的吸收本领最大，辐射本领也最大. 在自然界，绝对黑体是不存在的，即使最黑的烟煤也只能吸收 99% 的入射光能. 若不管用什么材料制成一个空腔，在腔壁上开一小孔，如图 15.1 所示，就是一个绝对黑体模型. 因为入射到小孔的电磁波，进入小孔后在腔内多次反射被吸收，几乎没有电磁波再从小孔出来，它与构成空腔的材料无关. 从辐射的角度看，如果将空腔加热到一定温度，内壁发出的辐射也是经过多次反射后射出小孔，所以小孔的辐射实际上就是绝对黑体的辐射.

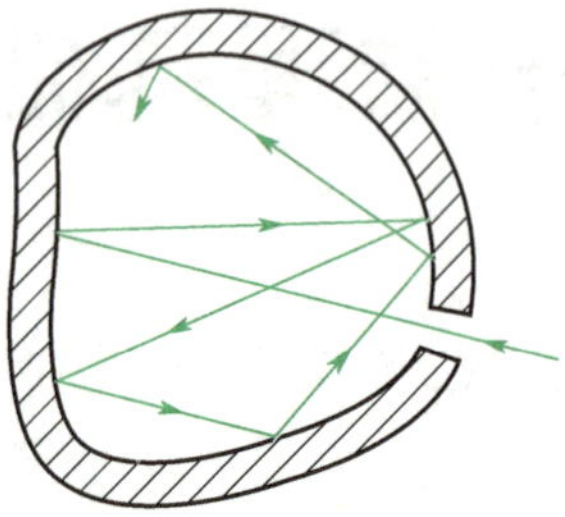

图 15.1 绝对黑体的模型

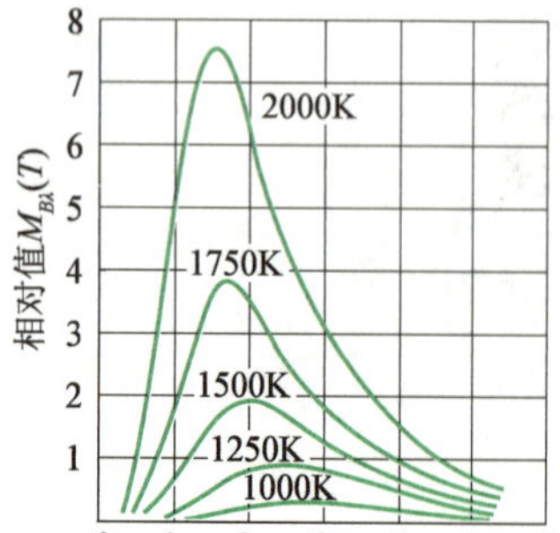

图 15.2 辐射本领按波长的分布曲线

绝对黑体辐射只与温度有关. 保持一定温度，用实验方法测出单色辐射本领随波长的变化曲线. 取不同的温度得到不同的实验曲线，如图 15.2 所示. 由图看出，在任何确定的温度下，黑体对不同波长的辐射本领是不同的，在某一波长值 λ_m 处有极大值，当温度升高时，极大值向短波方向移动，同时曲线向上抬高并变得更为尖锐. 根据实验结果，可得下面两条黑体辐射定律：

1. 斯忒藩-玻耳兹曼定律

由实验曲线可得黑体辐射的总辐射本领(也叫辐射出射度)

$$M_B(T)=\int_0^{\infty}M_{B\lambda}(T)\mathrm{d}\lambda$$

(可用曲线下的面积表示)与温度的四次方成正比,即

$$M_B(T)=\sigma T^4 \tag{15.1}$$

实验测得 $\sigma=5.670\times10^{-8}\ \mathrm{W/(m^2\cdot K^4)}$,称为斯忒藩常数.这个规律称为斯忒藩-玻耳兹曼定律.可见黑体的总辐射本领随温度的升高而急剧增加.

2. 维恩位移定律

在任意温度下,黑体的辐射本领都有一个极大值,这个极大值对应的波长用 λ_m 表示,称为峰值波长.λ_m 与温度 T 有如下确定的关系

$$T\lambda_m=b \tag{15.2}$$

实验测得 $b=2.898\times10^{-3}\ \mathrm{m\cdot K}$,称为**维恩常数**.(15.2)式称为维恩位移定律.

根据维恩位移定律可知,温度升高,峰值波长向短波方向移动.可以算出温度较低(常温),辐射波长在红外区,随着温度的升高,λ_m 向短波方向移动,辐射则由红变黄、变白.

例 15.1

在地球大气层外的飞船上,测得太阳辐射本领的峰值在 465 nm 处.假定太阳是一个黑体,试计算太阳表面的温度和单位面积辐射的功率.

解 根据维恩位移定律

$$\lambda_m T=b$$

可得太阳表面的温度为

$$T=\frac{b}{\lambda_m}=\frac{2.898\times10^{-3}}{465\times10^{-9}}=6\ 232\ \mathrm{K}$$

根据斯忒藩-玻耳兹曼定律,太阳单位面积所辐射的功率为

$$M=\sigma T^4=5.67\times10^{-8}\times(6\ 232)^4=8.552\times10^7\ \mathrm{W/m^2}$$

15.1.2 普朗克量子假设

要从理论上解释黑体辐射定律,就必须从理论上找出黑体的单色辐射本领 $M_{B\lambda}(T)$ 与 λ、T 的具体函数形式.19 世纪末,许多物理学家在经典物理学的基础上找这一关系式,结果都失败了.其中最典型的是瑞利-金斯和维恩理论公式.1896 年,维恩利用辐射按波长的分布类似于麦克斯韦分子速度分布的思想,得出理论公式为

$$M_{B\lambda}(T)=C_1\lambda^{-5}\mathrm{e}^{-\frac{C_2}{\lambda T}}$$

这个公式在短波部分与实验接近,但长波部分则与实验偏差较大.

1900 年瑞利和金斯根据经典电磁理论和线性谐振子能量按自由度均分的思想，得到的理论公式为

$$M_{B\lambda}(T) = C_3\lambda^{-4}T$$

这个公式在波长很长的情况下与实验接近，在短波区域则与实验完全不符，物理学史上称为“紫外区的灾难”. 以上两公式中的 C_1，C_2，C_3 都是常数，图 15.3 中的虚线表示这两个公式与实验的比较.

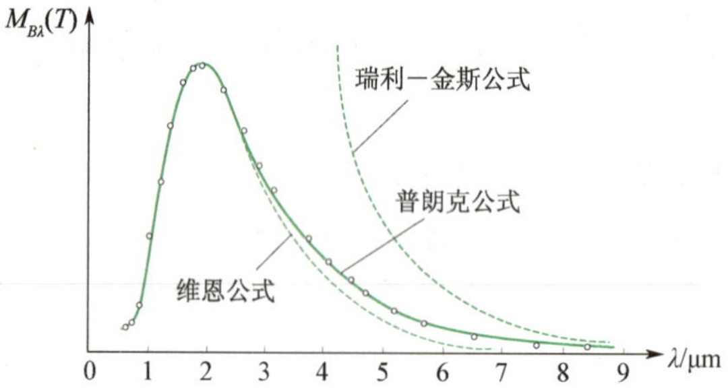

图 15.3 热辐射的理论公式与实验结果的比较(◦表示实验结果)

科学家介绍

普朗克

1900 年，普朗克从理论上推导出一个与实验符合得非常好的公式：

$$M_{B\lambda}(T) = 2\pi hc^2\lambda^{-5}\frac{1}{e^{hc/\lambda kT}-1} \tag{15.3}$$

称为**普朗克公式**. 式中 c 为真空中光速，k 为玻耳兹曼常数，e 为自然对数的底，h 为普朗克常数. 由实验测定

$$h = (6.625\,6 \pm 0.000\,5)\times 10^{-34}\,\mathrm{J\cdot s}$$

为推导出这个公式，普朗克作了如下两条假设，其中第二条假设是与经典理论相矛盾的.

(1) 黑体由带电谐振子组成(即把组成空腔壁的分子、原子的振动看作线性谐振子). 这些谐振子辐射电磁波，并和周围的电磁场交换能量.

(2) 这些谐振子的能量不能连续变化，只能取一些分立值，这些分立值是最小能量 ε 的整数倍，即

$$\varepsilon, 2\varepsilon, 3\varepsilon, \cdots, n\varepsilon, \cdots \quad (n\text{ 为正整数，称为量子数})$$

而且假设频率为 ν 的谐振子的最小能量为

$$\varepsilon = h\nu$$

称为**能量子**，h 称为普朗克常数.

中国物理学家

叶企孙

根据普朗克公式可以推导出斯忒藩-玻耳兹曼定律和维恩位移定律，说明理论与实验符合得很好.

普朗克的能量子假设打破了经典物理认为能量是连续的概念，这是一个新的重大发现，开创了物理学的新时代. 普朗克常数 h 是近代物理学最重要的常数之一，它是近代物理学和经典物理学的判据. 因此，把 1900 年普朗克提出的量子假设作为量子论的起点.

例 15.2

某物体辐射频率为 6.0×10^{14} Hz 的黄光，这种辐射的能量子的能量是多大？

解　根据普朗克能量子公式

$$\varepsilon = h\nu = 6.63\times10^{-34}\times6.0\times10^{14} = 4.0\times10^{-19}\ \text{J}$$

此能量就是辐射体在辐射或吸收黄光过程中最小的能量单元.

例 15.3

质量 $m=1.0$ kg 的物体和弹性系数 $k=20$ N/m 的弹簧组成谐振子系统，系统以振幅 $A=0.01$ m 振动.(1) 如果该系统的能量是按照普朗克假设量子化的，则量子数 n 有多大？(2) 如果 n 改变一个单位，则系统能量变化的百分比是多大？

解　(1) 该谐振子的振动频率

$$\nu = \frac{1}{2\pi}\sqrt{\frac{k}{m}} = \frac{1}{2\pi}\sqrt{\frac{20}{1.0}} = 0.71\ \text{s}^{-1}$$

系统的机械能为

$$E = \frac{1}{2}kA^2 = \frac{1}{2}\times20\times0.01^2 = 1.0\times10^{-3}\ \text{J}$$

量子数为

$$n = \frac{E}{\varepsilon} = \frac{E}{h\nu} = \frac{1.0\times10^{-3}}{6.63\times10^{-34}\times0.71} = 2.1\times10^{30}$$

(2) 如果改变一个单位，系统能量变化的百分比为

$$\frac{\Delta E}{E} = \frac{h\nu}{nh\nu} = \frac{1}{n} \approx 10^{-30}$$

可见，对宏观谐振子，量子数 n 非常大，n 每改变一个单位，能量的变化百分比非常之小，实际上是无法观察的，所以可认为能量是连续变化的. 对于宏观物体(系统)，因为普朗克常数 h 非常小，可认为趋近于零，量子化的特性显示不出来；对于微观振子(分子、原子等)，$\Delta E=h\nu$ 和 E 的数量级可以比拟，普朗克常数 h 不可忽略，量子化的特性便突出显现出来了.

15.2　光的量子性

15.2.1　光电效应　爱因斯坦方程

光照射到金属表面时，有电子从金属表面逸出，这种现象称为**光电效应**. 逸出的电子叫**光电子**. 通过光电效应的研究揭示出光具有粒子性.

图 15.4 为研究光电效应的实验装置图. 图示 S 是一个抽成真空的玻璃管，K 为发出电子的阴极，A 为阳极. 石英玻璃窗对紫外线吸

科学家介绍

爱因斯坦

提示：打开“九斗”APP，点击“[-]”，全屏扫描下图即可进行互动学习。

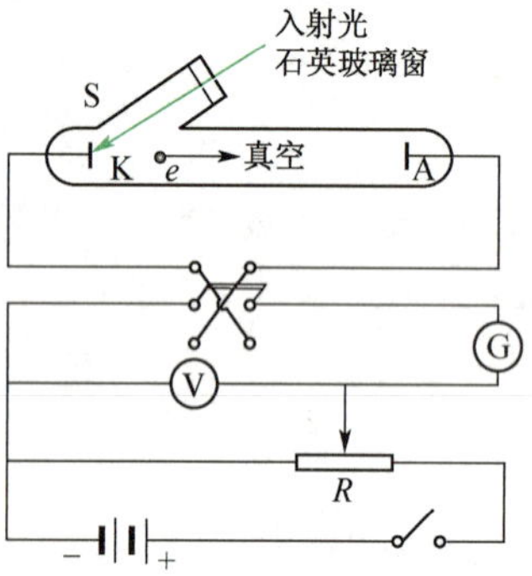

图 15.4 光电效应实验图

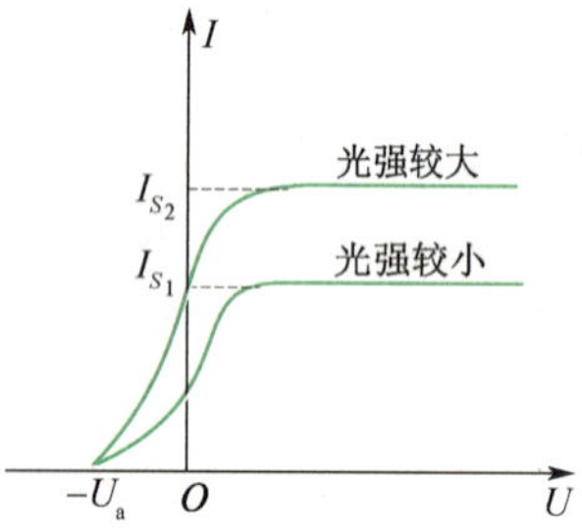

图 15.5 光电效应的伏安特性曲线

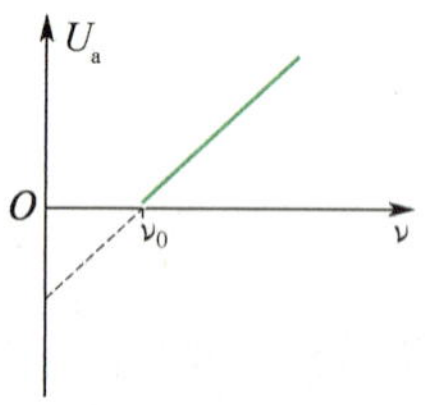

图 15.6 截止电压与入射光频率的关系

收很小(光电效应的入射光一般为可见到紫外). 当用单色光照射 K 时，金属释放出光电子. KA 之间加上一定的电势差(由电压表 V 读出)，光电子由 K 飞向 A，回路中形成电流(由电流计 G 读出) 称为**光电流**. 从实验结果得到如下规律：

(1) 保持入射光的频率不变且光强一定时，光电流 I 和两极 AK 之间电势差 U 的关系如图 15.5 所示的一条伏安特性曲线，表明光电流 I 随 U 增加而增加，但当 U 增大到一定值时，光电流不再增加而达到一饱和值 I_S. 饱和现象说明这时单位时间内从阴极 K 逸出的光电子已全部被阳极 A 接收了. 改变光强，实验表明，饱和电流与光强成正比，即**单位时间内从阴极逸出的光电子数与入射光的强度成正比**.

(2) 从图 15.5 所示的实验曲线可以看出，当电势差 U 减小到零时，光电流 I 并不等于零，仅当电势差 $U=U_A-U_K$ 变为负值时(实验时利用换向开关换向)，光电流 I 才迅速减小为零. 当逸出金属后具有最大初动能的光电子也不能到达阳极 A 时. 电势差 U_a 称作**遏止电势差**(或截止电压). 此时有

$$\frac{1}{2}mv_m^2=eU_a \tag{15.4}$$

m 为电子质量，v_m 为光电子的最大初速度，e 为电子电量的绝对值. 实验表明 U_a 与光的强度无关，与入射光的频率成线性关系(见图 15.6)，即光电子的最大初动能随入射光的频率线性变化，用数学式表示

$$U_a=k\nu-U_0 \tag{15.5}$$

k 是直线斜率，它是与金属材料无关的常量；U_0 对同一金属是一个常量，不同金属的 U_0 不同. 将式(15.5) 代入式(15.4)，可得

$$\frac{1}{2}mv_m^2=ek\nu-eU_0 \tag{15.6}$$

从此式可以看出，$\frac{1}{2}mv_m^2\geqslant 0$，入射光频率 ν 必须满足 $\nu\geqslant\frac{U_0}{k}$. 即当 $\nu>\nu_0=\frac{U_0}{k}$ 时，才有光电子产生，ν_0 称为光电效应的**红限频率**，相应的波长称为**红限波长**. 也就是说**当光照射某一给定的金属时，如果入射光的频率小于该金属的红限频率 ν_0，则无论光的强度如何，都不会产生光电效应**.

表 15.1 几种金属的逸出功和红限频率

金　属	钨	钙	钠	钾	铷	铯
红限频率 $\nu_0(\times 10^{14}\,\text{Hz})$	10.95	7.73	5.53	5.44	5.15	4.69
逸出功 $W(\text{eV})=eU_0$	4.54	3.20	2.29	2.25	2.13	1.94

(3) 实验发现，从光线开始照射到光电子逸出，几乎是瞬时的，时间不超过 10^{-9} s.

光电效应的这些实验规律无法用光的波动理论解释. 按照光的波动理论,金属中的电子是在光波作用下做受迫振动,其振动频率就是入射光的频率. 由于光的强度与入射光振幅的平方成正比,因此无论入射光的频率多么低,只要光强足够大(振幅足够大),光照时间足够长,电子就能从入射光中获得足够的能量而脱离原子核的束缚,并逸出金属表面产生光电效应. 即光电效应只与入射光的强度、光照时间有关,而与入射光的频率无关. 可见,要解释光电效应必须用新的理论.

1905 年爱因斯坦在普朗克量子概念的基础上提出了光子理论,圆满地解释了光电效应. 该理论认为,光在空间传播时,也具有粒子性,一束光就是一束以光速运动的粒子流. 这些粒子称为**光量子**,简称**光子**. 频率为 ν 的光的一个光子具有的能量为

$$\varepsilon = h\nu \tag{15.7}$$

其中 h 为普朗克常数,其值为

$$h = 6.626\ 176 \times 10^{-34}\ \text{J} \cdot \text{s}$$

光子理论对光电效应的解释:

用频率为 ν 的单色光照射金属时,一个光子被一个电子吸收而使电子能量增加 $h\nu$. 能量增大的电子,将其能量的一部分用于脱离金属表面时所需的**逸出功** W,另一部分则成为电子离开金属表面后的最大初动能. 根据能量守恒定律,得

$$\frac{1}{2}mv_{\mathrm{m}}^{2} = h\nu - W \tag{15.8}$$

或者

$$h\nu = \frac{1}{2}mv_{\mathrm{m}}^{2} + W$$

这就是**爱因斯坦光电效应方程**.

将式(15.8) 与式(15.6) 比较,可得

$$h = ek$$

1916 年密立根曾利用式(15.5)$U_{\mathrm{a}} \sim \nu$ 的正比关系从直线斜率 k 算出普朗克常数 h 数值和当时用其他方法测得的值符合. 这也是爱因斯坦光子理论正确性的一个证明.

$$W = eU_0$$

则

$$\nu_0 = \frac{U_0}{k} = \frac{W}{h}$$

说明红限与逸出功的关系. 可由红限频率算出逸出功 $W = h\nu_0$. 同一种金属 W 具有确定值,光子能量 $h\nu < W$ 时,不能产生光电效应.

饱和电流和光的强度成正比的解释是:入射光的强度决定于单位时间内通过垂直于光传播方向单位面积的能量(即能流密度). 设

科学家介绍

密立根

单位时间内通过单位面积的光子数为 N，则入射光的能流密度为 $Nh\nu$，当 ν 一定时，入射光越强，N 越大，照射到阴极 K 的光子数越多，逸出的光电子数越多，因此饱和电流越大.

光电效应的迟延时间非常短是因为光子被电子一次性吸收而增大能量的过程时间很短，几乎是瞬时的.

在波动光学中讲过，实验证明光是一种波动 —— 光波. 进入 20 世纪后，又认识到光是粒子 —— 光子. 综合起来，光既有波动性，又有粒子性，即光具有**波粒二象性**.

光的波动性用波长 λ 和频率 ν 描述，光的粒子性用光子的质量、能量、动量描述. 按照量子论，光子的能量为

$$\varepsilon = h\nu \tag{15.9}$$

根据相对论的质能关系：

$$\varepsilon = mc^2$$

则有光子的质量

$$m = \frac{h\nu}{c^2} \tag{15.10}$$

从粒子的质速关系

$$m = \frac{m_0}{\sqrt{1-\dfrac{v^2}{c^2}}}$$

可知，对光子 $v = c$，而 m 是有限的，只有 $m_0 = 0$，即光子的静止质量为零.

光子的动量 $p = mc$，将(15.10) 式代入可得

$$p = \frac{h}{\lambda} \tag{15.11}$$

式(15.9) 和式(15.11) 是描述光的性质的基本关系式. 等式左边描述光的粒子性，右边描述光的波动性. 这两种性质在数量上是通过普朗克常数 h 联系起来的.

例 15.4

已知一单色光源的功率 $P = 1$ W，光波波长 589 nm. 在离光源距离为 $R = 3$ m 处放一块金属板，求单位时间内打到金属板单位面积上的光子数.

解 单位时间内照射到金属板单位面积上的光能量为

$$E = \frac{P}{4\pi R^2} = \frac{1}{4\pi \times 3^2}\ \text{J/(m}^2\cdot\text{s)}$$
$$= 8.8\times 10^{-3}\ \text{J/(m}^2\cdot\text{s)}$$
$$= 5.5\times 10^{16}\ \text{eV/(m}^2\cdot\text{s)}$$

每个光子的能量为

$$\varepsilon = h\nu = \frac{hc}{\lambda} = \frac{6.63\times 10^{-34}\times 3.0\times 10^{8}}{5.89\times 10^{-7}}\ \text{J}$$
$$= 3.4\times 10^{-19}\ \text{J} = 2.1\ \text{eV}$$

所以单位时间内打到金属板单位面积上的光子数为

$$N = \frac{E}{\varepsilon} = \frac{5.5\times 10^{16}}{2.1} = 2.6\times 10^{16}\ \text{s}^{-1}$$

例 15.5

钾的光电效应红限波长是 550 nm，求：(1) 钾电子的逸出功；(2) 当用波长 $\lambda = 300$ nm 的紫外光照射时，钾的截止电压 U_a.

解　由爱因斯坦光电效应方程

$$h\nu = \frac{1}{2}mv_m^2 + W$$

(1) 当 $\frac{1}{2}mv_m^2 = 0$ 时

$$W = h\nu_0 = h\frac{c}{\lambda_0} = \frac{6.63\times10^{-34}\times3\times10^8}{550\times10^{-9}}$$

$$= 3.616\times10^{-19}\ \text{J} = 2.26\ \text{eV}$$

$$(2)\ eU_a = \frac{1}{2}mv_m^2 = \frac{hc}{\lambda} - W$$

$$= \frac{6.63\times10^{-34}\times3\times10^8}{300\times10^{-9}} - 3.616\times10^{-19}$$

$$= 3.014\times10^{-19}\ \text{J} = 1.88\ \text{eV}$$

所以截止电压 $U_a = 1.88$ V.

15.2.2 康普顿效应

1922—1923 年康普顿研究了 X 射线被较轻物质(石墨、石蜡等)散射后光的成分，发现散射谱线中除了有波长与原波长相同的成分外，还有波长较长的成分. 这种散射现象称为**康普顿散射或康普顿效应**. 康普顿效应进一步证实了光的量子性.

图 15.7 是康普顿效应的实验装置图和实验结果. 从 X 射线管发出的波长为 λ_0 的 X 射线，经光阑 B_1 和 B_2 后被散射物 A 散射. 散射光的波长和强度利用晶体衍射 X 射线谱仪测量(照相法或游离室法). 散射方向和入射方向之间的夹角 φ，称为**散射角**. 实验结果为：

(1) 散射光中除了和原波长 λ_0 相同的谱线外还有 $\lambda > \lambda_0$ 的谱线.

(2) 波长的改变量 $\Delta\lambda = \lambda - \lambda_0$ 随散射角 φ 的增大而增加.

(3) 对于不同元素的散射物质，在同一散射角下，波长的改变量 $\Delta\lambda$ 相同. 波长为 λ 的散射光强度随散射物原子序数的增加而减小.

按照波动理论，散射光的波长只应与入射光的波长 λ_0 相同(散射物的受迫振动频率等于入射光波的频率)，不应出现波长变长的现象.

康普顿利用光子理论成功地解释了这些实验结果. X 射线的散射是单个电子和单个光子发生弹性碰撞的结果. 分析计算如下：

在固体中有许多和原子核联系较弱的电子可以看作是自由电子. 由于这些电子热运动平均动能(约百分之几电子伏特) 和入射的 X 射线光子的能量($10^4 \sim 10^5$ eV) 比起来可以略去不计，因而这些电子在碰撞前可以看作是静止的. 一个电子的静止能量为 m_0c^2，动量为零. 设入射光的频率为 ν_0，则一个光子的能量为 $h\nu_0$，动量为 $\frac{h\nu_0}{c}\boldsymbol{n}_0$. 再设弹性碰撞后，电子的能量变为 mc^2，动量变为 $m\boldsymbol{v}$；散射

科学家介绍

康普顿

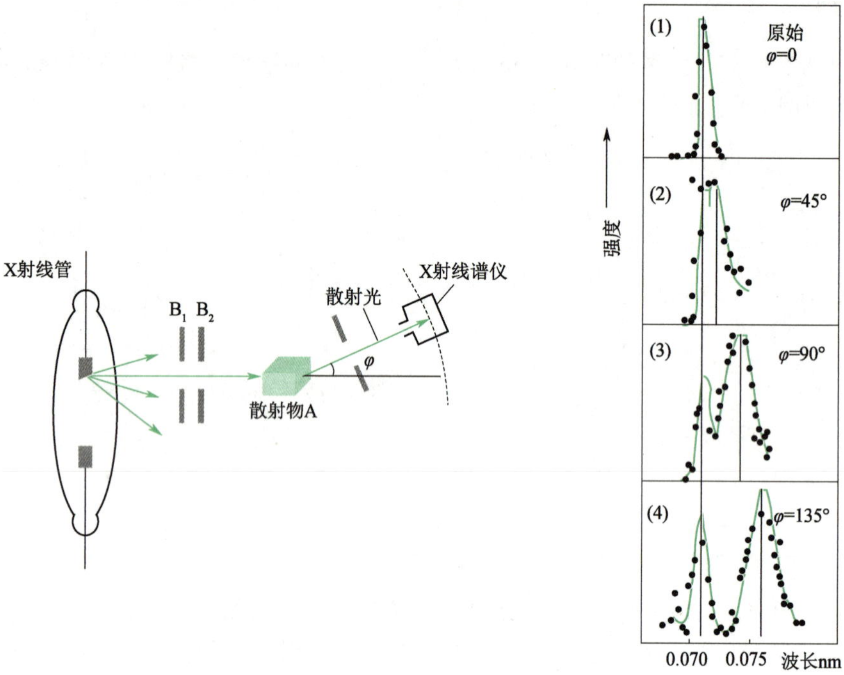

(a) 康普顿效应实验装置　　(b) 石墨的康普顿效应实验结果

图 15.7　康普顿效应的实验装置及实验结果

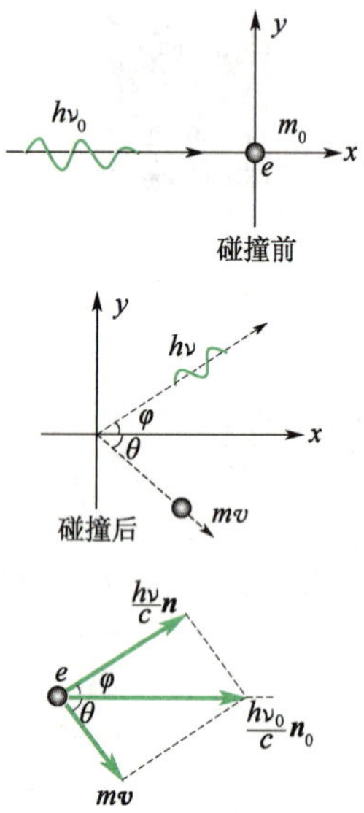

图 15.8　光子与静止的自由电子碰撞

光子的能量为 $h\nu$，动量为$\frac{h\nu}{c}\boldsymbol{n}$，散射角为 φ. 这里 $\boldsymbol{n}_0$ 和 $\boldsymbol{n}$ 分别为碰撞前和碰撞后的光子运动方向上的单位矢量，如图 15.8 所示.

按照能量和动量守恒定律，有

$$h\nu_0 + m_0c^2 = h\nu + mc^2 \tag{15.12}$$

$$\frac{h\nu_0}{c}\boldsymbol{n}_0 = \frac{h\nu}{c}\boldsymbol{n} + m\boldsymbol{v} \tag{15.13}$$

考虑到反冲电子的速度可能很大，式中

$$m = \frac{m_0}{\sqrt{1-\frac{v^2}{c^2}}}$$

将式(15.13) 写成

$$m\boldsymbol{v} = \frac{h\nu_0}{c}\boldsymbol{n}_0 - \frac{h\nu}{c}\boldsymbol{n}$$

两边平方得

$$m^2v^2 = \left(\frac{h\nu_0}{c}\right)^2 + \left(\frac{h\nu}{c}\right)^2 - 2\,\frac{h^2\nu_0\nu}{c^2}\boldsymbol{n}_0\cdot\boldsymbol{n}$$

由于 $\boldsymbol{n}_0\cdot\boldsymbol{n} = \cos\varphi$，所以由上式可得

$$m^2v^2c^2 = h^2\nu_0^2 + h^2\nu^2 - 2h^2\nu\nu_0\cos\varphi \tag{*}$$

将式(15.12) 改写成

$$mc^2 = h(\nu_0 - \nu) + m_0c^2$$

将此式平方，再减去式（＊），并将 $m^2=\dfrac{m_0^2}{1-\dfrac{v^2}{c^2}}$ 代入，化简后即可得

$$\frac{c}{\nu}-\frac{c}{\nu_0}=\frac{h}{m_0c}(1-\cos\varphi)$$

即

$$\Delta\lambda=\lambda-\lambda_0=\frac{2h}{m_0c}\sin^2\frac{\varphi}{2} \tag{15.14}$$

称为**康普顿散射公式**. 式中 $\dfrac{h}{m_0c}$ 具有波长量纲，称为电子的康普顿波长，以 λ_C 表示

$$\lambda_C=\frac{h}{m_0c}=0.002\ 426\ 3\ \text{nm}$$

它与短波 X 射线波长相当. 上式表明波长的改变量与散射物质的种类及入射光的波长无关，只与散射角 φ 有关，随 φ 的增大，$\Delta\lambda$ 增大，与实验数据相符.

为什么散射光中还有与入射光波长 λ_0 相同的谱线？这是因为上面的计算中假定了电子是自由的，这仅对轻原子中的电子和重原子中外层结合不太紧的电子近似成立. 而内层电子，特别是重原子中数目较多束缚又较紧的内层电子，就不能当成自由电子. 光子和这种电子碰撞，相当于和整个原子相碰，碰撞中光子传给原子的能量很小，几乎保持自己的能量不变. 这样散射光中就保留了原波长 λ_0 的谱线. 由于内层电子的数目随散射物原子序数的增加而增加，所以波长为 λ_0 的强度随之增强，而波长为 λ 的强度随之减弱.

康普顿散射只有在入射光的波长与电子的康普顿波长相比拟时，散射才显著，这就是选用 X 射线观察康普顿效应的原因. 而在光电效应中，入射光是可见光或紫外光，所以康普顿效应不明显.

康普顿效应不仅证实了光的粒子性，而且证实了在微观粒子相互作用的过程中，能量守恒和动量守恒定律同样适用.

中国物理学家

吴有训

例 15.6

波长 $\lambda_0=0.01$ nm 的 X 射线与静止的自由电子碰撞. 在与入射方向成 90° 角的方向上观察时，散射 X 射线的波长多大？反冲电子的动能和动量各为多少？

解　将 $\varphi=90^\circ$ 代入康普顿散射公式

$$\Delta\lambda=\lambda-\lambda_0=\frac{h}{m_0c}(1-\cos 90^\circ)=\frac{h}{m_0c}=\lambda_C$$

所以

$$\lambda=\lambda_0+\lambda_C=0.01+0.0024=0.0124\ \text{nm}$$

当然，在这一方向还有波长不变的射线.

对于反冲电子，所获得的动能 E_k 等于入射光子损失的能量

$$E_k=h\nu_0-h\nu=hc\left(\frac{1}{\lambda_0}-\frac{1}{\lambda}\right)=\frac{hc\Delta\lambda}{\lambda_0\lambda}$$

$$=\frac{6.63\times10^{-34}\times3\times10^8\times0.0024\times10^{-9}}{0.01\times10^{-9}\times0.0124\times10^{-9}}$$

$$=3.8\times10^{-15}\ \text{J}=2.4\times10^4\ \text{eV}$$

设电子动量为 $\boldsymbol{p}_e$，根据动量守恒定律

$$\frac{h}{\lambda_0}\boldsymbol{n}_0=\frac{h}{\lambda}\boldsymbol{n}+\boldsymbol{p}_e$$

已知 $\boldsymbol{n}_0$ 与 $\boldsymbol{n}$ 夹角为 90°，设 $\boldsymbol{p}_e$ 与 $\boldsymbol{n}_0$ 夹角为 θ，如图 15.9 所示，则

$$p_e\cos\theta=\frac{h}{\lambda_0},\ p_e\sin\theta=\frac{h}{\lambda}$$

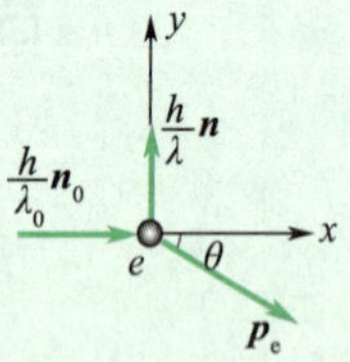

图 15.9 光子与静止的自由电子碰撞

两式平方相加并开方，得

$$p_e=\frac{(\lambda_0^2+\lambda^2)^{1/2}}{\lambda_0\lambda}h$$

$$=\frac{[(0.01\times10^{-9})^2+(0.0124\times10^{-9})^2]^{1/2}}{0.01\times10^{-9}\times0.0124\times10^{-9}}\times6.63\times10^{-34}$$

$$=8.5\times10^{-23}\ \text{kg}\cdot\text{m/s}$$

$$\cos\theta=\frac{h}{p_e\lambda_0}=\frac{6.63\times10^{-34}}{8.5\times10^{-23}\times0.01\times10^{-9}}=0.78$$

$$\theta=38°44'$$

15.3 玻尔的氢原子理论

15.3.1 氢原子光谱的实验规律

光谱是电磁辐射的波长成分和强度分布的记录；有时只是波长成分的记录. 原子光谱的规律性提供了原子内部结构的重要信息. 氢原子是结构最简单的原子，历史上就是从研究氢原子光谱规律开始研究原子的. 在可见光和近紫外区，氢原子的谱线如图 15.10 所示. 其中 H_α、H_β、H_γ、H_δ 均在可见光区. 由图可见，谱线是线状分立的，光谱线从长波方向的 H_α 线起向短波方向展开，谱线的间距越来越小，最后趋近一个极限位置，称为线系限，用 H_∞ 表示. 1885 年巴耳末发现这些谱线的波长可用简单的整数关系公式计算出来

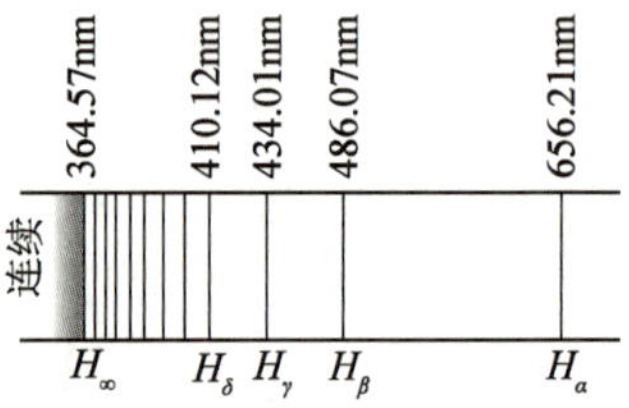

图 15.10 氢原子光谱巴耳末系谱线图

$$\lambda=B\frac{n^2}{n^2-4}$$

式中 $B=364.57$ nm，当 $n=3,4,5,6,\cdots$ 正整数时，就可以算出 $H_\alpha,H_\beta,H_\gamma,H_\delta,\cdots$ 波长. 这个公式称为巴耳末公式. 公式值与实验值符合得很好.

光谱学上常用波长的倒数(称为**波数**)$\tilde{\nu}=\dfrac{1}{\lambda}$ 来表征谱线. 它的物理意义是**单位长度内所包含完整波长的数目**，则巴耳末公式可写成

$$\tilde{\nu}=\frac{1}{\lambda}=R\left(\frac{1}{2^2}-\frac{1}{n^2}\right)$$
$$n=3,4,5,6,\cdots$$

式中 $R=\dfrac{4}{B}=1.0967758\times10^{7}\,\mathrm{m}^{-1}$，称为氢原子的**里德伯常数**.

后来又在光谱的紫外区、红外区及远红外区发现了其他线系，它们的波数公式也有类似的形式. 这些线系有

赖曼系：$\tilde{\nu}=R\left(\dfrac{1}{1^2}-\dfrac{1}{n^2}\right),n=2,3,4,\cdots$　　在紫外区.

帕邢系：$\tilde{\nu}=R\left(\dfrac{1}{3^2}-\dfrac{1}{n^2}\right),n=4,5,6,\cdots$　　在近红外区.

布拉开系：$\tilde{\nu}=R\left(\dfrac{1}{4^2}-\dfrac{1}{n^2}\right),n=5,6,7,\cdots$　　在红外区.

普丰德系：$\tilde{\nu}=R\left(\dfrac{1}{5^2}-\dfrac{1}{n^2}\right),n=6,7,8,\cdots$　　在红外区.

这些线系可统一用一个公式表示为

$$\tilde{\nu}=R\left(\frac{1}{k^2}-\frac{1}{n^2}\right) \tag{15.15}$$

$$k=1,2,3,\cdots$$

$$n=k+1,k+2,k+3,\cdots$$

此式称为广义巴耳末公式. 再将它改写成

$$\tilde{\nu}=T(k)-T(n)$$

其中 $T(k)=\dfrac{R}{k^2}$，$T(n)=\dfrac{R}{n^2}$ 称为**光谱项**. 可见氢原子光谱的任何一条谱线的波数都可由两个光谱项之差表示. 改变前项 $T(k)$ 中的整数 k 可给出不同谱线系；前项中整数保持定值，后项 $T(n)$ 中整数 n 取不同数值，给出同一谱线系中各谱线的波数. 不同的线系中可以有共同的光谱项.

15.3.2 玻尔的氢原子理论

科学家介绍

玻尔

原子光谱的实验规律确定之后，许多人尝试为原子的内部结构建立一个模型，以解释光谱的实验规律. 1912 年卢瑟福根据 α 粒子散射实验结果建立了原子的有核模型. 原子的中心有一带正电荷 Ze（Z 为原子序数，e 为电子电量）的原子核，其线度不超过 $10^{-15}\,\mathrm{m}$，却集中了原子质量的绝大部分，原子核外有 Z 个带负电的电子，它们围绕着原子核运动. 从经典电磁学看来，电子绕核的加速运动应该产生电磁辐射，所辐射的电磁波的频率等于电子绕核转动的频率. 由于电子辐射电磁波，电子能量逐渐减少，运动轨道越来越小，相应的转动频率越来越高. 因而结论是原子光谱应该是连续谱，而电子最终落到核上，原子系统是一个不稳定系统. 但实验事实表示，原子光谱是线状光谱，原子一般处于某一稳定状态. 可见经典理论不可能找出原子光谱和原子内部电子运动的联系.

为了解决经典理论所遇到的困难，玻尔于 1913 年在卢瑟福原子的有核模型基础上，把普朗克能量子的概念和爱因斯坦光子的概念运用到原子系统，提出了三条基本假设：

1. 定态假设

原子系统存在一系列不连续的能量状态，处于这些状态的原子中的电子只能在一定的轨道上绕核做圆周运动，但不辐射能量. 这些状态为原子系统的稳定状态，简称定态，相应的能量只能是不连续的值 $E_1, E_2, E_3, \cdots$.

2. 频率假设

当原子从一个较大能量 E_n 的定态跃迁到另一个较低能量 E_k 的定态时，原子辐射出一个光子，其频率由下式决定

$$h\nu = E_n - E_k \tag{15.16}$$

式中 h 为普朗克常数.

反之，当原子处于较低能量 E_k 的定态时，吸收一个能量为 $h\nu$ 的光子，则可跃迁到较高能量 E_n 的定态. 频率假设也称**频率条件**.

3. 轨道角动量量子化假设

原子中电子绕核做圆周运动的轨道角动量 L 必须等于 $\dfrac{h}{2\pi}$ 的整数倍，即

$$L = n\frac{h}{2\pi}, n = 1,2,3,\cdots \tag{15.17}$$

式中 n 只能取不为零的正整数，称为**量子数**. 此式也称为**轨道角动量量子化条件**.

玻尔根据上述假设计算了氢原子在稳定态中的轨道半径和能量. 他认为原子核不动，电子以核为中心做半径为 r 的圆周运动. 电子质量为 m，速率为 v，向心加速度为 $\dfrac{v^2}{r}$，向心力为库仑引力，根据牛顿第二定律有

$$m\left(\frac{v^2}{r}\right) = \frac{e^2}{4\pi\varepsilon_0 r^2} \tag{a}$$

又根据第 3 条假设

$$L = mvr = n\frac{h}{2\pi} \tag{b}$$

$$n = 1,2,3,\cdots$$

(a)、(b) 两式联立，消去 v，并用 r_n 代替 r，r_n 表示具有一定 n（第 n 个稳定轨道）的轨道半径，得

$$r_n = n^2\left(\frac{\varepsilon_0 h^2}{\pi m e^2}\right) = n^2 r_1 \tag{15.18}$$

式中 $r_1 = \dfrac{\varepsilon_0 h^2}{\pi m e^2} = 5.29 \times 10^{-11}$ m，称为**第一玻尔轨道半径**，是氢原子核外电子最小的轨道半径.

玻尔还认为原子系统的能量等于电子的动能和电子与核的势能之和，即

$$E_n = \frac{1}{2}mv_n^2 - \frac{e^2}{4\pi\varepsilon_0 r_n} \tag{c}$$

由(a) 式可知

$$\frac{1}{2}mv_n^2=\frac{e^2}{8\pi\varepsilon_0 r_n}$$

代入(c) 式，并将式(15.18) 中 r_n 的值代入，得

$$E_n=-\frac{e^2}{8\pi\varepsilon_0 r_n}=-\frac{1}{n^2}\left(\frac{me^4}{8\varepsilon_0^2 h^2}\right) \tag{15.19}$$

$n=1,2,3,\cdots$，可见**能量是量子化的**. 这些分立的能量值 $E_1,E_2,E_3,\cdots$ 称为**能级**. 当 $n=1$ 时，得

$$E_1=-\left(\frac{me^4}{8\varepsilon_0^2 h^2}\right)=-13.58\ \text{eV}$$

则有

$$E_n=-\frac{13.58}{n^2}\ \text{eV} \tag{15.20}$$

当取 $n=1$ 时 E_1 为能量最小值，即原子处于能量最低的状态称为正常态或**基态**. 当 $n=2,3,4,\cdots$，对应的能量分别为 $E_2,E_3,E_4,\cdots$，分别称为第一激发态、第二激发态……. 当 $n\to\infty$ 时，$E_\infty=0$，这时电子已脱离原子核成为自由电子. 图 15.11 为能级图. 基态和各**激发态**中电子都没脱离原子，统称**束缚态**. 能量在 $E_\infty=0$ 以上时，电子脱离了原子，这种状态对应的原子称**电离态**，此时电子的能量是连续的，不受量子化条件限制. 电子从基态到脱离原子核的束缚所需要的能量称为**电离能**. 可见，氢原子的电离能为 13.58 eV.

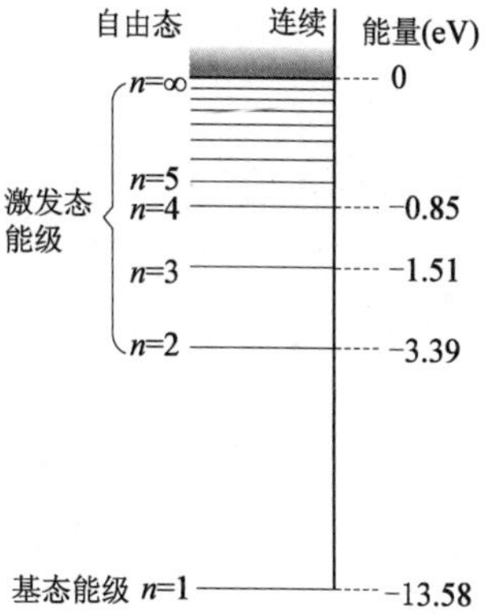

图 15.11　氢原子的能级

根据玻尔的频率条件，则

$$\nu=\frac{E_n-E_k}{h}=\frac{me^4}{8\varepsilon_0^2 h^3}\left(\frac{1}{k^2}-\frac{1}{n^2}\right)$$

用波数表示，则

$$\tilde{\nu}=\frac{\nu}{c}=\frac{me^4}{8\varepsilon_0^2 h^3 c}\left(\frac{1}{k^2}-\frac{1}{n^2}\right)$$

与式(15.15) 比较，得到里德伯常数

$$R=\frac{me^4}{8\varepsilon_0^2 h^3 c}$$

式中 m 为电子质量，将各量值代入，得理论值

$$R_{理论}=1.097\ 373\times10^7\ \text{m}^{-1}$$

实验值

$$R_{实验}=1.096\ 776\times10^7\ \text{m}^{-1}$$

可见理论值与实验值符合得非常好. 这是玻尔理论成功的一个方面. 于是氢原子能级式(15.19) 可写为

$$E_n=-\frac{Rch}{n^2}$$

要产生氢原子光谱，必须先使氢原子处于激发态. 通常是在放电管中加速电子或其他粒子与氢原子碰撞，使氢原子激发到各激发态. 然后再从高能态自发跃迁到低能态. 从 $n>1$ 的能级向 $n=1$ 的能级跃迁，产生赖曼系各谱线；从$n>2$ 向 $n=2$ 的能级跃迁，产生

中国物理学家

饶毓泰

巴耳末系各谱线；从 $n>3$ 向 $n=3$ 的能级跃迁，产生帕邢系各谱线；其余线系依此类推. 图 15.12 为氢原子光谱各线系的能级跃迁图.

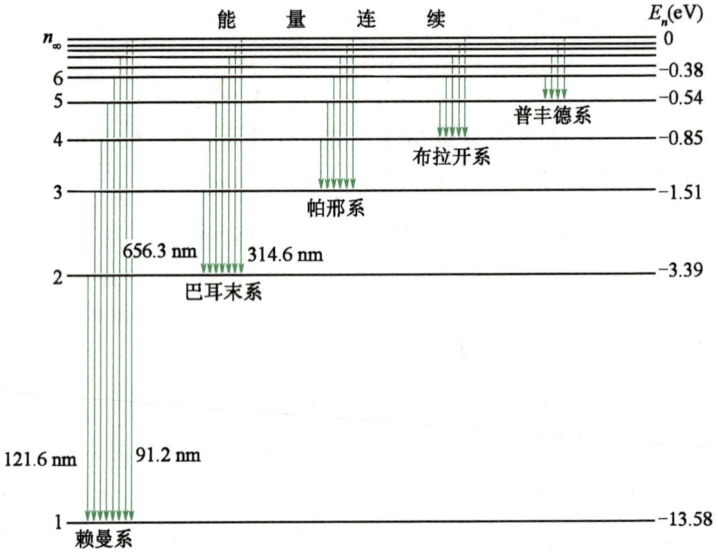

图 15.12 氢原子光谱中不同线系的跃迁

应当注意，某时刻一个氢原子一次跃迁，只发出一条谱线，而实验中是大量原子处于不同的激发态向低能级跃迁，所以能同时观察到全部发射谱线.

例 15.7

计算氢原子的电离电势和第一激发电势.

解 由氢原子能级公式

$$E_n=-\frac{13.58}{n^2}\ \text{eV}$$

电离能为

$$E_{电离}=E_\infty-E_1=0-\left(-\frac{13.58}{1^2}\right)=13.58\ \text{eV}$$

电离电势为

$$V_{电离}=\frac{E_{电离}}{e}=13.58\ \text{V}$$

从基态到第一激发态所需能量为

$$E_2-E_1=\left(-\frac{13.58}{2^2}\right)-\left(-\frac{13.58}{1^2}\right)=10.2\ \text{eV}$$

所以第一激发电势为 10.2 V.

例 15.8

以动能为 12.5 eV 的电子通过碰撞使基态氢原子激发时，最高激发到哪一能级？当回到基态时能产生哪些谱线？分别属于什么线系？

解 设氢原子全部吸收 12.5 eV 的能量后最高能激发到第 n 个能级，由 $E_n=-\frac{Rhc}{n^2}$，则

$$E_n-E_1=Rhc\left(1-\frac{1}{n^2}\right)=12.5\ \text{eV}$$

Rhc 等于电离能 13.6 eV，解得 $n = 3.5$. n 只能取整数，所以氢原子最高能激发到 $n = 3$ 的能级. 于是将产生三条谱线：

当 n 从 $3 \to 1$：$\tilde{\nu}_1 = R\left(\frac{1}{1^2} - \frac{1}{3^2}\right) = \frac{8}{9}R$，

$$\lambda_1 = \frac{9}{8R} = 102.6\ \text{nm}$$

当 n 从 $2 \to 1$：$\tilde{\nu}_2 = R\left(\frac{1}{1^2} - \frac{1}{2^2}\right) = \frac{3}{4}R$，

$$\lambda_2 = \frac{4}{3R} = 121.6\ \text{nm}$$

当 n 从 $3 \to 2$：$\tilde{\nu}_3 = R\left(\frac{1}{2^2} - \frac{1}{3^2}\right) = \frac{5}{36}R$，

$$\lambda_3 = \frac{36}{5R} = 656.3\ \text{nm}$$

λ_1、λ_2 属于赖曼系，λ_3 属于巴耳末系. 对于单个氢原子来说一次跃迁只能发出一种波长，实际观测是大量氢原子发光，所以三种波长同时存在.

15.3.3 玻尔理论的成功和局限性

玻尔的氢原子理论是原子结构理论发展中的一个重要阶段，在处理氢原子(及类氢离子)的光谱问题上取得了成功：能从理论上算出里德伯常数；理论上能定量地解释氢原子光谱的实验规律. 他首先指出经典物理学对原子内部现象不适用，提出了原子系统能量量子化的概念和角动量量子化的概念. 玻尔创造性地提出了定态假设和能级跃迁决定谱线频率的假设，这在现代量子力学理论中仍然是两个最重要的基本概念.

玻尔理论也有很大的局限性. 它只能计算氢原子谱线的频率，无法计算光谱的强度、宽度、偏振等问题. 对稍复杂的原子(如氦原子)的光谱不能计算. 它虽然指出经典物理不适用于原子内部，但未能完全脱离经典物理的影响，仍采用经典物理的思想和处理方法. 例如，把电子看成是一个经典粒子，做轨道运动，轨道半径和能量公式的推导完全是经典物理的方法. 它是把经典理论和量子化条件生硬地结合起来，缺乏完整一致的理论体系. 它还没有抓到微观粒子的本质特征(波粒二象性)，严格说(从量子力学角度)，它的物理图像(如轨道)和某些结果(如 $L = n\frac{h}{2\pi}$)是不正确的. 所以玻尔理论必然被进一步发展起来的更正确的理论(量子力学)所代替.

量子力学的争论和非线性量子力学

15.4 粒子的波动性

15.4.1 德布罗意波

1924 年法国青年物理学家德布罗意在光的波粒二象性的启发

科学家介绍

德布罗意

下想到：自然界在许多方面都是明显地对称的，既然光具有波粒二象性，则实物粒子，如电子、质子、中子等等也应该具有波粒二象性．他假设：实物粒子也具有波动性．一个实物粒子的能量为 E、动量大小为 p，跟它们联系的波的频率 ν 和波长 λ 的关系为

$$E = mc^2 = h\nu \tag{15.21}$$

$$p = mv = \frac{h}{\lambda} \tag{15.22}$$

这两个公式称为德布罗意公式．它是从光子所遵从的式(15.9)、式(15.11)推广而得出的．和实物粒子相联系的波，称为**德布罗意波**或**物质波**．

例 15.9

由德布罗意公式计算微粒的德布罗意波长．设电子由静止被加速电压 U 加速，求加速后电子的德布罗意波长．

解　电子加速后获得的动能 $E_k = eU$，按照相对论公式 $E = E_k + m_0c^2$，E 为电子的总能量 $E = mc^2$，则

$$E - m_0c^2 = eU$$

再

$$E^2 = c^2p^2 + m_0^2c^4$$

从以上两式解得电子加速后的动量为

$$p = \frac{1}{c}\sqrt{2E_0E_k + E_k^2} = \frac{1}{c}\sqrt{2m_0c^2eU + (eU)^2}$$

由式(15.22)，得

$$\lambda = \frac{h}{p} = \frac{hc}{\sqrt{2m_0c^2eU + (eU)^2}}$$

若忽略相对论效应，则有

$$E_k = \frac{1}{2}m_0v^2 = eU$$

$$\lambda = \frac{h}{p} = \frac{h}{m_0v}$$

由上两式消去 v，得

$$\lambda = \sqrt{\frac{h^2}{2m_0eU}} = \sqrt{\frac{(6.63\times10^{-34})^2}{2\times9.11\times10^{-31}\times1.60\times10^{-19}}}\frac{1}{\sqrt{U}} = \frac{1.23\times10^{-9}}{\sqrt{U}}\ \text{m} = \frac{1.23}{\sqrt{U}}\ \text{nm}$$

若 $U = 150$ V，则 $\lambda = 0.1$ nm，与软 X 射线波长同数量级．可见微粒的德布罗意波长一般非常短．

例 15.10

计算质量 $m = 0.01$ kg，速率 $v = 300$ m/s 子弹的德布罗意波长．

解　根据德布罗意公式，可得

$$\lambda = \frac{h}{mv} = \frac{6.63\times10^{-34}}{0.01\times300} = 2.21\times10^{-34}\ \text{m}$$

可以看出，因为普朗克常数很小，所以宏观物体的波长小到实验难以测量的程度，因而宏观物体仅表现出粒子性．

例 15.11

证明物质波的相速度 u 与相应的粒子运动速度 v 之间的关系为 $u=\frac{c^2}{v}$，是大于光速的.

证明　波的相速度 $u=\lambda\nu$. 根据德布罗意公式，$\lambda=\frac{h}{mv}$，$\nu=\frac{mc^2}{h}$，两式相乘，得 $u=\lambda\nu=\frac{c^2}{v}$. 因为 $v<c$，可见 $u>c$，即物质波的相速度是超光速的. 这并不和相对论矛盾. 因为一个粒子其能量和动量是以群速传播的，群速 v 必须小于光速.

德布罗意假设为许多实验所证实. 1927 年戴维孙和革末做了电子束在晶体表面的散射实验，证实了电子的波动性. 实验装置如图 15.13 所示，把电子束完全看成像 X 射线一样，整个实验和 X 射线在晶体点阵结构上的衍射完全类同，只有满足布拉格公式

$$2d\sin\varphi=k\lambda=k\frac{1.23}{\sqrt{U}},\ k=1,2,3,\cdots$$

时，电子束才有最强的反射，进入集电器电子电流最大. 实验结果如图 15.14 所示. 该曲线是取 $\varphi=80°$，$d=0.203$ nm（镍单晶）代入上式，当 $\sqrt{U}=k\times3.06$ 时，电流出现峰值. 实验与理论结果一致，证实了电子的波动性.

同年（1927 年）汤姆孙做了图 15.15 那样的电子衍射实验. 将电子束穿过金属片（多晶膜），在感光片上产生的圆环衍射图和 X 光通过多晶膜产生的衍射图样极其相似. 这也证实了电子的波动性. 后来，人们又做了中子、质子、原子、分子的衍射实验，都说明这些粒子具有波动性. 波粒二象性是光子和一切微观粒子共同具有的特性，德布罗意公式是描述微观粒子波粒二象性的基本公式.

提示：打开“九斗”APP，点击“[-]”，全屏扫描下图即可进行互动学习。

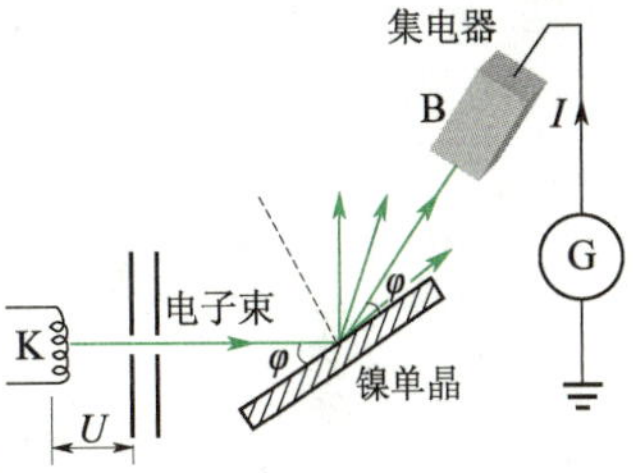

图 15.13　戴维孙-革末电子衍射实验装置图

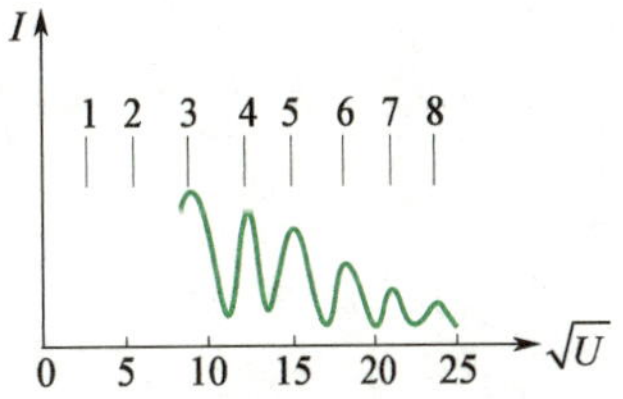

图 15.14　电子在镍单晶上衍射电子束强度与加速电压的关系

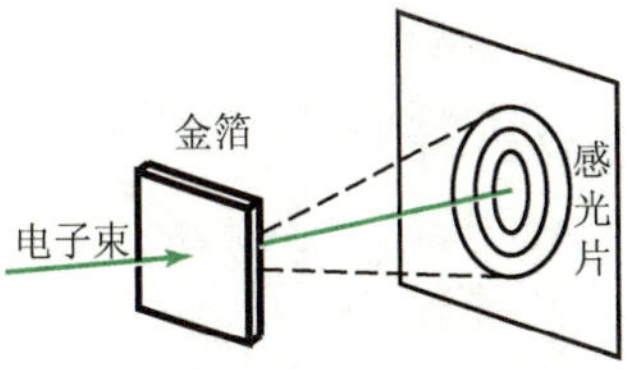

图 15.15　电子穿过金属片产生的衍射

15.4.2　德布罗意波的统计解释

对于实物粒子波动性的解释，是 1926 年玻恩提出**概率波**的概念而得到一致公认的.

对比光和实物粒子的衍射图像，可以看出实物粒子的波动性和粒子性之间的联系. 光的强度问题，爱因斯坦已从统计学的观点提出：光强的地方，光子到达的概率大；光弱的地方，光子到达的概率小. 玻恩用同样的观点来分析戴维孙-革末实验（或电子衍射图样），认为：电子流出现峰值（或衍射图样出现亮条纹）处电子出现的概率大；而不是峰值处，电子出现的概率小. 对其他微观粒子也一样. 至于个别粒子在何处出现，有一定的偶然性；但是大量粒子在空间何处出现的空间分布却服从一定的统计规律. 物质波的这种统计性解释把粒子的波动性和粒子性正确地联系起来了，成为量子力学的基本观点之一.

有人让电子一个一个地照射金箔做汤姆孙电子衍射实验.发现一个一个的衍射电子出现在感光片上的位置好像是无规律的,但长时间照射,衍射电子越来越多,大量的衍射电子才形成了确定的衍射图样.1909 年 G·P·泰勒用极弱的光照射缝衣针,曝光三个月才获得衍射图样,和用强光短时间曝光结果相同.这些实验都说明了德布罗意波是概率波.

15.5 测不准关系

在经典力学中,一个粒子(质点)的运动状态是用位置(坐标)和速度(动量)来描述的,因而质点的运动也就有一定的轨道.但对微观粒子由于具有波粒二象性,它的空间位置需要用概率波来描述,而概率波只能给出粒子在各处出现的概率,所以任一时刻粒子不具有确定的位置,与此相联系,粒子在各时刻也不具有确定的动量.粒子在某一方向(x 方向)位置的不确定量 Δx 和在该方向上动量的不确定量 Δp_x 的关系为

$$\Delta x \Delta p_x \geqslant h$$

称为**海森伯测不准关系**.量子力学认为,这种位置和动量的不能同时测定性,不是由于仪器和测量方法引起的,而完全是由于微观粒子的波粒二象性造成的.如果仍然使用坐标和动量来描写微观粒子的运动,则必然存在这种不确定性,因此把这一关系式又称为不确定关系.下面以光(或电子)的单缝衍射为例来说明这一关系.

图 15.16 表示一束波长为 λ 的单色光沿 y 方向入射到缝宽为 Δx 的单缝上,通过缝后在屏幕上观测到衍射条纹.对于一个光子来说,不能确定地说它从缝中哪一点通过,而只能说它是从宽为 Δx 的缝中通过的,因此它在 x 方向的位置不确定量为 Δx.通过缝后在 x 方向的动量 p_x 不为零了,衍射条纹表明,如果 p_x 为零,只能观测到与缝同宽的一条明条纹,而实际衍射条纹比缝宽大得多.我们只考虑中央明条纹的宽度,则其半角宽 φ(第 1 级暗纹的衍射角)根据单缝衍射公式有

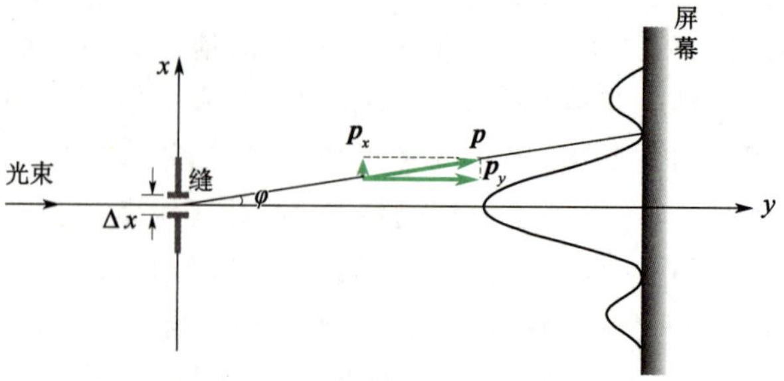

图 15.16 光子或电子的单缝衍射

$$\Delta x\sin\varphi=\lambda$$

对应于该衍射方向，光子在 x 方向的动量为 $p_x=p\sin\varphi$. 所以 p_x 的不确定量 $\Delta p_x\approx p_x=p\sin\varphi$，由此式和上式得

$$\Delta p_x=p\frac{\lambda}{\Delta x}$$

再利用德布罗意公式 $\lambda=\dfrac{h}{p}$，可得

$$\Delta x\Delta p_x\approx h$$

再考虑一级以上的条纹，则得

$$\Delta x\Delta p_x\geqslant h$$

量子力学给出的结果为

$$\Delta x\Delta p_x\geqslant\frac{\hbar}{2}$$

其中

$$\hbar=\frac{h}{2\pi}=1.054\ 588\ 7\times10^{-34}\,\mathrm{J\cdot s}$$

称为约化普朗克常数，或普朗克常数.

由于实际上此公式通常只用于数量级的估计，又常简写为

$$\Delta x\Delta p_x\geqslant\hbar\tag{15.23}$$

同理可得

$$\Delta y\Delta p_y\geqslant\frac{\hbar}{2}$$

$$\Delta z\Delta p_z\geqslant\frac{\hbar}{2}$$

这就是说坐标（位置）越准确，动量就越不准确；动量越准确，坐标就越不准确. 这和衍射实验的结果一致. 单缝宽 Δx 越小，衍射条纹越宽，即 Δp_x 越大.

可以证明，能量和时间也有类似的测不准关系

$$\Delta E\Delta t\geqslant\frac{\hbar}{2}\tag{15.24}$$

其中 ΔE 是系统的能量不确定量，Δt 是时间不确定量. 我们用一特例说明上式. 设一质量为 m 的粒子以速度 v 做直线运动，其动能为

$$E=\frac{1}{2}mv^2=\frac{p^2}{2m}$$

将上式两端取微分，得

$$\Delta E=\frac{p}{m}\Delta p=\frac{mv}{m}\Delta p=v\Delta p$$

另外 $x=vt$ 则有 $\Delta x=v\Delta t$，利用(15.23)式有

$$\Delta x\Delta p_x=\frac{\Delta E}{v}v\Delta t=\Delta E\Delta t\geqslant\hbar$$

原子处于某激发能级的平均时间称为平均寿命，用 τ 表示. 利用能量和时间的不确定关系，可见能级宽度 ΔE 与它的平均寿命 τ 成反比，能级寿命越短，能级宽度越宽，反之越窄.

例 15.12

原子的线度为 10^{-10} m，求原子中电子速度的不确定量.

解 “电子在原子中”就意味着电子的位置不确定量为 $\Delta x = 10^{-10}$ m. 根据测不准关系可得

$$\Delta v_x = \frac{\hbar}{m\Delta x} = \frac{1.05\times10^{-34}}{9.11\times10^{-31}\times10^{-10}}\ \mathrm{m/s} = 1.2\times10^{6}\ \mathrm{m/s}$$

按玻尔理论计算氢原子中轨道运动速度约为 10^{6} m/s. 它与上面计算的速度不确定量同数量级. 因此对于在原子中的电子，说它的轨道与速度是没有实际意义的.

例 15.13

假定原子中的电子在某激发态的平均寿命 $\tau = 10^{-8}$ s，该激发态的能级宽度是多少？

解

$$\Delta E \geqslant \frac{\hbar}{\tau} = \frac{1.05\times10^{-34}}{10^{-8}}\ \mathrm{J} = 1.05\times10^{-26}\ \mathrm{J} = 6.6\times10^{-8}\ \mathrm{eV}$$

当原子从激发态向基态跃迁时，由于能级有一定的宽度，则光谱线也有一定的宽度，称为自然宽度. 反过来，根据谱线的自然宽度可以确定原子在激发态的平均寿命.

例 15.14

一维运动的粒子被限制在宽为 a 的范围内运动，应用测不准关系估计质量为 m 的粒子的零点能(即最小能量).

解 位置的不确定量 $\Delta x = a$，则动量最小不确定量

$$\Delta p_x = \frac{\hbar}{a}$$

所以最小能量

$$E = \frac{p_x^2}{2m} = \frac{\Delta p_x^2}{2m} = \frac{\hbar^2}{2ma^2}$$

这便是零点能.

例 15.15

氦氖激光器发出波长 $\lambda = 632.8$ nm 的光，谱线宽度 $\Delta\lambda = 10^{-9}$ nm，求这种光子沿 x 方向传播时，它的 x 坐标的不确定量.

解 根据德布罗意关系 $p_x = \dfrac{h}{\lambda}$，等式两边微分并只取其绝对值，则

$$\Delta p_x = \frac{h}{\lambda^2}\Delta\lambda$$

根据测不准关系，可得

$$\Delta x = \frac{\hbar}{\Delta p_x} = \frac{\lambda^2}{2\pi\Delta\lambda} \approx \frac{\lambda^2}{\Delta\lambda}$$

这就是光学中的相干长度，即波列的长度. 将 λ，$\Delta\lambda$ 的数值代入，可得

$$\Delta x \approx \frac{\lambda^2}{\Delta\lambda} = \frac{(6\,328\times10^{-10})^2}{10^{-9}\times10^{-9}} = 4\times10^{5}\ \mathrm{m} = 400\ \mathrm{km}$$

15.6　波函数　薛定谔方程

15.6.1　波函数

我们已经知道，微观粒子具有波粒二象性，其运动状态不能用经典力学中的坐标和动量来描述，它的运动状态要用概率波来描写. 表示概率波的数学式子叫作**波函数**，通常用 Ψ 表示. Ψ 一般是时间和空间的函数，即 $\Psi=\Psi(x,y,z,t)$.

现在我们来看一个自由粒子的波函数. 自由粒子不受力，动量和能量为常量. 根据德布罗意关系，其频率 $\nu=\dfrac{E}{h}$，波长 $\lambda=\dfrac{h}{p}$，是一个单色平面波. 我们已经知道沿 x 正向传播的频率为 ν、波长为 λ 的平面简谐波的波动方程为

$$y(x,t)=A\cos 2\pi\left(\nu t-\frac{x}{\lambda}\right)$$

用复数形式表示为

$$y(x,t)=A\mathrm{e}^{-\mathrm{i}2\pi\left(\nu t-\frac{x}{\lambda}\right)}$$

取其实部，就是可观测的波动方程.

把 $\lambda=\dfrac{h}{p}$，$\nu=\dfrac{E}{h}$ 代入上式，并用 Ψ 表示，则得

$$\Psi(x,t)=\Psi_0\mathrm{e}^{-\mathrm{i}\frac{2\pi}{h}(Et-px)}=\Psi_0\mathrm{e}^{-\frac{\mathrm{i}}{\hbar}(Et-px)} \tag{15.25}$$

这便是描述一维空间能量为 E、动量为 p 的自由粒子的波函数. 当我们研究的系统能量为确定值而不随时间变化时，该波函数可写成

$$\Psi(x,t)=\psi(x)\mathrm{e}^{-\frac{\mathrm{i}}{\hbar}Et}$$

其中

$$\psi(x)=\Psi_0\mathrm{e}^{\frac{\mathrm{i}}{\hbar}px} \tag{15.25)*}$$

$\psi(x)$ 只与坐标有关而与时间无关，称为振幅函数，通常也称为波函数. 式(15.25) 引入了反映微观粒子波粒二象性的德布罗意关系和虚数 $\mathrm{i}=\sqrt{-1}$，这使得 Ψ 从形式到本质都与经典波有着根本性的区别. 量子力学的波函数一般都用复数表示.

说明波函数物理意义的是玻恩的统计解释. 波函数 $\Psi(x,y,z,t)$ 是描述单个粒子的，而不是大量粒子的体系. 例如电子衍射实验，可以把入射电子束的强度减弱到每次只有一个电子入射，以保证相继两个电子之间没有任何关联. 用照片(或荧光屏等) 记录衍射电子，发现就单个电子而言，落在照片上的位置是随机的，而长时间照射，就大量电子而言，照片上得到的是有规律的衍射图像. 在物理上有测量意义的是波函数模的平方，而不是波函数本身. t 时刻在空间

薛定谔猫

(x,y,z) 附近的体积元 $dV = dxdydz$ 内测到粒子的概率正比于 $|\Psi|^2 dV$. Ψ 是复数，$|\Psi|^2 = \Psi\Psi^*$，这里 Ψ^* 是 Ψ 的共轭复数. 因此 $\Psi\Psi^*$ 表示 t 时刻在 (x,y,z) 附近单位体积内测到粒子的概率，称为**概率密度**. 可见波函数不是一个物理量，而是用来计算测量概率的数学量. 波函数描写的波是概率波，而概率波没有直接的物理意义，不是任何物理实在的波动. 由于波函数只描写测到粒子的概率分布，所以有意义的是相对取值，因此把波函数 Ψ 乘以任意常数后，并不反映新的物理状态. 未乘常数之前，t 时刻在 $\boldsymbol{r}_1$ 附近的概率密度是 $|\Psi(\boldsymbol{r}_1,t)|^2$，在 $\boldsymbol{r}_2$ 附近的概率密度是 $|\Psi(\boldsymbol{r}_2,t)|^2$，相比是 $|\Psi(\boldsymbol{r}_1,t)|^2/|\Psi(\boldsymbol{r}_2,t)|^2$；而乘以常数 A 以后是 $|A\Psi(\boldsymbol{r}_1,t)|^2/|A\Psi(\boldsymbol{r}_2,t)|^2$，并无区别. 通常，求出一个波函数，令其在整个空间出现的概率为 1，即

$$\int_V |\Psi|^2 dxdydz = 1$$

称为**波函数的归一化条件**. 意思是在波函数不为零的全部空间中测到粒子概率的总和应为 1.

由于一定时刻在空间给定点粒子出现的概率应该是唯一的，并且是有限的，概率的空间分布不能发生突变，所以**波函数必须满足单值、有限、连续三个条件**. 一般称这三个条件为**波函数的标准条件**. 因此，在两种不同势场交界处，波函数及其一阶导数也是连续的.

15.6.2 薛定谔方程

科学家介绍

薛定谔

前面式(15.25)给出的是自由粒子的波函数. 一般情况，粒子在外力场中运动. 当给定一个外力场后如何得到描写在该力场中粒子运动状态的波函数，必须有一个波函数满足的基本方程. 这个方程就是薛定谔方程.

薛定谔方程是 1926 年薛定谔建立的，是量子力学的一个基本假设，它既不可能从已有的经典规律推导出来，也不可能直接从实验事实总结出来(因为波函数本身是不可观测量). 方程的正确性只能靠实践检验. 到目前为止，实践检验证明它是正确的. 下面不是推导，而是便于初学者接受的一种引导.

在非相对论($v \ll c$)情况下，自由粒子的能量 E 与动量 p 的关系为 $E = \dfrac{p^2}{2m}$. 一维自由粒子的波函数为 $\Psi(x,t) = \Psi_0 e^{-\frac{i}{\hbar}(Et-px)}$，作如下运算

$$\frac{\partial \Psi}{\partial t} = -\frac{i}{\hbar}E\Psi$$

$$\frac{\partial^2 \Psi}{\partial x^2} = -\frac{p^2}{\hbar^2}\Psi$$

将以上两式代入 $E=\dfrac{p^2}{2m}$，即得到

$$\mathrm{i}\hbar\frac{\partial\Psi}{\partial t}=-\frac{\hbar^2}{2m}\frac{\partial^2\Psi}{\partial x^2} \tag{15.26}$$

这就是一维自由粒子波函数所遵从的微分方程，其解便是一维自由粒子的波函数.

若粒子在外力场中运动，且假定外力场是保守力场，粒子在外力场中的势能是 V，则粒子的总能量为

$$E=\frac{p^2}{2m}+V$$

作类似上述的运算并推广，可得

$$\mathrm{i}\hbar\frac{\partial}{\partial t}\Psi=-\frac{\hbar^2}{2m}\frac{\partial^2}{\partial x^2}\Psi+V\Psi \tag{15.27}$$

当粒子在三维空间中运动时，上式推广为

$$\mathrm{i}\hbar\frac{\partial}{\partial t}\Psi=-\frac{\hbar^2}{2m}\nabla^2\Psi+V\Psi \tag{15.28}$$

式中∇^2称为拉普拉斯算符，在直角坐标系中$\nabla^2=\dfrac{\partial^2}{\partial x^2}+\dfrac{\partial^2}{\partial y^2}+\dfrac{\partial^2}{\partial z^2}$.

式(15.28) 可简写为

$$\mathrm{i}\hbar\frac{\partial}{\partial t}\Psi=\hat{H}\Psi \tag{15.29}$$

式中 $\hat{H}=-\dfrac{\hbar^2}{2m}\nabla^2+V$，称为**哈密顿算符**. 式(15.28) 或式(15.29) 称为**薛定谔方程**.

薛定谔方程是量子力学的动力学方程，它的地位如同经典力学中的牛顿运动方程. 如果已知粒子的质量 m 和粒子在外力场中的势能 $V(\boldsymbol{r},t)$ 的具体形式，就可以写出具体的薛定谔方程. 如粒子是电子，不同的薛定谔方程，仅在势能函数形式不同. 因为是二阶偏微分方程，还要根据初值和边界条件才能解得波函数，同时波函数必须满足标准条件. 方程中出现虚数 i，表明波函数必须是复数，这并不破坏它的统计解释，因为只有波函数模的平方 $|\Psi|^2=\Psi\Psi^*$ 才给出观测粒子出现的概率密度，而 $|\Psi|^2$ 总是实数.

在玻尔理论中曾提到定态，它是能量不随时间变化的状态. 现在从薛定谔方程(15.28) 讨论这种状态. 设方程中的 V 只是空间坐标的函数，与时间无关，即 $V=V(x,y,z)$，则可把波函数 $\Psi(x,y,z,t)$ 分离变量，形式为

$$\Psi(x,y,z,t)=\psi(x,y,z)f(t) \tag{15.30}$$

代入式(15.28)，并适当整理，把坐标函数和时间函数分在等号的两侧，则有

$$\frac{1}{\psi}\left[-\frac{\hbar^2}{2m}\nabla^2\psi+V\psi\right]=\frac{\mathrm{i}\hbar}{f}\frac{\mathrm{d}f}{\mathrm{d}t} \tag{15.31}$$

此式等号左边是空间坐标的函数，等号右边是时间的函数，因此，要

使等式成立，必须两边都等于与坐标和时间无关的常数. 令这个常数为 E，则有

$$\frac{\mathrm{i}\hbar}{f}\frac{\mathrm{d}f}{\mathrm{d}t}=E$$

这个方程的解为

$$f(t)=k\mathrm{e}^{-\frac{\mathrm{i}}{\hbar}Et}$$

式中 k 是一个积分常数. 代回式(15.30)，得

$$\Psi(x,y,z,t)=\psi(x,y,z)\mathrm{e}^{-\frac{\mathrm{i}}{\hbar}Et} \tag{15.32}$$

积分常数 k 吸收到 ψ 中. 同自由粒子波函数比较，可知 E 就是能量. $\Psi\Psi^*=\psi\psi^*$，说明在空间各点测到粒子的概率密度与时间无关，所以叫作**定态**.

式(15.31) 的等号左边也等于同一常数 E，于是就有

$$-\frac{\hbar^2}{2m}\nabla^2\psi+V\psi=E\psi \tag{15.33}$$

ψ 只是空间坐标的函数，方程(15.33) 中不含时间 t，称为**定态薛定谔方程**. 它的解 ψ 通常称为**定态波函数**. 如果只考虑粒子在一维势场中运动，则该方程为

$$\frac{\mathrm{d}^2}{\mathrm{d}x^2}\psi(x)+\frac{2m}{\hbar^2}(E-V)\psi(x)=0 \tag{15.34}$$

对于自由粒子，$V=0$，在一维情况，并注意 $E=\frac{p^2}{2m}$(非相对论)，对照式(15.25)*，则方程的一个解为

$$\psi(x)=\Psi_0\mathrm{e}^{\frac{\mathrm{i}}{\hbar}px}$$

这是空间波函数，代入式(15.32) 便得到式(15.25)，它是沿 x 正向传播的单色平面波.

15.7 薛定谔方程在几个一维问题中的应用

15.7.1 一维无限深势阱

金属中的自由电子，在金属内部可以假定它不受力，势能为零. 但电子要逸出金属表面，必须克服正电荷的引力做功，就相当于在金属表面处势能突然增大而不能逸出. 粗略分析自由电子的这种运动时，可提出一个理想化的模型：假设电子在一维无限深势阱中运动，它的势能函数为

$$V(x)=\begin{cases}0 & 当 -\dfrac{a}{2}\leqslant x\leqslant \dfrac{a}{2}\\ \infty & 当 x<-\dfrac{a}{2} 和 x>\dfrac{a}{2}\end{cases}$$

如图 15.17 所示，分为 Ⅰ 区和 Ⅱ 区.

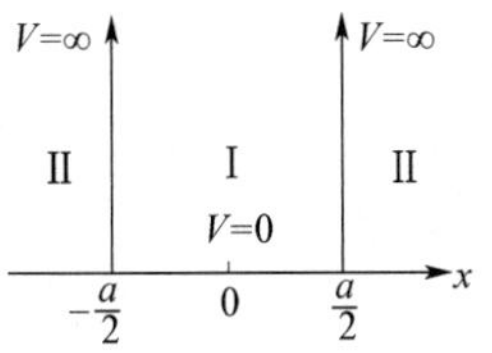

图 15.17　一维无限深势阱

对 Ⅰ 区，$V=0$，代入(15.34)式，得

$$\frac{d^2\psi(x)}{dx^2}+\frac{2mE}{\hbar^2}\psi(x)=0 \tag{15.35}$$

令
$$k^2=\frac{2mE}{\hbar^2}$$

则上式变为

$$\frac{d^2\psi(x)}{dx^2}+k^2\psi(x)=0$$

此式的通解为

$$\psi(x)=Ae^{ikx}+Be^{-ikx}$$

或
$$\psi(x)=C\cos kx+D\sin kx \tag{15.36}$$

A、B 或 C、D 是待定常数，其与 k 的取值要运用标准条件和归一化条件来确定.

对 Ⅱ 区，$V=\infty$. 为了后面讨论方便，暂设 V 是一个很大的常量 $V>E$，然后再使 $V\to\infty$. 则式(15.34)变为

$$\frac{d^2\psi(x)}{dx^2}=\frac{2m}{\hbar^2}(V-E)\psi(x)$$

令　$\lambda^2=\dfrac{2m(V-E)}{\hbar^2}$，当 $V\to\infty$ 时，$\lambda\to\infty$.

则有

$$\frac{d^2\psi(x)}{dx^2}=\lambda^2\psi(x)$$

此式的通解为

$$\psi(x)=A'e^{\lambda x}+B'e^{-\lambda x}$$

当 $x>\dfrac{a}{2}$ 时，$\lambda\to\infty$，则

$$\psi(x)=A'\cdot\infty+B'\cdot 0$$

第一项无限大，不符合标准条件，应弃去. 第二项是零，$\psi(x)=0$. 当 $x<-\dfrac{a}{2}$ 时，x 是负值，则有 $\psi(x)=A'\cdot 0+B'\cdot\infty$，弃去第二项，还是 $\psi(x)=0$. 所以，在 Ⅱ 区 $\psi=0$，即粒子出现的概率为零，这是因为 $V\to\infty$，粒子受到无限大指向阱内的力，不可能进入 Ⅱ 区.

现在考虑 Ⅰ 区的波函数式(15.36). 根据波函数必须连续的条件，在 $x=\pm\dfrac{a}{2}$ 处，Ⅰ 区与 Ⅱ 区的波函数应相等，但 Ⅱ 区的波函数为零，则 Ⅰ 区的波函数也应为零，有

$$\begin{cases} C\cos\frac{ka}{2} + D\sin\frac{ka}{2} = 0 \\ C\cos\frac{ka}{2} - D\sin\frac{ka}{2} = 0 \end{cases}$$

这是关于C、D的线性方程组，要使C、D有非零解，系数行列式必须为零，即

$$\begin{vmatrix} \cos\frac{ka}{2} & \sin\frac{ka}{2} \\ \cos\frac{ka}{2} & -\sin\frac{ka}{2} \end{vmatrix} = 0$$

展开行列式，得

$$2\cos\frac{ka}{2}\sin\frac{ka}{2} = \sin ka = 0$$

这个条件限制了k，使它只能取一些不连续的数值，即

$$ka = n\pi \quad n = 1,2,3,\cdots$$

从式(15.35)可知，k与能量E有关，则

$$k = \frac{n\pi}{a} = \frac{\sqrt{2mE}}{\hbar}$$

故

$$E = \frac{\pi^2\hbar^2}{2ma^2}n^2 \quad n = 1,2,3,\cdots \tag{15.37}$$

上式说明，能量是量子化的，整数n称为粒子能量的量子数. 可见，在量子力学中，能量量子化是自然得到的结果. 但这里n不能为零. 如果$n=0$，则$E=0$，粒子的动能为零，粒子不动了，这是不可能的，所以n从1开始取值. 能量的最小值$E_1 = \frac{\pi^2\hbar^2}{2ma^2}$，称为**零点能**. 在量子力学中这是可以理解的. 因为处于势阱中的粒子的能量若为零，则粒子的动量也为零，于是动量的不确定量$\Delta p = 0$，按测不准关系式$\Delta p\Delta x \geqslant \hbar$，这只有当$\Delta x \to \infty$才可能. 实际上粒子处于势阱中，$\Delta x = a$为势阱宽度所限制，所以$E$不能为零，从而导致零点能的出现. 从式(15.37)我们还可以看到，只有当a和m与$\hbar$同数量级时，能量量子化才明显. 如果m是宏观物体的质量，a是宏观距离，则能级间隔非常小，可以认为能量是连续的了.

把k值代入式(15.36)则

$$\psi(x) = C\cos\frac{n\pi}{a}x + D\sin\frac{n\pi}{a}x$$

当$x = \pm\frac{a}{2}$时

$$\psi\left(\pm\frac{a}{2}\right) = C\cos\left(\frac{n\pi}{2}\right) + D\sin\left(\pm\frac{n\pi}{2}\right)$$

$$= \begin{cases} C\cdot 0 + D\cdot(\pm 1)\text{，当 } n = 1,3,5,\cdots \\ C\cdot(\pm 1) + D\cdot 0\text{，当 } n = 2,4,6,\cdots \end{cases}$$

因为 $\psi(\pm\frac{a}{2})=0$，所以当 n 为奇数时，D 应等于零；当 n 为偶数时，C 应等于零. 这样波函数为

$$\psi(x)=C\cos\frac{n\pi}{a}x\text{，当 } n=1,3,5,\cdots$$

$$\psi(x)=D\sin\frac{n\pi}{a}x\text{，当 } n=2,4,6,\cdots$$

C、D 这两个常数可由归一化条件确定.

$$\int_{-\frac{a}{2}}^{+\frac{a}{2}}C^2\cos^2\frac{n\pi}{a}x\,\mathrm{d}x=1$$

$$\int_{-\frac{a}{2}}^{+\frac{a}{2}}D^2\sin^2\frac{n\pi}{a}x\,\mathrm{d}x=1$$

由此算出

$$C=D=\sqrt{\frac{2}{a}}$$

则归一化的波函数为

$$\psi(x)=\sqrt{\frac{2}{a}}\cos\frac{n\pi}{a}x\text{，当 } n=1,3,5,\cdots \qquad (15.38)$$

$$\psi(x)=\sqrt{\frac{2}{a}}\sin\frac{n\pi}{a}x\text{，当 } n=2,4,6,\cdots \qquad (15.39)$$

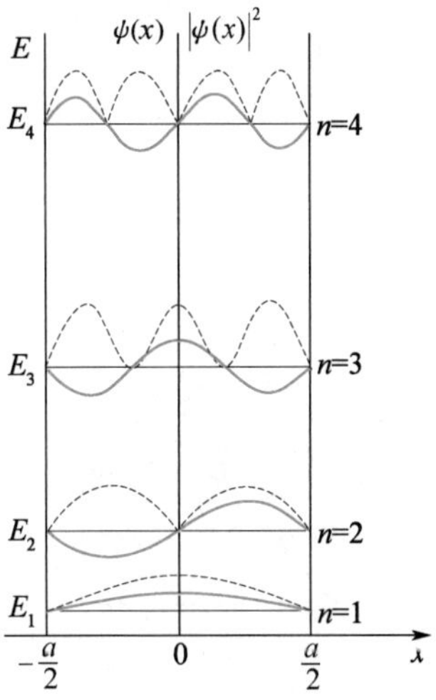

图 15.18　一维无限深势阱中的波函数、概率密度和能级

粒子在势阱中的概率密度 $|\psi|^2$ 随 x 和 n 而改变，这与经典力学不同. 按照经典力学，粒子在阱内是自由的，各点出现的概率应该相等. 同时从式(15.39)知，若 $n=0$，则 $\psi(x)=0$ 和 $|\psi|^2=0$，即在有限阱宽内到处找不到粒子(不可能存在这种状态). 这与前面关于零点能的说明是一致的. 图 15.18 画出了波函数 $\psi(x)$(实线)、概率密度 $|\psi|^2$(虚线) 和能级 E_n 的关系曲线. 把这两个空间波函数代回式(15.32)，则得到两个包含时间的波函数，它们是驻波方程. 粒子被限制在势阱中，它的状态称为束缚态. 定态束缚态的薛定谔方程，必然对应驻波解，这具有普遍意义. 在势阱中自由运动的粒子，在边界($x=\pm\frac{a}{2}$) 上发生反射，从波动的图像看，应该是沿两个相反方向传播的德布罗意平面波叠加成驻波，在边界处应是波节. 显然，要在阱内形成稳定的驻波，阱宽必须满足 $a=n\cdot\frac{\lambda}{2}$，$n=1,2,3,\cdots$，可见，半波数越多，波长越短，能级越高. 因为 $\lambda=\frac{2a}{n}$，代入德布罗意关系 $p=\frac{h}{\lambda}$，就得到粒子的能量

$$E=\frac{p^2}{2m}=\frac{h^2}{2m\lambda^2}=\frac{4\pi^2\hbar^2}{2m}\frac{n^2}{4a^2}=\frac{\pi^2\hbar^2}{2ma^2}n^2$$

这与前面式(15.37) 所得结果完全一样. 当 $n=1$ 时，最低能量的基

态波函数为半个正弦波，中间没有波函数为零的节点（边界节点不计入）：当 $n=2$ 时，波函数是一个正弦波，波节在 $x=0$ 处；对第 n 个能级，波函数有 $n-1$ 个节点．这一性质对一般束缚态的波函数也是相同的．

式(15.38)具有这样的性质

$$\psi(-x)=\psi(x)$$

表明相对原点是对称的，这样的空间对称性称为**正宇称**或**偶宇称**，而式(15.39)则有

$$\psi(-x)=-\psi(x)$$

对原点是反对称的，即在相对原点对称位置上的函数值相等，而符号相反，这样的空间对称性称为**负宇称**或**奇宇称**．

*15.7.2 隧道效应

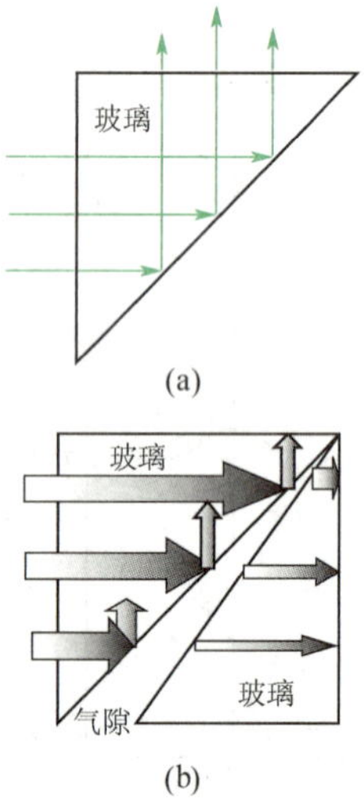

图 15.19 光子的隧道效应

我们知道，光波从玻璃入射到空气的界面上，当入射角大于临界角时，会发生全反射．按光子说，光子不能进入空气中，就像小球撞在弹性壁上一样被反弹，如图 15.19(a) 所示．然而事实上光波也不是完全没有一点透过，而是能透过界面进入空气达数个波长的深度．称为渗透深度．如果空气是夹在两块玻璃棱镜中的一薄层，当气隙足够薄时（小于渗透深度），一部分光被气隙反射，另一部分光透过气隙进入第二块玻璃．气隙越薄，反射越少，透射越多．如图 15.19(b) 所示，光子可以透过气隙进入第二块玻璃，就像小球撞在壁上，壁上有隧道，因此有一定的概率穿过去，这就是光子的隧道效应．隧道效应不能用经典粒子图像来解释，只能用量子力学解释．光发生全反射时，光在空气中按指数规律减弱，在很短的距离内就衰减为零．如果气隙很薄，光还没有衰减到零时便进入第二块玻璃．气隙越薄，衰减越少，进入玻璃的也就越多．

在两层金属导体之间夹一薄绝缘层，就构成一个电子的隧道结．例如在玻璃片基上淀积一层铝(Al)箔，在高温中使它的表面氧化，然后再淀积一层锡(Sn)箔，就做成一个 $Al/Al_2O_3/Sn$ 隧道结．Al 和 Sn 箔的厚度约 100～300 nm，绝缘层 Al_2O_3 厚约 1～2 nm，像是在 Al 和 Sn 之间隔绝电子的一堵墙．实验发现电子可以通过隧道结，即电子可以穿过绝缘层，这便是电子的隧道效应．

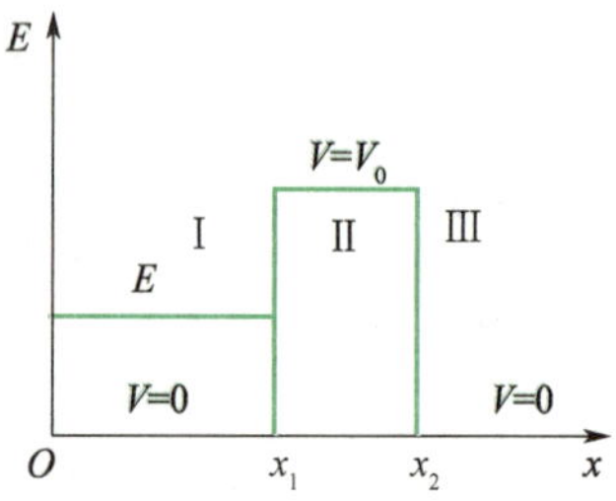

图 15.20 势垒

使电子从金属中逸出需要逸出功，这说明金属中电子势能比空气或绝缘层中低．于是电子隧道结对电子的作用可用一个势垒来表示，为了简化运算，我们把势垒简化成一个一维方势垒，如图 15.20 所示．在金属中电子的能量低于势垒高度 V，即 $E<V$，按经典理论，电子不能越过势垒．而量子力学的结论是：电子有一定的概率穿过势垒．下面我们来计算穿过势垒的概率．

把势场划分成 Ⅰ、Ⅱ、Ⅲ 区．在 Ⅰ 区，$0<x<x_1$，$V=0$，粒子具有能量 $E>0$；Ⅱ 区，$x_1\leqslant x\leqslant x_2$，$V=V_0$，$V>E$；Ⅲ 区，$x>x_2$，$V=0$．要求计算粒子在三个区出现的概率．为此，先列出定态薛定谔方程，并求解．

对 Ⅰ 区，$V=0$，薛定谔方程为

$$\frac{d^2\psi_1}{dx^2}=-\frac{2mE}{\hbar^2}\psi_1=-k_1^2\psi_1$$

式中
$$k_1^2 = \frac{2mE}{\hbar^2}$$

则方程的解为
$$\psi_{\text{I}} = Ae^{ik_1x} + Be^{-ik_1x} = C\cos k_1x + D\sin k_1x = A_1\sin(k_1x + \varphi_1)$$

对 Ⅱ 区，$V = V_0 > E$，则有
$$\frac{d^2\psi_{\text{II}}}{dx^2} = \frac{2m}{\hbar^2}(V_0 - E)\psi_{\text{II}} = k_2^2\psi_{\text{II}}$$

式中 $k_2^2 = \frac{2m}{\hbar^2}(V_0 - E)$，这里 k_2 为实数，所以方程的解为
$$\psi_{\text{II}} = A_2e^{k_2x} + B_2e^{-k_2x}$$
这个函数的第一项随 x 的增大而增大，第二项随 x 的增大而减小. 在 Ⅱ 区 $\psi_{\text{II}} \neq 0$，表示 Ⅰ 区的粒子有进入 Ⅱ 区的概率. Ⅲ 区原来没有粒子，如果粒子从 Ⅰ 区进入 Ⅱ 区再到 Ⅲ 区，那么 Ⅲ 区粒子出现的概率一定比 Ⅰ 区小. 所以对于 ψ_{II}，应用边界连续的条件，靠近 Ⅰ 区一定大，靠近 Ⅲ 区一定小. 因此第一项随 x 增大而增大与实际不符，应令 $A_2 = 0$，我们只保留第二项，则
$$\psi_{\text{II}} = B_2e^{-k_2x}$$

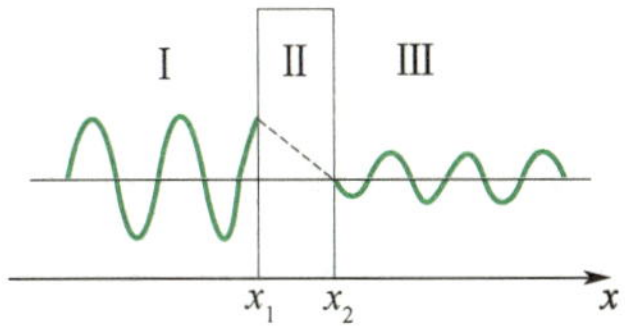

图 15.21　隧道效应

对 Ⅲ 区，$V = 0$，从 Ⅰ 区透过 Ⅱ 区进入 Ⅲ 区的粒子仍保持能量 E，则薛定谔方程与 Ⅰ 区相同，它的解为
$$\psi_{\text{III}} = A_3\sin(k_1x + \varphi_3)$$

现在三个波函数在各自的区域内已满足单值、有限、连续的条件，再根据在边界上（x_1 和 x_2 处）函数连续和一阶导数连续的条件来确定常数（这里我们不进行计算了）. 下面计算粒子通过 Ⅱ 区进入 Ⅲ 区的概率. 用 $|\psi_{\text{III}}|_{x_2}^2 / |\psi_{\text{I}}|_{x_1}^2$ 代表 Ⅰ 区粒子进入 Ⅲ 区的概率，则有
$$P = \frac{|\psi_{\text{III}}|_{x_2}^2}{|\psi_{\text{I}}|_{x_1}^2} = \frac{|\psi_{\text{II}}|_{x_2}^2}{|\psi_{\text{II}}|_{x_1}^2} = \frac{B_2^2e^{-2k_2x_2}}{B_2^2e^{-2k_2x_1}} = e^{-2k_2(x_2-x_1)} = e^{-\frac{2a}{\hbar}\sqrt{2m(V_0-E)}}$$
$$\ln P = -\frac{2a}{\hbar}\sqrt{2m(V_0 - E)}$$
式中 $a = x_2 - x_1$ 为势垒的宽度. 可见势垒越宽透过的概率越小，$(V_0 - E)$ 越大，透过的概率也越小. 虽然 $(V_0 - E) > 0$，但 a 较小时，透过的概率不能忽略，而且是指数关系，对 V_0 和 a 的变化十分敏感. 扫描隧道电子显微镜，就是根据这一原理制成的.

1981 年宾尼（G. Binnig）和罗雷尔（H. Rohrer）发明了扫描隧道显微镜（简称 STM）. 利用这种显微镜，人类第一次观察到了物质表面上排列着的一个个单个原子，它的发明对表面科学、材料科学乃至生命科学等领域都具有重大的意义. STM 的工作原理是将极细小的针尖（针尖上只有单个原子）和被研究的材料表面作为两个电极，当样品表面与针尖接近到约1 nm 时，在所加电压电场作用下，由于隧道效应电子会穿越两电极间的空气或液体间隙（势垒）产生隧道电流[见图 15.22(a)]. 实验发现，此隧道电流的大小对针尖与样品表面原子间的间隙距离的变化十分敏感. 实验时使针尖在样品上进行水平横向电控扫描，同时又保持针尖与样品表面原子间距离不变（维持隧道电流恒定）. 这样就使针尖随着样品表面原子排列的高低起伏做上下移动，通过计算机处理和图像显示系统，便能得到 0.1 nm 量级超高分辨率的表面原子排布图像.

利用扫描隧道探针不仅能直接观察到原子，还可以搬动单个原子，按人们的需要进行排列，实现了对单个原子的人为操纵.

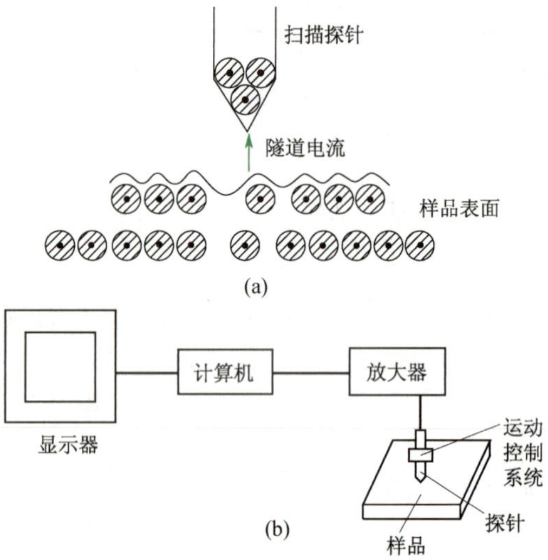

图 15.22 扫描隧道显微镜示意图

*15.7.3 一维谐振子

在研究电磁振荡、固体中原子在平衡位置附近振动、分子中的原子振动等问题时，都要使用谐振子模型. 设质量为 m 的粒子的势能函数为

$$V = \frac{1}{2}kx^2 = \frac{1}{2}m\omega^2 x^2$$

式中 ω 是振子的圆频率，$\omega^2 = \frac{k}{m}$；x 是谐振子离开平衡位置的位移. 则薛定谔方程为

$$\frac{d^2\psi}{dx^2} + \frac{2m}{\hbar^2}\left(E - \frac{1}{2}m\omega^2 x^2\right)\psi = 0$$

因为势能 V 是 x 的函数，解答起来比较复杂，这里不作进一步研究. 图 15.23 给出了一维谐振子的能级和概率密度图. 求解方程结果得到，只有当能量 E 为

$$E = \left(n + \frac{1}{2}\right)\hbar\omega$$
$$= \left(n + \frac{1}{2}\right)h\nu, n = 0,1,2,3,\cdots$$

时，相应的波函数才能满足标准条件. 谐振子的能量是量子化的，这是量子力学自然得出的. 而普朗克在推导黑体辐射公式时，他对谐振子的能量取值是作为基本假设：谐振子相邻两能级之差为 $h\nu$，振子的能量是量子化的. 量子力学的结果与普朗克假设是一致的. 但是量子力学表明谐振子的最小能量是 $\frac{1}{2}h\nu$，称为零点能，不存在静止的谐振子，这是微观粒子波动性的表现. 下面用测不准关系来估算这一能量. 因谐振子的能量可写成

$$E = \frac{\overline{p^2}}{2m} + \frac{1}{2}m\omega^2\,\overline{x^2}$$

式中 $\overline{p^2}$ 和 $\overline{x^2}$ 是一种平均值. 根据 $V(x)$ 相对坐标原点对称，则有 $\overline{x} = 0$，$\overline{p} = 0$.

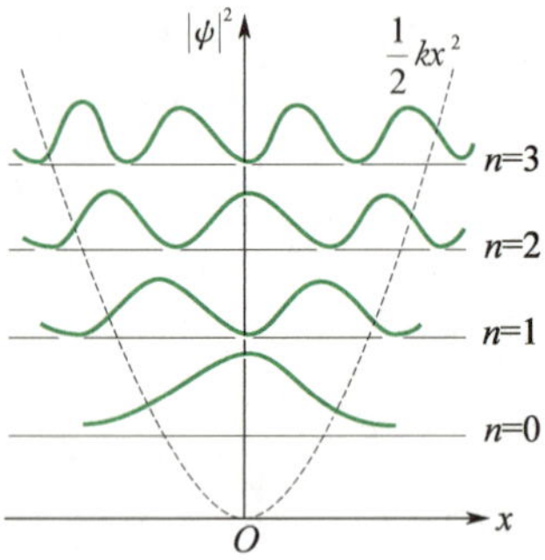

图 15.23 线性谐振子的能级和概率密度图

于是坐标和动量的不确定量 Δx 和 Δp 分别有

$$(\Delta x)^2 = \overline{(x-\overline{x})^2} = \overline{x^2}$$

$$(\Delta p)^2 = \overline{(p-\overline{p})^2} = \overline{p^2}$$

从而谐振子能量

$$E = \frac{(\Delta p)^2}{2m} + \frac{1}{2}m\omega^2(\Delta x)^2 = \left[\frac{\Delta p}{\sqrt{2m}} - \sqrt{\frac{m}{2}}\omega\Delta x\right]^2 + \omega\Delta x\Delta p \geqslant \frac{1}{2}\hbar\omega = \frac{1}{2}h\nu$$

这里用了 $\Delta x\Delta p \geqslant \frac{\hbar}{2}$. 此式表明,由于测不准关系,$\Delta x$ 越小,即粒子运动范围越小、势能越小,此时,Δp 越大、动能越大,因此决定了能量的极小值为$\frac{1}{2}h\nu$.

15.8　量子力学对氢原子的应用

玻尔的氢原子理论有很大的局限性,不能圆满地解决氢原子的结构和其中电子运动的规律,只有量子力学才较圆满地解决了氢原子问题. 由于求解氢原子的薛定谔方程时在数学上会遇到困难,这里不作严格的计算,只给出一些重要结果.

氢原子原子核的质量比电子的质量大得多(约为 1 837 倍),因此可以近似认为原子核不动,电子在核的库仑电场中运动. 电子的势能函数为

$$V(r) = -\frac{e^2}{4\pi\varepsilon_0 r}$$

这里 r 是电子离核的距离. $V(r)$ 只是空间坐标的函数,因此是一个定态问题. 由式(15.33),则氢原子中电子的定态薛定谔方程为

$$\nabla^2\psi + \frac{2m}{\hbar^2}\left(E + \frac{e^2}{4\pi\varepsilon_0 r}\right)\psi = 0$$

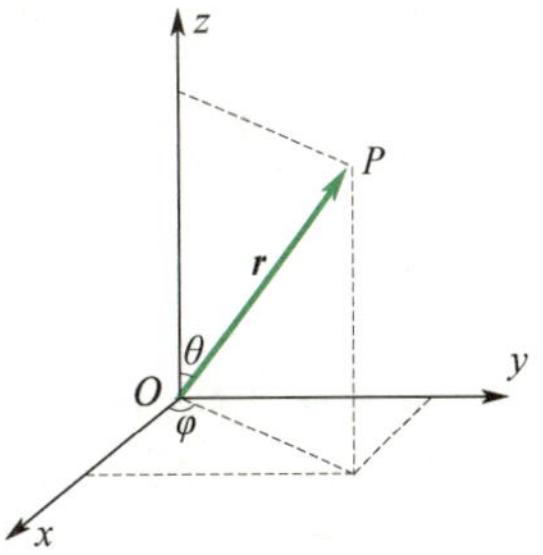

图 15.24　球坐标

因为势能仅为 r 的函数,采用球坐标系计算较方便,如图 15.24 所示. 因 $x = r\sin\theta\cos\varphi, y = r\sin\theta\sin\varphi, z = r\cos\theta$,故用球坐标表示的拉普拉斯算符为

$$\nabla^2 = \frac{1}{r^2}\frac{\partial}{\partial r}\left(r^2\frac{\partial}{\partial r}\right) + \frac{1}{r^2\sin\theta}\frac{\partial}{\partial\theta}\left(\sin\theta\frac{\partial}{\partial\theta}\right) + \frac{1}{r^2\sin^2\theta}\frac{\partial^2}{\partial\varphi^2}$$

用球坐标表示的波函数为

$$\psi = \psi(r,\theta,\varphi)$$

则薛定谔方程为

$$\frac{1}{r^2}\frac{\partial}{\partial r}\left(r^2\frac{\partial\psi}{\partial r}\right) + \frac{1}{r^2\sin\theta}\frac{\partial}{\partial\theta}\left(\sin\theta\frac{\partial\psi}{\partial\theta}\right) + \frac{1}{r^2\sin^2\theta}\frac{\partial^2\psi}{\partial\varphi^2} + \frac{2m}{\hbar^2}\left(E + \frac{e^2}{4\pi\varepsilon_0 r}\right)\psi = 0 \quad (15.40)$$

由于势能仅是 r 的函数,与 θ,φ 无关,通常用分离变量法求解. 设

$$\psi(r,\theta,\varphi) = R(r)\Theta(\theta)\Phi(\varphi)$$

式中R仅为r的函数,Θ仅为θ的函数,Φ仅为φ的函数.代入式(15.40)并用$R(r)\Theta(\theta)\Phi(\varphi)$除全式,然后乘以$r^2$,得

$$\frac{1}{R}\frac{\mathrm{d}}{\mathrm{d}r}\left(r^2\frac{\mathrm{d}R}{\mathrm{d}r}\right)+\frac{1}{\Theta}\frac{1}{\sin\theta}\frac{\mathrm{d}}{\mathrm{d}\theta}\left(\sin\theta\frac{\mathrm{d}\Theta}{\mathrm{d}\theta}\right)+\frac{1}{\Phi}\frac{1}{\sin^2\theta}\frac{\mathrm{d}^2\Phi}{\mathrm{d}\varphi^2}+\frac{2m}{\hbar^2}\left(E+\frac{e^2}{4\pi\varepsilon_0 r}\right)r^2=0 \quad (15.41)$$

式中第三项与φ有关,当φ取任意值时,不会引起其他三项之和的变化,且四项之和仍然为零,这就要求第三项中含φ的因子等于常数.设这一常数为$-m_l^2$,即令

$$\frac{1}{\Phi}\frac{\mathrm{d}^2\Phi}{\mathrm{d}\varphi^2}=-m_l^2 \quad (15.42)$$

于是式(15.41)变为

$$\left[\frac{1}{R}\frac{\mathrm{d}}{\mathrm{d}r}\left(r^2\frac{\mathrm{d}R}{\mathrm{d}r}\right)+\frac{2m}{\hbar^2}\left(E+\frac{e^2}{4\pi\varepsilon_0 r}\right)r^2\right]+\left[\frac{1}{\Theta}\frac{1}{\sin\theta}\frac{\mathrm{d}}{\mathrm{d}\theta}\left(\sin\theta\frac{\mathrm{d}\Theta}{\mathrm{d}\theta}\right)-\frac{m_l^2}{\sin^2\theta}\right]=0 \quad (15.43)$$

同理,式(15.43)中含有r部分和含有θ部分也应当分别等于一常数,且这一常数必须大小相等符号相反才能使等式成立.为此,令常数为λ,则有

$$\frac{1}{R}\frac{\mathrm{d}}{\mathrm{d}r}\left(r^2\frac{\mathrm{d}R}{\mathrm{d}r}\right)+\frac{2m}{\hbar^2}\left(E+\frac{e^2}{4\pi\varepsilon_0 r}\right)r^2=\lambda \quad (15.44)$$

$$\frac{1}{\Theta}\frac{1}{\sin\theta}\frac{\mathrm{d}}{\mathrm{d}\theta}\left(\sin\theta\frac{\mathrm{d}\Theta}{\mathrm{d}\theta}\right)-\frac{m_l^2}{\sin^2\theta}=-\lambda \quad (15.45)$$

这两个方程的求解比较繁杂.下面解这些方程时略去冗长的数学运算,只给出角动量和能量量子化的结果.

方程(15.42)为

$$\frac{\mathrm{d}^2\Phi}{\mathrm{d}\varphi^2}+m_l^2\Phi=0$$

其解的形式为

$$\Phi=A\mathrm{e}^{\mathrm{i}m_l\varphi}$$

其中m_l是一个常数.由于波函数必须单值,即

$$\Phi(\varphi)=\Phi(\varphi+2\pi)$$

这要求m_l是零或整数,即

$$m_l=0,\pm1,\pm2,\cdots$$

我们已知动量为p沿x方向运动的一维波函数为$\mathrm{e}^{\frac{\mathrm{i}}{\hbar}px}$.与此相似,一个线动量为$p$的粒子绕$z$轴运动,在局部空间小区域内可近似为一德布罗意波

$$\Phi(\varphi)=A\mathrm{e}^{\frac{\mathrm{i}}{\hbar}ps}$$

其中s是环绕z轴圆弧上的一小弧长,p是该点切线方向上的动量.弧长s等于半径r与转角φ的积,则$\varphi=\dfrac{s}{r}$,角动量$L_z=rp$,则

$$\Phi(\varphi)=A\mathrm{e}^{\frac{\mathrm{i}}{\hbar}L_z\varphi}=A\mathrm{e}^{\mathrm{i}m_l\varphi}$$

比较等式两边指数，则有

$$L_z = m_l\hbar, \quad m_l = 0, \pm 1, \pm 2, \cdots \tag{15.46}$$

说明处于稳定环状行波的粒子，角动量在转轴方向的投影是量子化的，只能取 $\hbar$ 的整数倍，m_l 称为角动量投影量子数，或**磁量子数**. 按照电子绕核做轨道运动的观点，电子的轨道角动量矢量 $\boldsymbol{L}$ 与轨道平面的对应关系(电子的绕行方向与 $\boldsymbol{L}$ 成右螺旋关系)，式(15.46) 说明电子的轨道平面在空间不能取任意方位，只能取有限的特定方位，被称为轨道的空间量子化.

关于 Θ 的方程(15.45)，写成

$$\frac{1}{\sin\theta}\frac{\mathrm{d}}{\mathrm{d}\theta}\left(\sin\theta\frac{\mathrm{d}\Theta}{\mathrm{d}\theta}\right)+\left[\lambda-\frac{m_l^2}{\sin^2\theta}\right]\Theta = 0$$

这是勒让德方程，其解为勒让德多项式. 为了使 $\theta = 0$ 及 $\theta = \pi$ 时，Θ 为有限，必须限定

$$\lambda = l(l+1), l = 0, 1, 2, \cdots$$

且

$$l \geqslant |m_l|$$

因此，关于 $R(r)$ 的方程(15.44) 可写成

$$-\frac{\hbar^2}{2m}\frac{1}{r^2}\frac{\mathrm{d}}{\mathrm{d}r}\left(r^2\frac{\mathrm{d}R}{\mathrm{d}r}\right)+\left[\frac{l(l+1)\hbar^2}{2mr^2}-\frac{e^2}{4\pi\varepsilon_0 r}\right]R = ER \tag{15.47}$$

与经典力学中粒子的能量 $E = \dfrac{p^2}{2m} + V(r)$ 对照起来，并把动量 $\boldsymbol{p}$ 沿径向和垂直于径向分解成 p_r 和 $p_\perp$ 两个分量，粒子的角动量 $L = rp_\perp$，因此

$$p^2 = p_r^2 + p_\perp^2 = p_r^2 + \frac{L^2}{r^2}$$

所以总能量

$$E = \frac{p_r^2}{2m} + \frac{L^2}{2mr^2} + V(r)$$

与式(15.47) 加以对比，式(15.47) 等号左边第一项是径向动能项，括号内的第二项是势能项，则括号内的第一项应该是转动动能项. 所以

$$L^2 = l(l+1)\hbar^2$$

即

$$L = \sqrt{l(l+1)}\hbar$$

$$l = 0, 1, 2, \cdots \qquad l \geqslant |m_l|$$

l 称为角动量量子数，简称**角量子数**，或者副量子数.

方程(15.47)，只要 $E > 0$. 均有单值、有限、连续的解；但 $E > 0$，表示电子有足够的动能克服原子核的束缚，成为自由电子，能量是连续分布的. 我们研究的是 $E < 0$，电子为束缚状态时方程的解. 当 $r \to \infty$，$R(r) \to 0$；$r \to 0$ 时，$R(r)$ 不发散，从方程(15.47) 求得

$$E = -\frac{me^4}{8\varepsilon_0^2 h^2}\frac{1}{n^2}, n = 1, 2, 3, \cdots$$

且 $n \geqslant l + 1$. 这与玻尔理论得到的能级公式是相同的，但这里是解

方程自然得出的结果，n 称为**主量子数**. 径向波函数 R 与 n 和 l 这两个量子数有关. 下面我们求解基态波函数和能量. 基态时 $n=1, l=0$，则式(15.47) 可写成

$$r^2\frac{\mathrm{d}^2R}{\mathrm{d}r^2}+2r\frac{\mathrm{d}R}{\mathrm{d}r}+\frac{2mr^2}{\hbar^2}\left(E+\frac{e^2}{4\pi\varepsilon_0 r}\right)R=0 \qquad (15.48)$$

设这个方程的解为

$$R(r)=N\mathrm{e}^{-r/a_1} \qquad (15.49)$$

式中 N 和 a_1 为待定常数. 把 $R(r)$ 代入方程(15.48) 得

$$\frac{r^2}{a_1^2}-2\frac{r}{a_1}+\frac{2mr^2}{\hbar^2}E+\frac{2mr}{\hbar^2}\frac{e^2}{4\pi\varepsilon_0}=0$$

或
$$\left(\frac{1}{a_1^2}+\frac{2mE}{\hbar^2}\right)r^2-\left[\frac{2}{a_1}-\frac{2me^2}{4\pi\varepsilon_0\hbar^2}\right]r=0$$

为了使等式对任何 r 都成立，等号左边两个括号内的值应分别等于零，即

$$\frac{1}{a_1^2}+\frac{2m}{\hbar^2}E=0$$

$$\frac{2}{a_1}-\frac{2me^2}{4\pi\varepsilon_0\hbar^2}=0$$

由此两式解得

$$a_1=\frac{4\pi\varepsilon_0\hbar^2}{me^2}=0.529\times10^{-10}\,\mathrm{m}$$

$$E_1=-\frac{\hbar^2}{2ma_1^2}=-\frac{me^4}{8\varepsilon_0^2h^2}=-13.6\ \mathrm{eV}$$

可见 a_1 在数值上等于第一玻尔轨道半径，E_1 是氢原子基态能量.

氢原子中电子的波函数为

$$\psi_{n,l,m_l}(r,\theta,\varphi)=R_{nl}(r)\Theta_{lm_l}(\theta)\Phi_{m_l}(\varphi)$$

在体积元 $\mathrm{d}V=r^2\sin\theta\mathrm{d}r\mathrm{d}\theta\mathrm{d}\varphi$ 内电子出现的概率为

$$\begin{aligned}&|\psi_{n,l,m_l}(r,\theta,\varphi)|^2\mathrm{d}V\\&=|R_{nl}(r)|^2|\Theta_{lm_l}(\theta)|^2|\Phi_{m_l}(\varphi)|^2r^2\sin\theta\mathrm{d}r\mathrm{d}\theta\mathrm{d}\varphi\end{aligned}$$

对 θ 和 φ 变化的全部区域积分，并注意 $\Theta(\theta)$ 和 $\Phi(\varphi)$ 都是归一化了的函数，我们就得到电子在距离核 $(r\sim r+\mathrm{d}r)$ 球壳内出现的概率为

$$\begin{aligned}P_{nl}(r)\mathrm{d}r&=|R_{nl}(r)|^2r^2\mathrm{d}r\int_0^{\pi}|\Theta_{lm_l}(\theta)|^2\sin\theta\mathrm{d}\theta\int_0^{2\pi}|\Phi_{m_l}(\varphi)|^2\mathrm{d}\varphi\\&=|R_{nl}(r)|^2r^2\mathrm{d}r\end{aligned}$$

这个概率称电子的径向分布. 现在根据归一化条件确定径向波函数式(15.49) 中的常数 N.

$$\int_0^{\infty}|R(r)|^2r^2\mathrm{d}r=\int_0^{\infty}N^2\mathrm{e}^{-2r/a_1}r^2\mathrm{d}r=N^2\frac{a_1^3}{4}=1$$

得
$$N=\frac{2}{\sqrt{a_1^3}}$$

于是基态径向波函数为

$$R_{10}=\frac{2}{\sqrt{a_1^3}}e^{-\frac{r}{a_1}} \tag{15.50}$$

在量子力学中，电子没有轨道的概念，只能给出空间的分布概率. 例如，基态氢原子中电子位于 $(r\sim r+dr)$ 球壳内的概率为

$$P(r)dr=|R_{10}(r)|^2r^2dr=\frac{4}{a_1^3}e^{-2r/a_1}r^2dr$$

r 的取值范围是 0 到 ∞，在 $0<r<\infty$ 范围内电子都有可能出现，只是概率大小不同. 现在求电子最大概率离核的距离 $r_{\max}$.

$$\frac{dP(r)}{dr}=\frac{4}{a_1^3}e^{-2r/a_1}\left[2r-\frac{2r^2}{a_1}\right]=0$$

所以

$$r_{\max}=a_1$$

其数值等于第一玻尔轨道半径，但这里是最概然距离，只表示电子在 a_1 附近单位薄层中出现的概率最大.

关于 $n>1$ 的激发态波函数由于数学计算冗长，我们这里省略. 但要注意，$\Psi_{n,l,m_l}(r,\theta,\varphi)$ 应由三个量子数决定. 给定一个 n 值，能量就确定了，但波函数并没有完全确定. 因为给定一 n 值，l 可以有 n 个不同的值，而对于每一个 l 的值，m_l 又可以有 $2l+1$ 个不同的值，l、m_l 不同，波函数则不同，电子的运动状态不相同，通常说是量子态不同. 所以对应一个能级 E_n，有

$$\sum_{l=0}^{n-1}(2l+1)=n^2$$

个量子态. 不同的量子态有相同的能级，则称该能级是简并的，这个能级的量子态数目称为该**能级的简并度**. 氢原子能级的简并度为 n^2. 例如 $n=1,l=0,m_l=0$，轨道角动量为零，简并度为 1；$n=2$，简并度为 4；…….

根据氢原子的定态薛定谔方程求解可以得到如下重要结果：**氢原子只能处于一些分立的状态，这些状态可用三个量子数** n、l、m_l **来描写.** 它们所代表的物理内容和取值如下：

1) **主量子数** n

$$n=1,2,3,\cdots$$

代表氢原子的能量 E，而且 E 与 n 的关系和玻尔理论相同.

2) **角量子数** l

$$l=0,1,2,\cdots,(n-1)$$

代表原子的角动量. 角动量的大小为

$$L=\sqrt{l(l+1)}\hbar$$

$\hbar$ 具有角动量的量纲. 为了和后面讲的自旋角动量相区别，L 也叫轨道角动量. 在量子力学中轨道的概念已无意义，而且这里也不需要轨道的概念. 角动量的矢量表示是量子力学的近似且直观的表示. 当 $l=0$ 时，$L=0$，说明电子在核外分布的概率是球对称的. 当 n 确定之后，l 有 n 个可能的取值，最大值是 $(n-1)$. 由于 l 对能量也有些

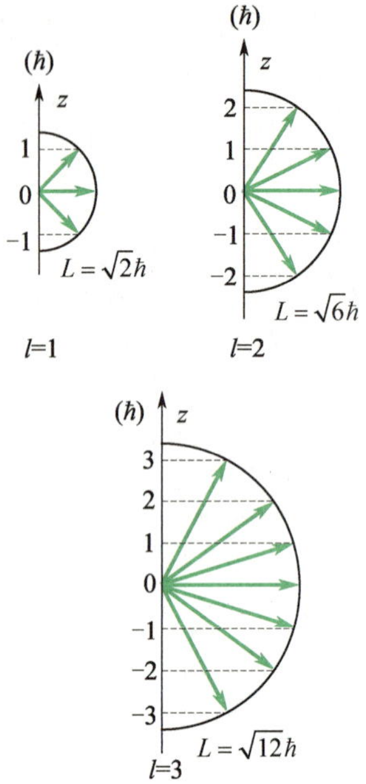

图 15.25　角动量空间取向量子化

许影响(后述),即由 n 的一个值所决定的能级实际上包含了若干个与 l 有关、靠得很近的分能级. 故 l 也叫副量子数.

3) **磁量子数** m_l

$$m_l = 0, \pm 1, \pm 2, \cdots, \pm l$$

代表角动量在空间的可能取向. 选定某一特定的方向为 z 轴(实验时取外磁场的方向),角动量矢量在 z 轴方向的分量为

$$L_z = m_l \hbar$$

L_z 的最小值是零,最大值是 $l\hbar$,共计有 $(2l+1)$ 个值. 说明角动量在空间的取向是分立的,共有 $(2l+1)$ 个可能的取向,称为"空间量子化". 图 15.25 画出了 $l=1,2,3$ 三种情况角动量的"空间量子化".

15.9　斯特恩-盖拉赫实验

1921 年斯特恩和盖拉赫用实验证实了原子的磁矩在外磁场中取向是量子化的. 由于原子磁矩和角动量的联系,这也就证明了角动量在空间的取向是量子化的.

15.9.1　电子的轨道磁矩

原子中电子的绕核运动和闭合小线圈的电流相似,所以原子也有磁矩. 按照磁矩的定义,磁矩 $\boldsymbol{\mu}$ 的大小为

$$\mu = IA$$

其中 I 是电流强度,A 是回路所包围的面积. $\boldsymbol{\mu}$ 的方向垂直于 A,而且和电流的方向按右手螺旋关系决定. 一般地电子绕核做椭圆运动(见图 15.26). 电子的电量为 e,周期为 T,则

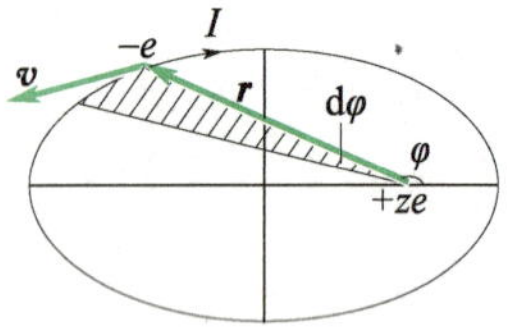

图 15.26　电子绕核做椭圆运动

$$I = \frac{e}{T}$$

电流的方向和电子运动的方向相反. 在 $\mathrm{d}t$ 时间内电子矢径 $\boldsymbol{r}$ 扫过的面积为 $\frac{1}{2}r^2\mathrm{d}\varphi$,绕行一周扫过的面积为

$$A = \int_0^{2\pi} \frac{1}{2}r^2 \mathrm{d}\varphi = \int_0^T \frac{1}{2}r^2 \frac{\mathrm{d}\varphi}{\mathrm{d}t}\mathrm{d}t$$

电子的角动量为 $mr^2\frac{\mathrm{d}\varphi}{\mathrm{d}t}$,所以 $r^2\frac{\mathrm{d}\varphi}{\mathrm{d}t} = \frac{L}{m}$($L$ 是角动量的大小,m 是电子的质量). 在有心力场中运动,角动量守恒,L 为常量,则

$$A = \int_0^T \frac{L}{2m}\mathrm{d}t = \frac{L}{2m}T$$

单电子的轨道运动磁矩大小为

$$\mu = IA = \frac{e}{2m}L$$

角动量和磁矩都是矢量，因为电子带负电，磁矩 $\boldsymbol{\mu}$ 和角动量 $\boldsymbol{L}$ 的方向相反，于是有

$$\boldsymbol{\mu} = -\frac{e}{2m}\boldsymbol{L} \tag{15.51}$$

在量子力学中，$L = \sqrt{l(l+1)}\hbar$，l 是角量子数. 设角动量 $\boldsymbol{L}$ 在外磁场中，取外磁场 $\boldsymbol{B}$ 的方向为 z 轴正向，角动量在 $\boldsymbol{B}$ 方向的投影为 L_z，则

$$L_z = m_l\hbar$$

m_l 为磁量子数. $m_l = 0, \pm 1, \pm 2, \cdots, \pm l$，共有 $2l+1$ 个数值. 由式(15.51) 知，$\boldsymbol{\mu}$ 在 z 轴的投影 μ_z 为

$$\mu_z = -\frac{e}{2m}L_z = -\frac{e}{2m}m_l\hbar = -m_l\mu_B$$

其中
$$\mu_B = \frac{e\hbar}{2m} = \frac{eh}{4\pi m} = 9.274\ 015\ 41 \times 10^{-24}\,\text{J/T}$$
$$= 5.788\ 382\ 63 \times 10^{-5}\,\text{eV/T}$$

称为**玻尔磁子**.

15.9.2 斯特恩-盖拉赫实验

在电磁学中，一个磁矩为 $\boldsymbol{\mu}$ 的载流线圈，放在磁感应强度为 $\boldsymbol{B}$ 的磁场中，该线圈所受力矩为 $\boldsymbol{M}$，且

$$\boldsymbol{M} = \boldsymbol{\mu} \times \boldsymbol{B}$$

将磁矩由垂直于磁场方向转到与磁场成 θ 角的方向，$\boldsymbol{M}$ 所做的功 W 为

$$W = -\int_{\frac{\pi}{2}}^{\theta} M\mathrm{d}\theta = -\int_{\frac{\pi}{2}}^{\theta} \mu B\sin\theta\mathrm{d}\theta = \mu B\cos\theta$$

负号表示力矩的方向与角位移 $\mathrm{d}\theta$ 的方向相反. 若取磁矩垂直于磁场方向，即 $\theta = \frac{\pi}{2}$ 的位置线圈与磁场的相互作用势能为零，则磁矩 $\boldsymbol{\mu}$ 与磁场 $\boldsymbol{B}$ 成 θ 角时的势能为 U，则

$$U = -\mu B\cos\theta = -\boldsymbol{\mu}\cdot\boldsymbol{B} = -\mu_z B \tag{15.52}$$

式中磁场的方向为 z 轴方向. 如果磁场 B 在 z 方向不均匀，有一梯度为 $\frac{\partial B}{\partial z}$，则载流线圈在 z 方向受力为

$$f_z = -\frac{\partial U}{\partial z} = \mu_z\frac{\partial B}{\partial z} \tag{15.53}$$

式(15.52)、式(15.53) 这两个公式也适用于原子系统. 斯特恩-盖拉赫实验就是利用这一效应，让原子射线束通过一个不均匀磁场区域，观察原子磁矩在磁力作用下的偏转.

实验装置如图 15.27 所示. 从加热炉 Q 中引出原子射线束，经

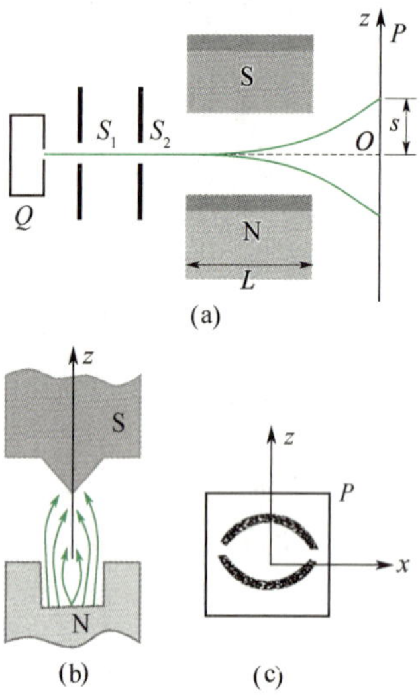

图 15.27 斯特恩-盖拉赫实验装置

狭缝 S_1 和 S_2 准直后射入在 z 方向不均匀的磁场区域，被磁力偏转后，落在屏 P 上，相对出口处 z 方向的位移为 s. 设质量为 M 的原子以速度 v 经过长度为 L 的不均匀磁场，则通过的时间 $t=L/v$，于是有

$$s=\frac{1}{2}at^2=\frac{1}{2}\frac{f_z}{M}t^2=\frac{1}{2M}\frac{\partial B}{\partial z}\left(\frac{L}{v}\right)^2\mu_z$$

$\mu_z>0$ 时向上偏转，$\mu_z<0$ 时向下偏转. 如果磁矩在磁场中可以任意取向，μ_z 从正到负连续变化，那么原子束偏转后将在屏上溅落成一片. 实验发现在屏上是几条清晰可辨的黑斑. 这说明原子磁矩只能取几个特定的方向，也就是角动量只能取几个特定的方向，证明了角动量在外磁场方向的投影是量子化的.

原子的尺度约为 nm 的数量级，故外磁场应在这么小的范围内不均匀，亦即梯度 $\frac{\partial B}{\partial z}$ 非常大，这是实验的难点，所以磁极要做成特殊形状. 只要测出原子通过不均匀磁场的距离 L，速度 v 和磁场梯度及屏上的位移 s，就可以算出 μ_z. 当 L、v、$\frac{\partial B}{\partial z}$ 保持不变时，s 与 μ_z 相对应. 一般地

$$\text{斑纹条纹数}=2l+1$$

对 Zn、Cd、Hg、Sn 等原子，射线没偏转，$l=0$，说明这些原子的总角动量为零. 对基态的氧原子，测到 5 条斑纹，说明它的角动量投影有 5 个取向，磁量子数 $m_l=0,\pm1,\pm2$，定出 $l=2$.

但特别引起注意的，是对 Li、Na、K、Cu、Ag、Au 等基态原子，测得的斑纹数为 2. 如果按照上面的公式计算，这时 l 应为 $\frac{1}{2}$，L_z 应为 $-\frac{1}{2}\hbar$ 和 $+\frac{1}{2}\hbar$，这与前面我们得到的 $l=0,1,2,\cdots$ 不符. 如何解释这一事实呢？必须有新的物理内容. 因为测的都是基态（S 态，$L=0$）原子，轨道角动量为零，原子的磁矩一定起源于其他类型的磁矩. 这就是我们下面要介绍的电子的自旋.

15.10 电子自旋

锂（Li）、钠（Na）、钾（K）、铷（Rb）、铯（Cs）、钫（Fr）这些元素称为碱金属元素. 用分辨率较高的光谱仪观测光谱的每一条谱线，实验发现，每条谱线是由 2 条或 3 条线组成，称作光谱线的精细结构. 其实所有原子光谱线都有精细结构，只是碱金属原子谱线较为明显.

1925 年乌伦贝克和高德斯密特为了解释碱金属原子光谱线的

精细结构,同时又考虑斯特恩-盖拉赫实验对于基态 Li、Na、K、Cu、Ag、Au 等原子的实验结果,他们提出:除轨道运动外,电子还存在一种自旋运动.电子本身具有自旋角动量 $\boldsymbol{S}$ 及相应的自旋磁矩 $\boldsymbol{\mu}_S$.自旋角动量大小为

$$S = \sqrt{s(s+1)}\hbar$$

式中 s 称为**自旋量子数**,每个电子都具有同样的数值 $s=\frac{1}{2}$,则

$$S = \frac{\sqrt{3}}{2}\hbar$$

根据角动量的一般理论,自旋角动量的空间取向也应是量子化的,它在外磁场方向的投影 S_z

$$S_z = m_s\hbar$$

m_s 称为**自旋磁量子数**,它只能取两个值,即

$$m_s = \frac{1}{2}, -\frac{1}{2}$$

自旋磁矩 $\boldsymbol{\mu}_S$ 为

$$\boldsymbol{\mu}_S = -\frac{e}{m}\boldsymbol{S}$$

负号是因为电子带负电,$\boldsymbol{\mu}_S$ 与 $\boldsymbol{S}$ 方向相反,它在外磁场方向的投影为

$$\mu_{S_z} = -\frac{e}{m}S_z = \mp\frac{e\hbar}{2m} = \pm\mu_B$$

式中 $\mu_B=\frac{e\hbar}{2m}$ 是玻尔磁子.值得注意的是

$$\frac{|\boldsymbol{\mu}_S|}{|\boldsymbol{S}|} = \frac{e}{m}$$

而轨道磁矩 $\boldsymbol{\mu}_l$ 与轨道角动量 $\boldsymbol{L}$ 的比值为

$$\frac{|\boldsymbol{\mu}_l|}{|\boldsymbol{L}|} = \frac{e}{2m}$$

两者比值之比为 2,这是两种运动的重要差别.

斯特恩-盖拉赫实验对 Li、Na、K 等原子测得的斑纹条数为 2,现在可以这样解释:这些原子的磁矩取决于价电子,而价电子的轨道磁矩为零,因此原子的磁矩由电子自旋磁矩决定.自旋磁矩在 z 方向的投影 μ_{s_z} 只可能取两个数值,于是屏幕上得到两条斑纹.测出两条斑纹的距离 s,就可以算出 μ_{s_z}.测量结果为一个玻尔磁子.这不但证实了电子自旋的正确性,同时也证明了自旋磁矩与自旋角动量关系的正确性.

碱金属光谱的精细结构,其产生的原因是比电相互作用小的磁相互作用,是电子的轨道运动产生的磁场和电子自旋磁矩的作用,使得原子的能级发生改变.这种能量称自旋——轨道相互作用能,是一个小量,因此表现为光谱线的精细结构.

电子的自旋运动是电子的重要特征.但是电子自旋的物理图像

是什么？这是80多年来至今尚未解决的问题.不要把“自旋”想象成宏观物体的“自转”，因为微观粒子的运动与宏观物体的运动并不相同，简单的类比会产生错误的概念.现代物理实验表明，电子的自旋与电子的内部结构有关，而电子的内部结构至今尚不清楚.我们只能说电子的自旋是电子的一种内禀(内部)运动.

15.11 原子的壳层结构

多电子原子中的电子，每个电子除受到原子核的作用外，电子之间还有电磁相互作用，自旋与轨道运动间也有相互作用，量子力学无法得到严格服从动力学方程的波函数.但量子力学用近似方法可以证明，原子中电子的运动状态仍用 n、l、m_l、m_s 这四个量子数来表征.

(1) 主量子数 n，可取 $n=1,2,3,\cdots$，整数，它决定原子中电子能量的主要部分.

(2) 角量子数 l，可取 $l=0,1,2,\cdots,(n-1)$，它确定电子轨道角动量的值.一般地，处于同一主量子数 n 而角量子数 l 不同的电子，其能量也稍有不同.把 n 和 l 合在一起，用 nl 表示电子态.在光谱学中，常用小写字母s,p,d,… 表示 l 的数值，如表15.2所示，称为电子态符号.

表 15.2 角量子数的光谱学记号

l	0	1	2	3	4	5	6	7	8
记号	s	p	d	f	g	h	i	k	l

例如，$n=1$，$l=0$，电子态表示为1 s态；$n=2$，$l=1$，表示为2p态；……

(3) 磁量子数 m_l，$m_l=0,\pm1,\pm2,\cdots,\pm l$.它确定电子轨道角动量 $\boldsymbol{L}$ 在外磁场方向的分量.

(4) 自旋磁量子数 m_s，只能取2个值 $m_s=\pm\dfrac{1}{2}$.它决定电子自旋角动量在外磁场方向的分量.

原子核外电子是如何分布的呢？玻尔提出了“原子内电子按一定壳层排列”的观点.1916年柯塞尔提出了形象化的壳层分布模型.主量子数 n 相同的电子组成一个主壳层，简称壳层.对应主量子数 $n=1,2,3,4,5,6,7$ 的壳层分别用大写字母K、L、M、N、O、P、Q来命名.如 $n=1$ 称为K壳层，$n=2$ 称为L壳层，$n=3$ 称为M壳层等.主量子数相同，而角量子数不同的电子分布在不同的支壳层(分壳层)上.n 取一定值时，$l=0,1,2,\cdots,(n-1)$；因此由 n 决定的壳层，可分成由 l 决定的 n 个支壳层. $l=0,1,2,3,4,5,6,7,8,\cdots$，相对应的支壳层称为 s，p，d，f，g，h，i，k，l，…. 例如，$l=0$ 的支壳层称为 s 支壳层，$l=1$ 的支壳层称为 p 支壳层等.

若 $n=1$，则 $l=0$，说明 K 壳层只有一个 s 支壳层；$n=2$，$l=0,1$，说明 L 壳层有 s 和 p 两个支壳层；$n=3$，$l=0,1,2$，说明 M 壳层有 s、p、d 三个支壳层；$n=4$ 的 N 壳层有 s、p、d、f 四个支壳层等，依次类推. 重要的问题是每一个支壳层能容纳多少个电子？每个主壳层能容纳多少个电子？这就要考虑泡利不相容原理.

（一）泡利不相容原理

泡利（Wolfgang Pauli）分析了大量光谱的数据后于 1925 年概括出一条基本原理：**在同一个原子中，不可能有两个或两个以上的电子具有完全相同的四个量子数**. 这就是**泡利不相容原理**. 泡利原理不局限于原子体系，是量子力学的一条基本原理.

科学家介绍

泡利

下面先计算 l 支壳层中最多能容纳的电子数. 给定 l 后，$m_l=-l,-l+1,\cdots,l$，共计 $2l+1$ 个值；而当 l，m_l 都给定时，m_s 只能取 $+\frac{1}{2}$ 和 $-\frac{1}{2}$ 两个可能的值. 所以 l 支壳层中最多可以容纳 $2(2l+1)$ 个电子. 当支壳层中电子数达到最大值时，称为满支壳层或闭合支壳层.

给定主量子数 n 后，角量子数 $l=0,1,2,\cdots,(n-1)$ 共 n 个数值. 因此在 n 值一定的主壳层中所能容纳的最多电子数 Z_n 为

$$Z_n=\sum_{l=0}^{n-1}2(2l+1)=2\times\frac{1+(2n-1)}{2}\times n=2n^2$$

即原子中主量子数为 n 的壳层中最多能容纳 $2n^2$ 个电子. 例如，$n=1$ 的 K 壳层，最多容纳两个电子，都在 s 支壳层上，以电子组态 $1s^2$ 表示. $n=2$ 的 L 壳层，最多容纳 8 个电子，其中 $l=0$ 的电子有两个，以 $2s^2$ 表示，$l=1$ 的电子有 6 个，以 $2p^6$ 表示，电子组态是 $2s^2 2p^6$. 表 15.3 列出了原子中各壳层最多可容纳的电子数.

表 15.3　原子中各壳层可容纳的最多电子数

n \ l	0 s	1 p	2 d	3 f	4 g	5 h	6 i	$Z_n=2n^2$
1 K	2	/	/	/	/	/	/	2
2 L	2	6	/	/	/	/	/	8
3 M	2	6	10	/	/	/	/	18
4 N	2	6	10	14	/	/	/	32
5 O	2	6	10	14	18	/	/	50
6 P	2	6	10	14	18	22	/	72
7 Q	2	6	10	14	18	22	26	98

（二）能量最小原理

原子系统处于正常态时，每个电子总是尽先占据能量最低的能级，因为这时整个原子最稳定. 能量首先决定于主量子数 n，所以总的趋势是先从主量子数小的壳层填起. 但特别要注意的是，由于能量也决定于角量子数 l，因此填充次序并不总是简单地按 K，L，M，…，一层填满再填另一层. 从 $n=4$ 起就有先填 n 较大 l 较小的支壳层，后填 n 较小 l 较大的支壳层的反常情况出现. 总的说来，填充次序是

1s，2s，2p，3s，3p，[4s，3d]，4p，[5s，4d]，5p，[6s，4f，5d]，6p，[7s，5f，6d]

各括号内是主量子数反常情况. 这里的能级高低可用我国科学工作者根据大量实验事实总结出的规律 $(n+0.7l)$ 判断. $(n+0.7l)$ 越大，能级越高. 例如，4s 和 3d 比较，$(4+0.7\times0)=4<(3+0.7\times2)=4.4$，所以先填 4s. 再如，4f 和 5d 比较，$(4+0.7\times3)=6.1<(5+0.7\times2)=6.4$，所以先填 4f 后填 5d.

用原子的壳层结构可以很好地解释元素的周期性质. 各种原子基态的电子组态，见表 15.4. 可以看出元素的周期性是电子组态周期性的反映. 每个周期的第一个元素，都对应着开始填充一个新壳层，都只有一个价电子. 价电子是外层电子，元素的性质主要由价电子决定，价电子相同，则物理、化学性质相似. 每个周期末的元素，都对应着一个壳层或一个支壳层被填满. 第一周期只有 H、He 两种元素，原子基态电子组态分别是 1s，$1s^2$，至 He，第一壳层填满. 但要注意，以后的每一个周期不是以填满 n 壳层来划分的，而是从电子填充一个 s 支壳层开始，以填满 p 支壳层结束.

表 15.4 原子基态的电子组态和电离能

Z	符号	名称	基态组态	电离能(eV)
1	H	氢	1s	13.599
2	He	氦	$1s^2$	24.581
3	Li	锂	[He]2s	5.390
4	Be	铍	$2s^2$	9.320
5	B	硼	$2s^2 2p$	8.296
6	C	碳	$2s^2 2p^2$	11.256
7	N	氮	$2s^2 2p^3$	14.545
8	O	氧	$2s^2 2p^4$	13.614
9	F	氟	$2s^2 2p^5$	17.418
10	Ne	氖	$2s^2 2p^6$	21.559
11	Na	钠	[Ne]3s	5.138
12	Mg	镁	$3s^2$	7.644
13	Al	铝	$3s^2 3p$	5.984
14	Si	硅	$3s^2 3p^2$	8.149

续表

Z	符号	名称	基态组态	电离能(eV)
15	P	磷	$3s^2 3p^3$	10.484
16	S	硫	$3s^2 3p^4$	10.357
17	Cl	氯	$3s^2 3p^5$	13.01
18	Ar	氩	$3s^2 3p^6$	15.755
19	K	钾	[Ar]4s	4.339
20	Ca	钙	$4s^2$	6.111
21	Sc	钪	$3d4s^2$	6.538
22	Ti	钛	$3d^2 4s^2$	6.818
23	V	钒	$3d^3 4s^2$	6.743
24	Cr	铬	$3d^5 4s$	6.764
25	Mn	锰	$3d^5 4s^2$	7.432
26	Fe	铁	$3d^6 4s^2$	7.868
27	Co	钴	$3d^7 4s^2$	7.862
28	Ni	镍	$3d^8 4s^2$	7.633
29	Cu	铜	$3d^{10} 4s$	7.724
30	Zn	锌	$3d^{10} 4s^2$	9.391
31	Ga	镓	$3d^{10} 4s^2 4p$	6.00
32	Ge	锗	$3d^{10} 4s^2 4p^2$	7.88
33	As	砷	$3d^{10} 4s^2 4p^3$	9.81
34	Se	硒	$3d^{10} 4s^2 4p^4$	9.75
35	Br	溴	$3d^{10} 4s^2 4p^5$	11.84
36	Kr	氪	$3d^{10} 4s^2 4p^6$	13.996
37	Rb	铷	[Kr]5s	4.176
38	Sr	锶	$5s^2$	5.692
39	Y	钇	$4d5s^2$	6.377
40	Zr	锆	$4d^2 5s^2$	6.835
41	Nb	铌	$4d^4 5s$	6.881
42	Mo	钼	$4d^5 5s$	7.10
43	Tc	锝	$4d^5 5s^2$	7.228
44	Ru	钌	$4d^7 5s$	7.365
45	Rh	铑	$4d^8 5s$	7.461
46	Pd	钯	$4d^{10}$	8.334
47	Ag	银	$4d^{10} 5s$	7.574
48	Cd	镉	$4d^{10} 5s^2$	8.991
49	In	铟	$4d^{10} 5s^2 5p$	5.785
50	Sn	锡	$4d^{10} 5s^2 5p^2$	7.342
51	Sb	锑	$4d^{10} 5s^2 5p^3$	8.639

续表

Z	符号	名称	基态组态	电离能(eV)
52	Te	碲	$4d^{10}5s^25p^4$	9.01
53	I	碘	$4d^{10}5s^25p^5$	10.454
54	Xe	氙	$4d^{10}5s^25p^6$	12.127
55	Cs	铯	[Xe]6s	3.893
56	Ba	钡	$6s^2$	5.210
57	La	镧	$5d6s^2$	5.61
58	Ce	铈	$4f5d6s^2$	6.54
59	Pr	镨	$4f^36s^2$	5.48
60	Nd	钕	$4f^46s^2$	5.51
61	Pm	钷	$4f^56s^2$	5.55
62	Sm	钐	$4f^66s^2$	5.63
63	Eu	铕	$4f^76s^2$	5.67
64	Gd	钆	$4f^75d6s^2$	6.16
65	Tb	铽	$4f^96s^2$	6.74
66	Dy	镝	$4f^{10}6s^2$	6.82
67	Ho	钬	$4f^{11}6s^2$	6.02
68	Er	铒	$4f^{12}6s^2$	6.10
69	Tm	铥	$4f^{13}6s^2$	6.18
70	Yb	镱	$4f^{14}6s^2$	6.22
71	Lu	镥	$4f^{14}5d6s^2$	6.15
72	Hf	铪	$4f^{14}5d^26s^2$	7.0
73	Ta	钽	$4f^{14}5d^36s^2$	7.88
74	W	钨	$4f^{14}5d^46s^2$	7.98
75	Re	铼	$4f^{14}5d^56s^2$	7.87
76	Os	锇	$4f^{14}5d^66s^2$	8.7
77	Ir	铱	$4f^{14}5d^76s^2$	9.2
78	Pt	铂	$4f^{14}5d^96s$	8.88
79	Au	金	$4f^{14}5d^{10}6s$	9.223
80	Hg	汞	$4f^{14}5d^{10}6s^2$	10.434
81	Tl	铊	$4f^{14}5d^{10}6s^26p$	6.106
82	Pb	铅	$4f^{14}5d^{10}6s^26p^2$	7.415
83	Bi	铋	$4f^{14}5d^{10}6s^26p^3$	7.287
84	Po	钋	$4f^{14}5d^{10}6s^26p^4$	8.43
85	At	砹	$4f^{14}5d^{10}6s^26p^5$	9.5
86	Rn	氡	$4f^{14}5d^{10}6s^26p^6$	10.745
87	Fr	钫	[Rn]7s	4.0
88	Ra	镭	$7s^2$	5.277

续表

Z	符号	名称	基态组态	电离能(eV)
89	Ac	锕	$6d7s^2$	6.9
90	Th	钍	$6d^2 7s^2$	
91	Pa	镤	$5f^2 6d7s^2$	5.7
92	U	铀	$5f^3 6d7s^2$	6.08
93	Np	镎	$5f^4 6d7s^2$	5.8
94	Pu	钚	$5f^6 7s^2$	5.8
95	Am	镅	$5f^7 7s^2$	6.05
96	Cm	锔	$5f^7 6d7s^2$	
97	Bk	锫	$5f^9 7s^2$	
98	Cf	锎	$5f^{10} 7s^2$	
99	Es	锿	$5f^{11} 7s^2$	
100	Fm	镄	$5f^{12} 7s^2$	
101	Md	钔	$5f^{13} 7s^2$	
102	No	锘	$5f^{14} 7s^2$	
103	Lr	铹	$5f^{14} 6d^1 7s^2$	

习　题

15.1　选择题.

(1) 用一定频率的单色光照射在某种金属上，测出其光电流 I 与电势差 U 的关系曲线如题 15.1 图中实线所示. 然后在光强度 I 不变的条件下增大照射光的频率，测出其光电流的曲线用虚线表示. 符合题意的图是　(　　)

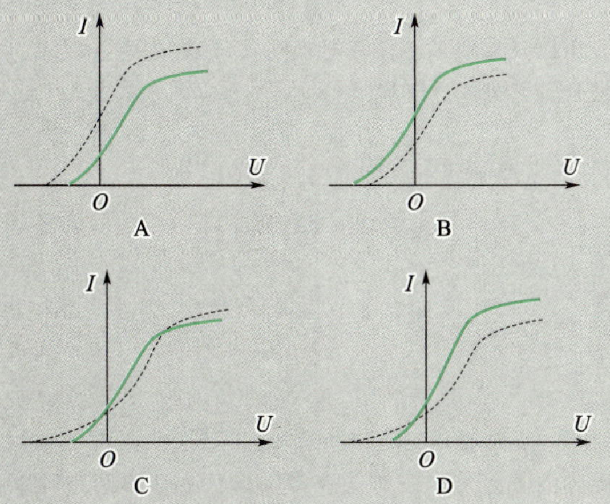

题 15.1 图

(2) 康普顿散射的主要特点是　(　　)

A. 散射光的波长均与入射光的波长相同，与散射角、散射体性质无关.

B. 散射光中既有与入射光波长相同的，也有比入射光波长长的和比入射光波长短的. 这与散射体性质有关.

C. 散射光的波长均比入射光的波长短，且随散射角增大而减小，但与散射体的性质无关.

D. 散射光中有些波长比入射光的波长长，且随散射角增大而增大，有些散射光波长与入射光波长相同. 这都与散射体的性质无关.

(3) 假定氢原子原是静止的，质量为 1.67×10^{-27} kg，则氢原子从 $n=3$ 的激发状态直接通过辐射跃迁到基态时的反冲速度大约是　(　　)

A. 4 m/s.　　B. 10 m/s.

C. 100 m/s.　　D. 400 m/s.

(4) 关于不确定关系 $\Delta p_x \Delta x \geqslant \frac{\hbar}{2}$，有以下几种理解：

(a) 粒子的动量不可能确定；

(b) 粒子的坐标不可能确定；

(c) 粒子的动量和坐标不可能同时准确地确定；

(d) 不确定关系不仅适用于电子和光子，也适用于其他粒子.

其中正确的是 ( )

A. (a),(b). B. (c),(d).

C. (a),(d). D. (b),(d).

(5) 直接证实了电子自旋存在的最早的实验之一是 ( )

A. 康普顿散射实验. B. 卢瑟福散射实验.

C. 戴维孙-革末实验. D. 斯特恩-盖拉赫实验.

15.2 填空题.

(1) 氢原子从能量为 -0.85 eV 的状态跃迁到能量为 -3.4 eV 的状态时,所发射的光子能量是________eV,这是电子从 $n=$ ________的能级到 $n=2$ 的能级的跃迁.

(2) 光子波长为 λ,则其能量 $\varepsilon=$ ________;动量的大小 $p=$ ________;质量 $m=$ ________.

(3) 设描述微观粒子运动的波函数为 $\Psi(\boldsymbol{r},t)$,则 $\Psi\Psi^*$ 表示________;

$\Psi(\boldsymbol{r},t)$ 须满足的条件是________;其归一化条件是________.

(4) 根据量子力学理论,氢原子中电子的角动量为 $L=\sqrt{l(l+1)}\hbar$,当主量子数 $n=3$ 时,电子角动量的可能取值为________.

(5) 锂($Z=3$)原子中含有3个电子,电子的量子态可用(n,l,m_l,m_s)四个量子数来描述,若已知基态锂原子中一个电子的量子态为$(1,0,0,\frac{1}{2})$,则其余两个电子的量子态分别为________和________.

15.3 将星球看作绝对黑体,利用维恩位移定律测量 λ_m 便可求得 T. 这是测量星球表面温度的方法之一. 设测得:太阳的 $\lambda_m=0.55\ \mu$m,北极星的 $\lambda_m=0.35\ \mu$m,天狼星的 $\lambda_m=0.29\ \mu$m,试求这些星球的表面温度.

15.4 用辐射高温计测得炉壁小孔的辐射出射度(总辐射本领)为 22.8 W/cm^2,求炉内温度.

15.5 从铝中移出一个电子需要 4.2 eV 的能量,今有波长为 200 nm 的光投射到铝表面. 试问:(1) 由此发射出来的光电子的最大动能是多少?(2) 遏止电势差为多大?(3) 铝的截止(红限)波长有多大?

15.6 在一定条件下,人眼视网膜能够对 5 个蓝绿光光子($\lambda=500$ nm)产生光的感觉. 此时视网膜上接收到光的能量为多少?如果每秒钟都能吸收 5 个这样的光子,则到达眼睛的功率为多大?

15.7 设太阳照射到地球上光的强度为 8 J/(s·m^2),如果平均波长为 500 nm,则每秒钟落到地面上1 m^2 的光子数量是多少?若人眼瞳孔直径为 3 mm,每秒钟进入人眼的光子数是多少?

15.8 若一个光子的能量等于一个电子的静能,试求该光子的频率、波长、动量.

15.9 光电效应和康普顿效应都包含了电子和光子的相互作用,试问:这两个过程有什么不同?

15.10 在康普顿效应的实验中,若散射光波长是入射光波长的 1.2 倍,则散射光子的能量 ε 与反冲电子的动能 E_k 之比 ε/E_k 等于多少?

15.11 波长 $\lambda_0=0.0708$ nm 的 X 射线在石蜡上受到康普顿散射,求在 $\pi/2$ 和 π 方向上所散射的 X 射线波长各是多大.

15.12 已知X射线光子的能量为 0.60 MeV,在康普顿散射之后波长变化了 20%,求反冲电子的能量.

15.13 在康普顿散射中,入射光子的波长为 0.003 nm,反冲电子的速度为 $0.60c$,求散射光子的波长及散射角.

15.14 实验发现基态氢原子可吸收能量为 12.75 eV 的光子. 试问:

(1) 氢原子吸收光子后将被激发到哪个能级?

(2) 受激发的氢原子向低能级跃迁时,可发出哪几条谱线?请将这些跃迁画在能级图上.

15.15 以动能 12.5 eV 的电子通过碰撞使氢原子激发时,最高能激发到哪一能级?当回到基态时能产生哪些谱线?

15.16 处于基态的氢原子被外来单色光激发后发出巴耳末线系中只有两条谱线,试求这两条谱线的波长及外来光的频率.

15.17 当基态氢原子被 12.09 eV 的光子激发后,其电子的轨道半径将增加多少倍?

15.18 德布罗意波的波函数与经典波的波函数的本质区别是什么?

15.19 为使电子的德布罗意波长为 0.1 nm,需要多大的加速电压?

15.20 具有能量 15 eV 的光子,被氢原子中处于第一玻尔轨道的电子所吸收,形成一个光电子. 问:此光电子远离质子时的速度为多大?它的德布罗意波长是多少?

15.21 光子与电子的波长都是 0.2 nm,它们的动量和总能量各为多少?

15.22　已知中子的质量 $m_n = 1.67 \times 10^{-27}$ kg，当中子的动能等于温度 300 K 的热平衡中子气体的平均动能时，其德布罗意波长为多少？

15.23　一个质量为 m 的粒子，约束在长度为 L 的一维线段上．试根据测不准关系估算这个粒子所具有的最小能量的值．

15.24　从某激发能级向基态跃迁而产生的谱线波长为400 nm，测得谱线宽度为10^{-5} nm，求该激发能级的平均寿命．

15.25　一波长为 300 nm 的光子，假定其波长的测量精度为百万分之一，求该光子位置的测不准量．

15.26　波函数在空间各点的振幅同时增大 D 倍，则粒子在空间分布的概率会发生什么变化？

15.27　有一宽度为 a 的一维无限深势阱，用测不准关系估算其中质量为 m 的粒子的零点能．

15.28　已知粒子在一维矩形无限深势阱中运动，其波函数为

$$\psi(x) = \frac{1}{\sqrt{a}}\cos\frac{3\pi x}{2a} \quad (-a \leqslant x \leqslant a)$$

那么，粒子在 $x = \frac{5}{6}a$ 处出现的概率密度为多少？

15.29　粒子在一维无限深势阱中运动，其波函数为

$$\psi_n(x) = \sqrt{\frac{2}{a}}\sin\frac{n\pi x}{a} \quad (0 < x < a)$$

若粒子处于$n = 1$的状态，在$0 \sim \frac{1}{4}a$区间发现粒子的概率是多少？

15.30　宽度为 a 的一维无限深势阱中粒子的波函数为 $\psi(x) = A\sin\frac{n\pi x}{a}$，求：(1) 归一化系数 A；(2) 在 $n = 2$ 时何处发现粒子的概率最大．

15.31　原子内电子的量子态由 n、l、m_l、m_s 四个量子数表征．当 n、l、m_l 一定时，不同的量子态数目是多少？当 n、l 一定时，不同的量子态数目是多少？当 n 一定时，不同的量子态数目是多少？

15.32　求出能够占据一个 d 分壳层的最大电子数，并写出这些电子的 m_l、m_s 值．

15.33　试描绘：原子中 $l = 4$ 时，电子角动量 L 在磁场中空间量子化的示意图，并写出 L 在磁场方向分量 L_z 的各种可能的值．

15.34　写出以下各电子态的角动量的大小：(1)1s 态；(2)2p 态；(3)3d 态；(4)4f 态．

15.35　在元素周期表中为什么 n 较小的壳层尚未填满而n 较大的壳层上就开始有电子填入？对这个问题我国科学工作者总结出怎样的规律？按照这个规律说明 4s 态应比 3d 态先填入电子．

本章习题参考答案

*第 16 章 原子核物理和粒子物理简介

人类在探索构成物质的基本单元过程中已经历了几个阶段.19 世纪以前,认为构成物质的基本单元是原子;进入 20 世纪后,认识到原子是有内部结构的,是由原子核和核外电子构成;到了 20 世纪 30 年代,知道原子核是由质子和中子构成的,当时认为质子、中子、电子和光子是构成物质的基本单元,被称为基本粒子;20 世纪 60 年代以后,理论和实验都证实质子、中子等称为强子的基本粒子都有内部结构,于是去掉"基本"二字,改称为粒子,这些粒子是由夸克构成,但至今尚未找到自由夸克.夸克有没有内部结构?人们正在探索.

原子核物理是以原子核为研究对象,研究原子核力的性质、核结构、核反应、核衰变以及核技术在许多领域中的应用.本章仅对这些内容作简单介绍.粒子是比原子核更深的物质结构层次,粒子物理是研究粒子的性质、结构、粒子间相互作用和转化的规律,是当前物理学的前沿之一,本章最后一节将对此作简单介绍.

本章提要

16.1　原子核的基本性质

16.1.1　原子核的质子——中子模型

原子核是由质子和中子组成的.质子(p)就是氢核,带有正电荷 $+e$,质量 $m_p = 1.007\ 276\ \mathrm{u}$(u 为原子质量单位,$1\ \mathrm{u} = 1.660\ 565\ 5 \times 10^{-27}\ \mathrm{kg}$).中子(n)不带电,其质量 $m_n = 1.008\ 665\ \mathrm{u}$.质子和中子统称为**核子**.

不同的原子核由数目不同的质子和中子组成.核中的质子数也称电荷数,它等于这种元素的原子序数 Z.质子数 Z 和中子数 N 之和称为核的质量数 A,即 $A = Z + N$.质量数 A 和电荷数 Z 是表征原子核特征的两个重要物理量,常用符号 ${}_Z^A\mathrm{X}$,其中 X 表示与 Z 相应的元素符号.例如质量数为 14 的氮标记的 ${}_7^{14}\mathrm{N}$,质量数为 16 的氧标记为 ${}_8^{16}\mathrm{O}$.通常把具有相同质子数 Z 和相同中子数 N 的一类原子核称为一种核素.例如 ${}_8^{16}\mathrm{O}$,${}_8^{17}\mathrm{O}$,${}_8^{18}\mathrm{O}$ 是 $Z = 8$,$N = 8,9,10$ 的三种核素.具有相同的质子数 Z 而中子数 N 不同的原子核称为**同位素**,上述是氧的三种同位素.再例如氢有三种同位素 ${}_1^1\mathrm{H}$,${}_1^2\mathrm{H}$,${}_1^3\mathrm{H}$ 分别称为氕、氘、氚.电子和中子虽然不是原子核,但也常用这种符号标记,分别用 ${}_{-1}^{0}\mathrm{e}$ 和 ${}_0^1\mathrm{n}$ 标记.质子可用 ${}_1^1\mathrm{H}$ 标记也可用 ${}_1^1\mathrm{p}$ 标记.

实验发现原子核的体积总是正比于它的质量数 A.如果把原子核看成球体,其半径 R 与质量数 A 的关系为

$$R = R_0 A^{1/3} \tag{16.1}$$

式中 R_0 是常数,由实验测定为 $R_0 = 1.20 \times 10^{-15}\ \mathrm{m}$.这表明原子核的体积与核质量数成正比,由此得到的结论是:**在一切原子核中,核物质的密度是一个常数,可以算出核物质密度** $\rho = 2.29 \times 10^{17}\ \mathrm{kg \cdot m^{-3}}$.

16.1.2　核自旋和磁矩

实验和理论都说明原子核也有自旋.原子核的自旋角动量为

$$P_I = \sqrt{I(I+1)}\,\frac{h}{2\pi} \tag{16.2}$$

式中 I 称为**核自旋角动量量子数**,简称核自旋.不同的原子核其自旋的取值可以是整数,也可以是半整数.质子和中子的自旋都是 $I = \frac{1}{2}$.当原子核的质子数和中子数都是偶数(偶—偶核)时,其自旋为零,例如 ${}_2^4\mathrm{He}$,${}_8^{16}\mathrm{O}$ 其 $I = 0$.当质子数和中子数都是奇数(奇—奇核)时,其自旋为非零整数,例如 ${}_1^2\mathrm{H}$,${}_3^6\mathrm{Li}$,${}_7^{14}\mathrm{N}$,$I = 1$;${}_5^{10}\mathrm{B}$,$I = 3$.当原子核的核子数为奇数(奇—偶核)时,其自旋为 $\frac{1}{2}$ 的奇数倍,例如 ${}_2^3\mathrm{He}$,$I = \frac{1}{2}$;${}_3^7\mathrm{Li}$,${}_4^9\mathrm{Be}$,$I = \frac{3}{2}$.这是原子核的质子—中子模型的证据之一.

原子核带有电荷且有自旋运动,故原子核也有磁矩.核磁矩用和电子磁矩

类似的方法来表示.原子核磁矩通常以**核磁子**为单位,即核磁子

$$\mu_N = \frac{eh}{4\pi m_p}$$

形式上与玻尔磁子相似,只是这里是质子的质量 m_p 代替了玻尔磁子中的电子质量 m_e.因为$m_p = 1836.5m_e$,所以

$$\mu_N = \frac{1}{1836.5}\mu_B = 5.050 \times 10^{-27}\ \text{A} \cdot \text{m}^2$$

式中 μ_B 是玻尔磁子.

实验测得质子的磁矩不等于核磁子 μ_N.质子的磁矩 $\mu_p = 2.792\ 782\mu_N$.不带电的中子也有磁矩,中子的磁矩 $\mu_n = -1.913\ 165\mu_N$,负号表示中子的自旋角动量与磁矩方向相反.中子磁矩不为零,说明中子内部也有一定的正负电荷分布,但正负电量相等,所以整个中子对外显示电中性.

原子核的磁矩 μ_I 与核自旋角动量 P_I 的关系(仿电子自旋假设),可以写成

$$\mu_I = g_I \frac{e}{2m_p}P_I = g_I \frac{e}{2m_p}\sqrt{I(I+1)}\frac{h}{2\pi} = g_I\sqrt{I(I+1)}\mu_N \qquad (16.3)$$

式中 g_I 称为原子核的 g 因子.μ_I 在某一特殊方向的投影为

$$\mu_{I_z} = g_I M_I \mu_N \qquad (16.4)$$

式中 M_I 称为核磁量子数,它的取值为

$$M_I = I, I-1, \cdots, -(I-1), -I$$

通常是测 μ_I 在特定方向的最大投影

$$\mu_I' = g_I I \mu_N \qquad (16.5)$$

并用 μ_I' 来衡量核磁矩的大小.由此式,只要知道 I(由光谱的超精细结构可以测出),测得 g_I 就可以算出核磁矩.

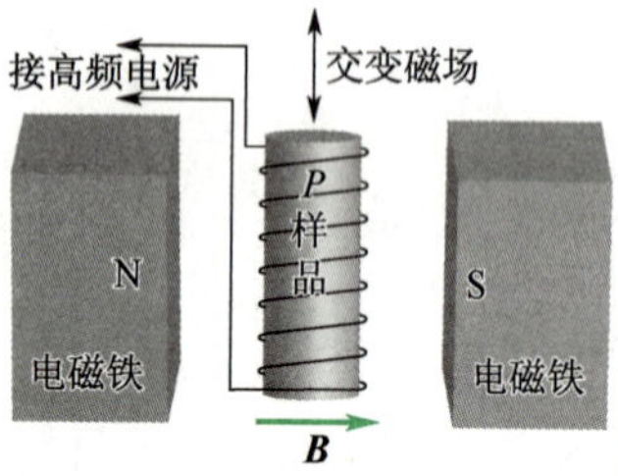

图 16.1　核磁共振装置示意图

测定核磁矩,常利用"核磁共振"现象,它的原理和原子的磁共振相似.如图 16.1 所示,将待测样品 P 放在电磁铁二极之间,于是由样品中核磁矩 $\boldsymbol{\mu}_I$ 和磁场 $\boldsymbol{B}$ 的相互作用,应有附加能量

$$\Delta E = -\mu_I B\cos\theta \qquad (16.6)$$

式中 θ 表示 $\boldsymbol{\mu}_I$ 和 $\boldsymbol{B}$ 的夹角.由于空间量子化,由式(16.4),则式(16.6)为

$$\Delta E = -\mu_{I_z} B = -g_I M_I \mu_N B$$

因为 M_I 可取 $I, I-1, \cdots, -(I-1), -I$ 中的任意一数值,因而原子核在磁场中将有 $2I+1$ 个可能的能量(称为核磁能级).如果将缠在样品上的导线通以频率为 ν 的高频电流,则在样品中产生交变电磁场,其光子能量为 $h\nu$.调节磁铁的励磁电流,使 $h\nu = \Delta E$,则样品的原子核将从交变磁场中吸收能量,发生能级跃迁.因为核磁量子数的选择定则为

$$\Delta M_I = 0, \pm 1$$

所以核的能量只改变

$$\delta(\Delta E) = g_I \mu_N B$$

所以当

$$h\nu = g_I \mu_N B \qquad (16.7)$$

时,样品中的原子核将从交变磁场中强烈吸收能量,这个现象称为核磁共振吸收,这时的频率 ν 称为共振频率.将式(16.7)写成

$$h\nu = g_I \mu_N B = \frac{g_I I \mu_N}{I}B = \frac{\mu_I'}{I}B$$

或

$$\mu_I' = I\frac{h\nu}{B}$$

磁共振成像

只须测得 I,B 和 ν,就可以算出核磁矩 μ_I'. 表 16.1 列出了一些原子核角动量量子数和磁矩的测量结果. $\mu_I'>0$,是因为 $g_I>0$,$\boldsymbol{\mu}_I$ 和 $\boldsymbol{P}_I$ 平行;$\mu_I'<0$,是因为 $g_I<0$,$\boldsymbol{\mu}_I$ 与 $\boldsymbol{P}_I$ 反平行.

表 16.1　部分原子核角动量量子数和磁矩的测量结果

原子核	I	$\mu_I'(\mu_N)$	原子核	I	$\mu_I'(\mu_N)$
$^1_1$H	1/2	2.792 782	$^{11}_5$B	3/2	2.688 57
$^2_1$H	1	0.857 406	$^{14}_7$N	1	0.403 61
$^6_3$Li	1	0.822 010	$^{15}_7$N	1/2	−0.283 09
$^7_3$Li	3/2	3.256 28	$^{20}_{10}$Ne	0	$<2\times10^{-4}$
$^9_4$Be	3/2	−1.177 44	$^{23}_{11}$Na	3/2	2.217 51
$^{10}_5$B	3	1.800 6	$^{40}_{19}$K	4	−1.298 1

式(16.7)表明,当共振吸收时,若已知电磁波的频率 ν 和磁场 B 值,则可算出 g_I. 这便是通过实验测原子核"g 因子"的方法.

因为原子核在磁场中有 $2I+1$ 个核磁能级,在核磁共振中会出现 $2I+1$ 个共振峰. 图16.2 是水中 Mn^{2+} 离子的顺磁共振峰,每个峰值代表一个能级. 图 16.2 有 6 个峰,则 $2I+1=6$,$I=\frac{5}{2}$,这就是 Mn^{2+} 原子核的自旋量子数. 由此可知,利用顺磁共振可测原子核的自旋量子数.

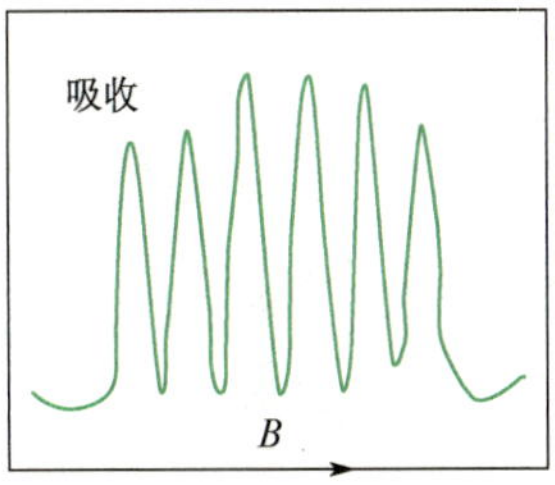

图 16.2

水中 Mn^{2+} 离子顺磁共振的超精细结构. 实验时保持电磁场的 ν 不变,改变磁场 B,满足 $h\nu=g_IM_I\mu_NB$,则每个峰值对应的 B 值与一个 M_I 数值相对应.

核磁共振技术已在物理、化学、医学、地质等许多领域中得到应用. 在物理学中研究原子核的结构,在化学中研究分子的结构,在地球史的研究中根据硅酸盐中 ^{29}Si 成分的微量分析发现了地球上曾发生大规模生物灭绝的原因是小星球与地球发生过强烈碰撞. 等等.

由于氢核 $^1_1$H 核磁共振信号最强,含有不同氢核的分子样品核磁共振谱线不同. 图 16.3 是乙醇(CH_3-CH_2-OH)的一条吸收谱线. 图中出现了三组吸收峰域,正好对应乙醇分子中三组氢核 $^1_1$H 分布,这三个峰域出现在不同 B 值处,表明各组 $^1_1$H 的能态分裂稍有不同. 此外,因为在同一组内存在多个 $^1_1$H 核,其自旋磁矩间的相互作用引起吸收峰的分裂.

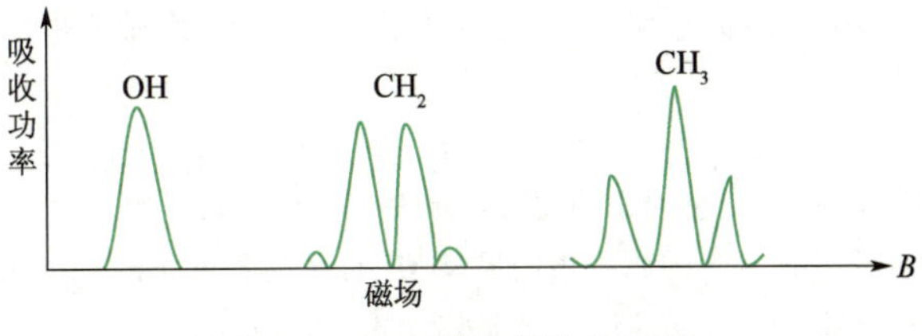

图 16.3　乙醇的核磁共振谱

用水作为样品,因为水分子中的电子磁矩相互抵消,且氧原子核的磁矩为零,所以水分子的磁矩仅由氢核的磁矩所提供. 由于磁场和交变磁场可以穿入人体,而人体内大部分是水,这些水和富含氢分子的分布可因种种疾病而发生变化,所以可以利用氢核的核磁共振来进行医疗诊断. 图 16.4 是核磁共振成像

(NMRI) 诊断仪的方框图. 它的优点是:射频电磁波(频率几十至几百兆赫兹)对人体无害,可获得内脏器官的功能状态,生理状态及病变状态的情况.

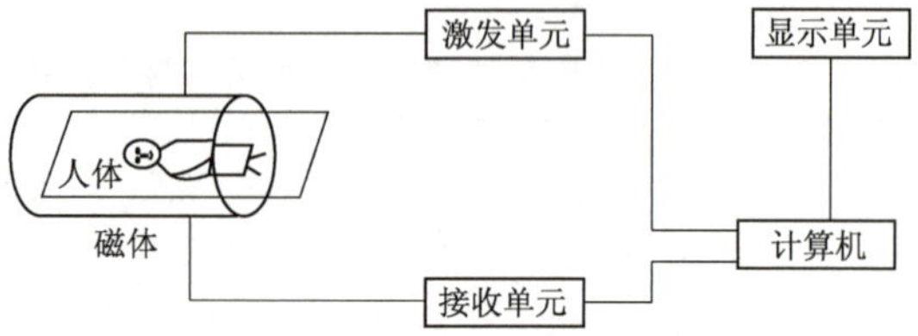

图 16.4　NMRI 诊断仪方框图

16.1.3 核力

组成原子核的质子之间存在着较强的库仑斥力,力图使原子核解体,而万有引力比电磁力小 10^{37} 倍,远不能抵消静电力的作用而把核子束缚在一起. 由此推测,核子之间必定存在着另一种相互作用力,称为**核力**. 根据多年的研究,核力具有以下特性:

(1) 核力是一种比电磁力强得多的强相互作用力,主要是吸引力.

(2) 核力是短程力,只有当核子间距离小于 10^{-15} m 时才显示出来,在大于 10^{-15} m 时核力远小于库仑力.

(3) 核力与核子的带电状况无关. 大量实验表明,质子之间,中子之间,质子和中子之间所表现的核力作用大致相同.

(4) 核力具有饱和性. 即一个核子只能与附近的有限个数的核子发生核力作用,而不能与原子核内所有核子发生这种作用.

关于核力的作用机制,至今尚未圆满解决. 1935 年,日本物理学家汤川秀树提出了核力的介子理论,认为核子之间通过交换 π 介子而发生核力作用,可以定性解释某些实验现象. 1947 年,在宇宙射线中发现了 π 介子. 但是,这一理论还有与实验不符之处,尚待进一步完善.

16.1.4 原子核的结合能

中国物理学家

钱三强

实验发现,任何一个原子核的质量总是小于组成该原子核的核子质量之和,它们之间的差额称为原子核的**质量亏损**. 设原子核 ${}^{A}_{Z}X$ 的质量为 M_x,质子的质量为 m_p,中子的质量为 m_n,在这一原子核中共有 Z 个质子和 $(A-Z)$ 个中子,质量亏损为

$$\Delta m = [Zm_p + (A-Z)m_n] - M_x \tag{16.8}$$

由于质子质量 m_p 等于氢原子质量 m_H 减去 1 个核外电子的质量 m_e,即 $m_p = m_H - m_e$;原子序数为 Z 的原子核的质量 M_x 等于这种原子的质量 M 减去 Z 个核外电子的质量,即 $M_x = M - Zm_e$,代入式(16.8),得

$$\begin{aligned}\Delta m &= Z(m_H - m_e) + (A-Z)m_n - (M - Zm_e) \\ &= Zm_H + (A-Z)m_n - M \end{aligned}\tag{16.9}$$

由于实验中用质谱仪测出的元素质量是原子的质量 M 而不是原子核的质量 M_x,所以要用式(16.9) 计算质量亏损.

造成质量亏损的原因是核子在结合成原子核时,由于它们之间核力的强

中国物理学家

邓稼先

烈作用，使体系能量降低，从而释放出一定的能量，相应的质量也减少了．根据相对论质能关系 $\Delta E = \Delta mc^2$，如果质量亏损 $\Delta m = 1\mathrm{u}$，则对应的能量改变为 $\Delta E = 1\mathrm{u}c^2 = 1.660\,565\,5 \times 10^{-27}\,\mathrm{kg} \times c^2 = 1.492\,44 \times 10^{-10}\,\mathrm{J} = 931.5\ \mathrm{MeV}$ $(1\mathrm{eV} = 1.602\,189 \times 10^{-19}\,\mathrm{J})$．因此，由 Z 个质子和 $(A-Z)$ 个中子结合成 ${}^A_Z\mathrm{X}$ 核时，释放出的能量为

$$\Delta E = \Delta mc^2 = [Zm_{\mathrm{H}} + (A-Z)m_{\mathrm{n}} - M] \times 931.5\ \mathrm{MeV} \quad (16.10)$$

式中质量以 u 为单位．这种由质子和中子形成原子核时所放出的能量叫作**原子核的结合能**．反之，要使原子核分裂成单个的自由质子和自由中子，外界必须克服核子之间的相互作用力做功，即供给与结合能同样大小的能量．

原子核的结合能与原子核内所包含的总核子数 A 的比值称为**平均结合能**（或比结合能），用 $\overline{E_0}$ 表示，即

$$\overline{E_0} = \frac{\Delta E}{A} = \frac{\Delta mc^2}{A} \quad (16.11)$$

不同的原子核平均结合能不相同，核子的平均结合能大小反映了原子核的稳定程度．核子的平均结合能越大，原子核就越稳定．图 16.5 画出了核子平均结合能与核子数 A 的关系曲线，称为核子平均结合能曲线．由图可知，最轻的原子核和最重的原子核的核子平均结合能较小，中等质量（$A = 40 \sim 100$）的核，核子的平均结合能较大，并大致相等．平均结合能的最大值约 8.8 MeV，其对应的质量数 $A = 60$，因而原子核的组合或演化的后果，是向 $A = 60$ 的核趋近时，将释放原子能．在重核区，如果将一个重核分裂成两个中等质量的核时，核子的平均结合能将升高，从而释放出核能，这就是核裂变的理论基础；在轻核区，将两个平均结合能小的核聚合成平均结合能大的核，也会释放出核能，这是核聚变的理论基础．

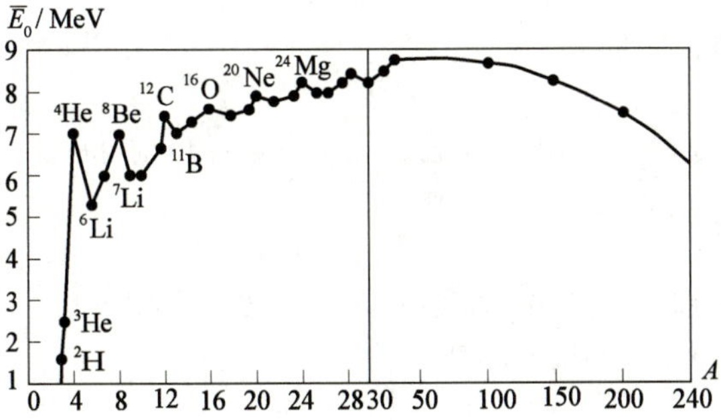

图 16.5　核子的平均结合能与核子数的关系曲线

16.2　原子核的放射性衰变

16.2.1　原子核的稳定性

原子核的稳定性，是指原子核不会自发地改变其质子数、中子数和它的基本性质．按原子核的稳定性可分为稳定原子核和不稳定（或放射性）原子核两

类. 以下经验规则可帮助我们预测核的稳定性.

(1) 原子核中的质子数等于和大于 84 的原子核是不稳定的. 即原子序数 84 以后的元素均为放射性元素.

(2) 具有少于 84 个质子的原子核，质子数和中子数均为偶数时，其核稳定.

(3) 质子数或中子数等于 2、8、20、28、50、82、126 的原子核特别稳定. 这些数称为**幻数**. 例如，$^{4}_{2}He$、$^{16}_{8}O$很稳定，质子数和中子数都是幻数，称为双幻数核. 天然放射性元素最后稳定产物都是铅$^{208}_{82}Pb$，也是双幻数核.

(4) 中子数和质子数之比 n/p，在 $Z<20$ 时 $\frac{n}{p}=1$，原子核稳定. 随着原子序数增加，$\frac{n}{p}$ 值增大. Z 在中等数值时 $\frac{n}{p}$ 约为 1.4；Z 在 90 左右约为 1.6，比值越大，稳定性越差.

16.2.2 原子核衰变

不稳定的原子核都会自发地转变成另一种核而同时放出射线，这种变化叫**放射性衰变**. 实验发现原子核在衰变过程中放出的射线有三种：α 射线、β 射线和 γ 射线.

α 射线是 α 粒子流，它是带正电的氦核$^{4}_{2}He$. 例如，镭核($^{226}_{88}Ra$) 衰变成氡($^{222}_{86}Rn$) 核的过程中放出 α 粒子，这一过程可表示为

$$^{226}_{88}Ra \rightarrow {}^{222}_{86}Rn + {}^{4}_{2}He$$

β 射线是高速运动的电子流. β 衰变有 β^+ 和 β^- 两种. β 衰变时除放出 e^+ 或 e^- 外，还放出中微子 ν 或反中微子 $\bar{\nu}$. 例如，钴核($^{60}_{27}Co$) 衰变成镍核($^{60}_{28}Ni$) 的过程中放出 β 射线，为

$$^{60}_{27}Co \rightarrow {}^{60}_{28}Ni + {}^{0}_{-1}e + \bar{\nu}_e$$

β^- 衰变是原子核内中子转变成质子(留在核内) 同时放出一个电子(e^-) 和与电子相联系的反中微子 $\bar{\nu}_e$，即

$$^{1}_{0}n \rightarrow {}^{1}_{1}p + {}^{0}_{-1}e + \bar{\nu}_e$$

β^+ 衰变是原子核内中子数较少，质子转变成中子(留在核内)，同时放出一个正电子 e^+ 和一个中微子 ν_e，即

$$^{1}_{1}p \rightarrow {}^{1}_{0}n + {}^{0}_{1}e + \nu_e$$

β^+ 衰变发生在人工放射性同位素中，例如

$$^{30}_{15}P \rightarrow {}^{30}_{14}Si + {}^{0}_{+1}e + \nu_e$$

最初认为中微子 ν 和反中微子 $\bar{\nu}$ 静止质量为零，近几年理论指出中微子仍有静止质量. 1979 年实验测得电子中微子 ν_e 的质量上限是 30 ~ 40 eV.

γ 射线是光子流. 通常是在 α 衰变或 β 衰变后形成新核时辐射出来的. 这是因为放射性母核经上述衰变后，变成处于激发态的子核，子核在跃迁到正常态时，一般辐射出 γ 光子. 例如，母核镭($^{226}_{88}Ra$) 发生 α 衰变后，子核氡($^{222}_{86}Rn$) 发出 γ 射线后回到正常态.

放射性衰变过程，总是遵守电荷守恒、质量数守恒、能量守恒、动量守恒、角动量守恒等守恒定律. 因此，衰变前粒子的电荷总数和质量总数与衰变后所有粒子的电荷总数和质量总数相等. 所以用$^{A}_{Z}X$ 表示衰变前的母核，衰变后子核的元素符号用 Y 表示，则对 α 衰变，一般可表示为

$$ {}_Z^AX \to {}_{Z-2}^{A-4}Y + {}_2^4He \tag{16.12}$$

对 β 衰变一般可表示为

$$ {}_Z^AX \to {}_{Z+1}^{A}Y + {}_{-1}^{0}e + \bar{\nu}_e $$

或

$$ {}_Z^AX \to {}_{Z-1}^{A}Y + {}_{+1}^{0}e + \nu_e \tag{16.13}$$

式(16.12) 和式(16.13) 分别称为 α 衰变和 β 衰变的位移定则. β 衰变必同时放出中微子,中微子的自旋为$\frac{1}{2}$,以保证衰变前后角动量守恒和能量守恒.

16.2.3 放射性衰变定律

设有某种放射性同位素样品,单独存在时,某时刻 t 样品中有 N 个核. 在 $t\sim t+\mathrm{d}t$ 时间内有 $\mathrm{d}N$ 个核发生衰变,$\mathrm{d}N$ 应与 $\mathrm{d}t$ 成正比,与 t 时刻的核数 N 成正比,则

$$ -\mathrm{d}N = \lambda N\mathrm{d}t $$

或

$$ \frac{\mathrm{d}N}{N} = -\lambda\mathrm{d}t \tag{16.14}$$

式中 λ 是表征衰变快慢的比例常数,叫作**衰变常数**. 负号表示原子核数在减少. 设 $t=0$ 时 $N=N_0$,将式(16.14) 积分,得

$$ N = N_0 e^{-\lambda t} \tag{16.15}$$

此式称为放射性衰变定律.

把式(16.14) 写成

$$ \lambda = \frac{-\mathrm{d}N/\mathrm{d}t}{N} $$

表明衰变常数 λ 的物理意义是:在 t 时刻,每单位时间衰变的原子核数与该时刻原子核总数的比. 也可以说 λ 是表征单位时间原子核衰变的概率. λ 越大,衰变越快.

习惯上常用**半衰期**来表征放射性元素衰变的快慢. 半衰期的定义是:原子核衰变到 $N=\frac{1}{2}N_0$ 所需的时间,用 $T_{\frac{1}{2}}$ 表示. 由式(16.15) 有

$$ \frac{1}{2}N_0 = N_0 e^{-\lambda T_{\frac{1}{2}}} $$

即

$$ T_{\frac{1}{2}} = \frac{\ln 2}{\lambda} = \frac{0.693}{\lambda} \tag{16.16}$$

可见半衰期 $T_{\frac{1}{2}}$ 越短,原子核衰变越快.

有时也用平均寿命 τ 表示衰变的快慢. 平均寿命是指每个原子核衰变前存在的时间的平均值. 可由如下求得:在 $t\to t+\mathrm{d}t$ 时间内衰变的原子核数为 $-\mathrm{d}N$(负号是因为 $\mathrm{d}N$ 是负值),存在的时间是 t,它们的寿命之和是 $t(-\mathrm{d}N)$;对全部时间积分,得到所有原子核的寿命之和为

$$ L = \int t(-\mathrm{d}N) = \int_0^\infty t\lambda N\mathrm{d}t = \int_0^\infty t\lambda N_0 e^{-\lambda t}\mathrm{d}t = \frac{N_0}{\lambda} $$

平均寿命为

$$ \tau = \frac{L}{N_0} = \frac{1}{\lambda} \tag{16.17}$$

平均寿命等于它的衰变常数的倒数. 由式(16.16),平均寿命与半衰期的关

系为

$$\tau=\frac{T_{1/2}}{\ln 2}=T_{\frac{1}{2}}/0.693$$

或
$$T_{\frac{1}{2}}=\ln 2\ \tau=0.693\tau$$

自然界各种放射性元素的半衰期相差很大.如$^{238}_{92}U$的半衰期为4.5×10^{9} y;有的则很短,如$^{212}_{84}Po$的半衰期是3×10^{-7} s.

放射性活度(也称放射性强度)是指一个放射源,在单位时间内发生的核衰变次数$\frac{dN}{dt}$,用I表示,由式(16.14)和式(16.15),省去负号,得

$$I=\frac{dN}{dt}=\lambda N=\lambda N_0 e^{-\lambda t}$$

当$t=0$时,$N=N_0$,$I_0=\lambda N_0$;则

$$I=I_0 e^{-\lambda t} \tag{16.18}$$

在国际单位制中,放射性活度的单位是贝克勒尔(Bq).1 Bq表示每秒发生一次核衰变的放射源的活度.常用的单位还有居里(Ci)

$$1\ \text{Ci}=3.7\times10^{10}\ \text{Bq}$$

贝克勒尔数相同的两个放射源,只表示二者每秒发生的核衰变次数相同,而不表示二者放出的粒子数相同.因为每一次衰变,不一定只放出一个粒子,如钴-60发生衰变,除放出一个β粒子外还放出两个γ光子.

例 16.1

已知某放射性元素在5 min内减少了43.2%,求它的衰变常数,半衰期和平均寿命.

解 根据衰变定律$N=N_0e^{-\lambda t}$,在$t=300$ s时有

$$(1-43.2\%)N_0=N_0e^{-\lambda t}$$

所以
$$0.568=e^{-\lambda t}$$

$$\lambda=\frac{1}{t}\ln\left(\frac{1}{0.568}\right)=0.001\ 88\ \text{s}^{-1}$$

利用式(16.16)

$$T_{\frac{1}{2}}=\frac{\ln 2}{\lambda}=368\ \text{s}$$

$$\tau=\frac{1}{\lambda}=532\ \text{s}$$

放射性同位素有广泛的应用,并已深入到多个学科领域.根据半衰期可算出地质年代,在考古学中有重要应用;在医学上用放射性医疗、诊断;农业上用放射性育种;工业上用于无损检测;等等.

例 16.2

已知^{40}K衰变为^{40}Ar的半衰期是1.28×10^{9} y.一块取自月球上的岩石经分析含^{40}K 92%、^{40}Ar 8%,试计算月球岩石的年龄.

解 根据式(16.15),得

$$t=\frac{1}{\lambda}\ln\frac{N_0}{N}$$

由式(16.16),$\frac{1}{\lambda}=T_{\frac{1}{2}}/\ln 2$,所以

$$t=\frac{T_{\frac{1}{2}}}{\ln 2}\ln\frac{N_0}{N}$$

由题意$\frac{N_0}{N}=\frac{1}{8\%}$,代入上式,则

$$t=\frac{1.28\times10^{9}}{0.693}\ln\frac{1}{0.08}=4.66\times10^{9}\ \text{y}$$

该月球岩石的年龄约46亿年.

16.3　粒子物理简介

粒子物理研究的对象是比原子核更深入的一个物质结构层次，其空间尺度小于 10^{-16} m. 粒子是一个庞大的家族，至今已发现并被确认的粒子有 450 多种，已发现尚待确认的还有 300 多种，随着加速器能量的不断提高和实验技术的不断改进，新粒子还在不断地被发现. 到目前为止，只有光子、电子、正电子、质子、反质子、中微子是稳定的，其他粒子都会衰变. 粒子可在相互作用中产生，正、反粒子相遇时会湮灭. 在这一层次的物理现象极其丰富多彩. 这里只简单介绍粒子的相互作用、分类、强子结构和相互作用的统一理论.

16.3.1　粒子特征　四种相互作用和粒子分类

19 世纪末，物理学深入到物质结构的微观领域，电子的发现是一个重要标志. 到 20 世纪 30 年代，中子的发现又是一个重要标志. 至此连同已发现的质子、光子四种粒子被称为基本粒子. 下面再介绍几个重要发现.

正电子的发现

1932年安德孙在记录宇宙射线(宇宙中的高能粒子流)的云雾室中发现了正电子. 它与电子有相同的质量，但却带正电荷. 已知原子中的电子都带负电荷，因此正电子不是宏观物体的组元，它的性质表明它与电子同样基本，这使当时的人们很惊讶. 早在1930年狄拉克曾在理论上预言存在正电子. 狄拉克认为“真空”是充满负能粒子的一种状态. 负电子充满整个负能区，因而没有观测效应. 如果负能态的电子吸收了大于1.022 MeV能量的光子而跃入正能态(电子静能 $m_0c^2=0.511$ MeV)，电子原先占据的负能级就成为一个空穴，这个空穴就是正电子. 正电子碰到负电子，即正能区的电子降落到负能区的空穴中，正负电子湮灭，同时产生两个光子. 如图16.6所示. 正电子湮灭技术，当今已成为一个有特色的研究领域. 现在已经清楚，所有粒子都有反粒子，正电子只是其中第一例而已. 正反粒子是指两者质量、自旋、平均寿命完全相同，而电荷等值异号，磁矩方向相反. 从理论上说，还应该有这些反粒子组成的反原子核、反原子、反物质、反星体等. 1998 年 6 月中国和美国等国科学家将 α 磁谱仪送上太空，其任务之一就是想在宇宙中寻找反物质.

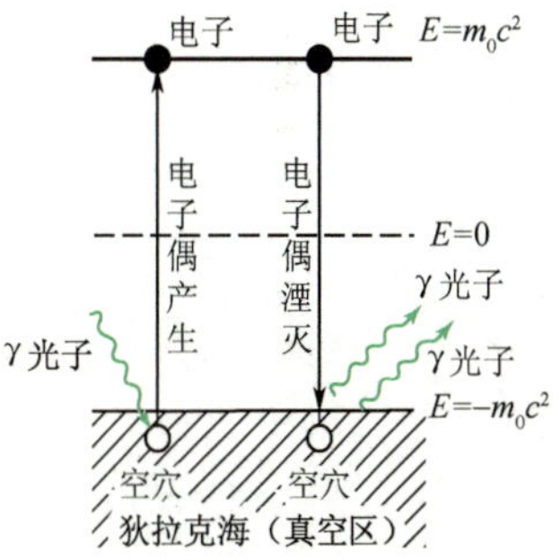

图 16.6　正负电子对的产生和湮灭

中微子的发现

原子核在 β 衰变时观测到的是从原子核中放出的电子. 1930 年泡利根据衰变前后应遵守角动量守恒和能量守恒而提出核在发射 β 粒子的同时应发射一个质量几乎为零的中性粒子，称为中微子. 中微子自旋在粒子前进方向的投影为 $-\frac{1}{2}\hbar$，反中微子为 $\frac{1}{2}\hbar$. 实验探测中微子很困难，直到1959 年才得到公认的结果. 原子核中并不存在中微子，因此中微子也不是宏观物体的组元，它是在衰变过程中产生出来的. 现在人们认识到，粒子间能相互转换是微观世界的普遍特性.

介子的发现

1936年在宇宙射线的观测中发现了一种粒子，质量是电子的207倍，但又比质子小，物理上称它为“μ介子”(后改称μ子)，μ子是不稳定的，平均寿命是2.2×10^{-6} s.后来发现它衰变成正电子、中微子和反中微子，或者电子、中微子和反中微子，说明μ子有正、反两种，分别带电为$+e$和$-e$，用符号μ^+和μ^-表示.1947年在宇宙射线中发现π介子.它的质量是电子质量的273.1倍，带有$+e$或$-e$电荷，分别用π^+、π^-表示，其平均寿命是2.6×10^{-8} s. π介子衰变成μ子还放出中微子，反应式为

$$\pi^+\rightarrow\mu^++\nu_\mu$$
$$\pi^-\rightarrow\mu^-+\tilde{\nu}_\mu$$

ν_μ和$\tilde{\nu}_\mu$互为反粒子，它们是和μ子相联系的中微子，称为μ中微子.它们和电子中微子ν_e、$\tilde{\nu}_e$不同.μ子和中微子ν_μ的自旋都是$\frac{1}{2}$，所以$\pi^\pm$的自旋应为整数，实验测得π介子自旋为零.一般说来，介子的自旋都为整数，μ子并不属于介子类.

20世纪50年代以后发现了质量超过核子质量的粒子，称为超子.其性质见表16.3.

粒子的特征可用几个物理量来描述：① 质量，常用能量来表示.因为可按相对论的质能关系给出质量$m=\frac{E}{c^2}$.例如，质子的静止质量是938.279 6 MeV. ② 电量，常以电子电量e为单位.如π^+介子电量是$+e$. ③ 自旋，自旋角动量以$\hbar$为单位.自旋量子数为整数或半奇数.例如，电子的自旋为$\frac{1}{2}$.光子的自旋为1. ④ 平均寿命.多数粒子是不稳定的，它们的衰变特征用平均寿命表示.

在经典物理中，物体的相互作用在本质上只有两种，即引力和电磁力.微观粒子质量太小，引力实际上不起作用.实验证明，电磁力的规律在微观领域依然成立.但除此之外还应有别的作用力存在.

前面已经提到原子核中有一种核力，是一种吸引性的力，这种作用比静电作用更强，称为强作用力.在β衰变中，涉及不带电粒子，因此也不是电磁力的效果，定量分析表明这种作用力很弱，简称为弱作用力.

至今，人们认识到自然界的基本相互作用力只有四种.按强弱排序，它们是**强作用力**、**电磁力**、**弱作用力**、**引力**.强作用力和弱作用力只是在微观距离上起作用.因此宏观上只有电磁力和引力.这四种力通常称作四种相互作用.表16.2列出四种相互作用的比较.

表16.2　四种相互作用比较

作用类别	引力作用	弱作用	电磁作用	强作用
作用力程(米)	∞	$<10^{-16}$	∞	$10^{-16}\sim10^{-15}$
举例	天体之间	β衰变	原子结合	核力
相对强度	10^{-38}	10^{-9}	1/137	1
作用传递者	引力子(?)	中间玻色子($W^\pm$,Z^0)	光子(γ)	胶子 g
被作用粒子	一切物体	强子、轻子	强子，e、μ、γ	强子
特征时间(秒)		$>10^{-10}$	$10^{-20}\sim10^{-16}$	$<10^{-23}$

四种相互作用都严格遵守能量守恒、动量守恒、角动量守恒、电荷数守恒这四条守恒定律. 此外还有一些与粒子内部结构相联系的守恒定律，如宇称守恒、同位旋守恒、奇异数守恒、重子数守恒、轻子数守恒等，这些守恒定律并不是在每一种相互作用中都成立，它们只是一些近似的守恒定律. 例如，美籍华人杨振宁、李政道于 1956 年提出弱相互作用中宇称不守恒的假设，后经美籍华人吴健雄实验证实. 为此杨振宁、李政道获 1957 年度诺贝尔物理学奖.

粒子按其参与相互作用的性质可以分为三类. 第一类叫作**规范粒子**. 按照量子场论，这四种作用力都是通过交换一定的粒子来实现的交换力. 规范粒子是传递作用力的粒子. 光子是电磁力的传递者，$W^\pm$ 和 Z^0 是弱力的传递者. 强力的传递者(按至今的理论) 是胶子，符号为 g. 胶子是不能单独出现的粒子，因此无法记录在仪器上. 引力是通过交换引力子来实现的，但是它的存在还没有充足的理论根据. 第二类是**轻子**. 这些粒子完全不受强作用力的影响，如电子、中微子、μ 子等. 由于这些代表性粒子都较轻(有时并不轻)，因而称为轻子. 带电的轻子也参与电磁作用，不带电的轻子(只有中微子) 则只参与弱作用. 第三类是**强子**. 强子又分成介子和重子两类，以介子、质子、中子为代表，它们既有强作用也有弱作用. 两种作用都存在时，强作用是主要的，因此称为强子类. 表 16.3 粒子按这样的分类，不仅使人们对粒子的全局有清晰的了解，而且对以后的深入研究也是重要的导向.

表 16.3　粒子分类表

类别	粒子名称	符号	质量 MeV	自旋	平均寿命(s)	主要衰变方式
规范粒子	光子	γ	0	1	稳定	
	W 粒子	$W^\pm$	80 800	1	$>0.95\times10^{-25}$	$W^-\to e^-+\bar{\nu}_e$
	Z^0 粒子	Z^0	92 900	1	$>0.77\times10^{-25}$	$Z^0\to e^++e^-$
	胶子	g	0	1	稳定	
轻子	电中微子	ν_e	0	1/2	稳定	
	μ 中微子	ν_μ	0	1/2	稳定	
	τ 中微子	ν_τ	0	1/2	稳定	
	电子	e^-	0.511 003 4	1/2	稳定	
	μ 子	μ^-	105.659 32	1/2	$2.197\ 09\times10^{-6}$	$\mu^-\to e^-+\bar{\nu}_e+\nu_\mu$
	τ 子	τ^-	1 776.9	1/2	3.4×10^{-13}	$\tau^-\to\mu^-+\bar{\nu}_\mu+\nu_\tau$
强子 介子	π 介子	π^0	134.963 0	0	0.83×10^{-16}	$\pi^0\to\gamma+\gamma$
		$\pi^\pm$	139.567 3	0	$2.603\ 0\times10^{-18}$	$\pi^+\to\mu^++\nu_\mu$
	η 介子	η	548.8	0	7.48×10^{-19}	$\eta\to\gamma+\gamma$
	K 介子	K^0 $\bar{K}^0$	497.67	0	$\begin{cases}0.892\ 3\times10^{-10}\\5.183\times10^{-8}\end{cases}$	$K_S^0\to\pi^++\pi^-$ $K_L^0\to\pi^-+e^++\nu_e$
		$K^\pm$	493.667	0	1.2371×10^{-8}	$K^+\to\mu^++\nu_\mu$
	D 介子	D_0 $\bar{D}^0$	1 864.7	0	4.4×10^{-13}	$D^0\to K^-+\pi^++\pi^0$
		$D^\pm$	1 869.4	0	9.2×10^{-13}	$D^+\to\bar{K}^0+\pi^++\pi^0$
	F 介子	$F^\pm$	1 971	0	1.9×10^{-13}	$F^+\to\eta+\pi^+$
	B 介子	B^0 $\bar{B}^0$	5 274.2	0	14×10^{-13}	$B^0\to\bar{D}^0+\pi^++\pi^-$
		$B^\pm$	5 270.8	0		$B^+\to\bar{D}^0+\pi^+$

续表

类别		粒子名称	符号	质量 MeV	自旋	平均寿命(s)	主要衰变方式
强子	重子	质子	p	938.279 6	1/2	稳定	
		中子	n	939.573 1	1/2	898	$n \to p + e^- + \bar{\nu}_e$
		Λ^0 超子	Λ^0	1 115.60	1/2	2.632×10^{-10}	$\Lambda^0 \to p + \pi^-$
		Σ 超子	Σ^+	1 189.36	1/2	0.800×10^{-10}	$\Sigma^+ \to p + \pi^0$
			Σ^0	1 192.46	1/2	5.8×10^{-20}	$\Sigma^0 \to \Lambda^0 + \gamma$
			Σ^-	1 197.34	1/2	1.482×10^{-10}	$\Sigma^- \to n + \pi^-$
		Ξ 超子	Ξ^0	1 314.9	1/2	2.90×10^{-10}	$\Xi^0 \to \Lambda^0 + \pi^0$
			Ξ^-	1 321.32	1/2	1.641×10^{-10}	$\Xi^- \to \Lambda^0 + \pi^-$
		Ω^- 超子	Ω^-	1 672.45	3/2	0.819×10^{-10}	$\Omega^- \to \Lambda^0 + K^-$
		Λ_e^+ 重子	Λ_e^+	2 282.0	1/2	2.3×10^{-13}	$\Lambda_e^+ \to p + K^- + \pi^+$

16.3.2 强子的夸克结构

到目前为止，轻子类有六种.它们是电子、μ子、τ子和分别与之对应的三种中微子.按当今人类的认识水平，轻子类也只有这六种了，还未发现轻子有内部结构.但是强子情况却相反，越来越大的加速器使人们不断看到有新的强子出现，至今已发现强子有八百多种.这是使人们想到强子不是基本粒子的重要原因.

在强子种类已很多时，人们开始从现象上对不同强子作分类.在分类规律的指引下，提出了强子不是基本粒子，而是若干个夸克构成的复合体.夸克是强子的组元粒子.

夸克共有六种，粒子物理学家称夸克有六种不同的味道.表16.4给出了这六种夸克.

表 16.4　六种夸克的符号及其性质

夸克种类(味)	上	下	奇异	粲	底	顶
英文	up	down	strange	charm	bottom	top
符号	u	d	s	c	b	t
质量(MeV)	5	10	500	1 500	4 800	?
电荷(e)	2/3	−1/3	−1/3	2/3	−1/3	2/3
自旋($\hbar$)	1/2	1/2	1/2	1/2	1/2	1/2

每种夸克都有相应的反夸克.

最轻的两味是u夸克和d夸克.u夸克带正电荷，电量是电子电量的2/3.d夸克带负电荷，电量是电子电量的$\frac{1}{3}$.所有重子都是由三个夸克组成.如质子由uud三个夸克组成.$p \equiv (uud)\uparrow\uparrow\downarrow$，其电荷$\frac{2}{3}+\frac{2}{3}-\frac{1}{3}=1$，小箭头代表夸克自旋之间的关系，其自旋为$+\frac{1}{2}+\frac{1}{2}-\frac{1}{2}=\frac{1}{2}$.中子由udd三个夸克组成，$n \equiv (udd)\uparrow\uparrow\downarrow$，电荷$-\frac{1}{3}-\frac{1}{3}+\frac{2}{3}=0$.自旋为$+\frac{1}{2}+\frac{1}{2}-\frac{1}{2}=\frac{1}{2}$.

除电荷以外,还有一些量子数,如重子数、同位旋、超荷、粲数等,本文不再介绍.所有的介子类,都是由一个夸克和一个反夸克组成.例如,$\pi^+\equiv(u\bar{d})\uparrow\downarrow$,其电荷为$\frac{2}{3}+\frac{1}{3}=1$,自旋为零;$\pi^-\equiv(\bar{u}d)\downarrow\uparrow$,其电荷为$-\frac{2}{3}-\frac{1}{3}=-1$,自旋为零.表16.5给出了一些强子的夸克谱.

表 16.5　一些强子的夸克谱

介　子	重　子
$\pi^+=(u\bar{d})\uparrow\downarrow$	$p=(uud)\uparrow\uparrow\downarrow$
$\pi^0=\frac{1}{\sqrt{2}}(u\bar{u}-d\bar{d})\uparrow\downarrow$	$n=(udd)\uparrow\uparrow\downarrow$
$\pi^-=(d\bar{u})\uparrow\downarrow$	$\sum^+=(uus)\uparrow\uparrow\downarrow$
$K^+=(u\bar{s})\uparrow\downarrow$	$\sum^0=\frac{1}{\sqrt{2}}(uds+sdu)\uparrow\uparrow\downarrow$
$K^-=(s\bar{u})\uparrow\downarrow$	$\sum^-=(dds)\uparrow\uparrow\downarrow$
$K^0=(d\bar{s})\uparrow\downarrow$	$\Xi^0=(uss)\uparrow\uparrow\downarrow$
$\overline{K^0}=(s\bar{d})\uparrow\downarrow$	
$\eta=\frac{1}{\sqrt{6}}(u\bar{u}+d\bar{d}-2s\bar{s})\uparrow\downarrow$	$\Xi^-=(dss)\uparrow\uparrow\downarrow$
	$\Lambda^0=\frac{1}{\sqrt{2}}(sdu-sud)\uparrow\uparrow\downarrow$

以电子电量为单位,夸克所带的是分数电荷,这是一个显著特征.于是人们开始以分数电荷为标志来寻找夸克.多年的努力没有成果,而夸克的强相互作用理论却发展起来了.按照这一理论,夸克不仅有“味”的区别,而且还有“颜色”的区别,形象地称它们为红夸克、黄夸克、蓝夸克.每种“味”的夸克可以具有三种不同的颜色,不同颜色的夸克靠胶子结合在一起.三个夸克组成的重子是白色的.构成介子的正反夸克,互为补色,所以介子也是白色的.即质子、中子等一切能观测到的强子都是白色的.相反,非白色的单个夸克或夸克复合体是不能单独出现的,这样,单个夸克不被发现就是必然的了.不同“色”的夸克表示不同的状态.引入“色”就可解释自旋问题.夸克的自旋都是$\frac{1}{2}$,应遵守泡利不相容原理.一个夸克和一个反夸克构成一介子,自旋相反,介子的自旋为零,这很好理解.但是三个夸克构成一个重子.如Ω^-是$(sss)\uparrow\uparrow\uparrow$,自旋是$\frac{3}{2}$,三个 s 夸克自旋平行,必须这三个夸克应分别具有不同颜色,处于不同的状态,才不违背泡利原理.

这个被称为量子色动力学的夸克强作用理论,已被大量实验证明是正确的.现在已很少有人因为没有找到夸克而怀疑它的真实性了,夸克理论的确立使人们对粒子世界的认识进了一大步.原来作为基本粒子的质子、中子等强子都是复合物,而不是基本粒子了.迄今为止,还没有实验现象说明轻子和夸克有内部结构,所以可认为轻子和夸克是物质世界的最小单元.夸克有六味,每味各有三色,又各有正反粒子,一共36个.轻子有六味,即e、ν_e、μ、ν_μ、τ、ν_τ,它们都无色,各有正反粒子,共12个.至于这些粒子是否是物质的终极本原,这是未来物理学家才能回答的问题.有人也提出夸克-轻子的复合模型,称为亚夸克理论,减少这48种粒子的数目,但是它缺乏实验根据而不被承认.

16.3.3 相互作用的统一

粒子间有四种相互作用,它们各自是独立的.质子和中子靠强相互作用结合成原子核;原子核和电子靠电磁作用结合成原子;弱相互作用导致β衰变,万有引力作用存在于一切物体之间;强相互作用和弱相互作用是短程的,对宏观现象不起作用.因此,宏观力的本原只有电磁力和引力两种.自然界为什么存在这么多的作用?它们之间有没有联系?能否在这些表面上看来很不相同的作用中找出简单的统一本原?首先是爱因斯坦,他在建立了广义相对论之后,致力于研究电磁力和引力的统一.可是他花费了很大的精力,最后没有成功.海森伯研究过各种力的统一,也没有结果.因为物理学是一门实验科学,一个理论是否正确的唯一标准是它是否符合事实.因此物理学家追求统一的思想能否实现,取决于他们的想法是否与客观实际情况相一致.而这一点很难事先作出判断.

在后来的物理学家看来,爱因斯坦的失败并不是他追求统一的想法不对,而是由于他错误地想在宏观物理的基础上寻求统一.宏观物理规律是唯象性的,而不是本原性的.因此在微观粒子的动力学理论确立以后,追求几种不同相互作用的统一的努力又复活起来.到1968年格拉肖、温伯格、萨拉姆三人在现代高能物理实验的基础上,把弱作用和电磁相互作用统一起来,这就是弱电统一理论.

从现象上看来,弱力和电磁力是性质差别很大的两种力.弱力是短程力,电磁力是长程力,强度上的差别有10个数量级以上.这两种力怎么会在本质上是同一种?由量子场理论看,弱力的弱性和它的短程性来自同一个原因,那就是传递弱力的媒介粒子很重.弱电统一理论的要点指出,在能量很高(远大于几百GeV)的现象中,传递弱力的媒介粒子与光子一样是静止质量为零的.再由于内部某种对称性的后果,使弱力和电磁力成为同一种力,弱力和电磁力的强度和所表现的效果都没有区别.现在人们简单地称这种统一的力叫弱电力.在能量较低时,一种被称为希格斯机理的物理效应把该种内部对称性破坏了,使某些传递力的媒介粒子获得很重的质量.这些粒子传递力就变得很弱,它就是在低能现象上看到的弱力.有一种媒介粒子仍然保持静止质量为零,它传递的就是电磁力.传递力的媒介粒子叫作规范粒子.在低能范围内,电磁相互作用的规范粒子是光子,弱相互作用的规范粒子是$W^{\pm}$粒子和Z^0粒子.这一理论称为有对称性自发破缺的规范场理论.弱电统一理论已被大量实验证实.1979年,格拉肖、温伯格、萨拉姆因建立弱电统一理论而获得诺贝尔物理学奖.1984年,范德密尔和卢比亚因在发现W粒子和Z粒子过程中的重要贡献而获得诺贝尔物理学奖.说明这一理论得到了人们的首肯.

弱电统一理论的成功,是人类认识微观世界的重大成果,它鼓舞物理学家建立更大的统一理论.把强相互作用和弱电作用统一起来的理论,叫作大统一理论.1974年乔奇和格拉肖以弱电统一理论和量子色动力学为基础建立了一个大统一理论,可是这个理论至今没有得到实验验证.物理学家还想把引力也统一进来,也就是四种相互作用都统一起来的理论,叫作超大统一理论.如果超大统一成功了,那就意味着自然界只有一种基本相互作用.这确实应当被认为是一件了不起的事.可是,近20多年来的尝试,困难很大,还没有出现实验可证实的结果. 要实现超大统一，似应考虑夸克和轻子的组元是什么，可是目前还远没解决这个问题.

从古到今，人类一直在探索物质及其相互作用的本原. 在这一思想的支配下由浅入深、由表及里地一个层次一个层次地发展. 这种探索可能是永无止境的.

习　题

16.1　选择题.

(1) 由实验得知，原子核的半径 R 近似地与质量数 A 的立方根成正比，$R = R_0 A^{1/3}$ (R_0 是常数)，由此得出　(　　)

A. 各原子核的密度是相同的.

B. 在各种不同元素的原子核内，核子间隔不同.

C. 质子和中子的质量，体积近似相等.

D. 质子数和中子数的比例在各种不同元素的原子核内近似相等.

(2) 放射性同位素有天然的和人工的两类，其中　(　　)

A. 天然的轻、重核都有，人工的多为轻核.

B. 天然的多为重核，人工的轻、重核皆有.

C. 天然的多为轻核，人工的可任意选择.

D. 人工的多为重核，天然的可任意选择.

(3) 下述说法不正确的是　(　　)

A. 核力具有饱和性.　B. 核力与电荷有关.

C. 核力是短程力.　D. 核力是强作用力.

(4) 原子核自旋角动量的确切含义应该是 (　　)

A. 核子自旋角动量和电子自旋角动量的矢量和.

B. 由于核子没有轨道角动量，故核自旋角动量意义与电子的相同.

C. 核子自旋角动量和轨道角动量的矢量和.

D. 原子总自旋角动量扣除电子自旋角动量的结果.

(5) 欲使 ^{238}U 发生裂变，入射中子应为　(　　)

A. 热中子.

B. 快中子.

C. 热中子和快中子.

D. 任意速度的中子.

16.2　填空题.

(1) 原子核发生 β 衰变时，其电子是从________转化为________时放出的.

(2) 基本粒子之间主要存在着下列三种相互作用：________、________、________.

(3) 基本粒子之间的强相互作用只是发生在________之间，强相互作用是通过交换________来实现的.

(4) 基本粒子的电磁相互作用是在________之间发生的，电磁相互作用是通过交换________来实现的.

(5) 除重子与轻子以外，所有实物粒子之间都存在弱相互作用，其强度极弱，相对其他作用是微不足道的，它只是在________和________过程中才起作用.

16.3　按照原子核的质子-中子模型，组成原子核 ^A_ZX 的质子数和中子数各是多少？核内共有多少个核子？这种原子核的质量数和电荷数各是多少？

16.4　原子核的体积与质量数之间有何关系？这关系说明什么？

16.5　什么叫原子核的质量亏损？如果原子核 ^A_ZX 的质量亏损是 Δm，其平均结合能是多少？

16.6　已知 $^{232}_{90}$Th 的原子质量为 232.03821 u，计算其原子核的平均结合能.

16.7　什么叫核磁矩？什么叫核磁子(μ_N)？核磁子 μ_N 和玻尔磁子 μ_B 有何相似之处？有何区别？质子的磁矩等于多少核磁子？平常用来衡量核磁矩大小的核磁矩 μ_I' 的物理意义是什么？它和核的 g 因子、核自旋量子数的关系是什么？

16.8　核自旋量子数等于整数或半奇整数是由核的什么性质决定？核磁矩与核自旋角动量有什么关系？核磁矩的正负是如何规定的？

16.9　什么叫核磁共振？怎样利用核磁共振来测量核磁矩？

16.10　什么叫核力？核力具有哪些主要性质？

16.11　什么叫放射性衰变？α、β、γ 射线是什么粒子流？写出 $^{238}_{92}$U 的 α 衰变和 $^{234}_{90}$Th 的 β 衰变的表示式. 写出 α 衰变和 β 衰变的位移定则.

16.12　什么叫原子核的稳定性？哪些经验规则可以预测核的稳定性？

16.13 写出放射性衰变定律的公式．衰变常数λ的物理意义是什么？什么叫半衰期$T_{1/2}$？$T_{1/2}$和λ有什么关系？什么叫平均寿命τ？它和半衰期$T_{1/2}$、和λ有什么关系？

16.14 测得地壳中铀元素${}^{235}_{92}U$只占0.72%，其余为${}^{238}_{92}U$，已知${}^{238}_{92}U$的半衰期为4.468×10^9 y，${}^{235}_{92}U$的半衰期为7.038×10^8 y，设地球形成时地壳中的${}^{235}_{92}U$和${}^{238}_{92}U$是同样多，试估计地球的年龄．

16.15 放射性同位素主要应用有哪些？

16.16 为什么重核裂变或轻核聚变能够放出原子核能？

16.17 原子核裂变的热中子反应堆主要由哪几部分组成？它们各起什么作用？

16.18 试举出在自然界中存在负能态的例子．这些状态与狄拉克的负能态有什么区别？

16.19 将3 MeV能量的γ光子引入狄拉克真空，结果产生1 MeV的电子，此时还将产生什么？它的能量是多少？

16.20 试证明任何能量的γ光子在真空中都不可能产生正、负电子对．

本章习题参考答案

第 17 章

新技术的物理基础

几乎所有重大的新技术领域(如半导体、激光、超导和信息技术等)的创立,事前都在物理学中经过了长期的酝酿,在理论和实验上积累了大量的知识之后,才突然迸发出来的.1960 年第一台红宝石激光器的诞生依赖于受激辐射理论.晶体管、集成电路及以计算机为代表的信息技术革命和具有广阔应用前景的超导体在诞生之前的几十年内,正是量子力学逐步完善的时期.量子力学及建立在量子力学基础上的能带理论孕育并成就了这些新技术.

这一章我们将从量子物理的基本结论出发,对能带、激光、超导和纳米科学技术等专题逐一介绍.

本章提要

太阳能电池

量子通信

17.1 固体的能带结构

固体是指具有确定形状和体积的物体，可分为三大类：一类是晶体，如食盐、云母、金刚石等；二是非晶体，如玻璃、松香、沥青等；三是准晶体．迄今只对晶体才有较为成熟的理论，但目前对非晶体和准晶体的研究也很活跃．因为固体是由大量原子紧密结合而成，它的结构和性质既决定于原子间的相互作用，又与原子中外层电子的运动有重要关系．实践证明，固体的许多性质无法用经典理论解释，必须用量子理论才能说明．本节所说的固体指的是晶体．

17.1.1 晶体结构和晶体分类

1．晶体结构

从外观上看，晶体具有规则的几何形状．从微观上看，晶体中的分子、原子或离子在空间的排列都呈规则的、具有周期性的阵列形式，这种微观粒子的三维阵列称为**晶体点阵**（简称**晶格**）．晶体的基本特征是**规则排列**，表现出**长程有序性**．图 17.1(a)、(b)、(c)、(d) 分别是 NaCl、CsCl、Cu 和金刚石的基本晶格结构示意图．

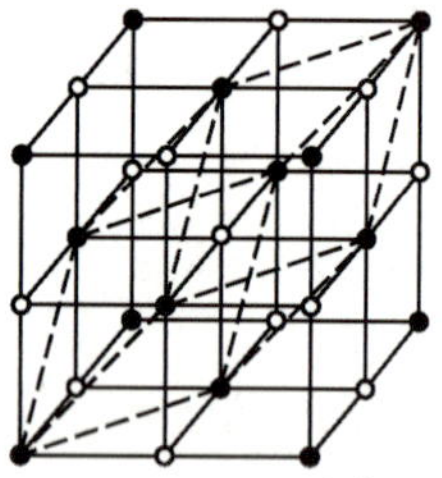

(a)

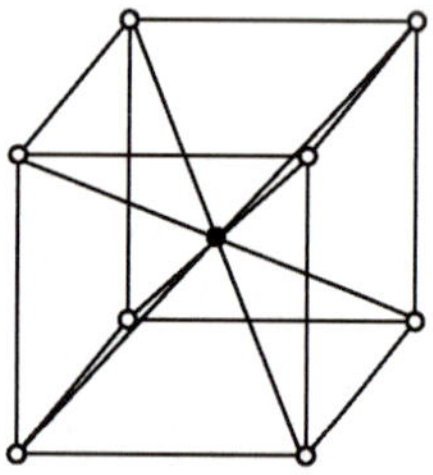

(b)

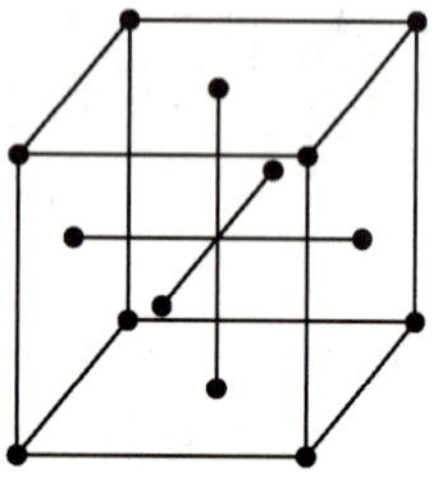

(c)

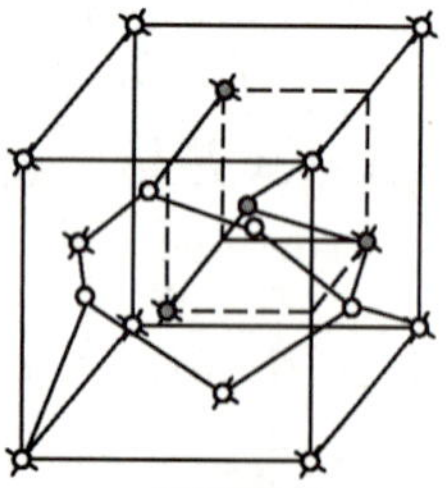

(d)

图 17.1 基本晶格结构示意图

由于晶格的周期性，我们可以在其中选取一定的单元，只要将它不断重复地平移，就可得到整个晶体．这样的重复单元称为晶胞，如图 17.2 所示．

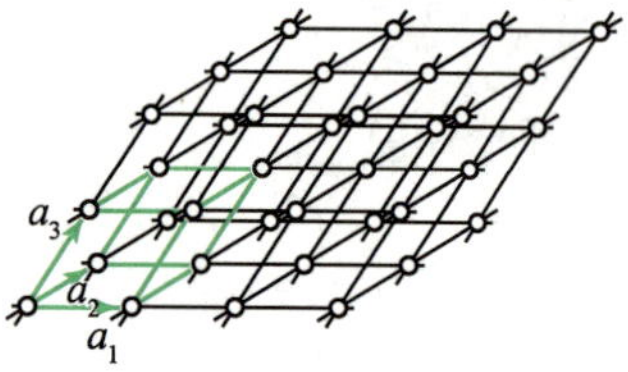

图 17.2 晶胞

2．晶体分类

晶体按结合力的性质可分成如下四种基本类型．

1）离子晶体

这种晶体的正、负离子相间排列，它们的结合是靠离子之间的库仑吸引力，称为离子键．最典型的是周期表中 IA 族的碱金属元素 Li、Na、K、Rb、Cs 和VIIA 族卤元素 F、Cl、Br、I 间形成的化合物，如 NaCl 晶体．离子晶体一般硬度高、熔点高、性脆、电子导电性弱．离子键没有方向性和饱和性．

2）共价晶体

原子晶体的结合力称为共价键，故原子晶体又称为共价晶体．氢分子 H_2 是典型的靠共价键结合的．当两个氢原子相互靠近形成分子时，两个自旋相反的价电子将在两个氢核之间运动，为两个氢核所共有，这时它们同时与两个氢核有较强的吸引力作用，形成共价键，从而将两个原子结合起来．具有代表性的共价晶体有金刚石、半导体材料锗、硅、碳化硅等．共价键具有“方向性”和“饱和性”．

共价键晶体具有高硬度、高熔点、高沸点，不溶于所有寻常液体的特性. 这类晶体在低温时电导率很低，但当温度升高，或掺入杂质时，电导率会随之增加.

3）分子晶体

组成分子晶体的微粒是电中性的无极性分子，其结合力主要来自各分子相互接近时诱发的瞬时电偶极矩. 这种结合力称范德瓦耳斯力，相应的结合键称为范德瓦耳斯键. 这种键没有方向性和饱和性.

中国物理学家

黄昆

大部分有机化合物的晶体和 Cl_2、CO_2、CH_4、SO_2、HCl 等以及惰性气体如 Ne、Ar、Kr、Xe 等在低温下形成的晶体都是分子晶体. 由于范德瓦耳斯引力很弱，这种结合力很小，所以分子晶体具有熔点低、硬度低和导电性差等特点.

4）金属晶体

金属是一种重要的晶体类型，它与共价晶体较相似. 在金属晶体中，原子失去了它的部分或全部价电子而成为离子实. 这些离开了原子的价电子为全部离子实所共有. 金属键就是靠共有化价电子和离子实之间的库仑力实现的. 金属键没有饱和性和明显的方向性.

金属所具有的特性，如导电性、导热性、金属光泽等都与共有化电子可以在整个晶体内自由运动有关.

对大多数晶体，微粒之间的结合往往是上述各种结合的一种混合，称为混合键. 如石墨晶体，同一层中碳原子之间是靠共价键结合，而不同层面间都是范德瓦耳斯键结合，如图 17.3 所示.

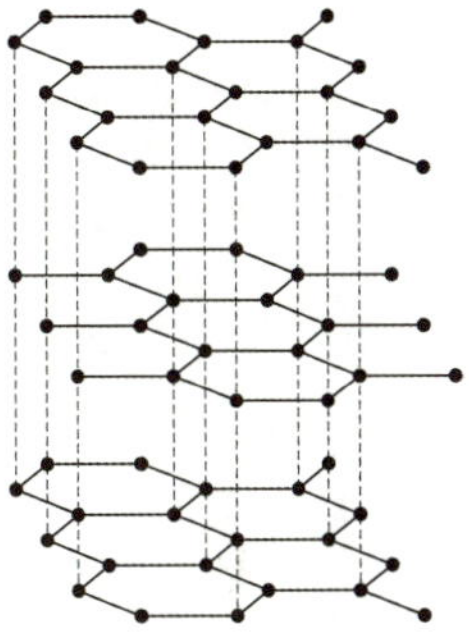

图 17.3　石墨晶体

17.1.2 固体的能带

固体中原子的能级结构和孤立原子不同，形成所谓“能带”. 为了弄清能带形成的原因，先要了解什么叫电子的共有化.

1. 电子共有化

为简单起见，我们来讨论只有一个价电子的原子，这样的原子可以看成由一个电子和一个正离子（原子实）组成，电子在离子电场中运动. 单个原子的势能曲线如图 17.4(a) 所示. 当两个原子靠得很近时，每个价电子将同时受到两个离子电场的作用，这时势能曲线如图 17.4(b) 中的实线所示. 当大量原子作规则排列而形成晶体时，晶体内形成了周期性势场，势能曲线如图 17.4(c) 所示. 实际的晶体是三维点阵，势场也具有三维周期性.

要确定电子在晶体内周期性势场中的运动状态，需要求解薛定谔方程，这里从略，仅就此作一些定性说明. 对于能量为 E_1 的电子来说，势能曲线代表着势垒. 由于 E_1 较小，相对地势垒宽度就很宽了，因此，穿透势垒的概率十分微小，基本上可以认为电子仍是束缚在各自原子实的周围. 对于能量较大（如 E_2）的电子，其能量超出了势垒的高度，所以它可以在晶体内自由运动，而不再受特定原子的束缚.还有一些能量略大于 E_1 的电子，虽不能越过势垒高度，但却可以通过隧道效应而进入相邻原子中去.这样，在晶体内便出现了一批属于整个晶体原子所共有的自由电子.这种**由于晶体中原子的周期性排列而使价电子不再为单个原子所有的现象**，称为**电子的共有化**.

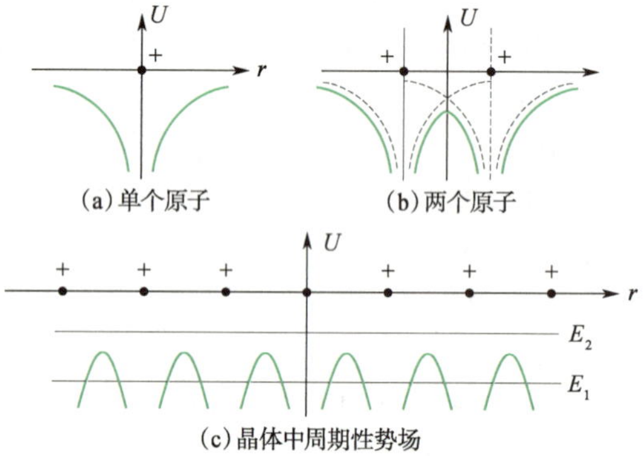

图 17.4　原子和晶体的势能曲线

2. 能带的形成

量子力学证明，晶体中电子共有化的结果，使原先每个原子中具有相同能量的电子能级，因各原子间的相互影响而分裂成为一系列和原来能级很接近的新能级，这些新能级基本上连成一片而形成能带.下面定性解释能带的形成原因.

按泡利不相容原理，同一原子系统中，不可能有两个或两个以上的电子具有完全相同的一组量子数(n、l、m_l、m_s).当大量分子、原子紧密结合成晶体时，其中共有化电子是属于整个晶体系统的，系统中也就不可能有量子数完全相同、处于同一能态的两个或两个以上的电子.例如两个氢原子，相距很远且各自孤立时，它们的核外电子处于基态(1s 态)，量子数 n、l、m_l 为 1、0、0，自旋量子数可以都是 $+\frac{1}{2}$，也可以都是 $-\frac{1}{2}$，即可以处于具有相同能量的能级.当两个原子相互靠近形成一个氢分子时，由于电子的共有化，这两个 1s 电子的自旋就只有一个是 $+\frac{1}{2}$，另一个是 $-\frac{1}{2}$，才能结合成能量最小的稳定态.这两个 1s 电子实际上处于有微小区别的不同能态，形成氢分子中的两个能级.氢分子能量 E 与原子间距 r 的关系如图 17.5 所示.两个原来相距很远、各处于 1s 态的氢原子，当它们的间距缩小到 r_0 处时(这时两原子已构成稳定的氢分子)，对应于 r_0 有两个能量值(图中 A 点和 B 点)，即此时氢分子中的两个 1s 态电子有了两个能级.这种情况通常叫作**能级分裂**.依此类推，当 N 个原子相互靠近形成晶体时，它们的外层电子被共有化，使原来处于相同能级上

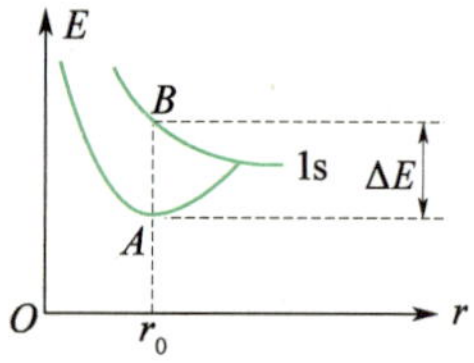

图 17.5　氢原子的能级分裂

的电子不再具有相同的能量，而处于 N 个相互靠得很近的新能级上. 或者说，孤立原子的每一个能级分裂成了 N 个很接近的新能级. 由于晶体中原子数目 N 非常大，所形成的 N 个新能级中相邻两能级间的能量差很小，其数量级为 10^{-22} eV，几乎可以看成是连续的. 因此，N 个新能级具有一定的能量范围，通常称它为**能带**. 如图 17.6 所示.

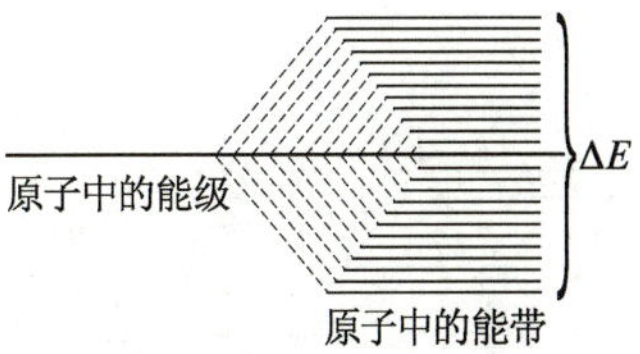

图 17.6　晶体中能级的分裂

能带的宽度与多种因素有关：一是与原子间距有关，间距愈小，能带愈宽；二是与原子中的内层与外层电子的状态有关. 对内层电子，由于它们距自身核很近，受邻近原子核的作用较弱，因此内层能带宽度较小；而外层价电子由于与自身核的距离和相邻原子核的距离处于同等数量级，受相邻原子的作用强烈，因此价电子的能级分裂的能带较宽. 由此类推，比价电子能量更高的激发态能级分裂出的能带更宽.

由于原子中的每个能级在晶体中要分裂成一个能带，所以在两个相邻的能带间，可能有一个不被允许的能量间隔，这个能量间隔称为**禁带**. 两个能带也可能相互重叠，这时禁带消失，如图 17.7 所示.

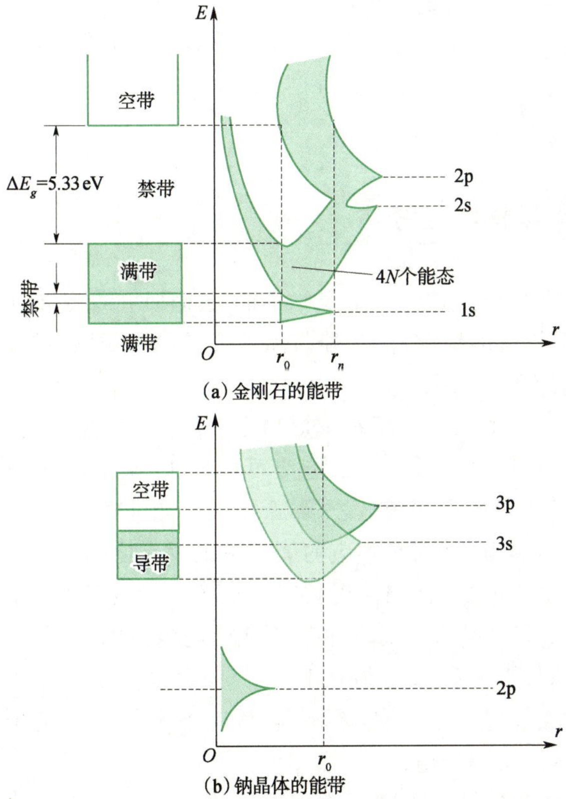

图 17.7　能带的形成（r：原子间距，r_0：平衡位置）

电子在这些能带中分布情况如何呢？

根据泡利不相容原理，每个能带可以容纳的电子数等于与该能

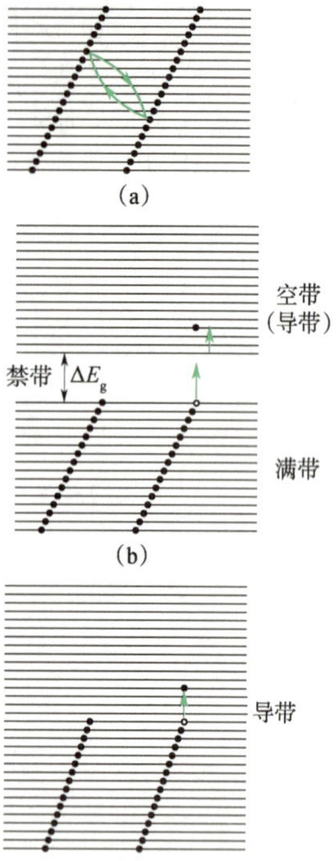

图 17.8

带相应的原子能级所能容纳的电子数的 N 倍，这里 N 是组成晶体的原子个数. 例如，由 N 个原子组成的晶体中，其 2s 能带总共可以容纳 $2N$ 个电子，其 2p 能带总共可以容纳 $6N$ 个电子，等等.

能带形成后，电子是怎样填入能带内各能级中去的呢？它们的填充方式与原子的情形相似，仍然服从能量最小原理和泡利不相容原理. 正常情况下，总是优先填能量较低的能级. 如果一个能带中的各能级都被电子填满，这样的能带称为满带. 不论有无外电场作用，当满带中任一电子由它原来占有的能级向这一能带中其他任一能级转移时，因受泡利不相容原理的限制，必有电子沿相反方向的转移与之相抵消，这时总体上不产生定向电流，所以满带中的电子不参与导电过程，如图 17.8(a) 所示. 由价电子能级分裂而形成的能带称为**价带**，通常情况下价带为能量最高的能带，价带可能被填满，成为满带，也可能未被填满. 与各原子的激发能级相应的能带，在未被激发的正常情况下没有电子填入，称为**空带**. 由于某种原因电子受到激发而进入空带，在外电场作用下，这些电子在空带中向较高的空能级转移时，没有反向的电子转移与之抵消，可形成电流，因此表现出导电性，所以空带又称为**导带**，如图 17.8(b) 所示. 有的能带（一般为价带）只有部分能级被电子占据，在外电场作用下，这种能带中的电子向高一些的能级转移时，也没有反向的电子转移与之抵消，也可形成电流，表现出导电性，因此未被电子填满的能带也称为导带，如图 17.8(c) 所示.

17.1.3 导体和绝缘体

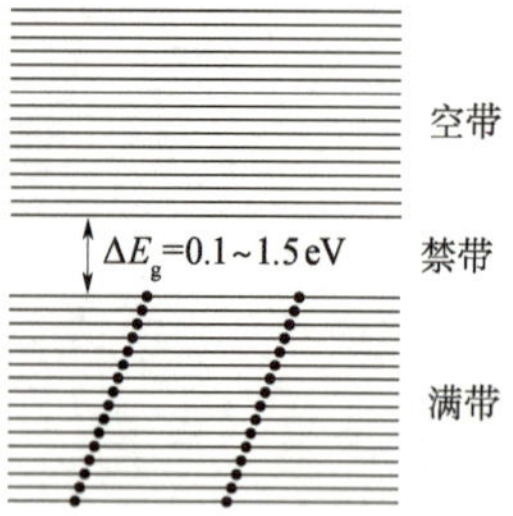

图 17.9 半导体的能带结构示意图

根据前面的讨论，当 N 个原子形成晶体时，原子能级分裂成包含有 N 个相近能级的能带. 能带所能容纳的电子数，等于原来能级所能容纳的电子数乘上 N.

一般原子的内层能级都填满电子，所以形成晶体时，相应的能带也填满电子. 原子最外层的能级可能原来填满电子，也可能原来未被填满. 如果原来填满电子，那么相应的能带中亦填满电子. 如果原来没有填满电子，那么相应的能带中也没有填满电子.

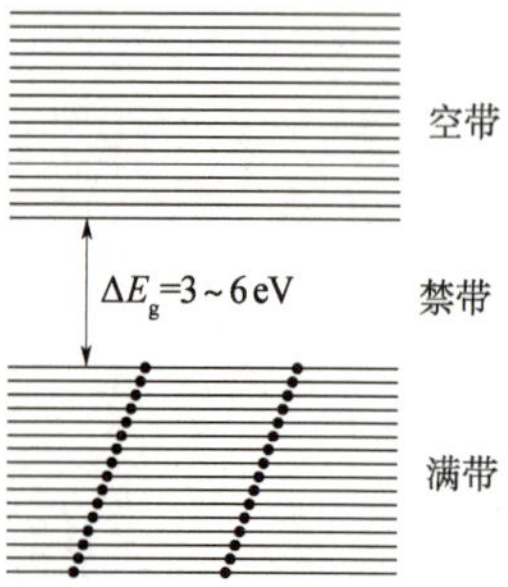

图 17.10 绝缘体的能带结构示意图

从能带结构来看，当温度接近热力学温度零度时，半导体和绝缘体都具有填满电子的满带和隔离满带与空带的禁带. 半导体的禁带比较窄，禁带宽度 ΔE_g 为 0.1 ～ 1.5 eV，如图 17.9 所示. 因此用不大的激发能量（热、光或电场）就可以把满带中的电子激发到空带中去，从而参与导电.

绝缘体的禁带一般很宽，禁带宽度 ΔE_g 为 3 ～ 6 eV，如图 17.10 所示. 若用一般的热激发，光照或外加电场不强时，满带中的电子很少能被激发到空带中去，所以在外电场作用下，一般没有电子参与导电，表现出电阻率很大（$\rho \approx 10^{16} \sim 10^{20}\ \Omega \cdot \text{m}$）. 大多数的离子型晶体如 NaCl, KCl, … 和分子型晶体如 Cl_2, CO_2, … 都是绝缘体.

导体的情况就完全不同,其能带结构或者是能带中只填入部分电子而成导带,或者是满带与另一相邻空带紧密相连或部分重叠,或者是导带与另一空带重叠,如图 17.11 所示. 在图 17.11 所示的情况里,如有外电场作用,它们的电子很容易从一个能级跃入另一个能级,从而形成电流,显示出很强的导电能力. 单价金属如 Li,其能带结构大体如图 17.11(a) 所示. 一些二价金属如 Be, Ca, Mg, Zn, Sr, Cd, Ba, … 的能带结构如图 17.11(b) 所示. 另一些金属如 Na, K, Cu, Al, Ag 等的能带结构大致如图 17.11(c) 所示.

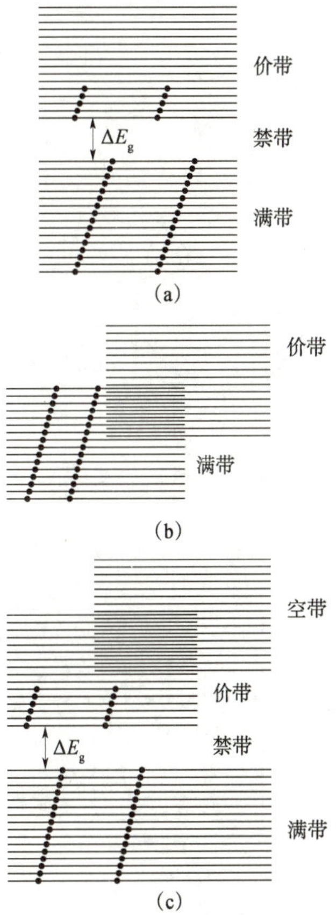

图 17.11　金属导体的能带结构示意图

应该指出,能带和能级之间有时并不存在简单的对应关系,而且也不是永远可以根据原来原子中各能级是否填满电子来判断晶体的导电性质的. 例如,二价金属 Ca 和 Mg,它们最外层的价电子能级中有两个电子,组成晶体时,与价电子能级相应的能带好像应该填满电子,但是由于价电子能带和它上面的空带相重叠,如图 17.11(b) 所示,因而晶体中所有的价电子填不满叠合后的能带,所以这种晶体是导体.

总之,**一个好的金属导体,它最上面的能带或是未被电子填满,或是虽被填满但这填满的能带却与空带相重叠.**

17.1.4 半导体

从能带理论知道,半导体的满带和空带之间存在着禁带,但这个禁带宽度要比绝缘体的小得多. 热运动的结果,可使一部分电子从满带跃迁到空带,这不但使空带具有导电性能,而且使满带也具有导电性能. 因为这时满带出现了空位,通常称为**空穴**. 在外电场作用下,进入空带的电子可参与导电,称为电子导电. 而满带中的其他电子在电场作用下填充空穴,并且它们又留下新的空穴,因而引起空穴的定向移动,效果就像是一些带正电的粒子在外电场作用下定向运动一样,这种由于满带中存在空穴所产生的导电性能称为**空穴导电**. 对于没有杂质和缺陷的半导体,其导电机构是电子和空穴的混合导电,这种导电称为**本征导电**,参与导电的电子和空穴称为本征载流子. 这种没有杂质和缺陷的半导体称为**本征半导体**.

在纯净半导体里,可以用扩散的方法掺入少量其他元素的原子. 所掺进的原子,对半导体基体而言称为杂质. 掺有杂质的半导体称为**杂质半导体**. 杂质半导体的导电性能较本征半导体有很大的改变.

由能带理论可知,当原子相互接近形成固体时,外层电子的显著特点是电子的共有化. 电子共有化是指电子在不同原子的相同能级上转移而引起的,电子不能在不同能级上转移,因为不同能级具有不同的能量值. 杂质原子与原来组成晶体的原子不一样,因而杂质原子的能级和晶体中其他原子的能级并不相同,在这些能级上的电子由于能量的差异,不能过渡到其他原子的能级上去,即它不参与电子的共有化.尽管如此,杂质能级在半导体导电上却起着很重要的作用.

量子力学证明,杂质原子的能级处于禁带中.不同类型的杂质,其能级在禁带中的位置亦不同.有些杂质能级离导带较近,有些离满带较近.杂质能级的位置不同,杂质半导体的导电机构也不同,按照其导电机构,杂质半导体一般可以分为两类:一类以电子导电为主,称为N型(或电子型)半导体;另一类以空穴导电为主,称为P型(或空穴型)半导体.

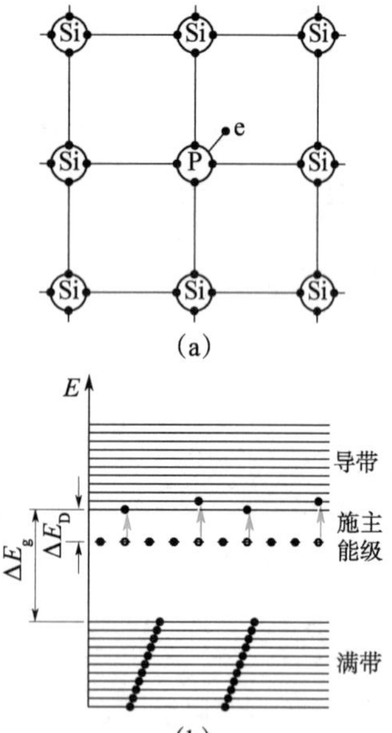

图 17.12

1. N型半导体

在四价元素如硅或锗半导体中,掺入少量五价元素如磷或砷等杂质,可形成N**型半导体**.

如图17.12(a)所示,四价元素硅或锗的原子,最外层有四个价电子,形成共价键晶体.掺入五价元素的杂质磷后,这些杂质原子将在晶体中分散地替代一些硅原子或锗原子.由于磷原子有五个价电子,其中四个可以和邻近的硅原子或锗原子形成共价键,结果是杂质原子在其所在位置上成为具有净正电荷$+e$的离子,多余的一个电子在这离子的电场范围内运动.理论计算表明,这种多余的价电子的能级处在禁带中,而且靠近导带,如图17.12(b)所示.

这种杂质价电子很容易被激发到导带中去,所以这类杂质原子称为施主,相应的杂质能级称为**施主能级**.施主能级与导带底部之间的能量差值ΔE_D比禁带宽度ΔE_g小得多,约为10^{-2}eV.所以在较低温度下,施主能级中的电子就可以被激发到导带中去.因此,这种半导体中杂质原子的数目虽然不多,但是在常温下,导带中的自由电子浓度却比同温度下纯净半导体的导带中自由电子浓度大好多倍,这就大大提高了半导体的导电性能.这种主要靠施主能级激发到导带中去的电子来导电的半导体称为N**型半导体或电子型半导体**.

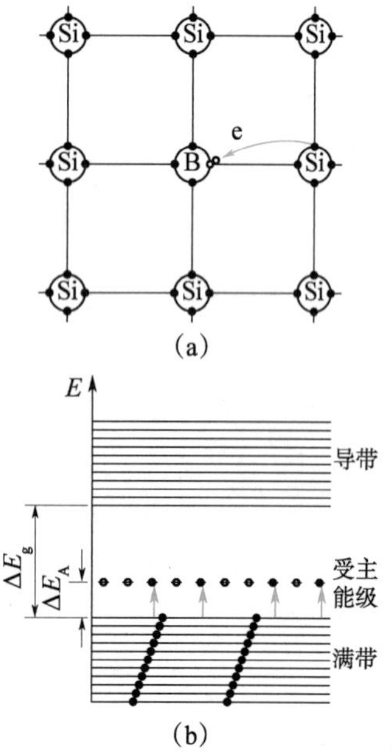

图 17.13

2. P型半导体

如果在硅或锗的纯净半导体中,掺入少量三价元素如硼、镓、铟等杂质原子,那么这种杂质原子与相邻的四价硅或锗原子形成共价键结构时,将缺少一个电子,这相当于一个空穴,如图17.13(a)所示.相应于这种空穴的杂质能级也出现在禁带中,并且靠近满带,如图17.13(b)所示.满带顶部与杂质能级之间的能量差值ΔE_A一般不到0.1 eV.在温度不很高的情况下,满带中的电子很容易被激发到杂质能级,同时在满带中形成空穴.这种杂质能级收容从满带跃迁来的电子,所以这类杂质原子又称为受主,相应的杂质能级称为**受主能级**.这时,半导体中的空穴浓度较之纯净半导体中的空穴浓度增加了好多倍,其导电性能显著增加.这种杂质半导体的导电机构主要决定于满带中的空穴，所以称为 P **型半导体**，或者称为**空穴型半导体**.

3. P-N 结

在一片本征半导体的两侧各掺以施主型(高价)和受主型(低价)杂质，就构成一个 P-N 结.这时由于 P 型半导体一侧空穴的浓度较大，而 N 型半导体一侧电子的浓度较大，因此 N 型中的电子将向 P 型区扩散，P 型中的空穴将向 N 型区扩散，结果在交界面两侧出现正负电荷的积累，在 P 型一边是负电，N 型一边是正电.这些电荷在交界处形成一电偶层即 P-N 结，其厚度约为 10^{-7} m，如图 17.14(a) 所示.在 P-N 结内存在着由 N 型指向 P 型的电场，起到阻碍电子和空穴继续扩散的作用，最后达到动态平衡.此时，因 P-N 结中存在电场，两半导体间存在着一定的电势差 U_0，电势自 N 型向 P 型递减，这就是 P-N 结处的接触电势差，如图 17.14(b) 所示.

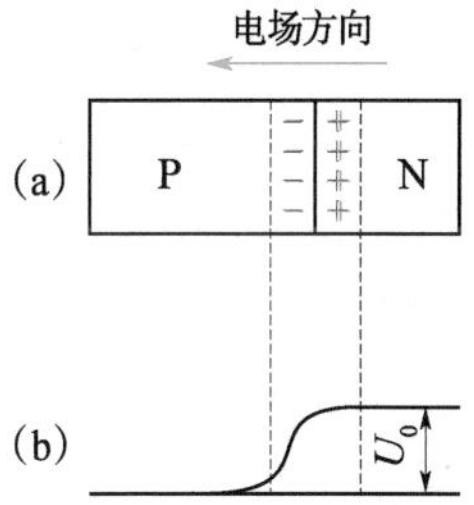

图 17.14　P-N 结

由于接触电势差 U_0 的存在，在分析半导体的能带结构时，必须把由该电势差引起的附加电子静电势能 $-eU_0$ 考虑进去.因为 P-N 结中，P 型一侧积累了较多的负电荷，所以 P 型侧相对 N 型侧电势较低，这样在 P 型导带中的电子要比在 N 型导带中的电子有较大的能量，这能量的差值为 eU_0.如果原来两半导体的能带如图 17.15(a) 所示(为简单起见，图中只画出满带的顶部和导带的底部)，则在P-N 结处，能带发生弯曲，如图 17.15(b) 所示.

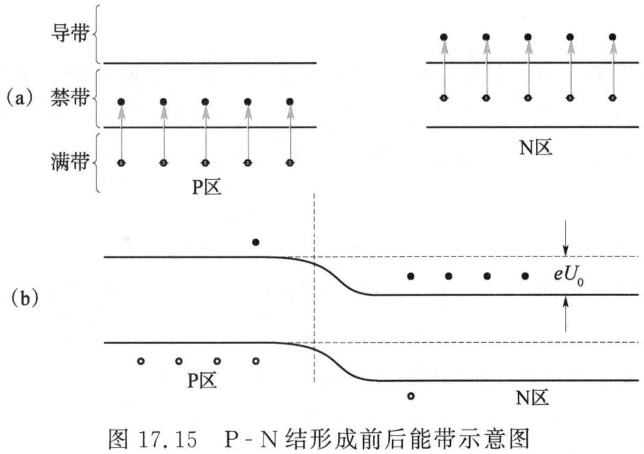

图 17.15　P-N 结形成前后能带示意图

在 P-N 结处，势能曲线呈弯曲状，构成势垒区，它将阻止 N 区的电子和 P 区的空穴进一步向对方扩散，所以 P-N 结中的势垒区又称为阻挡层.

由于阻挡层的存在，当把外加电压加到 P-N 结两端时，阻挡层处的电势差将发生改变.如把正极接到 P 型区，而负极接到 N 型区(称为正向连接)，外电场的方向与阻挡层的电场方向相反，使 P-N 结中电场减弱，势垒降低，或者说使阻挡层减薄.于是 N 型中的电子和 P 型中的空穴就容易通过阻挡层，不断向对方扩散，形成从 P 区到N区的正向电流，P-N结导通. 外加电压增大，电流增大.

反之，当把电源负极接到P型区而正极接到N型区(称为反向连接)，则外电场方向与P-N结中电场方向相同，其结果将使P-N结中电场加强，势垒增高，阻挡层加厚，N型中的电子和P型中的空穴就更难越过阻挡层. 只有P型区的少数电子和N型区的少数空穴能通过阻挡层形成微弱的反向电流，而且随着反向电压的升高，反向电流很快达到饱和. P-N结的伏安特性曲线如图17.16所示.

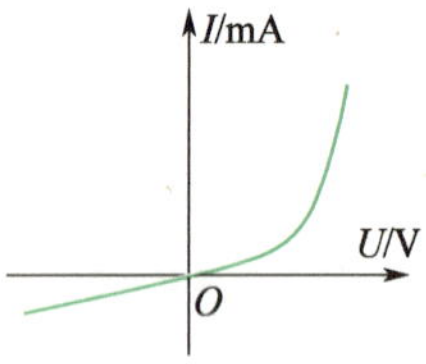

图17.16 P-N结伏安特性曲线

由于反向电流很弱，通常说P-N结具有单向导电作用. 利用其单向导电性，可以做成晶体二极管作整流用. 也可以把各种类型的半导体适当组合，制成各种晶体管. 随着超精细小型化技术的发展，制成各种规模的集成电路，广泛应用于电子计算机、通信、雷达、宇航、电视等技术领域.

*4. 半导体的其他特性和应用

半导体还有其他一些特性和应用，本节仅就热敏电阻、光敏电阻、温差电偶等的原理和应用作一简单介绍.

热敏电阻 半导体的电阻随温度的升高而指数下降. 这是因为随着温度的升高，由于热激发，半导体中的载流子(电子或空穴)显著增加的缘故. 这种热激发载流子称为热生载流子. 特别在杂质半导体中，因施主和受主能级处于禁带中，所需要的激发能量远比禁带宽度对应的能量小，所以热生载流子的增加尤为显著. 其导电性能随温度的变化十分灵敏. 通常把这种电阻随温度的升高而降低的半导体器件称为热敏电阻. 由于热敏电阻具有体积小、热惯性小、寿命长等优点，已广泛应用于自动控制.

光敏电阻 在可见光照射下，半导体硒的电阻值将随光强的增加而急剧地减小. 这是由于光激发使半导体中载流子迅速增加的缘故. 这种光激发的载流子称为光生载流子，由于光生载流子并没有逸出体外，因此又称之为内光电效应.

应该注意，光电导和热电导不同，热敏电阻是一种没有选择性的辐射能接收器. 而光敏电阻是有选择性的，和光电效应类似，要求照射光的频率大于红限频率. 在此条件下，光强越强，电导率越大. 电导率随光强的变化十分灵敏. 利用这种特性制成的半导体器件称为光敏电阻，是自动控制、遥感等技术中的一个重要元件.

温差电偶 两种不同的金属导体组成的闭合回路，如果两个接头处于不同的温度，那么在回路中将产生温差电动势. 这个回路称为温差电偶，或热电偶. 如果把两种不同的半导体组成回路，并使两个接头处于不同温度，也会产生温差电动势，而且比金属组成的热电偶的电动势大得多. 这是因为半导体中的自由电子或空穴是由热激发产生的，随着温度的升高，自由电子或空穴的浓度极为迅速地增长.

由于存在温度差，半导体中的电子或空穴就由浓度大、运动速度较大的热端跑到冷端，同时也有少量电子或空穴由冷端运动到热端. 在N型半导体中，载流子是电子，结果造成冷端带负电，热端带正电. 而在P型半导体中，则冷端带正电，热端带负电，因而在冷热两端产生电势差.

随着电势差的增加，半导体内电场也开始增强，并且阻止由热端向冷端载流子的扩散而加速其由冷端到热端的运动，最后达到动态平衡. 这种动态平衡决定了半导体中因温差而形成的温差电动势. 它比金属中的温差电动势要大数十倍，温度每差 1 ℃，能够达到甚至超过 10^{-3} V.

实际的半导体温差电偶如图 17.17 所示.

此外还有半导体光电池、半导体场致发光材料和半导体激光器等，广泛应用于工农业生产及科研、通讯、测量、宇航等各种技术领域.

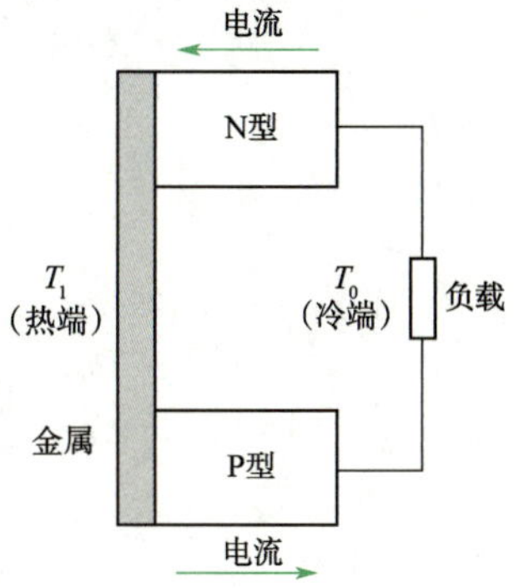

图 17.17　半导体热电偶示意图

17.2　激光原理

激光是“受激辐射光放大”(Light amplification by stimulated emission of radiation)的简称，是 20 世纪 60 年代以后发展起来的一门新技术. 激光的单色性、方向性和相干性都非常好，能量密度可以很高. 激光在科学技术的各个领域内得到了日益广泛的应用.

17.2.1　激光的基本原理

中国物理学家

王淦昌

1. 自发辐射与受激辐射

早在 1917 年，爱因斯坦在他的辐射理论中就预见了有受激辐射存在. 我们知道，光与原子体系相互作用时，总是同时存在着吸收、自发辐射和受激辐射三种过程. 设原子中有高低能级 E_1 和 $E_2(E_2 > E_1)$，则在常温下，物质的绝大部分原子都处于低能级 E_1(基态)中. 处于高能级 E_2 上的原子会自发地跃迁到低能级 E_1，辐射出光子 $h\nu$，这个过程叫**自发辐射**. 设发光物质单位体积中处于能级 E_1、E_2 的原子数分别为 N_1、N_2，则单位时间内从 E_2 向 E_1 自发辐射的原子数

$$\left(\frac{\mathrm{d}N_{21}}{\mathrm{d}t}\right)_{\text{自}} = A_{21}N_2$$

其中比例系数 A_{21} 称为**自发辐射概率**，它与外来辐射能量密度无关.

原子吸收辐射 $h\nu$ 从低能级 E_1 跃迁到高能级 E_2，叫**受激吸收跃迁**. 每秒吸收跃迁的原子总数与辐射场能量密度成正比并与处于低能级 E_1 的原子数 N_1 成正比

即
$$\left(\frac{\mathrm{d}N_{12}}{\mathrm{d}t}\right)_{\text{吸}} = W_{12}N_1$$

比例系数 $W_{12} = B_{12}\rho(\nu, T)$ 称为**吸收概率**，其中 B_{12} 称为吸收系数，$\rho(\nu, T)$ 是辐射场能量密度.

处于高能级 E_2 的原子除了自发辐射外，还有一种辐射叫**受激辐射**. 它是处于高能级 E_2 的原子在外来辐射或某一原子的自发辐射所放出的光子激发下，跃迁到低能级 E_1 而发出光子 $h\nu$. 受激辐射每秒跃迁的原子数与高能级原子数 N_2 及辐射场能密度成正比

即
$$\left(\frac{\mathrm{d}N_{21}}{\mathrm{d}t}\right)_{受} = W_{21}N_2$$

比例系数 $W_{21} = B_{21}\rho(\nu,T)$ 称为**受激辐射概率**，其中 B_{21} 称为受激辐射系数，且 $B_{21} = B_{12}$；$\rho(\nu,T)$ 就是上述的辐射场能量密度.

光子的状态，即光子的频率、相位、偏振方向和传播方向通常由量子数来描写. 这些量子数的每一种组合方式决定了光子的一种状态，叫光的量子态（光子态）. 对给定的光源，可能有的光子态的数目是很多的. 光子可处于其中一态，也可多个光子占据同一态（这一点与电子不同，因为光子是玻色子而电子是费米子）. 我们定义占据同一光子态的平均光子数目为光源的**光子简并度**，记作 $\bar{\delta}$.

自发辐射的光子的状态是完全任意，即使是都满足 $h\nu = (E_2 - E_1)$ 的光子，由于是不同原子辐射的，其量子态也各不相同. 换言之，自发辐射的光子简并度很低. 这样的辐射光叫普通光，其单色性和相干性都很差.

而按照辐射的量子理论，受激辐射产生出来的光子其量子态与原光子完全相同. 如果原子体系中有许多原子都处于某一相同的激发态能级，则其中某一原子的自发辐射产生的光子就可以促使处于同一激发态的其他原子发生受激辐射而放出同样的光子. 这一过程将以连锁反应的方式在很短时间内完成，从而产生出大量完全相同的光子，这一过程称为**光放大**. 如果我们提供了合适条件，实现了这种光放大，就能得到大量高简并度的光子，产生出单色性和相干性都很好的光束，即获得了激光.

2. 粒子数反转

光与原子体系相互作用时，如果自发辐射占优势，则发出的是普通光束；如果受激辐射占优势就会发出激光. 那么，在什么样条件下才能使受激辐射占优势呢？

一般情况下，处于温度为 T 的平衡态下的体系，在各能级上的原子数由玻耳兹曼分布确定，即有

$$\frac{N_2}{N_1} = \mathrm{e}^{-(E_2-E_1)/kT} \tag{17.1}$$

这就是说，处于最低能级的原子最多，能级越高，处于该能级的原子数就越少. 实际上，激发态与基态之间的能量差一般大约是 1 eV. 因此，常温的（$T = 300$ K）平衡态下，$\frac{N_2}{N_1} \approx \mathrm{e}^{-38}$，即处于激发态的原子数微乎其微. 前面已介绍过，受激吸收与 E_1 的原子数 N_1 成正比，受激辐射与 E_2 的原子数 N_2 成正比. 当 $N_2 \ll N_1$ 时发生受激辐射远

少于发生受激吸收，是不可能实现光放大的. 要实现光放大，必须采取特殊措施，打破原子数在热平衡下的玻耳兹曼分布，使 $N_2 > N_1$. 我们称体系的这种状态为**粒子数反转**（或“负温度”体系）. 所以，产生激光的首要条件是实现粒子数反转.

能够实现粒子数反转的介质称为激活介质. 要造成粒子数反转分布，首先要求介质有适当的能级结构，其次还要有必要的能量输入系统. 供给低能态的原子以能量，促使它们跃迁到高能态去的过程称为**抽运过程**.

现在，以四能级系统为例来说明，为了实现粒子数反转，需要什么样的能级结构. 图 17.18 所示是某原子的部分能级（四个能级）. 当用频率为 $\nu = (E_4 - E_1)/h$ 的光照射时，一部分原子将迅速跃迁到 E_4 能级，从而使该能级上原子数大为增加. 但是，处于 E_4 能级的原子将迅速以与其他原子碰撞等无辐射跃迁跳到平均寿命较长的（约 $10^{-3} \sim 1$ s）亚稳态 E_3 能级上去. 由于 E_3 能级的寿命较长，E_3 能级上将停留有大量原子，而处于 E_2 能级上的原子数目极少，如图 17.18(b) 所示. 这样就建立起了一个粒子数反转体系. 此时，从 $E_3 \to E_2$ 的自发辐射就会引起连锁的受激辐射，其频率 $\nu_{32} = (E_3 - E_2)/h$. 像 He-Ne 激光器和 CO_2 激光器的工作物质都具有这种四能级系统. 而红宝石激光器是一个三能级系统激光器. 需要说明的是，我们这里所说的四能级系统或三能级系统，都是指在激光器抽运过程中直接有关的能级而言，并不是说这种物质只具有这几个能级.

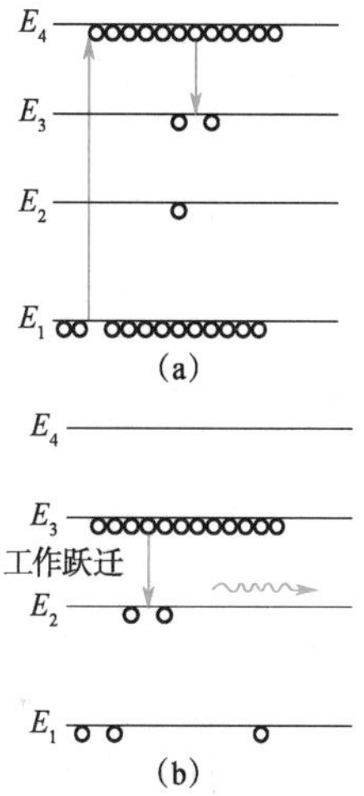

图 17.18　粒子数反转的实现

3. 光学谐振腔

实现粒子数反转是产生激光的必要条件，但还不是充分条件. 粒子数反转使得受激辐射与受激吸收相比，占了绝对优势，但是还不能保证受激辐射超过自发辐射. 因为处于激发态能级的原子还可以通过自发辐射而跃迁到基态，而且在热平衡条件下，在激光器工作频率区域内（从红外 → 紫外）自发辐射占绝对优势. 如当 $T = 1\,500$ K 时对于 $\lambda = 694.3$ nm 的光，自发辐射的概率比受激辐射概率大 6 个数量级. 因此，在一般情况下，即使已实现了激活物质的粒子数反转，但如果不采取措施，要利用受激辐射来得到激光仍然是不可能的.

前面我们介绍过，自发辐射概率与辐射场的能量密度无关，而受激辐射概率与辐射场的能量密度成正比. 因此，在激光器中我们利用**光学谐振腔**来形成所要求的强辐射场，使辐射场能量密度远远大于热平衡时的数值，从而使受激辐射概率远远大于自发辐射概率.

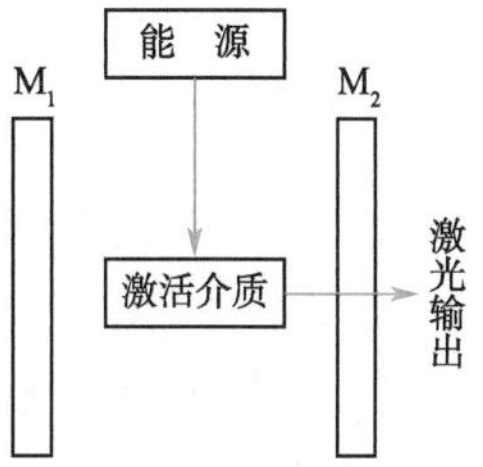

图 17.19　光学谐振腔

如图 17.19 所示，光学谐振腔的主要部分是两个互相平行的并与激活介质轴线垂直的反射镜 M_1 和 M_2. 其中 M_1 是全反射镜，M_2 是部分反射镜. 如上所述，在外界通过光、热、电、化学或核能等各种方式的激励下，谐振腔内的激活介质将会在能级 E_3 和 E_2 之间实现粒子数反转. 这时由自发辐射产生的频率为$\nu=(E_3-E_2)/h$ 的光子就会激发 E_3 能级上的原子产生受激辐射. 在产生的受激辐射光中，沿轴向传播的光在两个反射镜之间来回反射、往复通过已实现了粒子数反转的激活介质，不断引起新的受激辐射，使轴向行进的该频率的光得到放大，这个过程称为光振荡. 这是一种雪崩式的放大过程，使谐振腔内沿轴向的光骤然增强，所以辐射场能量密度大大增强，受激辐射远远超过自发辐射. 这种受激的辐射光从部分反射镜 M_2 输出，它就是激光. 沿其他方向传播的光很快从侧面逸出谐振腔，不能被继续放大. 而自发辐射产生的频率不等于$(E_3-E_2)/h$ 的光，由于根本不可能引起受激辐射，也得不到放大. 因此，实际上输出的仅是频率 $\nu=(E_3-E_2)/h$ 的沿轴向传播的激光. 因此，从谐振腔输出的激光具有很好的方向性和单色性.

在实际激光器中，存在着使光强减弱的各种损耗. 如介质的吸收及散射等. 只有当光在谐振腔中来回一次所得到的增益（增益 G 定义为光通过谐振腔单位长度时光强增加的比例）大于同一过程的损耗时，光放大才会实现. 产生激光的最小增益称为阈值增益（或阈值条件），记为 G_m. 计算表明

$$G_m=\frac{1}{2L}\ln\frac{1}{R_1R_2}$$

式中 L 是谐振腔长度，R_1 与 R_2 分别是两反射镜的反射系数. 这就是产生激光所必须满足的**阈值条件**. 为了达到阈值条件，要求选用增益系数大而内耗小的激活介质，并选用反射系数高的反射镜.

4. 横模与纵模

在激光技术中，经常提到激光的“模式”. 按光的量子理论，给定一种模式对应于谐振腔内光子的一个量子态. 激光模式有横模与纵模之分. 按光的波动理论，简单地说，在与谐振腔轴线垂直的截面上形成的光的横向驻波模式称为**横模**. 产生横模的原因很多，其中主要是不沿轴线方向传播的光束相互加强干涉引起的. 不同频率的光束在沿谐振腔轴线方向上形成不同的纵向驻波模式称为**纵模**，也叫轴模. 显然，纵模是由频率不同引起的.

谐振腔除了实现光振荡的作用外，还有一个作用就是选频，即通过缩短谐振腔长度以扩大相邻两纵模的频率间隔达到减少纵模个数的目的. 在两反射镜间沿轴向行进的光束，由于谐振腔长度 L 与光波波长之比是一个很大的数目，所以有许许多多波长不同的光波能符合反射加强的条件，即

$$2nL=K_1\lambda_1=K_2\lambda_2=\cdots \tag{17.2}$$

式中 n 是腔内激活介质的折射率，K 是纵模模数. 如果 $n=1$，$L=1$ m，$\lambda=0.5$ μm，则 K 可达 4×10^6. 但产生激光的某一波长的单色光总是有一定宽度的：根据原子处于激发态的平均寿命 $\Delta\tau\approx10^{-8}$ s，按

测不准关系，从 $\Delta E\Delta\tau \geqslant \hbar$ 和 $\Delta E = h\Delta\nu$ 可推知 $\Delta\nu = \frac{\Delta E}{h} \geqslant \frac{1}{2\pi\Delta\tau}$，即谱线的自然宽度约为 10^7 Hz；再加上其他因素（碰撞增宽与多普勒增宽），一般谱线宽度为 $\Delta\nu = 10^9$ Hz. 另一方面，由式 17.2 微分可知，两相邻纵模 K 与 $K+1$ 之间的波长间隔为

$$\Delta\lambda = -\frac{\lambda}{K} = -\frac{\lambda^2}{2nL}$$

而频率间隔为

$$\Delta\nu' = -\frac{c\Delta\lambda}{\lambda^2} = \frac{c}{2nL}$$

因此在腔长 L 内能获得干涉加强的纵模的个数

$$N = \frac{\Delta\nu}{\Delta\nu'} = \frac{\Delta\nu}{c}2nL \approx \frac{2nL\times 10^9}{c}$$

还是有限的几个. 如 $\lambda = 632.8$ nm 的 He-Ne 激光，$\Delta\nu \approx 10^9$ Hz 而 $\Delta\nu' \approx 15\times 10^7$ Hz，则最大模数 $N = 6$. 如果腔长 L 再变短，则模数 N 还可以减少.

为了提高所输出的激光的单色性，我们往往需要单模输出，所以必须在有限的几个纵模里再选出一个单模来. 最简单的方法是缩短激光管的长度 L. 还可以通过在谐振腔内放置法布里-珀罗标准具来实现，它使纵模中只有一个纵模有高的透射率，从而使原来的多模激光器变成单模激光器.

17.2.2 激光器

激光器是产生激光的器件或装置，它由三部分组成：工作物质、激励（又叫泵浦）系统和谐振腔（有些激光器如氮分子激光器也可以没有谐振腔）. 现在激光器的波长已从 X 射线区一直扩展到远红外区，最大连续功率输出达 10^4 W，最大脉冲功率输出达 10^{14} W. 表 17.1 列出了常用激光器的主要性能.

科研成果介绍

神光高功率激光实验装置

表 17.1　常用的激光器

激光器名称	工作物质	典型波长(nm)	性　能
红宝石	掺 Cr^{3+} 红宝石	694.3	脉冲、大功率
YAG	掺 Nd^{3+} 钇铝石榴石	1 064	连续、中小功率
钕玻璃	掺 Nd^{3+} 玻璃	1 059	大功率
氦氖	He-Ne 混合气	632.8，1 150，3 390	连续、小功率
氩离子	Ar^+	488.0，514.5	连续、大功率
二氧化碳	CO_2	1 060	脉冲、连续、大功率
氮分子	N_2	337.1	脉冲
氦镉	He，蒸气 Cd	441.6，325.0	连续、中功率

科研成果介绍

X射线自由电子激光实验装置

续表

激光器名称	工作物质	典型波长(nm)	性　　能
氦锌	He,蒸气 Zn	747.9,589.4	
氦硒	He,蒸气 Se	522.8,497.6	
染料	染料液体	590 ～ 640	连续可调谐、小功率
半导体	GaAs/GaAlAs	800 ～ 900	可调谐、小功率

第一个连续工作的气体激光器是1961年2月制成的氦氖(He-Ne)激光器,目前应用得非常广泛.它是一个气体放电管,工作物质是氦气和氖气的混合气体.谐振腔两端的反射镜放置在放电管外,叫外腔式激光器.反射镜有用两个凹球面的,也有用一凹一平或两个平面的.放电管的窗口与真空放电管的轴线成布儒斯特角,这种窗叫布儒斯特窗.这样可以使输出的激光成为完全偏振光.图17.20是外腔式He-Ne激光器的示意图.在放电管的端部封入电极,电极间加上千伏以上的高压,气体产生放电.放电时在电场中受到加速的电子与He原子碰撞,并使He原子激发到一些较高能态上.图17.21是He-Ne的原子能级示意图.其中He有一个能级E_2的平均寿命较长(亚稳态).Ne也有一个亚稳态能级E'_3与He的E_2能级接近.激发到E_2的He原子在与Ne原子碰撞时,就会把能量传给基态Ne原子,使大量Ne原子激发到E'_3能态.Ne原子还有一个比E'_3稍低的能级E'_2,但因He原子没有与之相近的能级,不可能通过与He原子的碰撞使Ne原子激发到E'_2能级.因而,Ne原子的E'_3和E'_2能级形成粒子数反转.只要有一个Ne原子发生$E'_3 \to E'_2$的自发辐射,就会产生受激辐射和光放大.再经过谐振腔的选模、放大和控制作用,就可以得到一定输出功率的单色性、相干性、方向性都很好的激光.

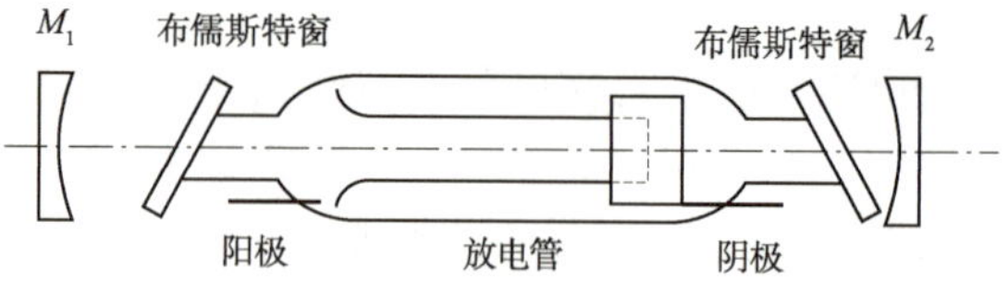

图 17.20　外腔式 He-Ne 激光器

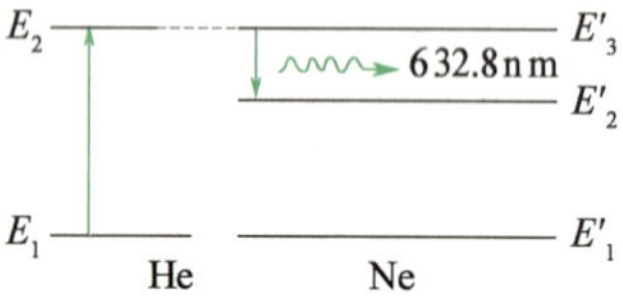

图 17.21　He-Ne 原子能级示意图

17.2.3 激光的特性

1. 单色性好

光的谱线宽度 $\Delta\nu$ 描述了光的单色性.单色性较好的普通光 $\Delta\nu \approx 10^7 \sim 10^9$ Hz,而经过稳频的He-Ne激光器、波长为632.8 nm的红光可得到频宽 $\Delta\nu \approx 10^{-1}$ Hz.单色性提高了$10^8 \sim 10^9$倍以上.激光极好的单色性使得激光可作为长度标准进行精密测量.

2. 方向性好

光的方向性用光束的发散角来度量. 激光的发散角可以做到小于或等于 $10^{-5} \sim 10^{-3}$ rad. 因此激光束几乎是平行光束，若将激光射向几千米之外，光束直径也只增加几厘米. 根据这一特性可把激光用于定位、导向、测距等工作.

3. 相干性好

光束的空间相干性是与方向性（发散角）紧密相关的. 激光具有极好的方向性即意味着同时具有极好的空间相干性，用它作相干光源时，干涉图样有良好的可见度. 光束的时间相干性与单色性紧密相关. 激光具有极好的单色性即意味着它同时具有极好的时间相干性，用它作相干光源可以观察到较高级次的干涉条纹，可以进行长距离范围的精密测量.

4. 能量集中

由于激光束方向性好，使能量在空间高度集中，利用激光脉冲或锁模调 Q 等措施，还可以使能量压缩到极短时间内发射，所以激光光源有极大的亮度.

*17.2.4 激光的应用

激光在各个技术领域中的广泛应用基本上是利用了激光是定向的强光和很好的单色相干性方面的特性. 但是激光这两方面的特性往往不能截然分开，所以有的应用（如非线性光学）与激光的两方面特性都有关.

1. 激光测距

激光测距有三种方法. 其一是干涉测长，利用激光优越的相干性，以激光波长为基准，测量干涉条纹数目的变化即可转换为长度的变化. 如 13.6 节所介绍的迈克耳孙干涉仪即是一例. 干涉测长法测量数十米的长度能精确到 1 μm 之内. 其二是激光调制测距，对激光加以强度调制后发射出去，接收到被照射物的反射光，求出发射光与反射信号调制波的相位差，即可转换成被测距离. 测量数千米距离，误差可精确到几厘米. 其三是激光雷达测距，测量激光脉冲往返时间即可以精确测定目标离我们的距离. 用这种方法测量地球与月球的距离（约 3.8×10^8 m）误差仅为几十厘米.

科研成果介绍

合肥同步辐射装置

2. 激光加工与激光医疗

激光的空间相干性很好，能把光束聚焦成光强 $10^6 \sim 10^{10}$ W/cm^2 以上的小光斑，它能以很精细的（约 1 μm）的空间尺度加热材料，达到打孔、焊接、机械加工以及控制加热以产生材料的结构变化等. 同时，特定的材料对合适波长的激光吸收深度很小，可以在材料表面浅层加热，并且不会污染材料. 激光光束甚至可以穿过任何透射材料去加工密闭的内部零件.

激光的这种高强度的聚焦光束也广泛用于医学领域. 它不仅可用做手术刀，高度精确地选择病变部位进行手术，而且还可利用激光的光致离解作用清除病变组织而保护健康的组织；可以利用激光诱发的冲击波清除续发性白内障，配合使用光导纤维能用来粉碎各种体内器官的结石.

3. **光信息处理和激光通信**

激光在信息处理方面的应用，其一是光盘的高速高密度记录. 无论是声盘或视盘利用调制方法把激光束变成数字激光信号，用此信号在母盘上产生坑穴存储并形成轨迹. 再现时用激光照射，读取坑穴以还原声像. 光盘的存储密度比磁盘高出几百倍. 这种应用已进入寻常百姓的日常生活之中. 电脑上的CD-ROM(只读光盘)的原理也基本相似，它的记录容量最高可达到 8 Gbit.

激光信息处理的另一应用是激光打印机. 它类似于电子照相式复印机，受打印信息控制的激光束对感应体进行扫描式曝光辐照. 感应体上受辐照部分和未受辐照部分的静电电荷分布不同，利用静电吸引作用可以成像并印到普通打印纸上. 激光打印的文件图像十分清晰，其品质大大高于针式打印机.

光纤通信

激光通信是以激光为载波，用信息振幅去调制这载波以实现信息传输. 其优点是光波频带宽，可容纳更大量的信息. 现在已广泛使用的光纤通信就是激光通信的主要形式.

4. **激光在受控核聚变中的应用**

利用极高功率的激光脉冲来加热氘和氚的混合物，使其温度达到 0.1 ~ 2 亿度，便可开始发生核聚变而放出巨大的能量. 由于氘氚混合物的质量及激光的能量都可被控制，我们称这过程为受控核聚变，人们有可能利用聚变中的能量作为电力的能源. 这一方面的研究仍在进行中.

5. **激光的非线性效应**

激光强大的电场和物质作用时，产生非线性效应，为光学开辟了一个应用方向. 详见阅读材料.

*17.3 超导电性

超导电现象的研究，从 1911 年昂尼斯(K. Onnes) 首先发现超导现象，到 1987 年高温超导材料的获得并在世界上激起“超导热”，前后经历了 70 多年的历史. 迄今超导物理学已成为凝聚态物理学的一个重要分支. 本节将简要介绍一下超导的基本特性、超导电性的微观理论、超导材料及超导的一些重要应用.

17.3.1 超导的基本特性

1. 零电阻效应

超导电性是荷兰物理学家昂尼斯于 1911 年在实验中发现的. 他在测量低温下纯水银的电阻时发现，水银的电阻并不像预料的那样随着温度的降低而连续减小，而是在 4.15 K 时突然全部消失. 1913 年将原来的实验装置加以改进和简化后再对锡和铅进行实验时，也发现了类似的现象. 从此以后，超导电性一词就被用来描述物质的这种新状态 —— **超导态**.

所谓超导电性是指当某些金属、合金及化合物的温度低于某一值时，电阻突然为零的现象. 当物质具有超导电性时，我们把这种状态就称为超导态，而把在某一温度下能呈现出超导态的物质称为**超导体**. 当超导体在某一温度值时它的电阻突然消失,这个温度值即称为该超导体的**临界温度** T_c.

需要说明的是,只有在稳恒电流的情况下才有零电阻效应.或者说,超导体在其临界温度以下也只是对稳恒电流没有阻力.

法奥(J. File)和迈奥斯(R. G. Mills)利用精确核磁共振方法测量超导电流产生的磁场来研究螺线管内超导电流的衰变,他们的结论是超导电流的衰减时间不低于 10 万年.

昂尼斯由于液化了最后一种惰性气体氦和发现了超导电性荣获了 1913 年的诺贝尔物理学奖.

2. 迈斯纳效应(完全抗磁性)

发现超导电现象以后的 22 年间,对于超导体的认识,仅限于它的零电阻特性,而对于它的磁特性并没有真正认识.1933 年迈斯纳(W. Meissner)等人将铅和锡样品放入外磁场中,对样品处于正常态(有电阻的状态)和超导态时的磁场分布进行细致观察.结果发现,当样品处于正常态时,样品内有磁通分布;当样品冷却到转变温度 T_c 以下而处于超导态时,原来进入样品内的磁感线立即被完全排斥到样品外.这就是说超导体处于超导态时,不管有无外磁场存在,超导体内的磁通总是等于零的,即 $\boldsymbol{B}\equiv 0$,在外磁场中,处于超导态的超导体内磁感应强度总是为零的特性称为超导体的**完全抗磁性**.这种现象称之为**迈斯纳效应**.

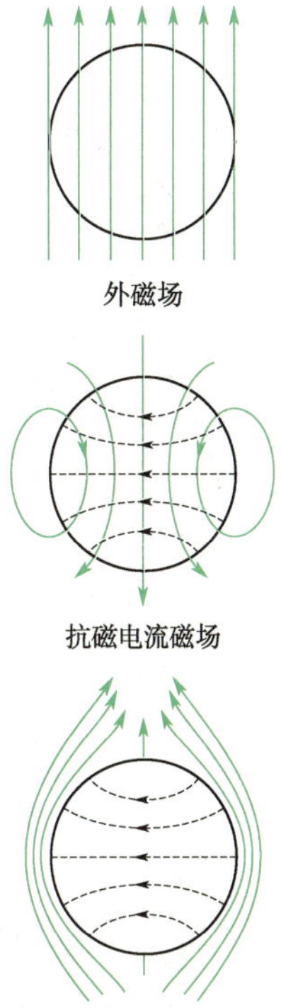

图 17.22

完全抗磁效应实际上是外场 $\boldsymbol{B}_0$ 与外场在超导体中激起的感生电流所产生的附加场 $\boldsymbol{B}'$ 在超导体内共同叠加的结果.

当把处于超导态的超导体放进外场时,由于电磁感应,在超导体的表面层就会激发出感生电流(这是一种永久性的超导电流).感生电流在超导体内激发的附加的磁感应强度 $\boldsymbol{B}'$,在超导体内处处与外场的磁感应强度 $\boldsymbol{B}_0$ 等值反向,相互抵消,因而使总的磁感应强度 $\boldsymbol{B}=\boldsymbol{B}_0+\boldsymbol{B}'\equiv 0$.即 $\boldsymbol{B}'=-\boldsymbol{B}_0$,但 $\boldsymbol{B}_0$ 和 $\boldsymbol{B}'$ 本身均不为零.其磁感线的分布示意图,如图 17.22 所示.由图可以看出,一个超导体当它由正常态转为超导态时,就会把样品内的磁感线立即完全地排斥到样品外.①

零电阻特性和完全抗磁性,是超导体处于超导态时的两个最基本的特征.

3. 临界磁场和临界电流

昂尼斯发现超导电现象以后,1914 年又通过实验发现,超导态能被足够强的磁场所破坏.实验表明:当样品处于超导态,若磁场(可以是外加的,也可以是超导电流自己产生的,也可以是二者之和)高于某一临界值 H_c 时,样品电阻便突然出现,即超导态受到破坏.H_c 即称为超导体的**临界磁场**.实验还表明,对于给定的超导物质,H_c 是温度的函数,它可近似地表示为

$$H_c = H_{c0}\left[1-\left(\frac{T}{T_c}\right)^2\right] \tag{17.3}$$

式中 H_{c0} 为 $T=0$ K 时超导体的临界磁场.

受临界磁场所限,超导体所能承载的电流也受到限制,这个限制电流即为**临界电流** I_c.由于临界磁场是外加场和超导电流的磁场共同叠加的值,故 I_c 的值是外加场的函数.

① 实际上,感生电流是分布在很薄的表面层内,理论和实验表明,磁场分布按指数衰减,其透入深度一般在 $10^{-6}\sim10^{-5}$ cm 之间.对于大块物体而言,可以认为其透入深度为零.

概括地说，超导材料只有满足 $T < T_c, H < H_c, I < I_c$ 时才能处于超导态，其中任何一项不能满足，其超导态就会受到破坏.

4. 同位素效应

1950 年雷诺(Reynolds) 等人和依·麦克斯韦(E. Maxwell) 分别独立发现超导临界温度 T_c 与元素的同位素质量 M 有关，即

$$M^{\alpha}T_c = 常量 \quad (\alpha = 0.50 \pm 0.03) \tag{17.4}$$

这就是同位素效应. 同位素效应说明超导不仅与超导体的电子状态有关，而且也与金属的离子晶格有关.

5. 能隙

理论研究表明，超导体中电子的能量存在着类似半导体禁带的情况，只不过这个禁带非常窄，只有 10^{-4} eV 的量级，吸收一个红外光子即可跃迁通过这一能量间隙，故谓之**能隙**. 常用符号 Δ 记之.

超导体处于超导态时，除了上述基本特性外，还有磁通量子化、约瑟夫孙效应等等一些奇特性质，这里就不一一介绍，有些性质在讲到超导应用时一并说明.

17.3.2 超导体的微观机制

对于超导体所具有的这些超导特性，从 20 世纪 30 年代起就陆续地提出了不少唯象的理论. 这些理论可以帮助人们理解零电阻效应和迈斯纳效应，但不能说明超导电性的起源问题. 这个谜底直到 20 世纪 50 年代才由美国的三位物理学家所揭开.

1. 金属导体电阻的电子理论

早期的超导体都是在金属及它们的合金中发现的. 当它们由正常态转变为超导态时电阻一下子就消失了，那么它们的微观结构到底发生了什么变化呢? 为此，我们简略地介绍一下金属导体电阻的电子理论.

按照量子力学的观点，电子的行为要由满足薛定谔方程的电子波来描述. 理论证明，在一个严格的周期性势场中，电子波是没有散射的，电子也不与晶格交换能量，因此也就没有电阻. 而由于缺陷和热振动的存在使得金属中原子实所形成的势场就不能是严格周期性的. 电子波在非严格周期性势场中传播将会发生散射，散射的结果使自由电子的动量发生变化，即使得电子在电流方向上的加速运动受到阻碍，这就是电阻. 由于散射的原因有缺陷和热振动两个方面，因而金属中的电阻也可分成两部分，即杂质电阻 ρ_i 和热振动电阻 ρ_l. 杂质电阻与杂质浓度有关而与温度无关. 热振动电阻与温度有关. 理论研究表明 $\rho_l \propto T$，即非超导物质的电阻随温度下降的曲线是平缓而光滑的. 如上所述，一个排列非常整齐，没有杂质的理想离子晶体，只有在晶格没有热振动时($T = 0$ K)，才没有电阻. 而超导体，在临界温度 T_c 以上，即处于正常态时，它的电阻随温度下降的曲线也是平缓而光滑的. 但是到了临界温度时，其电阻值突然地一下子消失掉，如图 17.23 所示. 显然处于超导态的物质，其电子的行为是有异于这种自由无序化电子波的.

2. 弗罗里希的“电-声”作用

由于超导体从正常态向超导态的转变是一种突变的，因此人们根据金属

导体电阻的电子理论，认为这种转变应是电子态的转变，即应该是电子由自由态转变为束缚态，由无序化转变为有序化.但是这种转变是通过什么样的物理机制实现的呢？1950年弗罗里希(Frohlich)提出的“电子-声子相互作用”的图像对上述问题作出了初步回答.

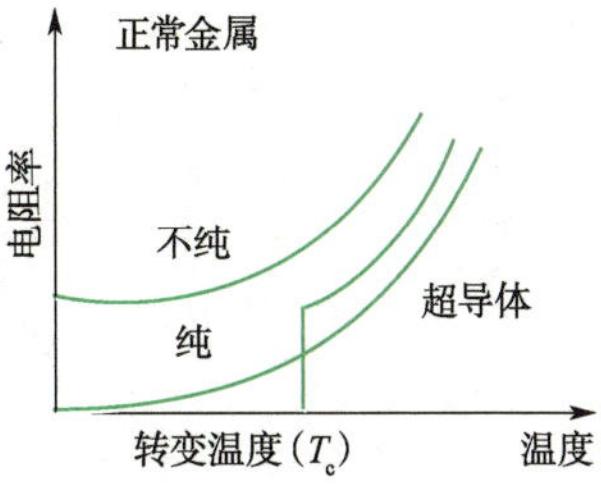

图 17.23　超导体的电阻在转变点完全消失

弗罗里希认为，金属中的共有化价电子在离子实组成的晶格间运动时，电子密度是有起伏的.即电子的密度在局部范围内有大有小.如果在某时刻，电子在某处 A 比较集中，这时高密度的电子便会对 A 点附近的离子晶格产生较大的吸引力，而使 A 处的离子实离开自己的平衡位置而产生振动，这振动在局部区域内的传播即为**晶格波**(有时简称格波).格波的能量，按量子力学的理论是量子化的，其每一份能量为 $h\nu$，ν 为格波的频率.格波波场能量的能量子 $h\nu$ 即称为**声子**(因为格波是机械波，故名为声子，就如同光波的能量子称为光子一样).另一方面，格波的波场区域内，在沿着高密度电子流运动的轨迹方向上晶格会发生畸变(极化)，即在局部区域内形成正离子高浓度区域，如图 17.24 所示.

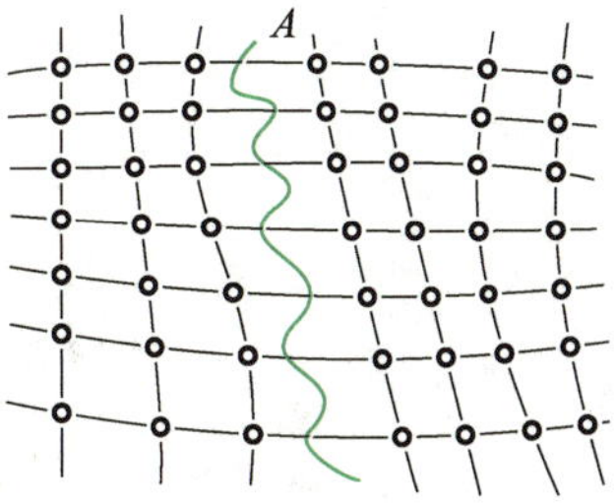

图 17.24　晶格由于电子密度起伏引起的振动而产生的格波和极化径迹

当第一个电子由上述的格波波场区域出来而该波场还没有消退时，第二个电子刚好进入到该格波区域.由于格波区域内是正离子高浓度区，因此第二个电子就会受到较大的吸引而沿着晶格离子极化的方向去追随第一个电子运动.现在假如我们忘掉晶格离子的极化，而把注意力集中到这一对电子上，那么就会看到这一对电子间存在着一种**有效吸引**.

对上述这种图像，我们通常用下面的物理术语来描述.根据量子场理论：两个微观粒子之间的作用都是通过交换这种或那种场量子来实现的.例如电子间的库仑作用就是通过交换光子实现的.按上述思路，我们把电子间上述那种有效吸引，描述成这一对电子是通过交换声子而出现吸引的.如图 17.25 所示：动量为 $\boldsymbol{p}_1$ 的电子在格波波场区域内释放出一个声子而被第二个电子所吸收.设声子的动量为 $\boldsymbol{q}$，则作用后第一个电子的动量变为 $\boldsymbol{p}_1-\boldsymbol{q}$，第二个电子的动量为 $\boldsymbol{p}_2+\boldsymbol{q}$，这两个电子通过交换声子便产生了吸引作用，这种作用即为**“电-声作用”**.

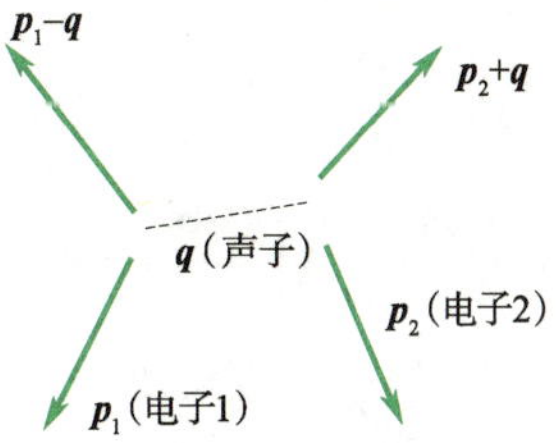

图 17.25　电子-声子作用

3. BCS 理论

对超导电微观理论最有成效的探索是美国物理学家巴丁(Bardeen)、库珀(Cooper)和施里弗(Schrieffer)在 1957 年作出的，并被称作 BCS 理论.

在弗罗里希“电-声作用”的基础上，1956 年库珀用量子场论的理论证明了，只要两个电子之间存在有净的吸引作用，不论多么微弱，结果总能形成电子对束缚态.形成束缚态的一对电子，就称为**库珀电子对**，或简称库珀对.即处于超导态的价电子，不再是单独的一个个地处于自由态，而是配成一对对的束缚态.

在库珀对的基础上，施里弗提出了超导体超导基态波函数，并证明了由于电子配成库珀对，使整个导体处于更为有序化的状态，因此它的能量更低.处于束缚态的库珀对电子的能量与处于正常态的两个自由电子的能量差值，就是超导体中的能隙.反之，这个能隙也可称为库珀对的结合能，即拆散一个库珀对所需的能量.

计算表明，库珀对的结合能量是非常微弱的(约 10^{-4} eV)，这就意味着这个电子对中的两个电子相隔较远，相隔距离约为 10^{-4} cm，但这却是晶格间距的 1 万倍左右.也就是说，在每一个束缚电子对伸延成的体积内包含有成百万对个别的电子对，它们是彼此交叠的. 而根据泡利不相容原理，不能有相同量子态的两个电子占据同一能态. 与此限制相适应，这些相互交叠的库珀对电子的动量就只能统一到每个电子对的总动量为零，每个电子对的自旋角动量也必须为零，即要求每对库珀对的电子，它们的动量大小相等，方向相反，且自旋方向相反. 至于对与对之间，每个电子的动量可以各不相同. 也就是说在超导态中，电子的有序化是指它们动量的有序化而不是指它们位置的有序化.

简言之，BCS 理论的核心是：在超导态中，电子通过电 — 声作用而结成束缚态的库珀对，而泡利不相容原理则使所有的库珀对电子有序化为群体电子的动量和角动量相关为零.

当超导体处于超导态时，所有价电子都是以库珀对作为整体与晶格作用. 即它的一个电子与晶格作用而得到动量 $\boldsymbol{p}'$ 时，另一个电子必同时失去动量 $\boldsymbol{p}'$，使总动量仍然保持不变. 也就是说库珀对作为整体不与晶体交换动量，也不交换能量，能自由地通过晶格. 当有外加电场并形成传导电流后，库珀对的动量沿着电流方向增加而形成定向流动，但所有电子对携带的动量还是相同的，若此时去掉外场，便没有电子对的加速运动了. 这时库珀对虽然也受到晶格的散射，但在 T_c 以下，这个散射提供的能量还不足以把库珀对分解，故库珀对电子在散射前后总动量仍然保持不变，即电流的流动不发生变化，因此没有电阻. 但在临界温度 T_c 以上，这种散射就使库珀对被拆散. 这时单个自由电子的散射将使它的动量发生变化而出现电阻.

BCS 理论不仅成功地解释了零电阻效应，还成功地解释了迈斯纳效应，超导态比热、临界磁场等实验结果. 这个曾"使理论物理蒙上耻辱的" 的物理难题经历了大约半个世纪之后，终于得到了比较满意的解决，因此巴丁等人在 1972 年获得了诺贝尔物理学奖.

17.3.3 超导材料的分类

人们把超导材料按照超导体在临界磁场 H_c 时将磁通排斥在超导体外的方式不同，把超导材料分为两类.

1. 第 Ⅰ 类超导材料

这类超导材料在磁场 H_c 以下，磁通是完全被排斥在超导体之外的，而只要磁场一高于 H_c，磁场就完全透入超导体中，材料也恢复到正常态. 即这类超导材料由超导态向正常态的转变没有任何中间态，只要出现 $T > T_c$，$H > H_c$，$j > j_c$ 中的任何一种情况，就立即恢复到正常态，亦即只有处于图 17.26 中的曲面内时才是超导态.

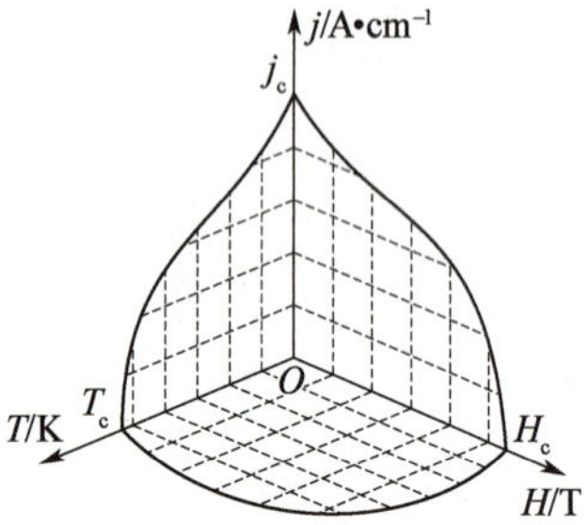

图 17.26　分开第一类材料的正常态和超导态的曲面，此曲面即是临界面

属于第 I 类超导材料的是除铌(Nb)、钒(V)、锝(Tc) 以外的纯超导元素. 如铱($Ir, T_c = 0.14K$)，镉($Cd, T_c = 0.56$ K)，锌($Zn, T_c = 0.85$ K)，汞($Hg, T_c = 4.15$ K)，铅($Pb, T_c = 7.2$ K)…… 这类超导材料的 T_c 和 H_c 一般都很低. 由于低温技术的难以获得，故这类超导材料的应用前景有限.

2. 第 Ⅱ 类超导材料

这类超导材料存在两个临界磁场. 即下临界磁场 H_{c1} 和上临界磁场 H_{c2}. 当材料处于下临界磁场 H_{c1} 时是完全超导态. 当磁场超过 H_{c1} 但仍在 H_{c2} 以下，即 $H_{c1} < H < H_{c2}$ 时，处于混合态，这时材料的大部分处于超导态，而部分处于正常态. 即从 H_{c1} 开始，磁通就部分地透入超导体中，而且随着磁场的

增强，透入的磁通也随之增加，当磁场达到上临界磁场 H_{c2} 时，磁场完全地透入材料中并完全恢复到有电阻的正常态，如图 17.27 所示.

值得注意的是，第 Ⅱ 类超导材料在其处于混合态时，虽然完全抗磁性开始部分地受到破坏，但零电阻效应依然保持. 在磁场透入的部分，电流与磁场之间存在相互作用，这种作用在材料中会引起电阻效应并会局部升温，使得磁通透入的范围更大，进而使局部升温范围扩大而导致超过临界温度. 对于这种情况，在具体运用时可以通过技术处理而防止.

属于第 Ⅱ 类超导材料的有铌、钒、锝及合金、化合物等. 第 Ⅱ 类超导材料，尤其是化合物的超导材料，其临界温度相对较高. 故在技术上有重要应用的主要是指第 Ⅱ 类超导材料.

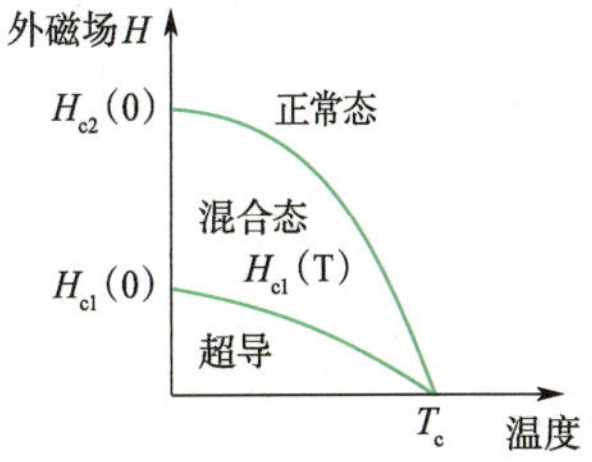

图 17.27　第二类超导体处于混合态时的磁通透入

3. 高温超导材料

超导最惹人注目的特点，就是在临界温度以下的零电阻效应. 然而直到 1986 年以前，人们发现的超导材料几乎都只能在液氦温区工作. 而氦气的稀少，制备液氦技术的复杂和成本之高昂却大大地限制了超导体的研究和应用.

1986 年 1 月，瑞士苏黎世的 IBM 公司（国际商业通用机械公司）研究所的物理学家缪勒(K. A. Muller) 和贝德诺兹(J. G. Bednorz)，意外地发现镧、钡、铜三元氧化物这种陶瓷材料在 35 K 出现了超导性. 后经反复实验，证明这是确实的，于是在 4 月才公布发表. 当年 12 月日本东京帝国大学和美国波士顿大学宣布重复了缪勒等人的实验，这一事件引起了世界各国的重视. 世界各地的科学家纷纷对这种氧化物超导体进行系列的研究，其中也有我国物理学家的出色工作. 1986 年 12 月 25 日中科院物理所的赵忠贤等人得到了锶、镧、铜氧化物系统的转变温度为 48.6 K，1987 年 2 月 24 日，他们又获得了钡、钇、铜氧化物的转变温度为92.8 K(20 世纪 90 年代的最新报道是，Hg 系列氧化物超导体，其超导转变温度达 133.8 K). 从 1986 年 12 月开始，差不多每天都有这方面的新报道，全世界掀起了“超导热”. 新的超导材料所以鼓舞人心，是因为它能在液氮温区工作. 氮的沸点是 77 K，而获得液氮要比液氦容易得多，且氮是空气的主要成分，资源丰富. 因此超导材料的临界温度提高到液氮范围，这是一个重大的突破，给超导的实际应用带来了非常广阔的前景.

由于缪勒和贝德诺兹在高温超导材料中的关键性突破，为高温超导材料的研究开辟了新的道路. 他们荣获了 1987 年的诺贝尔物理学奖.

17.3.4 超导理论新动向

1986 年高温超导的出现，不仅将改变应用的前景，同时对超导理论的研究也起了推进作用. 过去超导材料主要是金属和合金，而现在主要是多元金属氧化物. 人们普遍关心的是对于新的超导材料，以金属超导材料为对象的 BCS 理论是否依然有效？根据新发表的一些材料来看，实验证明电子在超导体中配成库珀对这一点仍然是必要的，而对形成库珀对的机制有不同的看法. 1987 年安德孙(D. W. Anderson) 提出的共振理论认为，新的超导体存在母体和掺杂两部分，例如，La - Ba - Cu - O 中，La_2CuO_4 是母体，本身是绝缘体，电子在晶格附近配成自旋相反的共价键，通过掺杂的驱动，这种共价电子就共振转变为超流的库珀对而形成超导. 罗伏兹(J. Ruvalds) 则提出固体中电子气的密度发生起伏，以波的形式传递而形成所谓电荷密度波，而它的量子称为等离子激元，它起了 BCS 理论中声子的作用. 这两种理论都是全电子理论，即形成电子对与晶格无直接关系.

科研成果介绍

全超导托卡马克核聚变实验装置

还有一种所谓“激子机制”而形成电子对的. 这种理论认为金属(如 Ba)与半导体(如 CuO_2)是以一层层形式的结构而存在的,称为 M-S-M 结构. M(金属)中的电子排斥 S(半导体)中的电子而形成空穴,空穴又与 M 中的电子形成电子—空穴对,这种电子—空穴对称为激子. 在两边的 M 中两个电子通过激子而配成电子对. 目前这些理论都不很成熟,超导理论工作者都在注意实验将会得到什么有意义的结果并以此来指导理论工作的方向.

17.3.5 超导电性在工业上的应用

1. 超导磁体

无论是现代的科学研究还是现代工业,都需要研制出大尺度、强磁场、低消耗的磁体. 但现有材料制成的磁体却不能全面满足上述要求.

用铁磁材料制成的永久磁体,它两极附近的磁场只能达到 7 000 ~ 8 000 Gs;电磁铁,由于铁芯磁饱和效应的限制,也只能产生 25 000 Gs 的磁场;用通以大电流的铜线圈,它产生的磁场虽然可以高达 100 kGs,但耗电达 1 600 kW,且每分钟须耗用 4.5 t 的水来冷却,此外体积庞大也是它的一个缺点,一个能产生 50 kGs 的铜线圈重达 20 t.

用超导线圈来制成磁体却能做到大尺度、强磁场、低消耗. 例如可以产生几万高斯的超导磁体只需耗电几百瓦(主要用于维持超导材料需要的低温),其重也只有几百公斤,而且还无需耗用大量的冷却水. 目前,世界上已制成的超导磁体产生的磁场已高达 170 kGs,现在正在研制 200 ~ 300 kGs 的超导磁体. 此外,超导磁体所产生的磁场,无论在持久工作的时间稳定性、大空间范围内的均匀性和磁场梯度等方面都要比普通磁体强得多.

磁悬浮列车

超导磁体已被应用于高能物理、磁悬浮列车(目前拥有磁悬浮列车的国家只有德国、日本和中国等少数几个国家)和医用核磁共振成像设备中,用超导磁体制成的功率已达2 400 W 的单极电动机早在 20 世纪 60 年代已经问世(其主要应用在需要连续运转但转速变化太大的地方,如轧钢机、船舶驱动和发电站的辅助电动机等). 另外,能在大尺度范围内产生强磁场的超导磁体,在未来新能源磁流体发电机中及受控核聚变中用于约束等离子体必将发挥重要作用. 有人还设想过,将超导磁体运用于交流发电机上,这样可以提高单机容量. 由于高温超导材料的突破,可以预计,高温超导磁体的应用将会更为广泛.

青蛙磁悬浮

2. 超导电缆

电能在零电阻输送时是完全没有损耗的,这无疑是用超导电缆进行电力输送者最充分的理由. 在液氦低温区(4.2 K)已有实验性电缆. 结论是用于超高压特大容量的电力传输,在技术上是完全可行的. 目前,困难大体上集中在如下几个问题:在经济上,比较低的运转费用必须要抵得过昂贵的投资;在技术方面,低温电缆所要求的绝缘介质在低温下的强度还有待解决;在传输线、制冷站或电缆中出现故障时,提供相应的保护以保证电流的供应不间断也有问题;超导电缆低温屏蔽上如出现故障也不能很快地修复等. 然而,由于对电能需求的迅速增长,高温超导材料临界温度的提高,超导电缆在传输电力时的无能量损耗,这个巨大的优势正在吸引越来越多的人去开发,故可以相信,超导电缆的实际应用是为时不久了.

3. 超导储能

将一个超导体圆环置于磁场中，降温至圆环材料的临界温度以下，撤去磁场，由于电磁感应，圆环中便有感生电流产生. 只要温度保持在临界温度以下，电流便会持续下去. 已有的实验表明，这种电流的衰减时间不低于 10 万年. 显然这是一种理想的储能装置，称为超导储能.

超导储能的优点很多，主要是功率大、重量轻、体积小、损耗小、反应快等，因此应用很广. 如大功率激光器，须要在瞬时提供数千乃至上万焦耳的能量，这就可由超导储能装置来承担. 超导储能还可用于电网. 当大电网中负荷小时，把多余的电能储存起来，负荷大时又把电能送回电网，这样就可以避免用电高峰和低谷时的供求矛盾.

17.3.6 约瑟夫孙效应及其应用

如果我们将两块处于超导态的超导体以不同的方式相接触以组成各种不同形式的“超导结”，那么将会出现哪些奇特的现象呢？不但有人这样想过，而且还有人这样做过，这就导致了贾埃弗(Giaever) 单电子隧道效应和约瑟夫孙的库珀对隧道效应(约瑟夫孙效应) 的发现. 近 20 多年来，人们对**约瑟夫孙效应**进行了深入研究并已发展成为超导电子学.

1. 单电子隧道效应

1960—1961 年，贾埃弗将正常态金属膜(N)、超导体(S)、薄氧化物绝缘层(I) 组成不同的超导结：N-I-N 结、N-I-S 结和 S-I-S 结，做了一些有趣的实验(见图 17.28). 根据接触电势差理论可知，那一层薄的绝缘层对于电子来说就是一个势垒. 根据量子力学理论，具有波粒二象性的微观粒子，即使在其动能 E_0 小于势垒高度时，仍有一定的概率从势垒的一侧贯穿至另一侧，这就是所谓的**量子隧道效应**. 贾埃弗在上述超导结中发现了单电子超导效应. 实验观测到，当外加电压 $V > 0$ 时，单电子隧道效应产生的隧道电流 I 和外加电压 V 之间的 I-V 曲线，N-I-N 结与 N-I-S 结和 S-I-S 结之间有显著的不同. N-I-N 结的 I-V 曲线如图 17.28(a) 所示，是呈直线的，而 N-I-S 结和 S-I-S 结的 I-V 曲线不再呈直线，而是在超导能隙电压 Δ/e 处或 $(\Delta_1+\Delta_2)/e$ 处(式中 Δ 表示超导能隙)，隧道电流突然增加，如图 17.28(b) 和(c) 所示. 贾埃弗单电子隧道效应的发现，直接观测了超导能隙，证明了 BCS 理论的正确，并可为超导理论的新发展 —— 强耦合理论 —— 提供实验依据.

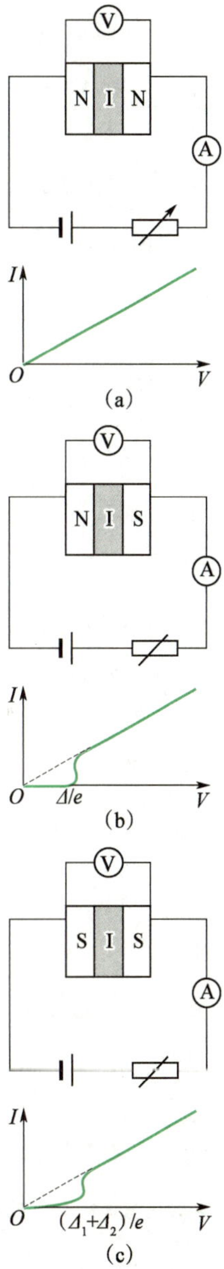

图 17.28

2. 约瑟夫孙效应

既然实验中已指出超导结中有单电子隧道效应存在，那么库珀对电子作为整体能否隧穿绝缘层的势垒而发生隧道效应呢？1962 年正在英国剑桥大学攻读物理博士学位的研究生、年仅 22 岁的约瑟夫孙在其导师安德孙的指导下研究了这个问题. 约瑟夫孙运用 BCS 理论研究了超导能隙的性质，计算了 S-I-S 结(后人称为约瑟夫孙结) 的隧道效应，从理论上预言，只要隧道结的势垒层(I) 足够薄(1 nm 左右) 时，库珀对也能隧穿势垒层，并且具有如下一些性质.

(1) 直流约瑟夫孙效应：根据 BCS 理论，总动量为 p 的库珀对也可以用具有德布罗意波波长为 h/p 的一个波函数来表示. 当存在超导电流时，每对库珀对的总动量 p 都是相同的，即所有电子对的德布罗意波长相同；又由于这些库珀对电子是大范围内彼此交叠的，亦即大量的电子对的波函数在空间内是相互交叠的，所以各电子对的波函数的相位也必须相同. 计算表明，至少在人体尺度的超导体内，库珀对电子的波函数的相位都能保持相同.

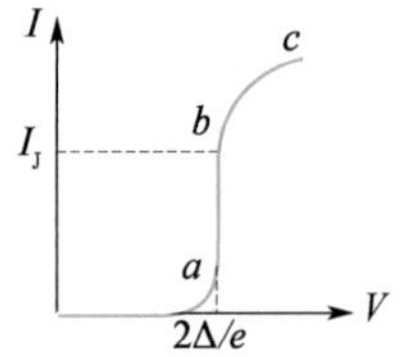

图 17.29

如图 17.28(c) 所示 S-I-S结中的这两块超导体，电子对的相位在每一块的内部是相同的，但是在这两块之间，它们的相位则是不同的. 若在约瑟夫孙结的外侧加上一直流电压，当电压小于 $2\Delta/e$ 时，几乎没有电流，但当电压达到 $2\Delta/e$ 时，电流突然上升，但这时电压不变，亦即结电压(S-I-S结两端的电压)为零，这也就是零电阻效应，此时的电流就是超导隧道电流，如图 17.29 所示. 当电流超过最大约瑟夫孙电流 I_J 时，曲线 bc 部分就显示出正常态的电流电压关系.

结电压为零时的超导电流满足如下关系：

$$I = I_J \sin\varphi \tag{17.5}$$

式中 I_J 为**最大约瑟夫孙电流**，$\varphi = \varphi_2 - \varphi_1$，是绝缘层两侧库珀对波函数的相位差. 可以证明在结电压为零时，φ 为常数，即此时是一个恒定的无阻超导电流.

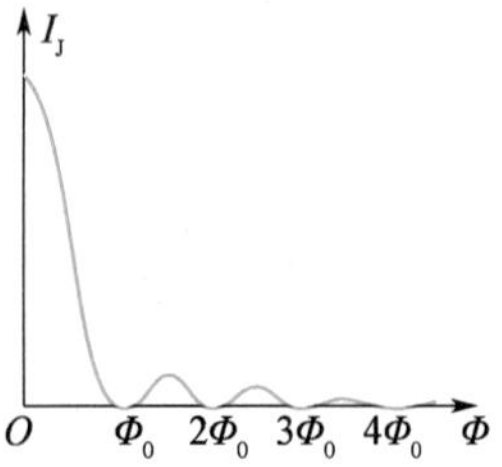

图 17.30

进一步的研究发现，最大约瑟夫孙电流 I_J 对外磁场很敏感. 若在结电压为零时，在平行于结的平面上加上外磁场，I_J 就会减少，而且出现周期性的变化. 如图 17.30 所示，当通过结面的磁通为**磁通量子**①$\Phi_0 = \dfrac{h}{2e}$ 的整数倍时，I_J 就降为零. I_J 与磁通 Φ 的关系曲线与光的单缝衍射时光强分布曲线非常相似.

以上现象即为直流约瑟夫孙效应.

(2) 交流约瑟夫孙效应：当外加电压继续增大，使隧道电流超过最大约瑟夫孙电流 I_J 时，亦即当结电压 $V \neq 0$ 时，约瑟夫孙指出，这时超导结两侧的超导体内电子对的量子态波函数的相位差对时间的变化率为

$$\frac{d\varphi}{dt} = \left(\frac{2e}{\hbar}\right)V \tag{17.6}$$

积分可得 $\varphi = \dfrac{2e}{\hbar}V_0 t + \varphi_0$，这时通过约瑟夫孙结的电流为

$$I = I_c \sin\left(\frac{2e}{\hbar}V_0 t + \varphi_0\right) \tag{17.7}$$

这说明，当结电压不为零时，会出现一个基频为 $\nu_0 = \dfrac{2e}{h}V_0$ 的交变电流. 计算表明 $\dfrac{2e}{h} = 483.6\ \mathrm{MHz}/\mu\mathrm{V}$，即每微伏电压对应的交变电流频率为 483.6 MHz. 这种高频的正弦电流将会产生电磁辐射，辐射的频段在微波至红外部分($5 \sim 10 \times 10^{12}$ Hz). 这是因为库珀对从结电压处获得能量，又以辐射形式发射出去的结果. 这就是**交流约瑟夫孙效应**.

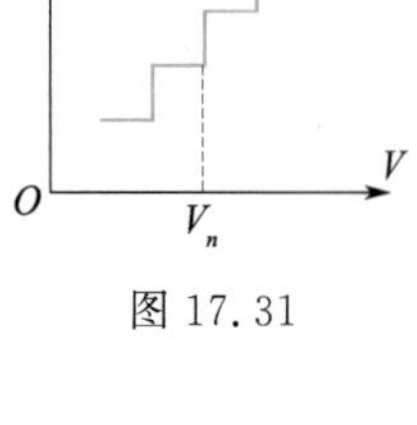

图 17.31

如果在 S-I-S结外侧的外加直流电压的基础上再外加一个交变电压(例如用微波照射在结上)，同时又改变结上的直流电压时，则在某些特定的电压值，电流会突然增大，如图 17.31 所示，在 I-V 曲线上出现了“台阶”. 由于这种现象是夏皮罗(Shapiro) 在 1963 年做交流约瑟夫孙效应的逆效应实验时发现的，故这种电压“台阶”又称夏皮罗台阶. 实验发现这一系列电压值为

$$V_n = n\frac{h}{2e}\nu \qquad (n = 0, 1, 2, \cdots)$$

① 磁通的量子化现象是阿伯利柯索夫在 1957 年预言的，1961 年由第埃尔和弗埃贝在实验中所证实. 近代测出的磁通量子 $\Phi_0 = 2.067\ 833\ 8 \times 10^{-7}\ \mathrm{Gs \cdot cm^2}$.

式中 ν 是辐照的微波频率. 这说明相邻台阶间的电压间隔是 $\frac{h}{2e}\nu$. 显然，当辐照频率一定时，这时的电压值也是量子化的，这就为电压的自然标准提供了实验基础.

由于约瑟夫孙所作出的贡献，使他和贾埃弗共享了 1973 年的诺贝尔物理学奖.

3. 约瑟夫孙效应的主要应用

1) 超导量子干涉器

简称 SQUID(Super Conducting Quantum Interference Device). 如图 17.32 所示，把两个约瑟夫孙结并联起来即成为一个 SQUID. 超导电流从 P 通过 a 结和 b 结到达 Q. 若用波函数来描述库珀对的量子态，则经过 a 结和 b 结后，它们的波函数的相位改变是不同的，因此波函数到达 Q 点因产生相位差而干涉，这与光通过双缝而干涉的情况相似，不过这里是描述库珀对的量子态波函数的干涉而已.

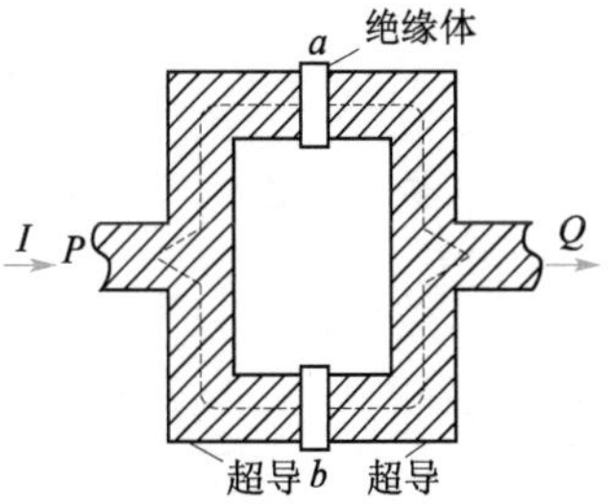

图 17.32　SQUID 超导量子干涉器原理

如果把器件放在外磁场中，则理论证明，当通过干涉器回路中的磁通量是磁通量子 Φ_0 的整数倍时，通过 SQUID 的电流出现极大. 即

$$I_m = 2I_J \mid \cos(\pi\Phi_c/\Phi_0) \mid$$

式中 I_J 是单结的最大约瑟夫孙电流，Φ_c 为外场穿过器件回路的磁通量，Φ_0 为磁通量子. I_m 与 Φ_c 的关系如图 17.33 所示. 在具体运用时，根据偏置电流的不同又可分为直流(DC) 和射频(RF) 两类.

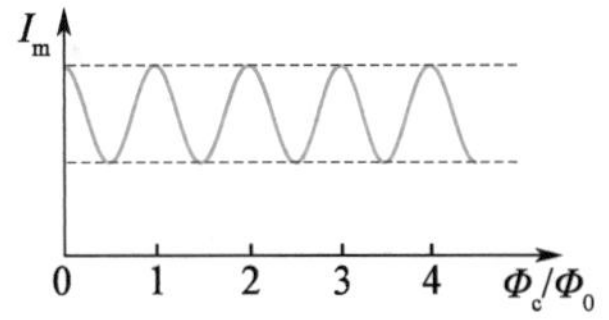

图 17.33

目前应用较广的是以 DC SQUID 为磁传感元件制成的超导磁强计. 由于用的是干涉原理，故灵敏度特别高，其可测出 10^{-11} 高斯的弱磁. 超导磁强计作为探测微弱磁场的精密仪器已被广泛应用于科学技术和生产实践各个领域. 如探矿、地震预报、生物磁场探测等.

2) 电压标准

1893 年开始，国际上采用硫酸镉电池组作为标准电池并置于恒温、恒湿、防震实验室内. 由于物理化学因素的变化，电压值不断变化，为消除各国电压标准的差异，规定每隔 3 年到法国巴黎的国际权度局进行一次直接比对. 这不仅麻烦，精确度也不能满足科技发展的需要.

根据约瑟夫孙结受微波辐照时 I-V 曲线上会出现 Shapiro 台阶，电压值为

$$V_n = n\frac{h}{2e}\nu$$

频率测量精度可达 10^{-10} Hz，而 $\frac{h}{2e}$ 为常量，监测精度可达 10^{-8} V. 故从 1976 年起国际权度局决定，改用约瑟夫孙效应方法经管电压标准. 这样不仅精度高，而且与测量地点、环境无关，保存、比较都方便.

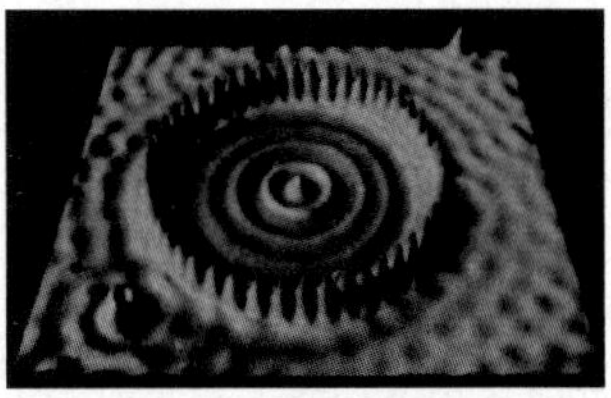

图 17.34　显示扫描隧道显微镜的针尖在铜表面上搬运和操纵 48 个原子，使它们排成圆形. 圆形上原子的某些电子向外传播，逐渐减小，同时向圆内传播的电子相互干涉，形成干涉波

3) 超导计算机器件

计算机最基本的元件是开关元件. 用一磁场可使约瑟夫孙结从零压状态变为有压状态，结的这一特性便可作为计算机的开关元件，它的开关速度只需几个皮秒(10^{-12} s)，比半导体的开关速度快 1 000 倍. 而功耗仅为半导体元件的千分之一. 因此，超导计算机器件的特点是速度快、功耗小，不存在散热问题.

此外，利用超导隧道效应制备的敏感元件，其能量分辨可以接近量子力学测不准关系所限定的量级，这是其他器件所不能达到的.

*17.4 纳米科学技术简介

1965 年诺贝尔物理学奖获得者、美国著名物理学家费曼教授(R.P. Feynman)曾发问:“如果有一天人类能够按照自己的意志安排一个个原子和分子,将会产生什么样的奇迹呢?”今天,这个美好的愿望已经开始变成现实. 20 世纪 90 年代初,随着人们对凝聚态物理的深入研究,一门崭新的科学技术——纳米科技(Nano Science and Technology)诞生了.1 纳米(nm)即 10 埃(Å),纳米科技是在 0.1 ~ 100 nm 范围内研究与应用原子、分子现象的科学技术.1990 年 4 月,美国 IBM 公司的研究人员用液氮温度的扫描隧道显微镜装置,一次移动一个原子,用 35 个 Xe(氙)原子在 Ni(镍)(110)面上拼缀出“IBM”三个字母,用扫描隧道显微镜扫描一遍,字母清晰地显示在屏幕上.这是人类首次成功地按自己的意愿安排和操纵原子,使梦想变成了现实,科学家们称它为原子尺度上的“艺术杰作”,从而也宣告了纳米科学技术的诞生.

在基础领域,纳米科技主要与介观物理、量子力学和混沌物理有关,尤其是介观物理.而在工程技术领域则要用到计算机、微电子和扫描隧道显微镜等技术.纳米科学技术的发展又促使了一系列新科技的诞生,如纳米材料学、纳米电子学、纳米生物学、纳米机械学和纳米天文地质学等.下面我们仅对纳米材料学与纳米电子学的内容作相关介绍.

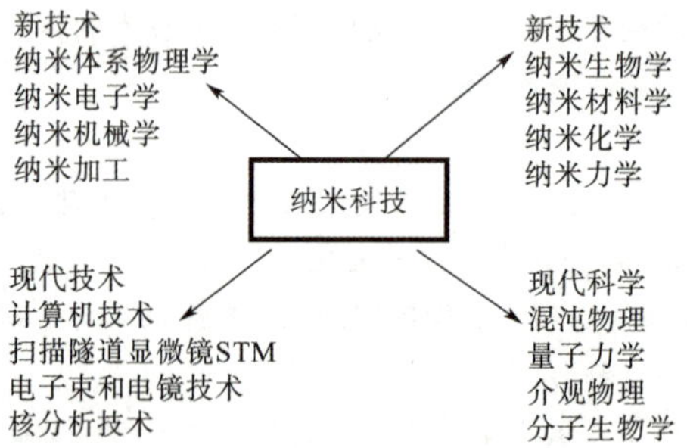

图 17.35 纳米科技的诞生和发展

17.4.1 纳米材料学

众所周知,材料是人类赖以生存和发展的物质基础.随着人类社会的进步,人们对材料也在不断地提出新的需求.以往对材料微结构的要求是注重无位错、无缺陷、具有长程有序的完美的晶体.后来又发展到追求具有优异性能,但不存在长程有序的非晶体.纳米材料是线度为纳米量级的超微颗粒材料,其颗粒大小范围为 0.1 ~ 100 nm(约为原子半径的 10 倍).现在,广义地说,纳米材料是指在三维空间中至少有一维处于纳米尺度范围或由它们作为基本单元构成的材料.如果按维数,纳米材料的基本单元可以分为三类:① 零维,指在空间三维尺度均在纳米尺度,如纳米尺度颗粒、原子团簇等;② 一维,指在空间有两维处于纳米尺度,如纳米丝、纳米棒、纳米管等;③ 二维,指在三维空间中有一维在纳米尺度，如超薄膜，多层膜，超晶格等. 因为这些单元往往具有量子性质，所以对零维、一维和二维的基本单元分别又有量子点、量子线和量子阱之称. 纳米材料大部分都是用人工制备的，属于人工材料. 但是自然界中早就存在纳米微粒和纳米固体. 例如天体的陨石碎片，人体和兽类的牙齿都是由纳米微粒构成的. 此外，浩瀚的海洋就是一个庞大超微粒的聚集场所. 通过对这些纳米粒子的研究，可以了解海洋、生命的起源以及获取开发海洋资源的信息. 最近科学家们发现，海龟的头部有磁性的纳米微粒，它们靠这种微粒完成几万里的长途迁移而不会迷失方向；蜜蜂的体内也存在磁性的纳米粒子，这种磁性的纳米粒子具有"罗盘" 的作用，可以为蜜蜂的活动导航，等等.

电子显微镜

人工制备纳米材料是将这种颗粒在一定条件下加压制成固体材料，或用沉积的方法制成薄膜，它包括纳米金属、纳米陶瓷、纳米高分子材料和纳米复合材料等. 纳米颗粒内包含的原子数一般为 $10^2 \sim 10^4$ 个，其中有 50% 以上为界面原子. 这样的系统既非典型的微观系统，也非典型的宏观系统，而是典型的介观系统. 有时多一个或少一个原子就能导致纳米微粒性能的急剧变化. 这种材料的结构既不同于长程有序的晶体，也不同于长程无序、短程有序的非晶态玻璃，而表现为既无长程有序、又无短程有序的新的物质状态. 并由此具备一般晶体和非晶体材料都不具备的奇特性能，如硬度、强度、韧性、导电性和磁性等都非常优异. 这些奇异性质主要产生于超微颗粒的小尺寸效应、表面效应和量子效应.

1. 纳米颗粒的奇异特性

1) 小尺寸效应

当固体颗粒的尺寸逐步减小，小到一定的临界尺寸时，会出现一些奇特效应. 在颗粒尺寸达到或小于电子的德布罗意波长以及超导体的相干长度(约 10^2 nm) 时，晶体中的周期性边界条件不复存在，此时其声、光、电、磁、热力学性质均呈现小尺寸效应. 如当颗粒尺寸小于可见光波波长时对光的反射率低于 1%，于是颗粒将失去原有的光彩而呈黑色；用纳米颗粒压制的陶瓷材料可具有良好的韧性；磁性颗粒会出现磁性丧失；超导相会向非超导相转变以及结构的不稳定性等.

2) 表面与界面效应

球形颗粒的表面积与直径的平方成正比，其体积与直径的立方成正比，故表面积与体积之比与直径成反比，颗粒直径越小，其比值越大. 例如，一个边长为 1 m 的立方体，其表面积为6 m^2，若将此立方体切割成边长为1 mm 的立方体，再按原样堆砌成边长为 1 m 的立方体，体积没变，但其小立方体表面积之和为6 000 m^2，比原来增大了 1 000 倍. 由于表面积增大，表面原子占总原子数的比例也将会显著增加，其表面活性也将大为增强. 所以超微粉末很容易引起燃烧和爆炸. 这是因为表面原子近邻配位不完全，因而本身极不稳定，一遇到其他原子便极易与之结合. 如图 17.36 所示为一简立方结构晶粒的二维平面图. 图中实心圆代表位于表面的原子，空心圆代表内部原子，位于表面的原子近邻配位不完全，图中"E" 原子缺少一个近邻的原子，"C"、"D" 原子均缺少两个近邻的原子，A 原子则缺少三个近邻的原子，A 原子由于受到其他原子的束缚少，所以极不稳定，很容易跑到附近的空位上，与其他原子结合形成较稳定的结构. 这种表面原子的活性不但引起表面原子的输运和构型的变化，同时也会引起表面电子自旋构象和电子能级的变化.

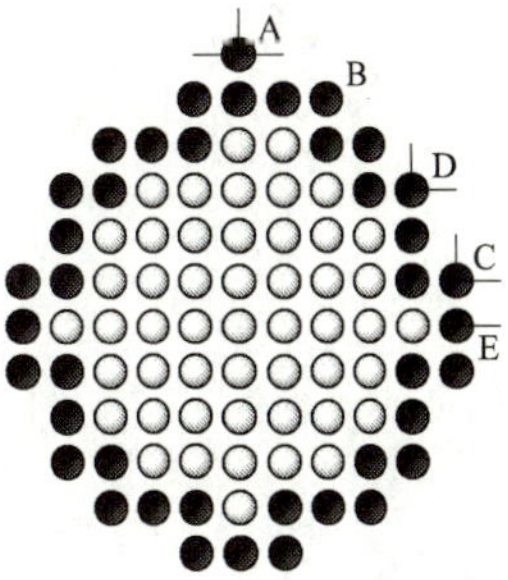

图 17.36　晶粒结构示意图

表 17.2　纳米微粒尺寸(粒径)与表面原子数的关系

纳米微粒粒径(nm)	包含总原子数	表面原子所占比例(%)
10	3×10^4	20
4	4×10^3	40
2	2.5×10^2	80
1	30	99

3) 量子效应

量子力学成功地揭示了原子的能级结构,由无数个原子结合成固体时,由于原子间的相互作用而使单独原子的价电子能级合并成能带.能带理论阐明了宏观导体、半导体和绝缘体之间的区别.对介于原子、分子与大块固体之间的超微颗粒而言,大块材料中连续的能带又变窄,逐渐还原分裂为分立的能级.能级间距随颗粒尺寸减小而增大.当温度较低时,原子、分子的热运动能量以及电场能或磁场能比平均的能级间距还小时,就会呈现一系列与宏观物体截然不同的反常特性,这就是量子效应.例如,在低温条件下,导电的金属在超微颗粒时可以变成绝缘体,比热会出现反常变化,光谱线会向短波方向移动等.

此外,纳米微粒还具有宏观隧道效应.隧道效应原指微观粒子具有贯穿势垒(势垒高度可大于粒子的平均能量)的能力.纳米材料的一些宏观量(如磁化强度)亦具有隧道效应.但这属于宏观的量子隧道效应范畴.

2. 纳米材料

原子团簇

原子团是由多个原子组成的小粒子,它们比无机分子大,但比具有平移对称性的块体材料小,它们的原子结构(键长、键角和对称性等)和电子结构不同于分子、也不同于块体,描述原子团簇特性的学科是近年来才发展起来的,称之为原子团簇物理.原子团簇的尺寸一般小于 20 nm,约含几个到 10^5 个原子.原子团簇具有很多独特性质:① 具有硕大的表面体积比而呈现出表面或界面效应;② 幻数效应;③ 原子团尺寸小于临界值时的“库仑爆炸”;④ 原子团逸出功的振荡行为等.目前研究原子团簇的结构与特性主要有两方面的工作,一方面是理论计算原子团簇的原子结构、键长、键角和排列能量最小的可能存在结构;另一方面是实验研究原子团的结构与特性,制备原子团,并设法保持其原有特性压制成块,进而开展相关应用研究.

纳米颗粒

纳米颗粒是指颗粒尺寸为纳米量级的超微颗粒,它的尺度大于原子团簇,小于通常的微粉,一般在 1 ~ 100 nm 之间.这样小的物体只能用高倍电子显微镜观察.为此,日本名古屋大学上田良工教授给纳米颗粒下了一个定义:用电子显微镜才能看到的微粒称为纳米颗粒.纳米颗粒与原子团簇不同,它们一般不具有幻数效应,但具有量子效应,如体积效应、表面效应和分形聚集特性等.纳米颗粒的应用前景,除了光、电、磁、敏感和催化特性外,就是由 5 ~ 50 nm 的纳米颗粒在高真空下原位压制纳米材料,或制作纳米颗粒涂层,或根据纳米颗粒的特性设计紫外反射涂层、红外吸收涂层、微波隐身涂层,以及其他的纳米功能薄膜.

纳米碳管

1991 年，S. Iijima 通过高清晰度电子传输显微镜的电极放电，发现了一种新型的针状碳分子 —— 纳米碳管. 纳米碳管是圆柱状分子，大家知道，石墨是一种层状六角结构，每一层在二维平面内铺开，但其边缘是不稳定的，这正像一张薄纸，其边缘会翘起，从而形成一种更稳定的卷筒结构，即碳管. 如果是单层石墨卷起来，则为单壁碳管，若是多层，则为多壁碳管，如图 17.37 所示. 碳管直径可小至 1 nm，长可达数毫米. 由于碳管的长度远大于直径，而且其直径尺寸小至纳米量级，因此，物理上可以认为碳管是一维或准一维体系，下面的分析会更清晰地看出.

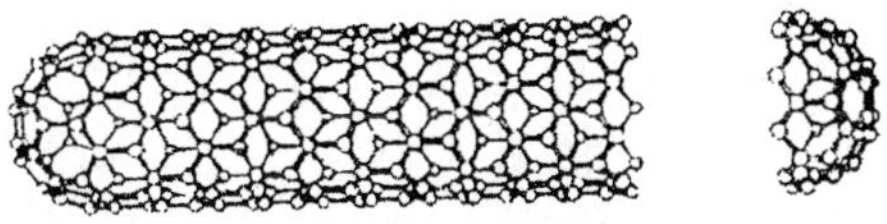

(a) 锯齿碳纳米管

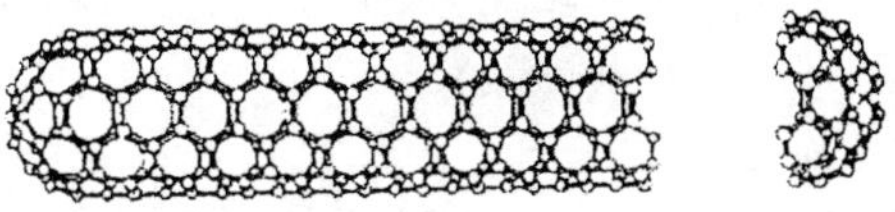

(b) 扶手椅碳纳米管

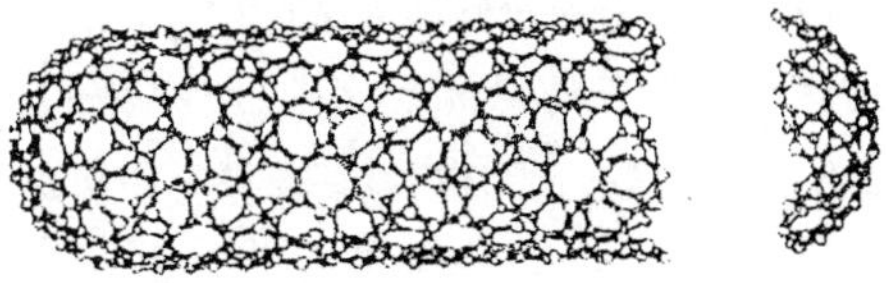

(c) 螺旋角在0~30° 之间的一般情形

图 17.37　不同类型的碳纳米管

纳米碳管在很多方面都有十分有趣的性质，它的重量很轻，却有很高的弹性模量；当对它侧向施压力时，纳米碳管并不直接折断，而是像吸管一样弯曲；压力消失时，纳米碳管就又重新变直. 纳米碳管有相当大的表面，所以有毛细现象，可以做催化剂. 在导电性方面，纳米碳管可以分为三类：金属性的，窄能隙半导体，宽能隙半导体，与其直径和螺旋性有关. 具有 Zigzag 型的纳米碳管，即沿轴线方向的碳原子键呈反式聚乙炔结构，其导电性为金属性的，而呈顺式聚乙炔结构的则为大能隙半导体，介于其间的螺旋结构，其导电性介于金属与半导体之间.

纳米固体

以纳米微粒为基本单元，适当排列可形成一维量子线、二维量子面和三维纳米固体. 纳米固体材料是将超微颗粒在高压力下压制成型，或再经一定热处理工序后生成的致密型固体材料. 这种材料有着巨大的颗粒间界面，从而使之具有高韧性. 如对纳米陶瓷器件进行表面热处理，可使材料内部保持韧性，但表面却显示出高硬度、高耐磨性与抗腐蚀性. 由原子团簇堆压成的纳米金属材料具有很大的强度和稳定性，以及很强的导电能力，这类材料存在着大量晶界，呈现出特殊的机械、电磁、光和化学性质. 经发现，由纳米硅晶粒和晶界组成固体材料，其晶粒和边界几乎各占体积的一半，具有比本征硅晶体高的电导率和载流子迁移率，电导率的温度系数很小，这些特性正在进一步研究中.

纳米薄膜与纳米涂层

纳米薄膜是将某种颗粒嵌于不同材料的薄膜中所生成的复合薄膜. 它具

有纳米结构的特殊性质，目前可以分为两类：① 含有纳米颗粒、原子团簇的薄膜，或纳米颗粒与原子团簇——基质薄膜；② 纳米尺寸厚度的薄膜，其厚度接近电子自由程和德拜长度，可以利用其显著的量子特性和统计特性组装成新型功能器件. 例如，嵌有原子团的功能薄膜相当于大原子——超原子，使原子膜材料具有三维特征，该薄膜会在基质中呈现出调制掺杂效应. 而纳米厚度的信息存储薄膜具有超高密度功能，这类集成器件具有惊人的信息处理能力；纳米磁性多层膜具有典型的周期性调制结构，导致磁性材料的饱和磁化强度的减小或增强. 对这些问题的研究都具有重要的理论和实用价值.

3. 纳米材料的应用

1）在微电子器件方面的应用

当电子器件进入纳米尺寸时，量子效应十分明显，因此，纳米材料应用在电子器件上，会出现普通材料所不能达到的效果. 目前，对于纳米硅材料的研究和应用正逐步走向深入，例如，已有人尝试用纳米硅材料制作单电子隧穿晶体管，也有人尝试制作纳米硅基超晶格.

2）在磁记录方面的应用

纳米磁性材料的发展也十分迅速，纳米尺寸的多层膜除了在微电子器件方面的应用外，还在磁记录、磁光存储等方面具有优势，它为实现记录材料高性能化和记录高密度化创造了条件. 例如，每 1 cm^2 需要记录 1 000 万条以上的信息，这就要求每条信息记录在几个微米，甚至更小的面积内. 纳米微粒能为这种高密度记录提供有利条件. 磁性纳米微粒由于尺寸小，具有单磁畴结构，矫顽力很高，用它制成磁记录材料可望提高信噪比，改善图像质量. 现在，日本松下电器公司已制成纳米级微粉录像带，它具有图像清晰、信噪比高、失真十分小的优点.

3）在传感器上的应用

由于纳米微粒材料具有巨大的表面和界面，对外界环境如温度、光、湿度等十分敏感，外界环境的改变会迅速引起表面或界面离子价态和电子输运的变化，响应速度快，灵敏度高. 此外，纳米陶瓷材料用于传感器也具有巨大潜力. 例如，利用纳米铌酸锂（$LiNbO_3$）、钛酸锂（$LiTiO_3$）、锆钛酸铅（PZT）和钛酸锶（$SrTiO_3$）的热电效应，可制成红外检测传感器.

4）在催化方面的应用

直接利用铂黑、银、三氧化二铝、三氧化二铁等纳米微粒在高分子反应中作催化剂可以大大提高反应效率，较好地控制反应速度和温度. 在固体火箭燃料中掺合铝的纳米颗粒，可提高燃烧效率.

17.4.2 纳米科技在其他几个主要领域

1. 纳米电子学

在电子器件中，半导体纳米材料和磁性纳米材料的应用是一个新的领域，研究纳米尺寸的分子电子器件已成为一个专门的应用研究学科——纳米电子学. 在纳米尺度上，电子的波动性十分明显，量子力学效应将占主要地位，所以纳米电子学必须采用量子力学来处理电子器件问题. 这不仅会引起电子器件技术上的革命，而且会给理论和实验提出新的课题.

2. 纳米生物学

纳米生物学是在纳米尺度上去研究生命物质，目前涉及的内容大体有：

(1) 利用STM在纳米尺度上了解生物大分子的精细结构以及其结构与功能的联系，这是整个现代生物学发展的基础；

(2) 在纳米尺度上获取并分析细胞的生命信息；

(3) 研制纳米"机器人"(见图 17.38)，使其能够直接进入人体中疏通脑血栓，清除血脂沉积物，甚至研制纳米"导通"，直接杀死癌细胞或吞噬病毒. 这在医学上是具有十分诱人前景的新事物，将成为 21 世纪科学研究中的一个热点.

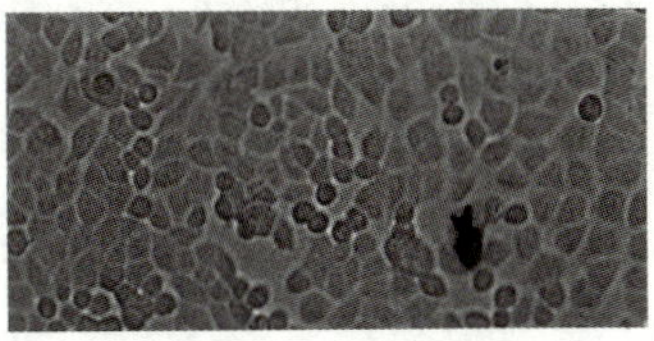

图 17.38　纳米机器人

3. 纳米工程、机械学

纳米工程技术是指纳米级加工与装配，甚至操纵单个原子的技术. 1987 年美国加利福尼亚大学伯克利分校用半导体微加工技术制成了直径只有零点几毫米的齿轮，开创了微型机械研究的先河. 法国生物微孔公司已在薄膜材料上打出了孔径只有几个纳米的微孔.

总之，纳米科技是未来科技上的一个重要发展领域. 美国国家研究理事会在为帮助五角大楼规划其未来的研究战略时，明确了未来 30 年中的 10 个主要研究方向，其中"纳米尺寸过程的控制"和"高级制造加工"两项均与纳米科学技术有关. 我国也将纳米技术研究列入了国家的"攀登计划"、"863 计划"和"火炬计划". 1999 年，中国科学院化学研究所的科技人员利用纳米加工技术在石墨表面通过搬迁碳原子而绘制出了一张世界上最小的中国地图 —— 纳米中国地图. 其比例大小相当于将一张 1 m^2 的地图放在中国辽阔的国土上一样. 同时我国已有了微直升机、微马达、微泵、微喷器、微传感器等一系列微机电系统元件问世，这些袖珍的纳米工具，标志着中国对纳米技术的掌握不亚于任何国家.

专家预言，未来的数次工业革命将与纳米技术密切相关. 我们努力和期待着纳米技术带给人类更方便、更美好的新生活.

*17.5　玻色-爱因斯坦凝聚态

物质存在的方式有几种？绝大部分人知道有气态、液态和固态，乐于接受新知识的人还从时下流行的等离子体彩电中得知有等离子体态. 但很少有人知道，还有用伟大物理学家爱因斯坦的名字命名的"第五态"—— 玻色-爱因斯坦凝聚态(Bose - Einstein Condensate，BEC).

对于玻色-爱因斯坦凝聚态的起源可追溯到 1924 年. 当时，年轻的印度物理学家玻色寄给爱因斯坦一篇论文，提出了一种关于原子的新统计理论，它与传统的统计理论仅在一条基本假定上不同. 众所周知，粒子按其在高密度或低温度时的集体行为不同可以分成两大类：一类是费米子，得名于意大利物理学家费米；另一类是玻色子，得名于印度物理学家玻色. 量子力学认为，自然界的粒子不是玻色子，就是费米子. 这两类粒子特性的区别，在极低温时表现得最为明显：玻色子全部聚集在同一量子态上，费米子则与之相反，更像是"个人主义者"，各自占据着不同的量子态. 区分这两类粒子的重要特征是自旋. 量子力学有一个重要结论是：自旋是量子化的．这就是说，自旋只能取普朗克常数的整数倍（玻色子，如光子、胶子、W 及 Z 玻色子、希格斯粒子、π 介子、或由偶数个核子组成的原子核和碱金属原子等都可称作玻色子）或半整数倍（费米子，如电子、质子等）．费米子和玻色子遵循完全不同的统计规律．前者遵循费米—狄拉克统计，其中一个显著的特点是 1925 年瑞士科学家泡利发现的“泡利不相容原理”，即在一个费米子系统中，绝不可能存在两个或两个以上的电荷、动量和自旋同向等方面完全相同的费米子．这就像电影院里的座，每座只能容纳一个人．而玻色子则完全不同，一个量子态可以容纳无穷多个玻色子．因此，也只有玻色子才可能出现有多个粒子聚集体在同一量子态的玻色-爱因斯坦凝聚现象．在玻色-爱因斯坦凝聚态的研究历史中具有“里程碑性质”则是 1995 年，美国科罗拉多大学 JILA 研究所的 Wieman 和 Cornell 将铷原子气降到宇宙最低温度 10^{-9} 度，首次成功观察到 BEC 现象；同年，麻省理工学院的 Wolfgang Ketterle 也在钠原子气中实现了 BEC—— 他们因此获得 2001 年度诺贝尔物理学奖．

17.5.1 玻色-爱因斯坦凝聚的统计原理

设体积为 V 的容器中存在由 N 个玻色粒子组成的理想气体，理想玻色气体处于统计平衡时，服从玻色-爱因斯坦统计．若以 $n(\varepsilon_i)$ 代表平衡状态时处于 ε_i 能态的某一量子态的平均粒子数，则 $n(\varepsilon_i)$ 可以表示为

$$n(\varepsilon_i)=\frac{1}{e^{(\varepsilon_i-\mu)/kT}-1} \tag{17.8}$$

其中，μ 为粒子的化学势，k 为玻耳兹曼常数，系统的总粒子数与总能量数可表示为

$$N=\sum_i n(\varepsilon_i)=\sum_i \frac{1}{e^{(\varepsilon_i-\mu)/kT}-1} \tag{17.9}$$

$$E=\sum_i \varepsilon_i n(\varepsilon_i)=\sum_i \frac{\varepsilon_i}{e^{(\varepsilon_i-\mu)/kT}-1} \tag{17.10}$$

令 N_0 与 N' 分别表示处于最低能级和较高能级的粒子数，则总粒子数可表示为

$$N=N_0+N' \tag{17.11}$$

$$N_0=\frac{1}{e^{-\mu/kT}-1} \tag{17.12}$$

$$N'=\sum_{i\neq 0}\frac{1}{e^{(\varepsilon_i-\mu)/kT}-1} \tag{17.13}$$

对于 N' 的计算我们可以用积分近似代替求和，能量在 $\varepsilon\to\varepsilon+d\varepsilon$ 之间的状态数为

$$D(\varepsilon)d\varepsilon=S\cdot 2\pi V\left(\frac{2m}{\hbar^2}\right)^{3/2}\varepsilon^{1/2}d\varepsilon \tag{17.14}$$

其中 S 表示粒子的一个空间状态对应 S 个不同的自旋态，因此

$$\begin{aligned}N'&=\int\frac{1}{e^{(\varepsilon-\mu)/kT}-1}D(\varepsilon)d\varepsilon\\&=SV\left(\frac{2\pi mkT}{\hbar^2}\right)^{3/2}F_{3/2}(\alpha)\leqslant SV\left(\frac{2\pi mkT}{\hbar^2}\right)^{3/2}\cdot 2.612\end{aligned} \tag{17.15}$$

从式(17.15)可知在温度 T 时,N' 存在一个上限 N'_m,该上限随着温度的下降而下降. 因此,对于一定的粒子数密度 $n=N/V$,存在一个临界温度 T_c,它满足

$$\frac{N'_m}{V}=2.612S\left(\frac{2\pi mkT_c}{\hbar^2}\right)^{3/2} \tag{17.16}$$

当 $T<T_c$ 时,$N'<N$,其余的 $N-N'$ 个粒子都进入到最低能级 ε_0 中去,此时可推得

$$N'=N\left(\frac{T}{T_c}\right)^{3/2} \tag{17.17}$$

$$N_0=N\left[1-\left(\frac{T}{T_c}\right)^{3/2}\right] \tag{17.18}$$

当体系的温度低于临界温度 T_c 时,N_0 与 N 在数量上是可以比拟的. 如果 $T=0$,则 $N_0=N$,这时全部粒子都转移到最低能级,这就是所谓的玻色-爱因斯坦凝聚.

当 $S=1,T<T_c$ 时,由式(17.11)、式(17.15)有

$$\lambda>\sqrt[3]{2.612/n} \tag{17.19}$$

其中粒子数密度 $n=N/V,\lambda=\hbar/\sqrt{2\pi mkT}$. 由上式可得,形成 BEC 的条件是粒子的德布罗意波长超过粒子间的间距. BEC 的临界温度 T_c 和临界粒子数密度 $(N/V)_c$ 为

$$T_c=\frac{2\pi\hbar^2}{km}\left(\frac{N}{2.612V}\right)^{2/3} \tag{17.20}$$

$$\left(\frac{N}{V}\right)_c=2.612\left(\frac{mkT}{2\pi\hbar^2}\right)^{3/2} \tag{17.21}$$

利用临界参量表示 BEC 形成的条件为

$$T<T_c \tag{17.22}$$

$$\frac{N}{V}>\left(\frac{N}{V}\right)_c \tag{17.23}$$

上述表明,可以从两个途径实现 BEC:一是降低原子气团的温度,使其低于给定密度下的临界温度 T_c;二是提高原子气团的密度,使其超过给定温下的原子气团的密度.

17.5.2 玻色-爱因斯坦凝聚态的相关实验

根据上述理论,由于在弱相互作用的凝聚体系中,相互作用在理论上较易处理,理论和实验也可以细致地比较,物理学家们希望能够在气态的原子中实现 BEC. 而在气态的碱金属原子中实现 BEC 有三个有利条件:其一,碱金属原子的能级跃迁可以用现有的激光激发,因此适合于激光方法;其二,碱金属原子的内部能级结构适合于冷却到极低的温度;其三,碱金属原子间的弹性散射截面比氢原子高三个数量级,而由于非弹性碰撞导致的弛豫率只比氢原子稍差,碱金属原子的弹性碰撞与非弹性碰撞的比率要高得多,因此可以更快地冷却,而在弛豫现象大量发生前达到低得多的温度. 另一方面,碱金属原子的磁场捕获和冷却技术已经成熟,而且其实验装置比冷却氢原子的装置简单得多.

随着实验物理技术、尤其是激光冷却和束缚中性原子技术的发展,1995 年 7 月,原子气体的 BEC 首先由美国科罗拉多州国家标准和工业技术研究所的

Cornell 和 Wieman 领导的小组(JILA)在磁势阱中得以实现,如图 17.39 所示.具体的实验工作过程如下:首先,(^{87}Rb)铷原子被激光冷却(Laser Cooling),然后被束缚在磁势阱中通过强力蒸发被进一步冷却,这就是蒸发冷却(Evaporation Cooling).此过程的主要作用是将那些能量超过平均值的原子"逐出"磁势阱,留下的原子就达到了更低的温度.这种方法是以牺牲磁势阱中的原子数来达到 nK 级的低温.当温度降到 170 nK 时,粒子的密度达到 2.5×10^{12} /cm^{-3},凝聚团发生,约 2 000 个原子被挤压到一个很小的空间里成为一个"超原子",并能持续超过 15 s.这个凝聚体的行为表现如单个实体.在低到 170 nK 的温度以下时,观察到 BEC 开始形成,继续冷却可以得到很纯的 BEC.JILA 的科学家们首次制取的玻色–爱因斯坦凝聚体是一个非常小的铷原子球,直径约为 20 μm,它被正常的铷原子所环绕.它有 3 个非常显著的特征:① 在一个很宽的热速度分布上出现了一个尖峰,它的位置在零速度处.② 处在低速峰上的粒子在温度下降到一定程度时发生急剧增加的现象.③ 这个峰表现出非热的、各向异性的速度分布(见图 17.40).JILA 小组实验上的成功取决于其中的一个关键的结构.他们采用了一个新构型的磁势阱,这是一个大的球四极矩场和一个小的、以 75kHz 旋转的均匀横向场的叠加,这样一来就可以起到抵消样品中粒子数损失的作用.

图 17.39 玻色–爱因斯坦凝聚磁光势阱的装置示意图.6 束直径为 1.5 cm 的激光相交于气室中心,气室外沿 z 轴方向有 2 个线圈,线圈中通有方向相反的电流产生大小与坐标位置相关的非均匀磁场.

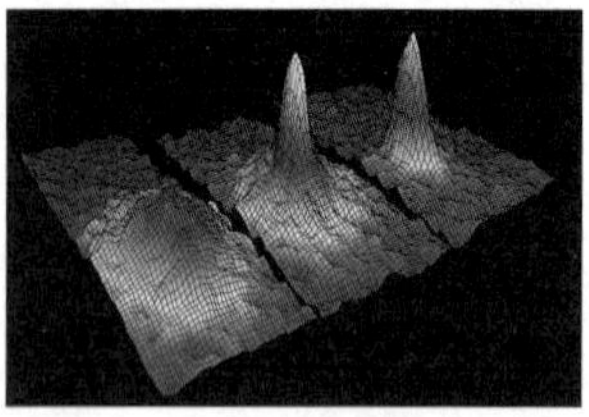

图 17.40 1995 年,Cornell 和 Wieman 领导的小组(JILA)在玻色–爱因斯坦凝聚实验中用吸收成像法测得的^{87}Rb 原子的速度分布图.最左边的对应于凝聚体形成前,原子为均匀球对称分布;中间的是凝聚体形成以后,中心突出部分为 BEC,由于磁阱的不对称性,BEC 成压扁状,其边缘为对称分布的热原子;最右边的是进一步蒸发冷却后留下的纯粹的凝聚体的图,边缘几乎没有热原子.

随后在 1995 年 10 月,麻省理工学院(MIT)的 Ketterle 等人用^{23}Na 原子在实验上也实现了 BEC,如图 17.41、图 17.42 所示.他们认为实现 BEC 的困难之一就是造成原子损失的热振荡(Vibration).为了减少这种效应,他们消除了造成振荡的真空泵并采取措施以防空气扰动而产生对激光束的影响.他们采用了使原子尽快冷却的方法来减少这种效应.这种快速冷却的方法是 Ketterle 小组的一个很明显的特色.他们能在 7 s 内使相空间的密度增大 6 个数量级.这种快速冷却的能力对以后研究凝聚有十分重要的意义.MIT 研究小组的另一个独特点是他们采用了一种形状类似于苜蓿叶的磁线圈.这种形状的线圈所产生的势阱使之限制在原子的能力更强,在凝聚态中包含更多的原子(1.5×10^5 个原子),从而粒子的数密度超过10^{14} /cm^{-3},如此高密度的样品为研究超冷稠密物质中输运过程性质提供了可能性.

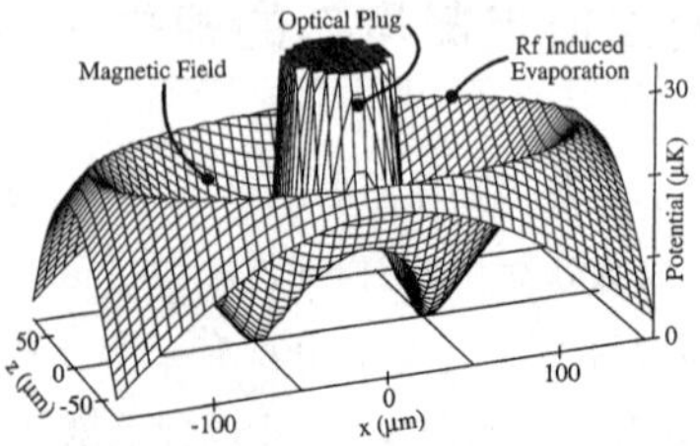

图 17.41 对应于磁光势阱和蒸发冷却的绝热势.磁势阱的对称轴是 z 轴.

同年,Hulet 等人在具有负散射长度($a<0$)的锂原子(^{7}Li)气体中观察到了玻色–爱因斯坦凝聚现象.他们的样品所达到的相空间密度比起理想玻色气体产生 BEC 的临界相密度大了 10 倍.众所周知,正的散射长度 a 对应于原子波函数的相互排斥,距离较大时它就像是半径为 a 的硬球散射.而负的散射长度对应于原子波函数的相互吸引.过去的理论曾经预言:无外力作用下的均匀系统中,如果散射长度 $a>0$,玻色–爱因斯坦凝聚将是稳定的;而当 $a<0$ 时,将

有负压力，这意味着系统将会塌陷. Hulet 等人的成功，向理论工作者提出了挑战.

随着科纳尔和威依迈以及凯特纳的研究组在实现玻色–爱因斯坦凝聚方面取得的突破，这个领域经历着爆发性的发展. 目前世界上已有近 30 个研究组在稀薄原子气中实现了玻色–爱因斯坦凝聚. 我国上海光机所王育竹院士领导的原子光学研究组，自 1999 年 3 月承担国家自然科学基金重点课题"玻色–爱因斯坦凝聚研究"以来，经过 3 年的艰辛努力，于 2002 年 3 月 19 日，在铷原子云中观察到了玻色–爱因斯坦凝聚现象. 这是我国第一个实现玻色–爱因斯坦凝聚的实验. 他们在磁阱中对铷原子云进行蒸发冷却的过程中，突然观察到原子云对探测光束的衍射现象，这个结果与美国 Rice 大学 Hulet 小组观察到的现象一致.

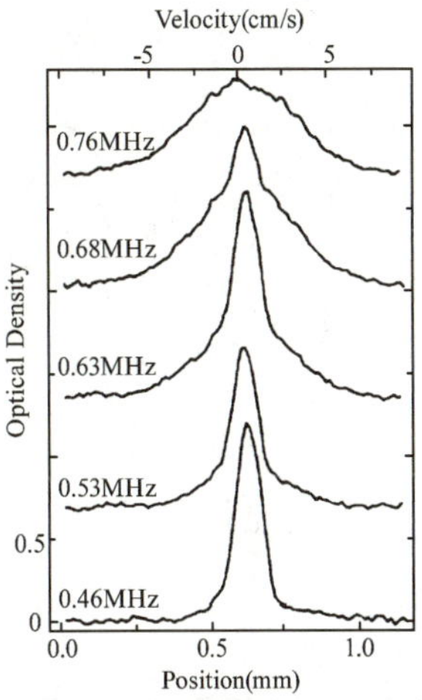

图 17.42　1995 年，麻省理工学院的 Ketterle 等领导的小组，在钠原子玻色–爱因斯坦凝聚实验中测得的(由上到下) 随频率逐渐下降的沿 z 轴方向的密度函数分布图. 从图中可以看出，当频率低于 0.76 MHz 时，开始出现 BEC 现象，当频率达到 0.46 MHz 时几乎为纯 BEC.

自 20 世纪 60 年代以来，激光的实现使线性光学的研究领域伸展到非线性光学领域，从而导致非线性光学的诞生. 随着玻色–爱因斯坦凝聚实验的成功观察，人们认为 BEC 的实现将使原子光学的研究领域进入非线性区，将会形成非线性原子光学. 这主要是因为玻色–爱因斯坦凝聚体具有很多奇特的性质. 像激光那样，凝聚体具有相干性. 凯特纳的研究组把凝聚体一分为二，然后关闭囚禁它们的势阱让两者自由扩展，在它们交叠的区域观测到了清晰的干涉条纹如图 17.43 所示. 凝聚体的其他很多非线性性质也都开始得到研究. Khaykovich 等人通过图 17.44 的实验装置，具体的实验过程是：首先将 4×10^8 个 ^7Li 原子装置在一个磁光阱中，然后通过改变磁光阱的径向和轴向角频率逐

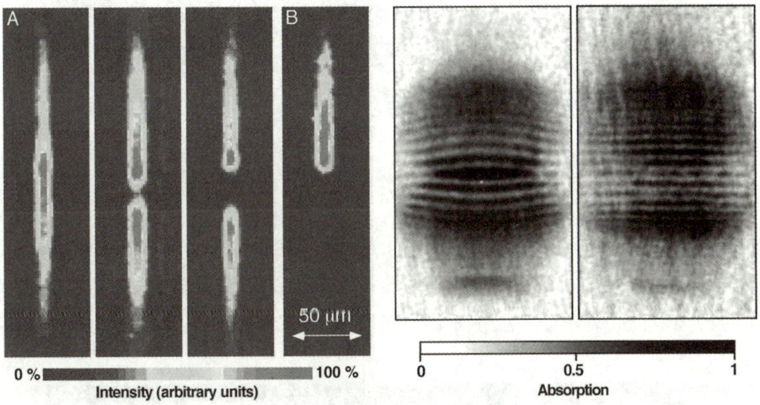

图 17.43　两个 BEC 物质波的相干干涉

非线性光学简介

渐把磁势阱调节成光势阱，最后通过减少光势阱的深度在一交叉的双极势阱加压蒸发 ^7Li 玻色–爱因斯坦凝聚，从而就可以观察到 ^7Li 的玻色–爱因斯坦凝聚体中的亮孤子，如图 17.45 所示. 科纳尔研究小组首先对相位相同的凝聚体(基态) 的中间利用激光进行调制，使上、下两部分的凝聚体相差 π 的相位差；然后让它们自由地扩散，在实验中适当控制孤子的角方位就可以比较清楚地观察到暗孤子，如图 17.46 所示. 凯特纳研究小组在实现 ^{23}Na 原子的玻色–爱因斯坦凝聚体的实验装置中逐渐蒸发冷却凝聚体到转变温度以下，然后通过调节磁光势阱的径向和轴向频率控制凝聚体的集体激发，就可以观察到凝聚体的集体激发现象，如图 17.47 所示. 随着凝聚体中集体激发、暗亮孤子的成功观察，物理学家还成功地观察到其中的涡旋态的形成. 囚禁的玻色–爱因斯坦凝聚体中观察到量子涡旋晶格确信了玻色–爱因斯坦凝聚体存在超流现象. 到

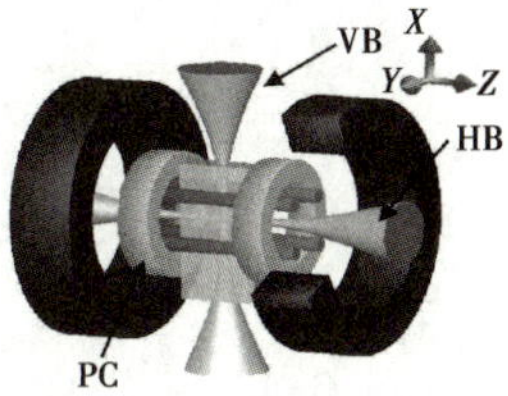

图 17.44　观察到亮孤子的实验装置

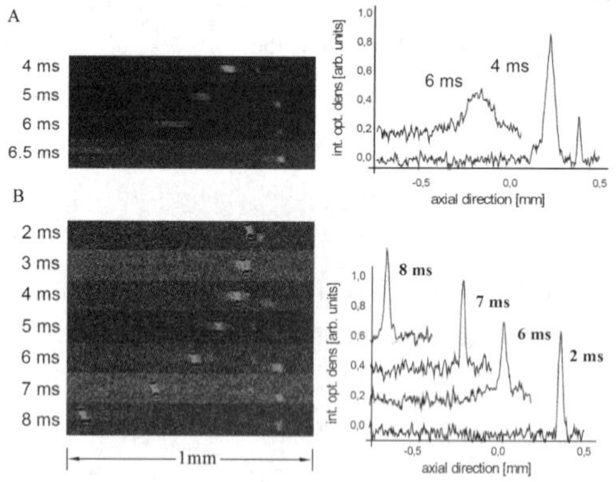

图 17.45　亮孤子的照片

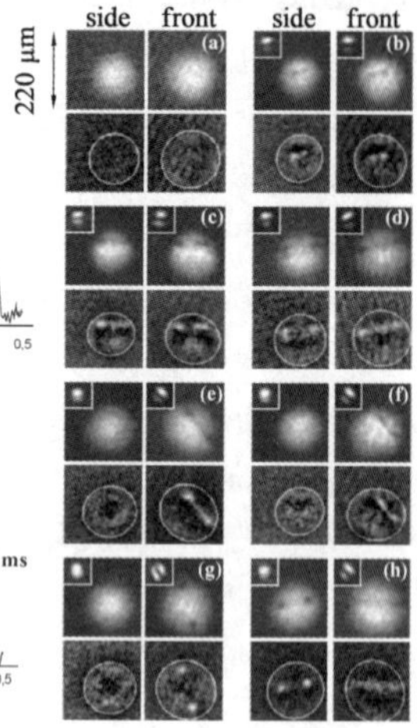

图 17.46　暗孤子的照片

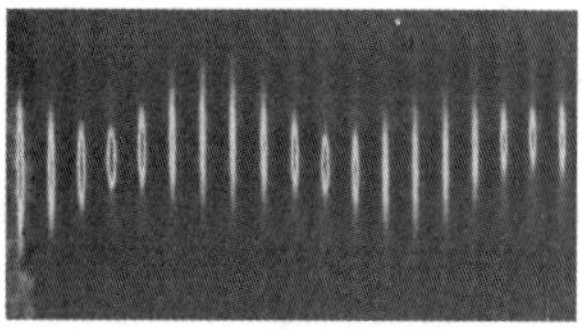

图 17.47　玻色–爱因斯坦凝聚体的集体激发

目前为止，有三个小组利用两种不同方法成功地观察了玻色–爱因斯坦凝聚体中的量子涡旋. 一是 JILA 小组使用合适强度分布的光束去烙印(imprint)一个两成分的凝聚体的相位，然后让它们相干后产生涡旋现象，这种方法称为"相位烙印技术"，他们实验观察到的现象是单一涡旋图，如图 17.48 所示. 另一方

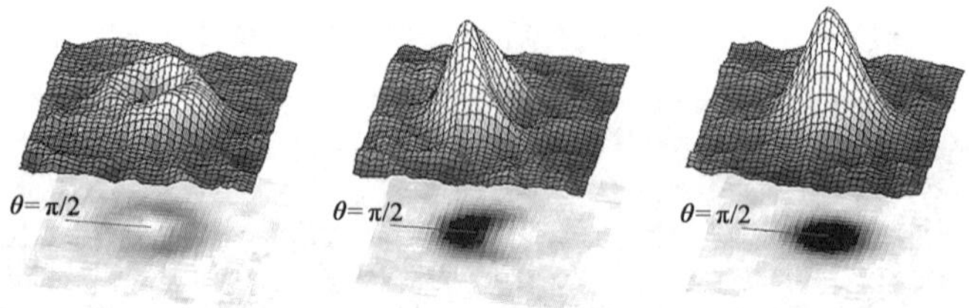

图 17.48　JILA 实验小组观察的涡旋现象

法是 ENS 和 MIT 这两组利用液体氦的超流实验相似的方法旋转盛有凝聚体的桶观察到凝聚体中的量子涡旋(见图 17.49)，以及二元玻色–爱因斯坦凝聚体的行为等. 凯特纳的研究组研究了凝聚体中的声波传播、物质波与激光场的

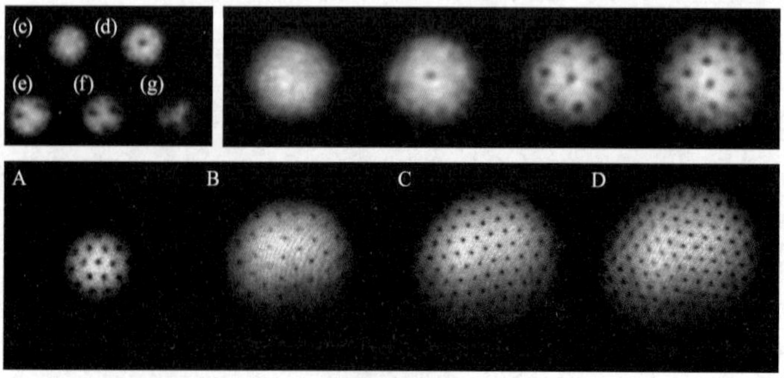

图 17.49　实验所观察到的量子涡旋现象

相互作用、自旋畴结构及量子隧穿，在凝聚体中形成了旋涡阵列，他们还实现了无破坏测量以及用磁场调节原子与原子之间的相互作用，为进一步研究玻色凝聚体的性质提供了基础. 美国国家标准局的菲利普斯研究组在凝聚体中

实现了类似于非线性光学中的四波混频．哈佛大学的两个研究小组用玻色-爱因斯坦凝聚体使光的速度降为零，这引起了公众的极大兴趣．如何像激光器输出相干光子那样输出相干原子(原子激光)，也是目前实验追逐的目标．

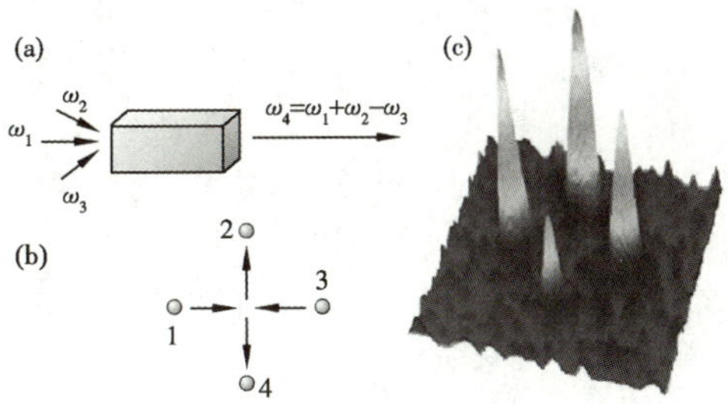

图 17.50　四波混频

17.5.3 玻色-爱因斯坦凝聚态的应用前景

玻色-爱因斯坦凝聚实验有着十分重要的科学意义和潜在的应用价值．首先产生了一种新物态、并且是用一个相干波函数描述的物态，为实验物理学家提供了一种独一无二的新介质．利用物质波的相干性可以开拓很多新的研究领域：如原子激光的产生和放大研究；类比于非线性光学，非线性原子光学的研究；利用费希巴赫共振改变原子间相互作用的符号，从而导致超新星的 BEC 爆炸．在应用技术方面已提出了很多新的设想和建议：研制高准确度和稳定度的原子钟和精密原子干涉仪；改善精密测量的准确度；如原子物理常数的测量和微重力的测量；利用 BEC 的相干性进行微结构的刻蚀等．

玻色-爱因斯坦凝聚体的研究也可以延伸到其他领域．例如，利用磁场调控原子之间的相互作用，可以在玻色-爱因斯坦凝聚体中产生类似于超新星爆发的相现象，由于费米子的特性，即使在零温度仍有压力存在，因此可将类似于实现玻色-爱因斯坦凝聚的技术用于费米气体，在实验中模拟白矮星的内部压力，理论上也提出了用玻色-爱因斯坦凝聚体来模拟黑洞的设想．玻色-爱因斯坦凝聚体所具有的奇特性质，使它不仅对基础研究有重要意义，在量子信息科学研究中，如光速减慢与光信息存储、量子信息传递和量子逻辑操作等；而且在芯片技术、精密测量和纳米技术等领域都让人看到了非常美好的应用前景．凝聚体中的原子几乎不动，可以用来设计精确度更高的原子钟，以应用于太空航行和精确定位等．凝聚体具有很好的相干性，可以用于研制高精度的原子干涉仪，测量各种势场，测量重力场加速度和加速度的变化等．原子激光也可能用于集成电路的制造．凝聚体还被建议用于量子信息的处理，为量子计算机的研究提供另外一种选择．随着对玻色-爱因斯坦凝聚领域研究的深入，玻色-爱因斯坦凝聚极有可能会像激光的发现那样给人类带来另外一次技术革命．

习　题

17.1　选择题．

(1) 与绝缘体相比较，半导体能带结构的特点是　(　　)

A. 导带也是空带．

B. 满带与导带重合．

C. 满带中总是有空穴，导带中总是有电子．

D. 禁带宽度较窄.

(2) P型半导体中杂质原子所形成的局部能级(也称受主能级),在能带结构中应处于 ( )

A. 满带中.

B. 导带中.

C. 禁带中,但接近满带顶.

D. 禁带中,但接近导带底.

(3) 在激光器中利用光学谐振腔 ( )

A. 可提高激光束的方向性,而不能提高激光束的单色性.

B. 可提高激光束的单色性,而不能提高激光束的方向性.

C. 可同时提高激光束的方向性和单色性.

D. 既不能提高激光束的方向性也不能提高其单色性.

(4) 当把永久磁铁放到超导体板上方时,将发生下列哪种现象? ( )

A. 吸引. B. 超导体板均匀磁化.

C. 排斥. D. 无任何效应.

(5) 按照 BCS 理论,超导体中导电的电子是库珀对电子,库珀对电子间 ( )

A. 存在因库仑力引起的斥力.

B. 存在着通过格波作用的斥力.

C. 存在因库仑力引起的引力.

D. 存在着通过格波作用的引力.

17.2 填空题.

(1) 太阳能电池中,本征半导体锗的禁带宽度是 0.67 eV,它能吸收的辐射的最大波长是________.

(2) 若在四价元素半导体中掺入五价元素原子,则可构成________型半导体,参与导电的多数载流子是________.

(3) 在下列给出的各种条件中,哪些是产生激光的条件,将其标号列下:

________________________________.

① 自发辐射. ② 受激辐射. ③ 粒子数反转. ④ 三能级系统. ⑤ 谐振腔.

(4) 激光器的基本结构包括三部分,即________、________和________.

(5) 超导现象的基本特征是:在外磁场足够弱的条件下,超导材料在其各自的临界温度 T_c 以下时,将具有________和________的性质.

17.3 什么叫电子的共有化?原子的内层电子和外层电子参与共有化运动的情况有何不同?

17.4 能带是怎样形成的?如何从晶体的能带结构图来区分导体、半导体和绝缘体?

17.5 半导体的导电机构是什么?适当掺入杂质和加热都能使半导体的导电能力增强,这两种情况有什么不同?

17.6 本征半导体和杂质半导体在导电性能上有何区别?

17.7 P型半导体和N型半导体接触后形成P-N结,N型中的电子能否无限地向P型区扩散?为什么?

17.8 利用霍耳效应可以判断半导体中载流子的正负,试说明判断方法.

17.9 试比较受激辐射和自发辐射的特点.

17.10 实现粒子数反转要求具备什么条件?

17.11 如果在激光的工作物质中,只有基态和另一激发态,问:能否实现粒子数反转?

17.12 已知 Ne 原子的某一激发态和基态的能量差 $E_2-E_1=16.7$ eV,试计算 $T=300$ K时,热平衡条件下,处于两能级上的原子数的比.

17.13 谐振腔在激光的形成过程中起什么作用?

17.14 处于超导态的超导体有哪些主要特性?

17.15 BCS 理论的基本内容是什么?该理论是如何解释超导的零电阻效应的?

17.16 超导材料可分为几类?其划分的依据是什么?人们为什么致力于高温超导材料的研究?

17.17 超导在工业上有哪些主要应用?

17.18 什么是约瑟夫孙效应?

17.19 试简述超导量子干涉器的基本原理,其主要的应用.

17.20 什么是纳米技术?

17.21 纳米颗粒有哪些奇特性能?

17.22 什么是纳米电子学?

本章习题参考答案